Grundwissen Immunologie

Christine Schütt, Barbara Bröker

Grundwissen Immunologie

2. Auflage

Autoren
Christine Schütt, Barbara Bröker
Institut für Immunologie und Transfusionsmedizin
Universität Greifswald

Wichtiger Hinweis für den Benutzer
Der Verlag, der Herausgeber und die Autoren haben alle Sorgfalt walten lassen, um vollständige und akkurate Informationen in diesem Buch zu publizieren. Der Verlag übernimmt weder Garantie noch die juristische Verantwortung oder irgendeine Haftung für die Nutzung dieser Informationen, für deren Wirtschaftlichkeit oder fehlerfreie Funktion für einen bestimmten Zweck. Der Verlag übernimmt keine Gewähr dafür, dass die beschriebenen Verfahren, Programme usw. frei von Schutzrechten Dritter sind. Die Wiedergabe von Gebrauchsnamen, Handelsnamen, Warenbezeichnungen usw. in diesem Buch berechtigt auch ohne besondere Kennzeichnung nicht zu der Annahme, dass solche Namen im Sinne der Warenzeichen- und Markenschutz-Gesetzgebung als frei zu betrachten wären und daher von jedermann benutzt werden dürften. Der Verlag hat sich bemüht, sämtliche Rechteinhaber von Abbildungen zu ermitteln. Sollte dem Verlag gegenüber dennoch der Nachweis der Rechteinhaberschaft geführt werden, wird das branchenübliche Honorar gezahlt.

Bibliografische Information der Deutschen Nationalbibliothek
Die Deutsche Nationalbibliothek verzeichnet diese Publikation in der Deutschen Nationalbibliografie; detaillierte bibliografische Daten sind im Internet über http://dnb.d-nb.de abrufbar.

Springer ist ein Unternehmen von Springer Science+Business Media
springer.de

2. Auflage 2009
© Spektrum Akademischer Verlag Heidelberg 2009
Spektrum Akademischer Verlag ist ein Imprint von Springer

09 10 11 12 13   5 4 3 2 1

Das Werk einschließlich aller seiner Teile ist urheberrechtlich geschützt. Jede Verwertung außerhalb der engen Grenzen des Urheberrechtsgesetzes ist ohne Zustimmung des Verlages unzulässig und strafbar. Das gilt insbesondere für Vervielfältigungen, Übersetzungen, Mikroverfilmungen und die Einspeicherung und Verarbeitung in elektronischen Systemen.

Planung und Lektorat: Dr. Ulrich G. Moltmann, Martina Mechler
Herstellung: Detlef Mädje
Umschlaggestaltung: SpieszDesign, Neu-Ulm
Zeichnungen: VISUV, Greifswald
Satz: Crest Premedia Solutions (P) Ltd, Pune, Maharashtra, India

ISBN 978-3-8274-2027-5

Inhaltsverzeichnis

Meilensteine der Immunologie oder eine etwas andere Einführung XI

DAS FUNKTIONIERENDE IMMUNSYSTEM

1 Was gehört zum Immunsystem? 2
1.1 Zellen und Organe des Immunsystems 2
   1.1.1 Zellen des angeborenen Immunsystems 2
   1.1.2 Zellen des adaptiven Immunsystems 3
   1.1.3 Die CD-Nomenklatur 4
   1.1.4 Primäre lymphatische Organe 4
   1.1.5 Sekundäre lymphatische Organe 5
1.2 Antikörper 7
   1.2.1 Struktur der Antikörper 7
   1.2.2 Die Antigen/Antikörper-Bindung 8
   1.2.3 Antikörperklassen 10
1.3 Komplementäre Abwehrmechanismen 12
   1.3.1 Barrierefunktionen 12
   1.3.2 Defensine, Opsonine und Co. 13
   1.3.3 Physiologische Bakterienbesiedlung 14
   1.3.4 Akute-Phase-Proteine 14
   1.3.5 Das Komplementsystem 15

2 Wie erkennen die Immunzellen ein Antigen? 22
2.1 Mustererkennungsrezeptoren (PRRs) 22
2.2 MHC-Moleküle 24
   2.2.1 MHC-Klasse I 25
   2.2.2 MHC-Klasse II 26
   2.2.3 Der MHC-Polymorphismus 26
   2.2.4 MHC-Klasse IB 26
2.3 Rezeptoren der natürlichen Killer(NK)-Zellen 27
2.4 B-Zell-Rezeptoren (BCRs) 28
2.5 T-Zell-Rezeptoren (TCRs) 28
   2.5.1 Struktur 28
   2.5.2 Antigenbindung 29
   2.5.3 Antigenprozessierung für die Erkennung durch T-Zellen 29
   2.5.4 Besonderheiten bei der Antigenerkennung durch T-Zellen 31

3 Was versteht man unter einer klonalen Antwort? 34
3.1 Wie entsteht die große Antigenrezeptor-Diversität der B- und T-Zellen? 35
3.2 Der Aufbau der Immunglobulin- und T-Zell-Rezeptor-Genloci 36
3.3 Die somatische Rekombination 37
3.4 Vom rekombinierten Gen zum Rezeptor 39

4 Wie verarbeiten die Immunzellen die Information? 41
4.1 Von der Membran zum Kern 41
4.2 Signaltransduktion durch den T-Zell-Rezeptor 42
    4.2.1 Tyrosinphosphorylierung .. 42
    4.2.2 Adapterproteine 43
    4.2.3 Phopholipase Cγ 43
    4.2.4 Ras 44
4.3 Signale durch Zytokinrezeptoren der Hämatopoietin-Familie 44
4.4 Signale durch Toll-like-Rezeptoren ... 46
4.5 Todessignale 46
4.6 Die Integration mehrerer Signale 48
4.7 Wie wird der Signalprozess abgeschlossen? 49

5 Welche Konsequenzen hat die Aktivierung der Immunzellen? 51
5.1 Antikörpersynthese und Antikörperfunktionen 51
    5.1.1 Komplementvermittelte Antikörperzytotoxizität 51
    5.1.2 Antikörperabhängige zelluläre Zytotoxizität (*antibody-dependent cellular cytotoxicity*, ADCC) 51
    5.1.3 Opsonierende Antikörper ... 52
    5.1.4 Blockierende Antikörper 52
    5.1.5 Maskierende Antikörper 53
    5.1.6 Sensibilisierende Antikörper 53
    5.1.7 Neutralisierende Antikörper 54
    5.1.8 Agonistische Antikörper 54
    5.1.9 Antagonistische Antikörper 54
    5.1.10 Inhibierende Antikörper 54
    5.1.11 Penetrierende Antikörper ... 55
    5.1.12 Präzipitierende Antikörper 56
    5.1.13 Agglutinierende Antikörper 56
5.2 Zytotoxische T-Zellen (*cytotoxic T lymphocytes*, CTLs) 56
5.3 NK-Zell-Zytotoxizität 57
5.4 Gerichtete Zellmigration 58
5.5 Phagozytose 58
5.6 Intrazelluläres Killing 59
5.7 Antigenpräsentation 59
5.8 Makrophagenleistungen 60
5.9 Mastzellsekretionsprodukte 60
5.10 Sekretionsprodukte eosinophiler Granulozyten 61

6 Wie kommt eine Immunreaktion in Gang? 63
6.1 Die primäre Immunantwort 63
    6.1.1 Unmittelbar wirksame Abwehrmechanismen 63
    6.1.2 Die Entzündungsreaktion ... 63
    6.1.3 Die Aktivierung des adaptiven Immunsystems ... 64
    6.1.4 Die Kostimulation – „It takes two to tango" 65
6.2 Die sekundäre Immunantwort 67
    6.2.1 Die Keimzentrumsreaktion – koordinierte Immunität von B- und T-Zellen (und dendritischen Zellen) 68
    6.2.2 Die T-Zell-unabhängige Antikörperproduktion 69
6.3 Das Mikromilieu entscheidet über die Qualität der Immunantwort 69

7 Wie wird eine Immunantwort koordiniert? 71
7.1 Zytokine und Zytokinrezeptoren 71
7.2 Dendritische Zellen im Zentrum der Macht 74
    7.2.1 Die Feuermelder des Immunsystems 74
    7.2.2 Was T-Helferzellen alles können 75
7.3 Angeborene und erworbene Immunität – ein immunregulatorisches Netzwerk 76
    7.3.1 Inflammation oder Antiinflammation? 76
    7.3.2 Immunglobuline und Fc-Rezeptoren 78
    7.3.3 Komplement und Komplementrezeptoren 79

7.4	Chemokine und Chemokin-rezeptoren	79		11.1.2	Zentrale B-Zell-Toleranz im Knochenmark	102
7.5	Neuroimmunoendokrine Regelkreise	81		11.1.3	Zentrale NK-Zell-Toleranz	102

8 Wie wird eine Immunantwort wieder abgeschaltet? 85

9 Kann das Immunsystem auf verschiedene Herausforderungen unterschiedlich reagieren? 88

9.1 Abwehr von Infektionserregern 89
9.2 Elimination von nicht infektiösen Fremdantigenen 89
9.3 Elimination fremder eukaryotischer Zellen 89
9.4 Elimination körpereigener apoptotischer Zellen 90
9.5 Toleranz gegenüber körpereigenen Antigenen 90
9.6 Toleranz gegenüber Nahrungsmittelantigenen 90
9.7 Förderung des fötalen Wachstums 90
9.8 Tumorerkennung und -abwehr 92
9.9 Wundheilung 93
9.10 Gewebereparatur durch Knochenmarkstammzellen 94
9.11 Alternsabhängige Immunkompetenz 94

10 Wie funktioniert das Immungedächtnis? 97
10.1 B-Zell-Gedächtnis 97
10.2 T-Zell-Gedächtnis 97

11 Wie vereinbart sich ein breites, zufällig entstandenes Antigenrezeptor-Repertoire mit immunologischer Selbsttoleranz? 100
11.1 Zentrale Toleranz 100
11.1.1 Die T-Zell-Entwicklung im Thymus 100

11.2 Periphere Toleranz 103
11.2.1 Ignoranz 103
11.2.2 Homöostatische Mechanismen 103
11.2.3 Deletion 103
11.2.4 Anergie 103
11.2.5 Suppression 104
11.2.6 Periphere B-Zell-Toleranz 105

12 Was passiert an den Grenzflächen? 107
12.1 Das mukosale Immunsystem 107
12.1.1 Die Spezialtruppe der intraepithelialen Lymphozyten 108
12.1.2 Sekretorisches IgA – eine leise Waffe 109
12.2 Orale Toleranz 109
12.3 Die Initiierung einer systemischen Infektabwehr 111
12.4 Die Rolle der kommensalen Darmflora 111

13 Wie kommen die Zellen zur richtigen Zeit an den richtigen Ort? 113
13.1 Wege der Immunzellen durch den Organismus 113
13.2 Postleitzahlen – oder die molekularen Grundlagen des *homing* 114
13.3 Treffen im Gewimmel 115

14 Die Funktionen des Immunsystems in der Übersicht 118

IMMUNOLOGISCHE ARBEITSTECHNIKEN AUF EINEN BLICK

15	*In vitro*-Methoden	122
15.1	Quantitative Immunpräzipitation	122
15.2	Agglutinationstests	122
15.3	Herstellung monoklonaler Antikörper	122
15.4	Western-Blotting	126
15.5	Enzym-Immunoassay (ELISA)	126
15.6	Immunfluoreszenz und Immunhistochemie	128
15.7	Durchflusszytometrie	128
15.8	Immunadsorption	131
15.9	Zellseparation mit antikörperbeladenen, magnetischen Partikeln	131
15.10	HLA-Typisierung	131
15.11	ELISPOT	132
15.12	Phagozytosetest und intrazelluläres Killing	133
15.13	Zytotoxizitätstests	133
15.14	Messung der Zellproliferation	134
15.15	Tetramer-Technologie	135
15.16	Hybridisierungstechnologien	135
15.16.1	PCR	135
15.16.2	RT-PCR	137
15.16.3	Quantitative *real-time* PCR	138
15.16.4	Restriktionsanalyse und Southern-Blot	139
15.16.5	Northern-Blot	140
15.16.6	*In situ*-Hybridisierung	140
15.16.7	Mikroarray-Technologie	141
15.16.8	*small interfering* RNA (siRNA)	141
15.17	Rekombinante DNA-Technologien	141
15.17.1	Gentransfer und Herstellung rekombinanter Proteine	141
15.17.2	Gen-Knock-out	142

16	*In vivo*-Methoden	144
16.1	Hauttests	144
16.2	Adoptiver Zelltransfer	145
16.3	Transgene und gendefiziente Tiere	145

DAS DEFEKTE IMMUNSYMSTEM

17	Immunpathologische Krankheitszustände in der Übersicht	150

18	Wann können körpereigene Antikörper krank machen?	152
18.1	IgE-vermittelte Allergien	152
18.1.1	Systemische Anaphylaxie	153
18.1.2	Asthma bronchiale, Urtikaria, atopisches Ekzem, Nahrungsmittelallergien	154
18.2	Autoreaktive IgG-Antikörper	155
18.2.1	Kreuzreagierende, pathogenspezifische Antikörper	156
18.2.2	Autoreaktive zytotoxische Antikörper	156
18.2.3	Agonistische Anti-Rezeptor-Antikörper	157
18.2.4	Antagonistische Anti-Rezeptor-Antikörper	158
18.3	Immunkomplexvermittelte Erkrankungen	159

19	Wann können Immunzellen körpereigene Zellen zerstören?	161
19.1	Autoreaktive CTLs	161
19.2	TH1/TH17-vermittelte proinflammatorische Zellaktivierung	162
19.3	TH2-vermittelte Eosinophilenaktivierung	164

20	Kann das Immunsystem unterwandert werden?	165
20.1	Infektionserreger	165
20.1.1	Immunzellen als Habitat	165
20.1.2	Unterwanderung der angeborenen Abwehrmechanismen	165
20.1.3	Unterwanderung des adaptiven Immunsystems	167

20.2 Tumoren 168
    20.2.1 Passive Mechanismen der Tumortoleranz 170
    20.2.2 Aktive Toleranzinduktion durch Tumoren 170
    20.2.3 Förderung von Tumorwachstum durch das Immunsystem (Tumorenhancement) 171

21 Gefährliche Dysregulationen 172
21.1 Sepsis 172
21.2 Schlaganfall 173
21.3 Fibrosierung 173

22 Immundefekte 174
22.1 Angeborene Immundefekte 174
22.2 Erworbene Immundefekte 174

23 Therapiebedingte Immunopathien 179
23.1 Arzneimittelnebenwirkungen 179
23.2 Transplantatabstoßung/GvHD 180
    23.2.1 Transfusionszwischenfälle 180
    23.2.2 Transplantatabstoßung 180
    23.2.3 *Graft versus host disease* (GvHD) 182

INTERVENTIONSMÖGLICHKEITEN

24 Immunstimulation 186
24.1 Aktive Immunisierung gegen Infektionserreger 186
24.2 Tumorvakzinierung 188

25 Immunsuppression 190
25.1 Toleranzinduktion 190
25.2 Immunsuppression mit Immunglobulinen 191
25.3 Rh-Prophylaxe 191
25.4 Selektive Immunsuppression 192

25.5 Therapie mit monoklonalen Antikörpern 193
25.6 Extrakorporale Immunadsorption .. 194

26 Substitution 196
26.1 Passive Immunisierung 196
26.2 Immunglobulinsubstitution 196
26.3 Einsatz rekombinanter Proteine 196
26.4 Transplantation von Knochenmarkstammzellen 196

Ausblick 197

Anhang: Fakten und Zahlen

F & Z 1 Komplement 200
F & Z 2 Die CD-Nomenklatur 201
F & Z 3 Signaltransduktionsmodule 242
F & Z 4 Selektine und ihre Liganden 243
F & Z 5 Zytokine und ihre Rezeptoren 244
F & Z 6 Chemokine und ihre Rezeptoren 249
F & Z 7 NK-Zell-Rezeptoren 252
F & Z 8 Toll-like und NOD-like Rezeptoren und ihre Liganden ... 253
F & Z 9 Beispiele monogenetischer angeborener Immundefekte 254

Abkürzungsverzeichnis 256

Index 260

Meilensteine der Immunologie oder eine etwas andere Einführung

Das Wort *immunis* steht für „frei sein von". Politiker im alten Rom (und auch heute) verschafften sich diese vorteilhafte Situation. Wir benutzen den Begriff für Unverletzlichkeit und Unantastbarkeit. Eine Immunität im biologischen Sinne war ursprünglich ein Erfahrungswert, erst später entwickelten Gelehrte daraus ein Fachgebiet. Dieses Wissen verdanken wir Voltaire, der 1733 beschrieb, dass die alten Chinesen im 15. Jahrhundert den Schorf von Pocken zerrieben und wie Schnupftabak aufsogen – aus der überlieferten Beobachtung heraus, dass diese Prozedur offenbar gegen eine Infektion schützte. Dieses nicht ganz ungefährliche Verfahren änderten Bauern in England durch die Verwendung von Kuhpocken ab. Benjamin Jesty aus Dorsetshire ging in die Geschichte ein. Er probierte 1774 den Einsatz von Kuhpockenmaterial (*vaccinus*: von der Kuh) mutig aus – an seiner Frau. Erst zweihundert Jahre später, am 9. Dezember 1976, erklärte die WHO die Pocken für ausgerottet. Inzwischen gibt es dazu seit dem 11. September 2001 wieder eine neue Dimension.

Das Treiben der Bauern damals wurde von einem Landarzt registriert, der mit seiner Beschreibung dieser Vakzinierung (*reaction of immunity*) berühmt wurde: Edward Jenner. Den experimentellen Beleg für die Wirksamkeit einer solchen aktiven Immunisierung erbrachte 1885 Louis Pasteur in Paris. Durch ein Versehen beobachtete er, dass vergessene, durch langes Liegenbleiben abgeschwächte Hühnercholerabakterien ebenfalls einen Impfeffekt haben, d.h. Hühner gegenüber virulenten Erregern schützen. Selbst totes Erregermaterial vermag nach Applikation im geimpften (wir verwenden bis heute den Ausdruck vakzinierten) Organismus innerhalb von zwei Wochen eine Veränderung hervorzurufen, die die Unantastbarkeit, die Immunität, ausmacht.

Diese Impfung ist spezifisch für einen Erreger. Eine Substanz, die eine spezifische Immunität induzieren kann, nannte man Antigen (Abb. 1).

Solches Wissen damals zu verbreiten, war äußerst schwierig. Marktplätze waren Orte von wissenschaftlichen Demonstrationen. Pasteur zeigte an sechs Kühen, einer Ziege und 24 Schafen seinem interessierten Publikum sehr drastisch auf dem Marktplatz von Poilly le Fort den unterschiedlichen Ausgang einer Milzbrandinfektion bei ungeimpften und geimpften Tieren.

Eine Immunität nach einer überstandenen Infektion oder – viel bequemer – nach einer Impfung schützt das Individuum vor dem Ausbruch der Infektionskrankheit. Die Definition von *immunis* bezieht sich also auf Infektionen. Aber auch nicht infektiöse körperfremde Substanzen können eine Immunreaktion auslösen.

Robert Koch fand 15 Jahre nach Pasteur einen experimentellen Beleg für diesen erworbenen Zustand der Immunität. Nur geimpfte Tiere reagierten nach einigen Tagen mit einer Rötung

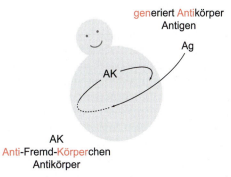

1 Substanzen, die eine spezifische Immunantwort induzieren können, nennt man Antigene. Vor 100 Jahren war die Bildung spezifischer Antikörper, die mit dem Antigen reagieren können, als Ausdruck einer Immunreaktion bekannt.

und Schwellung an der Einstichstelle, wenn das entsprechende Antigen in die Haut gespritzt wurde. Diese Hautreaktion ist hoch spezifisch für das Antigen und wird noch heute z. B. als Tuberkulintest benutzt. Das Wirkprinzip dieses Testes konnte allerdings nicht mehr zu Lebzeiten von Robert Koch aufgeklärt werden. Wir werden diesem Test unter dem Begriff „Hauttest vom verzögerten Typ" bei der Abhandlung der „zellulären Immunität" wieder begegnen.

Auf der Suche nach dem biologischen Prinzip einer Immunantwort fand man im Serum Stoffe, sog. Antikörper, die eine spezifische Bindung mit dem Antigen eingehen. Diese „Körperchen" tragen ihren Namen zu Unrecht. Es sind keine Partikel, sondern Eiweißmoleküle (Proteine).

Spätestens hier gilt es sicherzustellen, dass zwei Begriffe nicht verwechselt werden: Antigen und Antikörper. Die Wortentstehung ist in Abbildung 1 erklärt. Nach einer Impfung mit einem Antigen finden sich im Serum Antikörper, die an das Antigen binden können. Das komplette Serum nennt man Antiserum. Dabei machte Paul Ehrlich eine wesentliche Entdeckung: Er fand heraus, dass Antiseren ganz offensichtlich eine Mischung von verschiedenen Antikörperspezifitäten enthalten. Immunisierte er Kaninchen mit roten Blutkörperchen von Rindern, konnte er einen Teil der Antikörper durch Bindung an Ziegenerythrozyten aus dem gebildeten Antiserum entfernen, ohne die Reaktivität gegen Rindererythrozyten zu verlieren. Kaninchenseren von nicht immunisierten Tieren reagierten weder mit Rinder- noch mit Ziegenzellen. Paul Ehrlich zeigte auch, dass die Antiseren Rindererythrozyten lysieren konnten. Im ersten Kapitel werden wir sehen, dass Antikörper selbst nicht zytotoxisch wirken, sondern komplementäre Serumfaktoren im Antiserum nach spezifischer Antikörperbindung für diese Effekte nötig sind. Kurz danach fand man auch, dass tierische Antiseren vor der biologischen Wirkung von toxischen Antigenen, wie z. B. Diphtherietoxin, Tetanustoxin oder Bienengift schützen.

Antiseren wurden an der Wende zum 20. Jahrhundert zu modernen Therapeutika. Emil von Behring erprobte zu dieser Zeit die passive Übertragung der Immunität an Patienten. Der Patient generierte keine Immunantwort, sondern erhielt fertige Produkte (Antikörper) aus einem anderen Organismus. Ausgehend von Tierversuchen zur Erzeugung von Immunität entwickelte Behring ein Antiserum gegen Diphtherie, wofür er 1901 den ersten Nobelpreis für Medizin erhielt (Tab. 1). Er war es, der den Begriff Antikörper prägte, als er die Wirkung der „Antitoxine", die im Blut eines Tieres nach Impfung erschienen, studierte. Im Gegensatz zur aktiven Immunisierung, die langfristig schützt, bietet eine solche Antikörpergabe nur vorübergehenden Schutz. Wir nennen diese Behandlung passive Immunisierung. Die Dauer dieses Schutzes hängt von der Verfügbarkeit der gespritzten Proteine, der sog. Halbwertszeit, ab. Diese beträgt für Antikörper in der Regel ca. drei Wochen. Sehr früh lernte man aber, dass eine Behandlung mit tierischen Antiseren nicht nur prophylaktisch (schützend), sondern auch anaphylaktisch wirken kann. Anaphylaxie ist das Gegenteil von Prophylaxie. Die Patienten, die wiederholte Gaben von tierischen Antiseren aus der gleichen Spezies erhielten, reagierten nämlich mit Kreislaufkollaps und Schockzuständen, denen wir unter dem Thema der „pathogenen Immunreaktionen" später wieder begegnen. Der Grund ist, retrospektiv betrachtet, einfach: Proteine verschiedener Spezies weisen speziesspezifische molekulare Unterschiede auf. Deshalb werden Proteine einer fremden Spezies vom Immunsystem als fremd erkannt. Für das Immunsystem des Menschen sind also Pferdeantikörper gegen Diphtherietoxin fremde Antigene und lösen eine Antikörperantwort aus. Jetzt wird klar, warum Abbildung 1 für das Verständnis der Immunologie so elementar ist. Und noch etwas ergibt sich aus der Beobachtung der anaphylaktischen Reaktionen: Eine Immunantwort kann auch zum Nachteil eines Individuums ausgehen. Sie kann verschiedene Qualitäten besitzen und verschiedene Ausmaße annehmen. Diese Erkenntnisse spielen heute eine große Rolle bei der Erforschung aller Funktionen des Immunsystems, die in diesem Kompendium vorgestellt werden, und die weit über die Abwehr von Infektionen hinausgehen.

Bereits an dieser Stelle kann vorweggenommen werden, dass wir noch weit davon entfernt

Tabelle 1 Meilensteine immunologischer Forschung.

15. Jahrhundert	China	Schnüffeln von Pockenschorf schützt vor Erkrankung
1774	Bauer Benjamin Jesty	Kuhpockenvakzinierung
1798	Landarzt Edward Jenner	Erstbeschreibung der „Reaktion der Immunität"
1882	Elie Metschnikoff[*1908]	Mechanismen der Phagozytose
1885	Louis Pasteur	Tollwutvakzinierung
1890	Robert Koch[*1905]	Tuberkulinreaktion
1890	Emil von Behring[*1901]	Antitoxine, passive Immunisierung
1898	Paul Ehrlich[*1908]	Theorien der Antikörperbildung
1898	Jules Bordet[*1919]	Mechanismen der komplementvermittelten Zelllyse
1901	Karl Landsteiner[*1930]	Entdeckung der Blutgruppen
1902	Charles Richet[*1913]	Entdeckung der Anaphylaxie
1903	Clemens von Pirquet	Mechanismus der Serumkrankheit
1911	Leonard Noon	Hyposensibilisierung bei Allergien
1921	James L. Gowans	*cell-mediated immunity* (CMI)
1932	Hans Selye	Entdeckung der Hypothalamus-Hypophysen-Nebennierenrinden-Achse; führt den Begriff „Stress" ein
1939	Max Theiler[*1951]	Impfstoff gegen Gelbfieber
1945	Robin Coombs	Herstellung von Anti-Immunglobulin-Antikörpern, Coombs-Tests
1945	Alexander S. Wiener Harry Wallenstein	Rh-Prophylaxe
1946	Merill Chase	orale Toleranz
1948	Philip S. Hench[*1950] Edward C. Kendall[*1950]	Cortisolbehandlung bei Rheumatoidarthritis
1950	Daniel Bovet[*1957]	Entwicklung von Antihistaminika
1951	Michael Heidelberger	quantitative Immunchemie
1952	Ogden Bruton	Erstbeschreibung einer Agammaglobulinämie als genetischer Effekt
1955	Frank MacFarlane Burnet[*1960]	klonale Selektionstherorie
1955	Peter Medawar[*1960]	Toleranz
1955	Niels Jerne[*1984]	idiotypische Netzwerktheorie
1957	Gertrude B. Elion[*1988] George H. Hitchings[*1988]	Entwicklung von Immunsuppressiva
1957	Deborah Doniach Ernest Witebsky	Entdeckung von Autoantikörpern

Tabelle 1 Meilensteine immunologischer Forschung. (Forts.)

1958	Jean Dausset*1981	*major histocompatibility complex* (MHC)
1959	Rosalyn Yalow*1977	Radioimmunassay zum Peptidnachweis
1961	Joseph E. Murray*1990	Beiträge zur allogenen Nierentransplantation
1962	Rodney Porter*1972	Peptidstruktur der Antikörper
1963	Gerald Edelman*1972	erste komplette Antikörpersequenz
1965	Baruj Benacerraf*1980	Entdeckung der *immune response genes*
1967	Christiaan Barnard	erste Herztransplantation
1969	E. Donall Thomas*1990	erste Knochenmarktransplantation
1970	George Snell*1980	Genetik des MHC
1973	Peter Doherty*1996 Rolf Zinkernagel*1996	MHC-Restriktion der Antigenerkennung durch T-Zellen
1975	Georges Köhler*1984 Cesar Milstein*1984	Hybridomtechnik zur Herstellung monoklonaler Antikörper
1976	Susumo Tonegawa*1987	Antikörperdiversität durch somatische Rekombination
1984	Edward Blalock	Immunsystem als „sechster Sinn" (Neuroimmunoendokrinologie)
1984	Harald zur Hausen*2008	Impfung gegen virusinduzierten Tumor
1985	**Erstzulassung eines monoklonalen Antikörpers für die Therapie	
1986	Timothy R. Mosman	TH1-TH2-Subpopulationen
1989	Mario R. Capecchi*2007 Martin J. Evans*2007 Oliver Smithies*2007	Knock-out-Mäuse
1997	Charles A. Janeway	Toll-like-Rezeptoren
1998	Polly Matzinger	*danger*-Modell
1998	Gert Riethmüller	postoperative, passive Anti-Tumor-Immunisierung mit monoklonalen Antikörpern
1998	**erste klinische Studie zur Tumorvakzinierung	

* Verleihung des Nobelpreises
** heutzutage arbeiten oft mehrere Arbeitsgruppen zeitgleich an einem Problem

sind, alles verstehen zu können. Wir können z. B. bei einer Autoimmunerkrankung nicht die verloren gegangene Selbsttoleranz wiederherstellen oder etwa Allergien kausal therapieren. Aber zurück in die Zeit vor 100 Jahren. Emil von Behring erhielt den Nobelpreis und bis in die 50er-Jahre stand die humorale Immunität im Mittelpunkt des Interesses. Es war die Zeit der molekularen Strukturaufklärung der Antikörper. Antikörper wurden zu Handwerkszeugen der Immunologen. Zwei wegweisende Forschungsergebnisse wurden zu Meilensteinen:

Susumu Tonegawa beantwortete am Basel Institute of Immunology die Frage, wie die enorme Vielfalt der spezifischen Antikörpermoleküle entsteht. Sie wird nämlich nicht durch das Antigen induziert, sondern – mehr oder weniger wie im Lotto – per Zufall durch somatisches Genrearrangement generiert.

Georges Köhler und Cesar Milstein benutzten eine Methode, die sie keineswegs erfanden, sondern „lediglich" für ihre Anwendung modifizierten, um monoklonale Antikörper herzustellen.

Beide Leistungen wurden ebenfalls mit Nobelpreisen honoriert (Tab. 1). Die Hybridomtechnik zur Herstellung monoklonaler Antikörper ist so genial einfach, dass sich viele Immunologen hinterher fragten, warum sie nicht viel früher selbst auf diese Idee kamen. Hier funkelt die Spannung wissenschaftlichen Arbeitens auf, die die Genialität Einzelner offenbart. Wer könnte schon von sich behaupten, wie Louis Pasteur gehandelt zu haben und nach der Sommerpause die versehentlich liegengelassenen Bakterienkulturen neugierig in ein Experiment zu nehmen, wie oben beschrieben. Die meisten hätten die Kulturschälchen entsorgt. Überhaupt ist die Geschichte der Immunologie spannend wie ein Krimi („The making of a modern science" Gallagher RB, Salvatore G, Nossal GJV, Academic Press 1995). Es lohnt sich auch, auf einer Reise einen Abstecher in das Robert-Koch-Museum (Robert-Koch-Institut, Nordufer 20, 13353 Berlin) oder in das Louis-Pasteur-Museum (Institut Pasteur, 25–28 rue de Docteur Roux, 75724 Paris) zu machen.

Es dauerte lange, bis herausgefunden wurde, dass Immunität im Tierexperiment auch durch Milzzellen übertragbar ist. Dabei spielten Antikörper nachweislich keine Rolle. Dieser Zelltransfer bringt einen langfristigen Schutz ungeimpfter Tiere, wenn die Zellen aus geimpften Tieren stammen, die genug Zeit hatten (ca. 14 Tage), eine spezifische Immunantwort zu etablieren. Das heißt im Klartext, Lymphozyten sind die Träger der erworbenen Immunität. Das war die Geburtsstunde der zellulären Immunität, die der lang erforschten humoralen Immunität, die sich auf Wirkungen von Proteinen (Antikörpern) bezog, gegenübergestellt wurde. Obwohl schnell klar wurde, dass die humorale Immunität auch von speziellen Lymphozyten (den Produzenten der Antikörper) geleistet wird, wird diese Zweiteilung bis heute benutzt.

Lymphozyten müssen also die Fähigkeit besitzen, Antigene spezifisch über Antigenrezeptoren zu erkennen. Es musste geklärt werden, worin diese Qualität einer spezifischen Immunität besteht und warum es so lange dauert, bis sie etabliert ist.

Daraus erwächst die brennende Frage, was denn eigentlich bis zur Etablierung der spezifischen Infektabwehr in einem nicht immunisierten (naiven) Organismus passiert. Über der Faszination der extremen Spezifität, die von Lymphozyten getragen wird, sind die einfachen Fresszellen, die z. B. eine bakterielle Infektion „abräumen" und ganz offensichtlich diese zeitliche Lücke schließen, wenig beachtet worden. Es handelt sich um die Phagozyten, z. B. Granulozyten oder Makrophagen. Diese Zellen sind immer zum Fressen bereit, haben keine hoch spezifischen Antigenrezeptoren und werden deshalb zum angeborenen Immunsystem gerechnet. Bereits 1872 hat Elie Metschnikoff den Mechanismus der Phagozytose im Mikroskop beobachtet. Was ansonsten noch zu dieser unspezifischen Abwehr gehört, rückte erst in jüngster Zeit in den Mittelpunkt des Interesses. Immerhin sorgt dieses phylogenetisch ältere unspezifische Abwehrsystem dafür, dass ein Organismus sofort reagieren kann – ohne den Luxus hoch spezifischer Antigenrezeptoren und ohne Adaptationsphase. Dabei blieb die spannende Frage, wie diese Straßenfeger-Leukozyten (*scavenger leukocytes*) eigentlich „Fremd" und „Selbst" unterscheiden können, sehr lange unbeantwortet. Erst vor zwölf Jahren durchschaute man das geniale Prinzip der Erkennung von molekularen Mustern auf Pathogenen. Toll-like-Rezeptoren wurden durch vergleichende Analysen mit Genen der Fruchtfliege (*Drosophila melanogaster*) entdeckt. Bezeichnenderweise steht Toll für „irre".

Erst seit wenigen Jahren ahnen wir, wie Immunität entsteht. Zellen der unspezifischen Abwehr spielen nämlich eine viel größere Rolle als bislang vermutet. Man kann es auch anders sagen: Spezifische Lymphozyten bekommen ihre Instruktionen von sog. dendritischen Zellen. Diese entscheiden, welche Antigene die Lymphozyten überhaupt „erkennen dürfen" – und sie instruieren die Lymphozyten, wie sie zu reagieren haben. Wenn das so ist, ergibt sich natürlich die Frage, wodurch die dendritischen Zellen zu solchen Leistungen aktiviert werden. Ganz offensichtlich sind die Mustererkennungsrezeptoren auf ihrer Oberfläche (oder in intrazellulären Kompartimenten nach der Phagozytose der verschiedenen Antigene) doch selektiver. Wir kennen heute mehr als elf verschiedene Toll-like-Rezeptoren auf Säugerzellen. Das ergibt eine Erklärungsmöglichkeit, wie verschiedene Antigene unterschiedliche Signaltransduktionswege nach unterschiedlicher Rezeptorbesetzung initiieren können.

Die „Nettoreaktion" einer Zelle besteht aus einem Paket von hoch- und herunterregulierten Genen, dessen Komposition sich erklärtermaßen von Antigenexposition zu Antigenexposition unterscheidet. Das Genexpressionsprofil einer Zelle kann man heute mittels Mikroarray-Technologie für den kompletten Gensatz ermitteln (RNA-*profiling* oder auch Transcriptomics genannt). Die Konfrontation mit einem Antigen wird von der Zelle in ein genetisches Programm übersetzt. Dieses kann z. B. die Sekretion von löslichen Botenstoffen beinhalten, die wir Zytokine nennen. Die Zytokine sind zuerst aufgrund ihrer biologischen Wirkung beschrieben worden. Die ersten Zytokine sind 1970 in Zellkulturüberständen charakterisiert worden. 1980 wurde das erste Zytokin (Interferon) kloniert. Danach erhielten wir eine Ahnung von den Kommunikationsmöglichkeiten der Immunzellen untereinander und mit Geweben im Organismus. Und noch ein extrem wichtiges Feld harrt auf seine Aufklärung: Immunzellen sind beweglich. Wie wird die richtige Zelle an den richtigen Ort gelockt oder gelenkt? Wie passiert Zellmigration? Wann „weiß" eine Zelle, dass sie „angekommen ist" (*homing phenomenon*)? Dazu sind nicht nur Chemokine wesentlich, deren Konzentrationsgradienten Zellen zur Orientierung dienen, sondern auch im richtigen Moment Chemokinrezeptorexpressionen auf wandernden Zellen. Wie wird eine Zellmigration wieder gestoppt? Was passiert, wenn das nicht funktioniert? Diese und viele andere Fragen werden durch dieses Kompendium leiten. Die Fragen sollen erstens neugierig machen. Zweitens – und das ist viel wichtiger – sollen sie Schwerpunkte im Verständnis des Ablaufes und Funktionierens des Immunsystems setzen. Großes Detailwissen birgt auch die Gefahr, vor lauter Bäumen den Wald nicht mehr zu sehen.

Christine Schütt und Barbara Bröker

P.S. Drei Dinge sind noch wichtig.

Erstens: Die Schnelllebigkeit immunologischen Grundlagenwissens lässt jedes Lehrbuch bereits veralten, bevor es erscheint. Dies bitten wir den Leser zu berücksichtigen.

Zweitens: Immunologie hat nur eine Sprache: Englisch. Wir bitten um Nachsicht für die vielen englischen Termini. Die gebräuchlichen Abkürzungen sind anders nicht erklärbar.

Drittens: Wir widmen dieses kleine Buch unseren Studentinnen und Studenten, die uns durch ihr Interesse inspirieren. Die Initiative zu diesem Buch stammte von Ulrich Moltmann vom Spektrum-Verlag. Die Reaktionen auf die erste Auflage waren sehr ermutigend. Wir haben das Kompendium überarbeitet und bedanken uns sehr herzlich für die Begleitung durch Frau Martina Mechler. Susann Mainka und Steffen Friedl von der Firma Visuv haben unsere Skizzen in die minimalistischen Bilder umgesetzt. Wir bedanken uns für die gute Zusammenarbeit auch bei der zweiten Auflage.

DAS FUNKTIONIERENDE IMMUNSYSTEM

1 Was gehört zum Immunsystem?

1.1 Zellen und Organe des Immunsystems

Mit einer Masse von 2–3 kg gehört das Immunsystem zu den großen Organen. Dies fällt aber nicht auf den ersten Blick auf, weil Immunzellen und lymphatische Gewebe im gesamten Organismus verteilt sind. Neben seiner Komplexität – da wird das Immunsystem gern mit dem zentralen Nervensystem verglichen – ist eine beeindruckende Dynamik charakteristisch für dieses System: Zellteilung und Zelltod, Umbau der Organe durch Ein- und Auswanderung von Zellen, Veränderungen durch Differenzierung sind hier nicht die Ausnahme, sondern die Regel.

Klassisch ist die Einteilung in angeborenes und adaptives Immunsystem.

1.1.1 Zellen des angeborenen Immunsystems

Monozyten und Makrophagen

Bereits Metschnikoff beobachtete in lebenden transparenten Wasserflöhen Fresszellen, welche diese Tierchen vor Infektionen schützen, indem sie die Infektionserreger verschlingen und verdauen. Er nannte sie Makrophagen (= große Fresser). Vorläufer der Makrophagen finden sich auch im Blut des Menschen, wo sie wegen ihres großen ungelappten Kerns als Monozyten bezeichnet werden (im Gegensatz zu den polymorphkernigen Granulozyten). Monozyten halten sich nur kurze Zeit im Blut auf, bevor sie in die Gewebe einwandern und sich dort zu Makrophagen differenzieren. In verschiedenen Geweben prägen Makrophagen geringfügig verschiedene Eigenschaften aus. Diese gewebstypischen Formen heißen in der Leber Kupffer'sche Sternzellen, im Gehirn Mikrogliazellen. Da sich Makrophagen in allen Geweben befinden, gehören sie meist zu den ersten, die eingedrungene Infektionserreger erkennen. Sie nehmen diese dann in intrazelluläre Phagosomen auf, wo die Erreger nach deren Fusion mit Lysosomen abgetötet und verdaut werden. Toxische Substanzen können von Makrophagen aber auch sezerniert werden. Außerdem warnen die Zellen den Organismus durch die Sekretion von Zytokinen, Botenstoffen des Immunsystems, und setzen dadurch eine Immunantwort in Gang.

Polymorphkernige Granulozyten

Die polymorphkernigen Granulozyten, kurz Granulozyten, heißen so nach ihrem gelappten Kern und ihren vielen zytoplasmatischen Granula. Bereits aufgrund ihres Färbeverhaltens im Blutausstrich lassen sich drei Typen dieser kurzlebigen Zellen unterscheiden, **neutrophile, basophile und eosinophile Granulozyten.** Während diese Zellen in gesunden Geweben kaum anzutreffen sind, werden sie bei Infektionen im Knochenmark vermehrt gebildet und in großer Zahl an den Entzündungsherd rekrutiert. Neutrophile Granulozyten nehmen dort Infektionserreger in intrazelluläre Vesikel auf oder töten sie durch die Sekretion von Sauerstoffradikalen und anderen toxischen Substanzen. Basophile und eosinophile Granulozyten wirken vor allem durch die Sekretion toxischer Substanzen, wobei eosinophile Granulozyten besonders bei der Abwehr großer Parasiten wie z. B. Würmern ihre Rolle spielen.

Mastzellen

Mastzellen, große Zellen, deren Zytoplasma „bis zum Bersten" mit elektronendichten Granula gefüllt ist, findet man nur in Geweben, besonders in der Haut und in den Schleimhäuten. Wenn sie Infektionserreger erkennen oder andere Aktivierungsreize erhalten, setzen sie die toxischen Inhaltsstoffe dieser Granula innerhalb von Sekunden nach außen frei. Durch Zytokinsekretion sind sie auch in der Lage, weitere Zellen anzulocken und eine Entzündung zu starten.

Interdigitierende dendritische Zellen

Die interdigitierenden dendritischen Zellen werden meist nur kurz dendritische Zellen genannt (*dendritic cells*, DCs). Als unreife Zellen wandern sie aus dem Blut in die Gewebe ein und bilden dort zahlreiche zarte Verästelungen aus, denen sie ihren Namen verdanken. In der Haut werden sie Langerhans-Zellen genannt und bilden mit diesen Fortsätzen ein dichtes Netz in der Epidermis. Im Gewebe nehmen dendritische Zellen durch Makropinozytose ständig Substanzen aus ihrer Umgebung auf. Werden sie durch Infektionserreger aktiviert, hören sie auf zu pinozytieren, wandern mit dem Lymphstrom in die Lymphknoten und präsentieren dort Lymphozyten die Antigene, die sie zuletzt im Gewebe aufgenommen haben. Neben diesen myeloiden DCs kennt man auch plasmazytoide DCs, welche direkt aus dem Blut in die lymphatischen Organe wandern und sich dort ausdifferenzieren.

Follikuläre dendritische Zellen

Die follilkulären dendritischen Zellen (*follicular dendritic cells*, FDCs) bilden Netzwerke in den B-Zell-Follikeln der sekundären lymphatischen Organe. Sie sind darauf spezialisiert, antigene Substanzen, die sie mit dem Lymphstrom erreichen, aufzunehmen und den B-Zellen zu präsentieren.

Natürliche Killerzellen

Natürliche Killer(NK)-Zellen sind Lymphozyten, welche darauf spezialisiert sind, infizierte Zellen, Tumorzellen und durch Antikörper „markierte" Zellen zu töten.

1.1.2 Zellen des adaptiven Immunsystems

Die Zellen des adaptiven Immunsystems sind Lymphozyten mit großem, fast rundem Kern und einem schmalen Zytoplasmasaum. Man unterscheidet B-Zellen und T-Zellen. Beide zeichnen sich durch klonal verteilte Rezeptoren für Antigene aus. Ein Klon ist die Nachkommenschaft einer einzigen Zelle. Dies bedeutet, dass sich die Antigenrezeptoren individueller B- bzw. T-Zellen (genauer: verschiedener B-Zell- und T-Zell-Klone) voneinander unterscheiden. Die klonal verteilten Antigenrezeptoren bilden die molekulare Grundlage einer außerordentlichen Unterscheidungsfähigkeit des adaptiven Immunsystems.

B-Zellen

B-Lymphozyten erhielten ihren Namen von dem lymphatischen Organ, in dem sie sich bei Vögeln entwickeln, der **B**ursa fabricius. Beim Menschen reifen die B-Zellen im Knochenmark (*bone marrow*). Ihre Antigenrezeptoren heißen B-Zell-Rezeptoren (*B-cell receptors*, BCRs). Molekular betrachtet handelt es sich dabei um membranverankerte Immunglobuline oder Antikörper. Wenn B-Zellen aktiviert werden, differenzieren sie sich zu **Plasmazellen**. Diese Zellen sind darauf spezialisiert, große Mengen von Immunglobulin zu synthetisieren und in löslicher Form zu sezernieren. In Hochform produziert eine Plasmazelle 2 000 Antikörpermoleküle pro Sekunde.

T-Zellen

T-Lymphozyten reifen im **T**hymus. Man kann zwei Hauptpopulationen unterscheiden: T-Helferzellen und zytotoxische T-Zellen (*cytotoxic*

T-lymphocytes, CTLs). Ihre Antigene erkennen die T-Zellen durch die klonal verteilten T-Zell-Rezeptoren (*T-cell receptors*, TCRs). T-Helferzellen optimieren die Immunantwort: Sie können zum Beispiel B-Zellen zur Antikörperproduktion aktivieren und Makrophagen dabei helfen, aufgenommene Mikroorganismen abzutöten. Regulatorische T-Helferzellen (Treg) wirken entgegengesetzt und supprimieren die Immunantwort. Sie haben die lebenswichtige Funktion, den Organismus selbst vor Angriffen des Immunsystems zu schützen sowie die Immunreaktionen und damit auch den Schaden durch die aggressiven Effektormechanismen des Immunsystems zu begrenzen. Wie ihr Name sagt, sind die CTLs darauf spezialisiert, infizierte Zellen zu töten.

1.1.3 Die CD-Nomenklatur

Lymphozyten lassen sich morphologisch nicht voneinander unterscheiden. Sie exprimieren aber abhängig von ihrem Differenzierungs- oder Aktivierungszustand ein charakteristisches Profil von Oberflächenmolekülen, das ihre diagnostische Differenzierung erlaubt. Die Oberflächenmoleküle werden deshalb auch Differenzierungsmarker genannt. Um diese sichtbar zu machen und damit verschiedene Populationen von Immunzellen zu unterscheiden, nutzen Immunologen die exquisite Unterscheidungsfähigkeit des adaptiven Immunsystems als Mittel zum Zweck: Sie stellen spezifische monoklonale Antikörper her (Kap. 15.3), welche jeweils nur einen bestimmten Differenzierungsmarker binden. Diese hoch selektive Antikörperbindung kann man dann mit verschiedenen Methoden sichtbar machen (Kap. 15) und so Differenzierungsmarker auf Immunzellen nachweisen und diese damit unterscheiden. Nachdem Immunologen in verschiedenen Laboratorien Hunderte solcher Reagenzien hergestellt hatten, verglichen sie diese in einer konzertierten Aktion unter riesigem logistischem Aufwand miteinander. So stellten sie fest, welche monoklonalen Antikörper die gleichen Moleküle auf der Oberfläche von Immunzellen binden. Diese Antikörper wurden jeweils zu einem Cluster zusammengefasst. Die Cluster bekamen laufende Nummern. Das Molekül, welches von den Antikörpern eines bestimmten *cluster of differentiation* gebunden wird, heißt **cluster determinant**, **CD**. Diese CD-Nomenklatur mag auf manche Leser wenig einladend wirken, aber sie hat Ordnung in die vorher herrschende babylonische Sprachverwirrung gebracht und erleichtert die Kommunikation in der Immunologie wesentlich. Anhand der CD-Nummer können Immunologen sofort erkennen, welches Molekül von einem bestimmten Antikörper gebunden wird. T-Helferzellen und CTLs lassen sich zum Beispiel dadurch unterscheiden, dass T-Helferzellen CD4 exprimieren, während CTLs CD8-"positiv" ($CD8^+$) sind. Ohne die Hilfe spezifischer monoklonaler Antikörper gegen CD4 und CD8 ließen sich diese beiden wichtigen Zellpopulationen nicht unterscheiden. Im Anhang werden unter „Fakten und Zahlen 2" (F&Z 2) Oberflächenmoleküle auf Immunzellen in der CD-Nomenklatur aufgelistet.

1.1.4 Primäre lymphatische Organe

In den primären lymphatischen Organen, dem Knochenmark und dem Thymus, findet die Reifung der Immunzellen statt.

Knochenmark

Die Zellen des Immunsystems stammen von pluripotenten Stammzellen aus dem Knochenmark ab. Dies erkennt man daran, dass sich nach Transplantation von isolierten Knochenmarkstammzellen ein funktionsfähiges Immunsystem regenerieren kann. Durch fortschreitende Differenzierung entstehen aus diesen Stammzellen die oben beschriebenen Zellen des Immunsystems (Abb. 1.1).

Thymus

Der Thymus ist ein lymphatisches Organ, welches sich hinter dem Brustbein befindet.

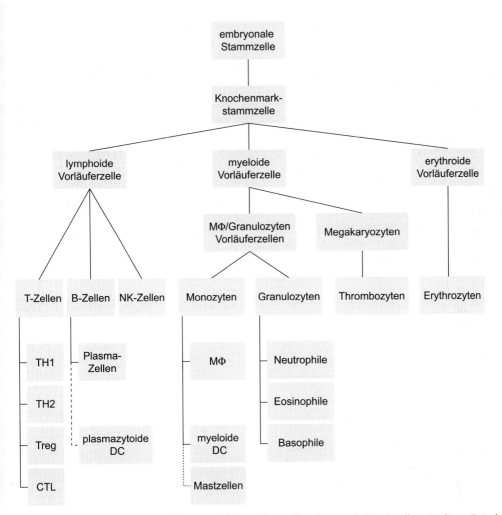

1.1 Alle hämatopoietischen Zellen entwickeln sich aus Knochenmarkstammzellen. Weitere Entwicklungsmöglichkeiten der Knochenmarkstammzellen werden in Kapitel 9.10 erklärt.

Dort reifen die T-Zellen, die bereits in einem frühen Vorläuferstadium das Knochenmark verlassen, um in den Thymus einzuwandern. Das Organ ist durch Bindegewebe in Läppchen gegliedert, welche einen homogenen Aufbau haben: Man kann darin bereits lichtmikroskopisch jeweils **Kortex** (Rinde) und **Medulla** (Mark) unterscheiden. Die reifenden T-Zellen im Thymus bezeichnet man als **Thymozyten**. Dem Prozess der T-Zell-Reifung ist ein eigener Abschnitt gewidmet (Kap. 11.1.1).

1.1.5 Sekundäre lymphatische Organe

Reife Immunzellen besiedeln die sekundären lymphatischen Organe: Lymphknoten, Milz und das mukosaassoziierte lymphatische Gewebe (*mucosa-associated lymphatic tissue*, MALT). Antigene gelangen in die Lymphknoten bevorzugt über die Lymphgefäße, in die Milz mit dem Blut und in das MALT direkt durch die Schleimhaut.

Lymphknoten

Durch den Blutdruck werden täglich etwa zwölf Liter Plasma aus den Kapillaren und Venolen in den Extravasalraum gepresst. Der Großteil dieser Flüssigkeit wird von den Gefäßen wieder resorbiert, aber etwa zwei Liter täglich werden als Lymphe in ein eigenes Gefäßsystem aufgenommen und schließlich in das Blutgefäßsystem zurücktransportiert. Mit der Lymphe fließen unter anderem Antigene aus dem Extrazellulärraum, aber auch Immunzellen nutzen das Lymphgefäßsystem zum Transit. Auf dem Weg aus der Peripherie zurück ins Blut strömt die Lymphe durch die Lymphknoten, wichtigen Kommunikationszentren des Immunsystems. Die kleinen bohnenförmigen Organe sind von einer Bindegewebskapsel umgeben, in die die afferenten Lymphgefäße einmünden, welche die Lymphe herantransportieren. Diese sickert dann durch ein dichtes Maschenwerk aus Zellen und verlässt das Organ wieder durch ein efferentes Lymphgefäß. Nach mehreren Lymphknotenstationen sammeln sich die großen Lymphgefäße schließlich im Ductus thoracicus, welcher in die Vena cava mündet. Die Lymphknoten werden durch Arterie und Vene mit Blut versorgt. Viele kleine Venolen des Lymphknotens sind mit einem ungewöhnlichen kuboiden Epithel ausgekleidet und heißen deshalb *high endothelial venules* (HEVs). Hier gelangen Immunzellen aus dem Blut in den Lymphknoten. Im Lymphknoten kann man Kortex (Rinde) und Medulla (Mark) unterscheiden; im Kortex erkennt man **T-Zell-Areale** und rundliche **B-Zell-Follikel**. Wenn diese sich im Rahmen einer Immunreaktion vergrößern und umstrukturieren, spricht man von Keimzentren bzw. sekundären B-Zell-Follikeln. In der Medulla findet man viele Plasmazellen. Verschiedene Populationen von Immunzellen nehmen im Lymphknoten Kontakt miteinander und mit den Antigenen auf, und sie kooperieren eng miteinander, um antigenspezifische Immunantworten in Gang zu setzen (Abb. 1.2).

Milz

In der Milz kann man zwei Areale unterscheiden: In der **roten Pulpa** werden gealterte Erythrozyten aus dem Blut „entfernt", die **weiße Pulpa** hat eine ähnliche Funktion wie die Lymphknoten. Man kann dort ebenfalls T-Zell-Areale und B-Zell-Follikel unterscheiden. Antigene und Immunzellen erreichen die weiße Pulpa über den Blutstrom.

Mukosales lymphatisches System

Weit mehr als die Hälfte aller Immunzellen ist mit den großen Schleimhautoberflächen assoziiert. Dem mukosaassoziierten lymphatischen System ist deshalb ein eigener Abschnitt gewidmet (Kap. 12).

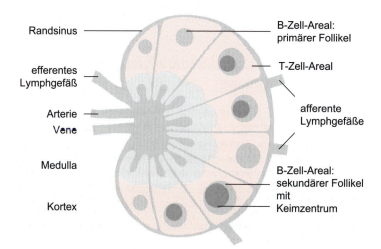

1.2 Schematischer Querschnitt durch einen Lymphknoten.

1.2 Antikörper

1.2.1 Struktur der Antikörper

Die Antikörper, auch Immunglobuline (Ig) genannt, gehören zu den Stars des adaptiven Immunsystems. Antikörper kommen zunächst als Transmembranrezeptoren auf der Zelloberfläche von B-Lymphozyten vor und werden dort als B-Zell-Rezeptoren bezeichnet. Im Verlauf einer Immunreaktion können sich B-Zellen zu Plasmazellen differenzieren, und diese sind darauf spezialisiert, lösliche Antikörper (ohne Transmembrandomäne) in großen Mengen in die Körperflüssigkeiten zu sezernieren. Es handelt sich bei den Antikörpern bzw. Immunglobulinen um große Y-förmige Proteine, die zwei Funktionen besitzen: Sie erkennen einerseits verschiedenste Antigene mit sehr hoher Spezifität und Affinität und lösen andererseits immunologische Effektormechanismen gegen das erkannte Antigen aus. Die beiden Arme der Y-Struktur tragen an ihren Enden die Bindungsstellen für die Antigene, der Stamm vermittelt die Effektorfunktionen. Antikörper wirken also als Adapter: Sie verknüpfen die hoch selektive Antigenerkennung mit einer biologischen Wirkung (Kap. 5). Abbildung 1.3 zeigt prototypisch den Aufbau eines Antikörpers vom IgG-Typ. Molekular gesehen ist das Y ein achsensymmetrisches Heterotetramer bestehend aus zwei molekular identischen schweren Ig-Ketten und zwei identischen leichten Ig-Ketten. Disulfidbrücken verknüpfen jeweils eine leichte Kette mit einer schweren und verbinden auch die beiden schweren Ketten kovalent miteinander. Aus der Symmetrie der Immunglobuline wird verständlich, dass beide Antigenbindungsstellen dieselbe molekulare Feinstruktur aufweisen und deshalb auch dieselbe Bindungsspezifität für Antigene besitzen. Ein IgG-Molekül ist also divalent.

Könnte man einzelne Antikörpermoleküle aus dem Blut herausfischen und sie miteinander vergleichen, fiele sofort die riesige Vielfalt ihrer Antigenbindungsstellen auf. Man schätzt, dass jeder Mensch mindestens 10^6 verschiedene Antikörperspezifitäten besitzt. Die Arme des Y, besonders deren Enden, sind also hoch variabel.

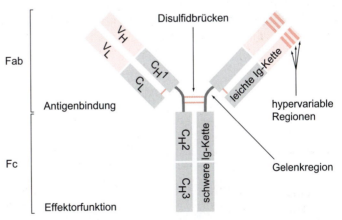

1.3 Struktur eines Antikörpers bzw. Immunglobulins am Beispiel von IgG. Das Heterotetramer ist achsensymmetrisch aus je zwei leichten und zwei schweren Ig-Ketten aufgebaut. Diese bestehen aus einer variablen und einer (leichte Kette) bzw. drei konstanten Regionen (schwere Kette). Zwischen der ersten und zweiten konstanten Region der schweren Kette befindet sich eine Gelenkregion, welche die sog. Fab- und Fc-Fragmente verbindet. Hypervariable Domänen der leichten und schweren Kette bilden gemeinsam die Antigenbindungsstellen, von denen der AK zwei identische besitzt, die Fc-Fragmente vermitteln die biologischen Effektorfunktionen. C: konstante Domäne; Fab: *fragment of antigen binding*; Fc: *constant fragment*; H: schwere Ig-Kette; L: leichte Ig-Kette; V: variable Domäne.

Sie werden durch die Verknüpfung von leichter und schwerer Kette gebildet und als **Fab** (*fragment of antigen binding*) bezeichnet. Die Stämme der Y-Strukturen, zuständig für die Auslösung der biologischen Funktion, kommen dagegen nur in fünf Varianten vor (Abb. 1.6) und werden **Fc** (*constant fragment*) genannt. Wenn man genauer hinschaut, kann man in jeder Ig-Kette mehrere Domänen erkennen; das sind Bereiche eines Proteins, die sich unabhängig voneinander falten und die bei den Immunglobulinen durch interne Disulfidbrücken stabilisiert werden. Jede Domäne hat eine molekulare Masse von etwa 12,5 kDa. Man unterscheidet zwei Typen: konstante und variable Ig-Domänen. Wie ihr Name sagt, wurden Ig-Domänen zuerst bei den Immunglobulinen beschrieben; sie sind als molekulare Bauelemente aber offensichtlich vielseitig einsetzbar und kommen auch in zahlreichen anderen Molekülen vor. Diese gehören alle zur Superfamilie der Immunglobuline. Bei der Beschreibung des Immunsystems werden wir noch weiteren Mitgliedern dieser ausgedehnten Verwandtschaft der Antikörper begegnen.

Leichte Ig-Ketten bestehen aus einer variablen und einer konstanten Domäne, **schwere Ig-Ketten** besitzen eine variable und drei oder vier konstante Domänen. Zwischen der ersten und zweiten konstanten Domäne der schweren Ketten befindet sich ein wenig strukturierter Bereich (*hinge region*), der wie ein Gelenk für eine große räumliche Flexibilität zwischen Fab- und Fc-Fragmenten sorgt. Angesichts der Vielfalt der Antikörperspezifitäten erstaunt nicht, dass es die variablen Domänen der leichten und schweren Ketten sind, welche gemeinsam die Antigenbindungsstellen der Immunglobuline bilden. Bei einem Vergleich der Aminosäuresequenz dieser variablen Domänen bei verschiedenen Antikörpern kann man jeweils drei kurze Abschnitte ausmachen, in denen die Sequenzunterschiede besonders ausgeprägt sind, sogenannte **hypervariable Regionen**. Bei der dreidimensionalen Faltung der Antikörperproteine kommen die hypervariablen Bereiche von leichter und schwerer Kette dicht nebeneinander an der Moleküloberfläche zu liegen und bilden zusammen die Kontaktzone für das Antigen. Häufig findet man auch die Bezeichnung *complementarity determining regions* (**CDRs**) für die hypervariablen Bereiche, weil Antikörper und Antigen an der Kontaktstelle zueinander komplementär sind. **Idiotyp** (griech. *idio*: eigen) ist eine ältere Bezeichnung für die Antigenbindungsstelle. Sie betont deren Einzigartigkeit. Die konstanten Bereiche eines Antikörpers werden in dieser Nomenklatur als **Isotyp** (griech. *iso*: gleich) bezeichnet (Anwendungsbeispiele in Kap. 5.1.4 und 18.2.1).

1.2.2 Die Antigen/Antikörper-Bindung

Als **Antigen** bezeichnet man Substanzen, die durch das Immunsystem erkannt werden. Dies können zum Beispiel Viren, Bakterien oder große Moleküle sein. Antikörper binden immer nur an kleine Bereiche auf solchen Antigenen, die man als **Epitope** oder antigene Determinanten bezeichnet. Ein Antigen kann viele gleichartige Epitope besitzen; dies ist typisch für repetitive Strukturen wie Virushüllen oder Polysaccharidkapseln von Bakterien. Die meisten Antigene besitzen gleichzeitig verschiedene Epitope, und eine Immunreaktion ist meist gegen eine Vielzahl dieser antigenen Determinanten gerichtet (Abb. 1.4). **Haptene**, schließlich, sind kleine Moleküle, an welche Antikörper spezifisch binden, die aber allein keine Immunantwort auslösen können.

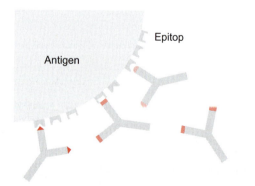

1.4 Antigen und Epitope: Ein Antigen kann viele Epitope tragen; es kann auch verschiedene Epitope besitzen.

Die Bindung eines Antikörpers an sein Epitop beruht auf physikochemischen Wechselwirkungen und ist reversibel. Antigene Determinanten müssen auf der Antigenoberfläche zugänglich sein; eine passende komplementäre dreidimensionale Struktur von Epitop und Antigenbindungsstelle ist eine weitere Voraussetzung für eine starke Bindung. Als Bindungskräfte wirken dann Wasserstoffbrücken, komplementäre elektrische Ladungen, hydrophobe Wechselwirkungen und van-der-Waals-Kräfte zusammen und führen dazu, dass die Antigen/Antikörper-Bindung eine sehr hohe **Affinität** erreichen kann ($K_D = 10^{-6}–10^{-11}$ M). Antikörper können an verschiedenste Substanzklassen binden, wenn diese Vorraussetzungen erfüllt sind: an Proteine, Kohlenhydrate, Lipide, Nukleinsäuren und sogar an viele Kunststoffe. Dabei ist die Antikörperbindung hoch spezifisch, und winzige Veränderungen des Epitops bewirken eine starke Abnahme der Affinität der Antikörperbindung. Deshalb nutzt man die Antigen/Antikörper-Bindung für sehr effiziente und spezifische Nachweis- und Anreicherungsverfahren, die auch in der medizinischen Diagnostik breite Anwendung finden. Beispiele dafür sind die handelsüblichen Schwangerschaftstests und verschiedene serologische Nachweismethoden. Weitere Beispiele finden sich in den Kapiteln 15, 25 und 26.

Es kommt aber auch vor, dass verschiedene Antigene ähnliche Epitope tragen. In diesem Fall kann ein spezifischer Antikörper an unterschiedliche Antigene binden. Man spricht von einer **Kreuzreaktion**. Kreuzreaktionen sind manchmal sehr erwünscht und bei vielen Impfungen die Grundlage der therapeutischen Wirkung: Bei der Impfung mit Kuhpockenviren (*Vaccinia*) erzeugt man zum Beispiel eine Antikörperantwort, die auch gegen den viel gefährlicheren Erreger der echten Pocken (*Variola*) schützt. Der Grund für diese Kreuzreaktivität ist die Ähnlichkeit vieler Epitope auf den beiden verwandten Viren.

Manchmal sind Kreuzreaktionen hinderlich, wenn Antikörper als spezifische Nachweisreagenzien zu falsch-positiven Reaktionen führen, denn auch auf nicht verwandten Mikroorganismen und sogar auf Molekülen verschiedener Substanzklassen können sich Bereiche befinden, die für einen Antikörper „gleich aussehen" (Abb. 1.5).

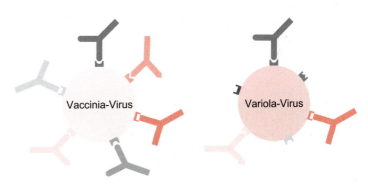

Erwartete Kreuzreaktivität von Antikörpern bei konservierten Epitopen

1.5 Kreuzreagierende Antikörper. Unerwartete Kreuzreaktivität von Antikörpern bei zufälliger Ähnlichkeit von Epitopen

1.2.3 Antikörperklassen

Antikörper werden in verschiedene Klassen (**Isotypen**) unterteilt, welche sich in ihrer Struktur, ihrer Verteilung im Organismus und in ihren Effektorfunktionen unterscheiden. Allen Antikörperklassen ist gemeinsam, dass sie eine große Vielfalt von Antigenbindungsstellen ausprägen und dadurch mit ihren Fab-Abschnitten verschiedenste Substanzen spezifisch binden können. Es gibt beim Menschen zwei verschiedene Typen von leichten Ig-Ketten, κ und λ, und fünf verschiedene Typen von schweren Ig-Ketten, μ, δ, γ, α und ε. Die Immunglobulinklassen sind durch die konstanten Abschnitte der schweren Ketten charakterisiert, und man unterscheidet

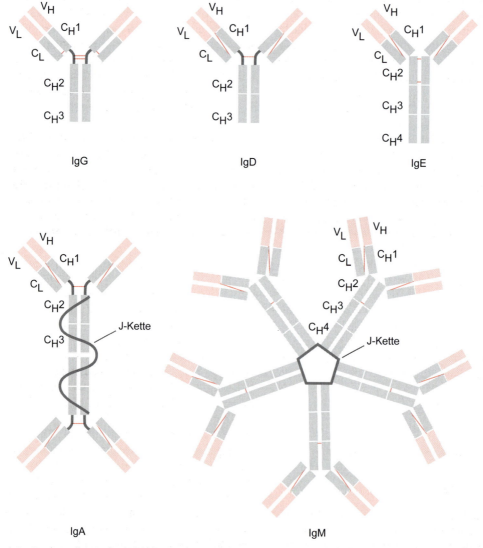

1.6 Struktureller Aufbau der Immunglobulinklassen. Sie unterscheiden sich durch ihre schweren Ketten in der Anzahl der konstanten Domänen, der An- bzw. Abwesenheit von Gelenkregionen, der Anzahl und Lage der Disulfidbrücken. Fünf oder sechs IgM-Monomere werden durch eine J-Kette zu einem Penta- oder Hexamer verbunden. IgA liegt meist als Dimer vor. V: variable Domäne; C: konstante Domäne; H: schwere Ig-Kette; L: leichte Ig-Kette.

deshalb ebenfalls fünf: IgM, IgD, IgG, IgA und IgE. Wichtige Eigenschaften der verschiedenen Antikörperklassen sind in Abbildung 1.6 und Tabelle 1.1 zusammengefasst. Sie werden im folgenden Abschnitt in Form einer kurzen Übersicht dargestellt und später genauer erklärt.

IgM (schwere Kette: μ)

Alle naiven B-Zellen, d. h. solche, die noch keinen Antigenkontakt hatten, tragen IgM als B-Zell-Rezeptor auf ihrer Oberfläche; IgM ist deshalb das erste Immunglobulin, das im Verlauf einer Immunreaktion sezerniert wird. Lösliches IgM ist ein Pentamer oder Hexamer, weil die μ-Ketten von fünf oder sechs IgM-Monomeren durch eine J-Kette (J für *joining*) miteinander verbunden sind. Diese riesigen Komplexe mit einer molekularen Masse von etwa 1 000 kDa verlassen die Blutbahn kaum. Jedes IgM-Molekül hat 10–12 identische Bindungsstellen für Antigen (von denen fünf gleichzeitig genutzt werden können) und kann Strukturen mit vielen gleichartigen Epitopen, wie zum Beispiel Polysaccharide, mit hoher Avidität (Bindungsstärke bei multivalenten Molekülinteraktionen) binden. IgM ist außerordentlich effektiv in der Auslösung der **Komplementaktivierung** (Kap. 1.3.5); bereits die Bindung eines einzigen IgM-Moleküls an sein Antigen genügt, um die Kaskade in Gang zu setzen. Durch die Fixierung von Komplementfaktoren vermittelt IgM die Phagozytose des gebundenen Antigens, denn Makrophagen tragen auf ihrer Oberfläche viele Komplementrezeptoren.

IgD (schwere Kette: δ)

IgD kommt auf der Oberfläche von B-Zellen vor. Seine Funktion ist unbekannt.

IgG (schwere Kette: γ)

Mengenmäßig ist IgG die dominante Immunglobulinklasse im Serum, wo es mit ca. 10 mg ml^{-1} etwa 75 % der Serumimmunglobuline ausmacht. Als Monomer mit einer molekularen Masse von 150 kDa gelangt es auch in die Extrazellulärflüssigkeit und erreicht dort ähnliche Konzentrationen wie im Serum. Von allen Antikörperklassen hat IgG mit etwa **drei Wochen** die längste Halbwertszeit, und das ist einer der Gründe, weshalb es sich besonders gut zur Substitutionstherapie bei Antikörpermangel eignet (Kap. 26.2). IgG ist der einzige Ig-Isotyp, der von der Mutter durch die **Plazenta** in den kindlichen Kreislauf übertreten kann. So bekommen der Fetus und später das Neugeborene eine Leihimmunität mit auf den Lebensweg, die das Kind in den ersten Wochen vor vielen Gefahren schützt. Leider gibt es Situationen, in denen mütterliches IgG die Gesundheit des Feten auch gefährden kann. Das bekannteste Beispiel dafür ist die Inkompatibilität der Rhesusfaktoren zwischen Mutter und Kind (Kap. 25.3). Zu den wichtigen Effektorfunktionen des IgG gehört die **Neutralisation**, d. h. IgG blockiert die Bindung des Antigens an seine Zielstrukturen. So wird z. B. eine Toxinwirkung in einem Organismus verhindert. Die Spezialfunktionen der Immunglobuline der Klasse G finden sich in Kapitel 5.1. Es soll hier nur kurz darauf hingewiesen werden, dass man beim menschlichen IgG vier Subklassen unterscheiden kann: IgG1, IgG2, IgG3 und IgG4. Für weitere Details verweisen wir auf dickere Lehrbücher.

IgA (schwere Kette: α)

IgA existiert in drei Formen: als Monomer, als Dimer mit J-Kette und als sekretorisches IgA (Abb. 1.6 und Abb. 5.12). Sekretorisches IgA hat eine molekulare Masse von etwa 400 kDa. Die Serumkonzentration von IgA erscheint wenig beeindruckend und lässt die große Bedeutung dieser Ig-Klasse nicht erkennen. Von allen Immunglobulinklassen kommt nur IgA auf den äußeren Oberflächen des Organismus vor: auf den **Schleimhäuten** der Atemwege, des Verdauungstrakts und des Genitaltrakts, in Speichel und Tränen sowie in hoher Konzentration in der Muttermilch. Hier gilt es, die ausgedehnten äußeren und inneren Körperoberflächen vor dem konstanten Ansturm von Mikroorganismen zu schützen. An seinen Wirkungsort gelangt das **sekretorische IgA (sIgA)** durch einen ungewöhnlichen Mechanismus (Abb. 5.12). Die wichtigste Funktion des sIgA ist die **Neutralisation**, d. h. die Invasion von Mikroorganismen in den Organismus wird dadurch verhindert, dass die

Tabelle 1.1 Eigenschaften der verschiedenen Ig-Klassen (Isotypen).

	IgM	IgD	IgG	IgA	IgE
schwere Kette	μ	δ	γ	α	ε
molekulare Masse (kDa)	970	184	~150	160[a]	188
Serumkonzentration (mg ml^{-1})	1,5	0,03	10	3,5	5×10^{-5}
Halbwertszeit im Serum (Tage)	10	2	~21	6	3
Neutralisierung	+	–	++	++	–
klassischer Weg der Komplementaktivierung	+++	–	++	–	–
Bindung an Fc-Rezeptoren	–	–	+	+	+
Opsonierung	+++[b]	–	+/+++[c]	+	–
Bindung an Mastzellen und basophile Granulozyten	–	–	–	–	+++
aktiver Transport über Plazenta	–	–	+/+++	–	–
aktiver Transport durch Epithelien	+	–	–	+++	–
Diffusion in den Extrazellulärraum	–	–	+	–	–

a) IgA Monomer; b) über Komplementrezeptoren; c) über Komplement- und Fcγ-Rezeptoren

großen sIgA-Moleküle ihre Bindung an die Zellen blockieren (Abb. 5.8). Auch beim IgA gibt es zwei Subklassen: IgA1 und IgA2.

IgE (schwere Kette: ε)

IgE kommt nur in äußerst geringen Mengen im Serum vor. Denn es gibt auf **Mastzellen** einen Rezeptor für diese Ig-Klasse, den Igε-Rezeptor, welcher die Antikörper mit sehr hoher Affinität über ihren Fc-Teil bindet. Auch eosinophile Granulozyten exprimieren diesen Rezeptor nach Aktivierung. So wirkt das IgE praktisch als „erworbener" Mastzellrezeptor und verleiht diesen Zellen seine jeweilige Antigenspezifität. IgE auf Mastzellen und eosinophilen Granulozyten spielt eine wichtige Rolle bei der Abwehr multizellulärer Parasiten, z.B. Würmern (Kap. 9.1). Außerdem ist IgE für allergische Reaktionen vom Soforttyp verantwortlich (z.B. Heuschnupfen, allergisches Asthma, Insektengiftallergie, viele Lebensmittelallergien). Diese Allergien stellen in der industrialisierten Welt ein großes Problem dar, denn sie sind sehr häufig und ihre Inzidenz nimmt aus verschiedenen Gründen weiter zu (Kap. 18.1).

1.3 Komplementäre Abwehrmechanismen

Die Aufrechterhaltung der Integrität eines Organismus ist eine wesentliche Aufgabe des Immunsystems. Sie ist für das Überleben essenziell und wird durch zahlreiche zusätzliche Mechanismen abgesichert, die eine spezifische Immunantwort entweder überflüssig machen, unterstützen oder verstärken. Diese werden im weitesten Sinne zur unspezifischen, angeborenen Abwehr gerechnet und hier vorgestellt, da sie zum Teil eine herausragende Rolle im Konzert der immunologischen Effektormechanismen spielen.

1.3.1 Barrierefunktionen

Die Frontlinien des Immunsystems sind die **Haut** und die Schleimhäute. Ein 70 kg schwerer Mensch wird von ca. 1,5 m^2 Haut bedeckt. Haarfollikel und Schweißdrüsen unterbrechen die dichte, mehrlagige Epithelzellschicht der Keratinozyten. Die **Schleimhäute** machen den weitaus größeren Anteil der Grenzschichten

MEMO-BOX: Antigene und Antikörper

Antigene
1. Ein Antigen ist eine Substanz, die eine Immunantwort auslöst.
2. Ein Epitop bzw. eine antigene Determinante ist der Bereich eines Antigens, an den ein Antikörper (oder T-Zell-Rezeptor) bindet.
3. Haptene sind kleine Moleküle, an welche Antikörper spezifisch binden können, die aber allein keine Immunantwort auslösen können.

Antikörper
1. Antikörper binden hoch spezifisch an antigene Epitope und lösen dann immunologische Effektorfunktionen gegen das gebundene Antigen aus.
2. Antikörper erkennen Antigene (präziser: Epitope) in ihrer dreidimensionalen Konformation.
3. Antikörper können verschiedene chemische Substanzklassen binden.
4. Das theoretisch mögliche Repertoire der Antigenbindungsstellen auf den Antikörpern eines Individuums ist außerordentlich groß. Realisiert werden in jedem Individuum etwa 10^6 verschiedene Spezifitäten.
5. Die Antikörperbindung ist hoch spezifisch; trotzdem kommen Kreuzreaktionen vor.
6. Es gibt fünf Immunglobulinklassen, welche sich in ihrer Struktur, ihrer Verteilung im Organismus und in den Effektorfunktionen unterscheiden, die sie auslösen.

---

aus. Allein die – im wörtlichen Sinne – vielfältige Schleimhaut des Darmes eines Erwachsenen dürfte die Fläche eines Volleyballfeldes einnehmen. Pathogene können nur in den Organismus eindringen, wenn ihnen eine Kolonisierung (Adhärenz) auf Oberflächen gelingt und sie danach die Epithelzellschicht penetrieren können. Bei Verletzungen, Verbrennungen, Durchblutungsstörungen oder Strahlenschäden wird die Bedeutung dieser Barrierefunktion deutlich. Die Epithelzellen der **Schleimhäute** sind über *tight junctions* fest miteinander verbunden und bilden eine einlagige Grenzschicht, die ein extrem hohes Regenerationspotenzial besitzt. Die Schleimhäute sind mit **Mukus** überzogen, dessen Zusammensetzung sich ändern kann. Hauptbestandteile dieses Schleimes sind Glykoproteine (Mucine), die eine Besiedlung der Oberfläche durch Pathogene verhindern sollen. Mechanische Reinigungssysteme wie ein Luftstrom oder longitudinaler Flüssigkeitsstrom auf den Schleimhäuten, die Ziliarbewegung in der Lunge oder die Darmperistaltik erschweren die Besiedlung der Oberfläche.

Die Drüsenausführungsgänge im Magen-Darm-, Respirations- und Urogenitaltrakt verfügen über ein enzymatisches oder bakteriostatisches Equipment zur Abwehr von Pathogenen.

1.3.2 Defensine, Opsonine und Co.

Spezialisierte Zellen am Kryptengrund der Fältchen (Villi) der Schleimhaut im Dünndarm sezernieren Peptide, z. B. Kryptidine und α-Defensine, die antimykotisch bzw. bakteriostatisch oder bakterizid wirken, wenn Erreger das saure Milieu des Magens (pH 1,5) lebend passiert haben und den Darm besiedeln wollen. Epithelzellen der Haut oder der Lunge sezernieren β-Defensine. Als kationische Peptide zerstören sie Bakterienwände.

In der Lunge wirken die Surfactant-Proteine A und D. Ihre Fähigkeit, an Bakterienoberflächen zu binden und diese damit für Phagozyten – in diesem Falle Alveolarmakrophagen – zu markieren (*coating*) und besser zugänglich zu machen, nennt man **Opsonierung** („für das Mahl zubereiten").

Viele Serumproteine, die ständig präsent sind, haben ebenfalls die Fähigkeit, eingedrungene Erreger zu umhüllen und zu opsonieren (Tab. 1.2).

Tabelle 1.2 Opsonine binden Erregerstrukturen, nicht aber körpereigene Zellen. Sie sind häufig Akute-Phase-Proteine (*).

Surfactant-Protein A, D *	Kollektine
C-reaktives Protein (CRP) *	Pentraxin
Antikörper (IgG)	
C1q	Kollektin
mannanbindendes Lektin (MBL) *	Kollektin
Serumamyloid A *	Pentraxin
C4b, C3b	homolog zueinander

1.3.3 Physiologische Bakterienbesiedlung

Die meisten äußeren und inneren Oberflächen des Körpers sind mit Mikroorganismen besiedelt. Die harmlosen Bakterien, Pilze und Protozoen bilden die sogenannte **kommensale Flora**, wobei Besiedlungsdichte und Keimspektrum sehr variabel und charakteristisch für die verschiedenen Mikromilieus sind. 10^3 Bakterien findet man auf jedem cm^2 der Haut, in den Achselhöhlen und der Leistengegend sind es schon 10^6, in jedem Milliliter Speichel etwa 10^9. Auch der Rachen und der Genitaltrakt besitzen eine typische Mikroflora. Für Details über deren Zusammensetzung verweisen wir auf Lehrbücher der medizinischen Mikrobiologie. Fast steril sind dagegen der Magen ($< 10\ ml^{-1}$), die unteren Luftwege und die oberen Harnwege. Die kommensalen Mikroorganismen stehen miteinander und mit gefährlichen (pathogenen) Erregern im Wettbewerb um die begrenzten ökologischen Nischen des Organismus und tragen so zur Abwehr der Krankheitserreger bei. Dies wird am Beispiel des Dickdarms näher erläutert:

Ein Erwachsener beherbergt ca. 1,5 kg Darmbakterien. Diese Symbiose ist wichtig für die Aufspaltung der Nahrungsbestandteile. Die physiologische Besiedlung des Darms mit den kommensalen Keimen scheint aber auch wichtig für die Abwehr von Pathogenen. Das Prinzip ist Kompetition um Nährstoffe und Besiedlungsräume. Häufige Antibiotikatherapien zerstören diese kommensale Flora und öffnen Pathogenen Lebensräume. Bisher ist nur in Ansätzen erforscht, welche gesundheitlichen Konsequenzen eine Fehlbesiedlung des Darmes hat. Die Besiedlung mit Probiotika (z. B. Laktobazillen) ist zwar ein therapeutisches Konzept, doch nicht jeder „probiotische" Joghurt setzt Effekte.

1.3.4 Akute-Phase-Proteine

Eine Akute-Phase-Reaktion ist ein Anstieg der Plasmakonzentration verschiedener Proteine, die Akute-Phase-Proteine (APPs) genannt werden. Diese Reaktion ist Bestandteil der frühen angeborenen Abwehr von Pathogenen. Obwohl schon 1914 das Phänomen der Konzentrationserhöhung von Fibrinogen und 1930 das von C-reaktivem Protein (CRP) beschrieben wurde, ist eine Akute-Phase-Reaktion erst 1980 definiert worden, weil die molekularen Wirkmechanismen und die Regulation der Reaktion sehr komplex sind. Tabelle 1.3 zeigt eine kleine Auswahl der Akute-Phase-Proteine, die erkennen lässt, dass nicht nur die Immunabwehr über opsonierende Funktionen durch eine Akute-Phase-Reaktion verstärkt wird, sondern dass sich der ganze Organismus nach Erregererkennung auf diese Akutsituation einstellt.

Einige APPs werden bei einer Infektion oder Entzündung von der Leber in bis zu 100facher Konzentration gebildet. CRP beispielsweise besitzt die Fähigkeit, an das C-Typ Polysaccharid von Pneumokokken, an DNA, Chromatin und Histone zu binden. Es bindet aber auch Phosphorylcholin bestimmter Lipopolysaccharide auf Erregeroberflächen. Zusätzlich bindet es C1q und verstärkt durch Komplementaktivierung, die im Folgenden beschrieben wird,

> **MEMO-BOX** — **Barrierefunktionen zur Infektabwehr**
>
> 1. mechanisch
>   - geschlossene Epithelzellschicht, reinigender Luft- oder Flüssigkeitsstrom auf der Außenseite
>   - Ziliarbewegung im Respirationstrakt, Husten, Schleimfluss, Sekretfluss, Darmperistaltik
> 2. chemisch
>   - Fettsäuren auf der Haut, im Schweiß, Lysozym in Speichel, Schweiß, Tränen, Lactoferrin in der Milch, niedriger pH-Wert im Magen, Pepsin im Magen, Schleimproduktion, bakterizide Peptide (Defensine in Haut, Darm)
> 3. physiologische Bakterienflora
>   - Kompetition um Nährstoffe und Kolonisationsmöglichkeiten

die antibakterielle Abwehr und die Abwehr von Phosphorylcholin exprimierenden Pilzen.

1.3.5 Das Komplementsystem

Wird ein Antiserum für 30 min auf 56 °C erhitzt, so bleiben die Antikörpermoleküle noch intakt, es verschwindet aber ein „Faktor", der nötig ist, um Antikörpern zu mancher biologischen Funktion zu verhelfen. Diesen Faktor nannte man Komplement. Zum Entsetzen von Generationen von Studenten im Prüfungsstress entpuppte sich dieser „Faktor" als eine riesige Familie von mehr als 25 Serumproteinen, die in Konzentrationen von 0,05–1 200 µg ml^{-1} vorkommen und zum Teil auch Akute-Phase-Proteine sind (Tab. 1.3). Wiederum war die Namensgebung nicht sehr glücklich – wer vermag als Uneingeweihter schon einem Redner zu folgen, der von C3bBb spricht, ohne zu argwöhnen, dass hier vielleicht nicht alles stimmt. Wenn der Leser diesen Faktor einmal laut ausspricht, hat er aber bereits ein wesentliches Molekül im Munde gehabt.

Eben dieses Komplementsystem ist im Spiel, wenn es darum geht, auch ohne spezifische Antikörper sofort Bakterien oder andere Erreger zu binden und einer Elimination zuzuführen, den Infektionsort zum Entzündungsort umzuwandeln, aber körpereigene Zellen dabei zu schützen. Ohne Kenntnisse über das Komplementsystem würden wir auch anaphylaktische Reaktionen nicht verstehen oder Gendefekte wie das angio-

Tabelle 1.3 Akute-Phase-Proteine.

Gruppe	Protein	Funktion
Gerinnungsfaktoren	Fibrinogen, Prothrombin	Koagulation, Gewebereparatur
Komplementfaktoren	C1–C9, MBL	Opsonierung
Kallikrein-Kinin-System	Präkallikrein	Vasodilatation, Permeabilität
Proteinaseinhibitoren	α_1-Antitrypsin	Hemmung der Proteolyse
Opsonine	CRP	Opsonierung, Komplementaktivierung
Transporter	Coeruloplasmin, Haptoglobin, Serumamyloid A, LBP	Radikalfänger, Hämoglobinfänger, Cholesteroltransporter

CRP: C-reaktives Protein; MBL: mannanbindendes Lektin; LBP: LPS-bindendes Protein

neurotische Ödem (Quincke Ödem) nicht therapieren können (F&Z 9, Kap. 26).

Ähnlich dem Gerinnungssystem besteht das Komplementsystem aus Proteinen, die kaskadenartig wie im Dominoprinzip aktiviert werden. Proenzyme (Zymogene) werden in **aktive Proteasen** umgewandelt, die ihr Substrat spalten und dadurch neue Enzymaktivitäten generieren. Daraus ergeben sich zwei Kardinalfragen: Wie (und wo) wird die Kaskade angeschoben und wie wird sie zeitgerecht und sicher wieder abgeschaltet?

Zunächst müssen wir noch einmal zur Nomenklatur zurückkehren. Die Komplementfaktoren werden mit Großbuchstaben und Zahlen bezeichnet, z. B. C3 oder C4. Nach enzymatischer Spaltung werden die größeren Spaltprodukte, die kovalent an Zelloberflächen binden und Proteaseaktivität besitzen, mit dem Kleinbuchstaben ‚b' bezeichnet **(z. B. C3b)**. Sie sichern durch ihre Fixierung, dass das nächste Proenzym in der Kaskade ebenfalls auf der Oberfläche des Erreger gespalten wird. Dadurch wird garantiert, dass die resultierenden zytotoxischen Ereignisse auch tatsächlich die Zielzellen treffen, die diese Kaskade ins Rollen gebracht haben. Die kleineren Peptidfragmente, mit dem Kleinbuchstaben ‚a' **(z. B. C5a)** bezeichnet, werden ins Mikromilieu freigesetzt, wo sie als lösliche Mediatoren ebenfalls funktionell wirksam werden.

Es gibt prinzipiell drei Aktivierungswege des Komplementsystems (Abb. 1.7), die fünf verschiedene Konsequenzen haben können: Opsonierung, Zelllyse, Zellaktivierung, Chemotaxis, Entzündung und Veränderungen der Gefäßpermeabilität.

Komplementaktivierung

Die beiden Plasmaproteine C1q und mannanbindendes Lektin (MBL) gehören zur Familie der Kollektine und haben homologe Strukturen. Sie binden an Kohlehydratstrukturen auf der Oberfläche von eingedrungenen Keimen und initiieren mit ihrer Bindung durch Konformationsänderung die Aktivierung von Serinproteasen im klassischen und im lektininduzierten Weg der Komplementaktivierung (Abb. 1.7). Im Falle von C1q ist dies C1s, im Falle von MBL sind es zwei MBL-assoziierte Serinproteasen (MASP1, MASP2).

C1q kann auch an konstante Regionen der **Antikörperklassen G und M** binden, aber nur – und das ist wichtig – wenn vorher die Antigenbindung zu einer Konformationsänderung im Antikörpermolekül geführt hat. Antikörper und Komplementfaktoren kommen ansonsten in hohen Konzentrationen nebeneinander im Serum vor, ohne dass es zu Aktivierungen kommt. C1q schlägt eine wichtige Brücke zwi-

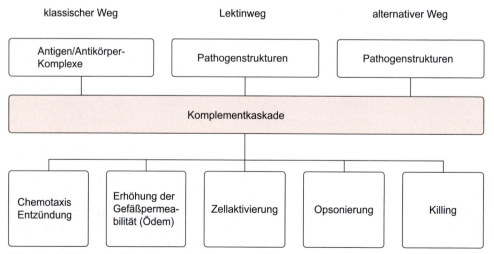

1.7 Die drei Wege der Komplementaktivierung und deren Konsequenzen.

schen angeborener und erworbener Immunantwort und macht deutlich, dass eine erworbene Immunabwehr durch spezifische Antikörper die Pathogenabwehr beschleunigen kann. Historisch gesehen wurde zuerst die „Komplementierung" spezifischer Antikörperwirkungen auf Bakterien entdeckt, was auch zur Namensgebung „Komplement" geführt hat. Diese Komplementwirkung wurde zum „klassischen Weg", als ein anderer, der „alternative", identifiziert wurde (Abb. 1.7). Auch diese Begriffsbildung trägt leider wenig zum Verständnis bei, zumal alternativer Weg und Lektinweg evolutionsbiologisch wesentlich älter als der klassische Weg sind.

Komplementaktivierung kann auch durch lösliche Immunkomplexe ausgelöst werden. Die Antikörper binden in diesem Falle keine partikulären Strukturen wie Bakterien, sondern lösliche Antigene. Durch Komplement werden lösliche Immunkomplexe opsoniert und über Komplementrezeptorbindung einer beschleunigten Phagozytose zugeführt. Das bedeutet u. U. aber auch, dass Komplementaktivierung auf Zelloberflächen ablaufen kann, auf denen sich die löslichen Immunkomplexe unspezifisch abgelagert haben. Diesem Phänomen werden wir bei den pathogenen Immunreaktionen wieder begegnen.

Der klassische Weg

Am Beispiel des zuerst entdeckten klassischen Weges soll der Ablauf der Komplementaktivierung im Detail mit seinen Konsequenzen abgehandelt werden. C1q ist ein 450 kDa-Hexamer und besitzt kollagenähnliche und Lektindomänen, mit denen es Zuckerstrukturen binden kann. Es ist in einer Konzentration von 100–150 µg ml^{-1} im Serum verfügbar. Wenn C1q über eine spezifische **Antikörperbindung** auf einer Bakterienzelloberfläche fixiert wird, bildet sich der C1-Komplex. Dessen Formation verursacht am beteiligten C1r eine Konformationsänderung (Autokatalyse) sowie die Spaltung und Aktivierung des C1s-Proenzyms. C1s spaltet C4 und C2. C4a und C2a werden als Peptide freigesetzt, C4b2b ist eine zellgebundene aktive C3-Konvertase. Im Serum ist C3 in sehr hoher Konzentration (1,2 mg ml^{-1}) verfügbar. Ein Komplex C4b2b kann mehr als 1 000 C3-Moleküle spalten. Auch C3b wird kovalent auf der Zelloberfläche fixiert, so dass eine Komplementaktivierung in Sekunden zur Ummantelung der betroffenen Zelloberflächen mit C3b führen kann. Da Phagozyten C3b-Rezeptoren exprimieren, wirkt C3b als wichtiges Opsonin. Am Konzentrationsgradienten der freigesetzten C3a-Moleküle können sich Neutrophile bei ihrer Wanderung chemotaktisch orientieren, ebenso alle anderen Zellen, die einen C3a-Rezeptor besitzen. Die Entzündung ist eingeläutet.

Die C3-Konvertase bindet selbst C3b und wird damit zur C5-Konvertase (jetzt heißt das Enzym C4b2b3b). Diese aktive Serinprotease spaltet von C5 C5a ab, den wichtigsten Entzündungsmediator. C5b verbleibt auf der Membran und initiiert die Endphase der Kaskade. C6, C7, C8 und C9 bilden den **Membran-Attacke-Komplex**. Polymerisierte C9-Moleküle formen schließlich eine Pore in der Membran. Die Zelle wird osmotisch lysiert (Abb. 1.8). Durch C5a werden die angelockten Entzündungszellen aktiviert und produzieren weitere proinflammatorische Mediatoren und toxische Moleküle. Am Beispiel des klassischen Weges wird klar, dass die Komplementaktivierung innerhalb von Sekunden eine Batterie von Abwehrmechanismen initiiert, so dass der Wirtsorganismus die Chance hat, auch solche Pathogene zurückzudrängen, deren Reproduktionszeit bei weniger als 20 Minuten liegt.

Der Lektinweg

Der Lektinweg unterscheidet sich in den ersten Schritten vom klassischen Weg (Abb. 1.7, 1.9). Er ist antikörperunabhängig und beruht auf der Erkennung von Erregerstrukturen durch Proteine der unspezifischen Abwehr, d. h. er funktioniert **unabhängig** von einer spezifischen Immunantwort. Das **mannanbindende Lektin (MBL)** bindet sich selektiv an Mannosereste auf Zuckerstrukturen von Pathogenen. Auf Wirbeltierzellen ist Mannose durch Sialinsäure abgedeckt. MBL gehört zu den Akute-Phase-Proteinen, deren Produktion in der Leber hochreguliert werden kann. MBL bildet mit MBL-assoziierten Serinproteasen (MASP1, MASP2)

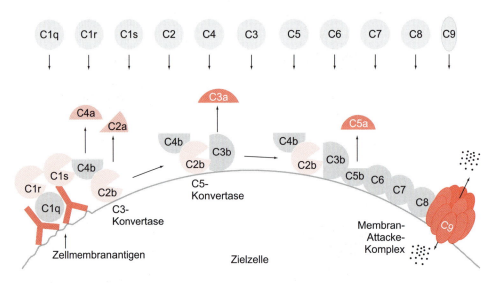

1.8 Der klassische Weg der Komplementaktivierung. Antikörper selbst sind nicht zytotoxisch. Nach Bindung an ein Antigen machen sie aber durch eine Konformationsänderung eine C1q-Bindung möglich. Die auf der Oberfläche der bakteriellen Zielzelle ablaufende Enzymkaskade führt zur Freisetzung von biologisch aktiven Spaltprodukten und bis zum lytischen Membran-Attacke-Komplex.

Komplexe. Letztere besitzen Homologien zu C1r und C1s. Da MBL bis zu sechs Lektinbindungsstellen und kollagenähnliche Strukturen hat, ist es dem C1q sehr ähnlich, so dass MBL/MASP1/MASP2 dem C1-Komplex ähneln und ebenfalls C4 und C2 spalten können (Abb. 1.9). Auch C1q selbst kann direkt auf Pathogenoberflächen binden und den Lektinweg aktivieren.

Der alternative Weg

Der dritte Weg der Komplementaktivierung wird nicht von pathogenbindenden Proteinen initiiert. C3 unterliegt einer **spontanen Hydrolyse** seiner Thioesterbindung. Die resultierende Konformationsänderung erlaubt die Bindung von Faktor B (diese Bezeichnung stammt aus einer Zeit, in der Komplementfaktoren nicht mehr nur mit ‚C' sondern auch mit anderen Großbuchstaben belegt wurden). Der Initialvorgang spielt sich in löslicher Phase ab. Die Plasmaprotease Faktor D (die als einzige in aktiver Form zirkuliert und nicht als Proenzym vorliegt) kann von diesem löslichen Komplex Ba abspalten. Es entsteht C3(H_2O)Bb als *fluid-phase C3 convertase*. Ihr Produkt, lösliches C3b, wird sofort hydrolysiert, es sei denn, es kann kovalent mit seiner reaktiven Thioestergruppe an Zellmembranen von Pathogenen (oder Wirtszellen) binden. Dort bindet es Faktor B, der wieder durch Faktor D gespalten werden kann, diesmal auf einer Zelloberfläche (Abb. 1.9). C3bBb ist also kein Versprecher (wie oben geargwöhnt), sondern tatsächlich die Bezeichnung für die C3-Konvertase des alternativen Weges. Jetzt wird mehr C3 gespalten und noch mehr C3b auf der Oberfläche der Zielzelle deponiert. Auch C3b, das über den klassischen Weg generiert wird,

1.9 Die Initialzündungen des Komplementsystems dienen der Früherkennung von Pathogenen und führen alle bis zu einer zellständigen C3-Konvertase, deren Produkt u. a. C3b ist. Lektine (C1q, MBL) binden an Kohlenhydratstrukturen, die auf Pathogenen, aber nicht auf körpereigenen Strukturen exprimiert werden. Sind spezifische Antikörper vorhanden, initiieren sie über C1q-Bindung ebenfalls die Induktion der Komplementaktivierung auf der Pathogenoberfläche (Abb. 1.8). Die Spontanhydrolyse von C3 involviert über Faktor B und D ebenfalls die Generation einer C3-Konvertase (C3bBb). Die Pfeile deuten auf den weiteren Ablauf der Komplementkaskade (Abb. 1.8) hin.

1.3 Komplementäre Abwehrmechanismen

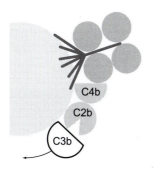

Lektinweg I

1. MBL-Bindung
2. assoziierte Proteasen
3. C3-Konvertase

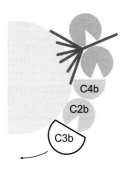

Lektinweg II

1. C1q-Bindung
2. assoziierte Proteasen
3. C3-Konvertase

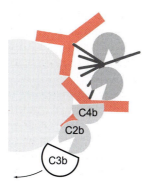

klassischer Weg

1. Antikörperbindung
2. C1q und assoziierte Proteasen
3. C3-Konvertase

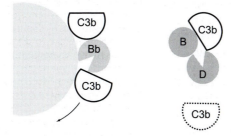

alternativer Weg

1. Spontanhydrolyse C3
2. Bindung von Faktor B
3. Spaltung von B durch D
4. C3-Konvertase

kann Bb binden. Hier wird eine „**Verstärkerschleife**" sichtbar. C3bBb3b (wir haben uns dem Höhepunkt der Nomenklatur genähert) ist somit die C5-Konvertase des alternativen Weges.

Die Inhibitoren

Lösliches C3b kann sowohl an Pathogenoberflächen als auch an Wirtszellmembranen binden und bleibt dadurch vor Hydrolyse geschützt, d. h. treibt die Komplementaktivierung im alternativen Weg voran. Um Komplementattacken gegen **körpereigene Zellen zu verhindern**, haben sich in der Evolution zusätzliche Faktoren entwickelt, die die Pathogenmarkierung promovieren und körpereigene Zellen protegieren. Diese Faktoren sind entweder Serumproteine oder membranständige Moleküle, die nur auf Säugerzellen vorkommen. Sie können entweder die Formation der Konvertase blockieren oder diese schnell wieder dissoziieren (Tab. 1.4). Kernlose Zellen (Thrombozyten und Erythrozyten) können keine Schutzproteine synthetisieren und sind demzufolge ohne Schutz (Kap. 23.1). Der lösliche Faktor I spaltet u. a. C3b in iC3b, C3d und C3dg. Diese Spaltprodukte spielen keine Rolle in der Komplementkaskade, wohl aber bei der Aktivierung von Zellen mit entsprechenden Rezeptoren. Auch der klassische Weg besitzt Inhibitoren. C1-Inhibitor sorgt dafür, dass sehr geringe Aktivierungen ohne weitreichende Konsequenzen bleiben.

Auf Pathogenoberflächen fehlen diese Inhibitoren, ebenso die Sialinsäurereste. Die dort favorisierte Komplementaktivierung wird zusätzlich durch einen Serumfaktor, das Properdin (oder Faktor P), positiv reguliert. Faktor P bindet selbst an Bakterienoberflächen und stabilisiert die C3-Konvertase C3bBb. Die komplizierten Zusammenhänge sind als F&Z 1 im Anhang nochmals dargestellt.

Wichtig: Die Inhibitoren wirken **speziesspezifisch**. Im Experiment können deshalb humane Antikörper in Anwesenheit von Kaninchenkomplement humane Zellen lysieren, wenn sie sich spezifisch binden.

Die komplementvermittelte Entzündung

Aus Abbildung 1.7 wurde bereits ersichtlich, dass die Komplementaktivierung vielfältige Effekte setzt. Der Membran-Attacke-Komplex lysiert betroffene Zellen (z. B. Bakterien). Wir werden noch sehen, dass Parasiten mit anderen Mechanismen bekämpft werden müssen. Während der enzymatischen Spaltung entstehen aber auch C4a, C2a, C3a und C5a. Insbesondere **C5a** stimuliert die Adhärenz von Neutrophilen am Gefäßendothel, ihre gerichtete Lokomotion und ihre Aktivierung zur Freisetzung von Sauerstoffradikalen. C5a aktiviert auch Mastzellen zur Mediatorfreisetzung (weshalb C5a Anaphylatoxin genannt wird). Das Peptid besitzt auch einen direkten Effekt auf Gefäßendothelien: Adhäsionsmoleküle werden hochreguliert, die Permeabilität der Gefäße erhöht. Der C5a-Rezeptor wird nicht nur auf Neutrophilen, Mastzellen,

Tabelle 1.4 Komplementinhibitoren.

Inhibitor	Zielmoleküle	Funktion
C1-Inhibitor	C1r, C1s	dissoziiert C1r und C1s von C1q (Serinproteaseinhibitor)
Faktor I	C3b, C4b	spaltet C3b in iC3b, C3d (Serinprotease)
Faktor H	C3b	bindet C3b und verdrängt Bb
C4-bindendes Protein (C4BP)	C4b	verdrängt C2
Membran-Komplement-Protein (MCP, CD46)*	C3b, C4b	Kofaktor für Faktor I
decay accelerating factor (DAF) *	C4b2b, C3bBb	Dissoziation beider C3-Konvertasen
CD59 *	C7, C8	verhindert C9-Bindung

* als membranständige Proteine auf allen kernhaltigen Blutzellen, Endothelzellen und Epithelzellen exprimiert

Endothelzellen, sondern auch auf Makrophagen, Eosinophilen, Basophilen, Monozyten, glatten Muskelzellen, Astrozyten und Epithelzellen exprimiert. Das macht die Komplexität der Wirkmöglichkeiten eines einzigen Komplementspaltproduktes deutlich. Bei der Mastzelldegranulation wirkt C5a 20fach potenter als C3a. C4a spielt dabei kaum eine Rolle.

MEMO-BOX — Komplement

1. Das Komplementsystem besteht aus 25 Serumproteinen (1–1 200 µg ml^{-1}).
2. Es dient als Frühwarnsystem bei der Pathogenerkennung durch Bindung an Zuckerstrukturen auf Pathogenoberflächen (C1q, MBL).
3. Eine kaskadenartige Proenzymaktivierung wandelt die jeweiligen Substrate in Serinproteasen.
4. Ein Molekül-Komplex C3-Konvertase kann auf Bakterienoberflächen 1 000 C3-Moleküle spalten und C3b auf deren Oberflächen deponieren.
5. C3b aktiviert eine Verstärkerschleife des alternativen Weges.
6. Der komplette Durchlauf der Kaskade lysiert Bakterien durch den terminalen Membran-Attacke-Komplex.
7. Freigesetzte Komplementspaltprodukte (C5a >> C3a > C4a) initiieren eine lokale Entzündung (Chemotaxis, Zellaktivierung).
8. Komplementspaltprodukte, die auf der Zellmembran binden (C4b, C3b), opsonieren die Zielzellen.
9. Der klassische Weg der Komplementaktivierung verbindet die angeborene Immunabwehr mit der adaptiven: C1q bindet sich an Fc-Teile von IgG oder IgM, nachdem diese ihr Antigen spezifisch gebunden haben.
10. Sieben Inhibitorproteine regulieren die Komplementkaskaden herunter. Sie schützen kernhaltige körpereigene Zellen vor Lyse.
11. Viele Komplementspaltprodukte werden von zellulären Komplementrezeptoren erkannt (Opsonierung für Phagozytose, zelluläre Aktivierung zur Migration oder Mediatorproduktion).
12. Komplementdefekte können zu schwerwiegenden Abwehrstörungen oder lebensbedrohlichen Erkrankungen führen.
13. Pathologische Effekte einer Komplementaktivierung finden sich bei anaphylaktischen Reaktionen, Thrombosen, Transplantatabstoßung und Autoimmunerkrankungen.

2 Wie erkennen die Immunzellen ein Antigen?

Im Zentrum der Abbildung 2.1 sieht man drei Bakterienstämme mit verschiedenen Antigenen auf ihrer Oberfläche. Leicht kann man zwei Typen von Oberflächenmolekülen unterscheiden: Manche sind konserviert und bei allen Stämmen vorhanden, andere machen gerade die Unterschiede aus. Die Erkennung der konservierten Strukturen ist die Domäne des angeborenen, die Unterscheidung der variablen die des adaptiven Immunsystems.

2.1 Mustererkennungsrezeptoren (PRRs)

Konserviert sind vor allem solche Strukturen, welche für den Lebenszyklus von Mikroorganismen essenziell sind, so dass sie nicht ohne Schaden für den Erreger mutiert werden können. Charles Janeway (Tab. 1) hat die Immunologen darauf aufmerksam gemacht, dass gerade diese ideale Erkennungsstrukturen für ein Abwehrsystem sein müssten, und er nannte sie pathogenassoziierte molekulare Muster (*pathogen-associated molecular patterns*, **PAMPs**). Das angeborene Immunsystem hat im Verlauf der

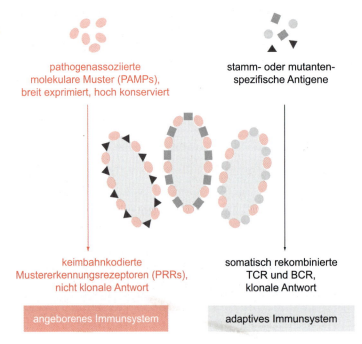

2.1 Angeborenes (*innate*) und adaptives Immunsystem erkennen Antigene, die durch die drei Bakterien im Zentrum symbolisiert sind, auf verschiedene Weise.

Evolution spezielle Erkennungsrezeptoren für diese molekularen Muster entwickelt, die man **pattern recognition receptors** (**PRRs**) nennt. Das wohl berühmteste Beispiel für PAMPs sind die Lipopolysaccharide (LPS), seit langem bekannt als hochpotente Toxine in der äußeren Membran Gram-negativer Bakterien. Bereits geringste Konzentrationen von LPS führen zu einer starken Aktivierung von Monozyten und Makrophagen, die daraufhin Entzündungsfaktoren sezernieren (inflammatorische Zytokine, Kap. 7.1). Wenn dies, zum Beispiel bei einer generalisierten Infektion, systemisch im ganzen Organismus geschieht, können Schock und Multiorganversagen die Folge sein; der Ausgang für den Patienten ist dann oft tödlich (Kap. 21.1). Entsprechend seiner großen klinischen Bedeutung wurde jahrzehntelang mit großem Einsatz nach dem LPS-Rezeptor gesucht. Die Suche erwies sich als unerwartet schwierig; erst 1998 konnte man sich ein vollständiges Bild machen. Es stellte sich heraus, dass mindestens vier Proteine an der Erkennung von LPS durch Monozyten beteiligt sind, darunter der Membranrezeptor **CD14** (F&Z 2) und das lösliche Akute-Phase-Protein **LBP** (Kap. 1.3.4). Ein Meilenstein der immunologischen Forschung war dann die Entdeckung des **Toll-like-Rezeptors 4** (**TLR4**), welcher nach Bindung von LPS an LBP und CD14 das Signal in die Zelle leitet (Kap. 4.4) Ähnlich wie die PAMPs bei Bakterien sind in der Evolution der Abwehrsysteme auch die TLRs hoch konserviert. Sie wurden zuerst bei der Fruchtfliege *Drosophila melanogaster* entdeckt. Inzwischen kennt man beim Menschen elf Mitglieder der TLR-Familie. Einige werden auf der Zelloberfläche exprimiert, wo sie extrazelluläre Mikroorganismen binden, andere befinden sich in endosomalen Kompartimenten. Letztere werden durch mikrobielle Nukleinsäuren aktiviert, welche nach Aufnahme der Erreger freigesetzt werden. Auch im Zytoplasma befinden sich PRRs. NOD-like Rezeptoren (**NLRs**), strukturell verwandt mit den TLRs, überwachen dieses Kompartiment (Abb. 2.2, F&Z 8).

Zu den PRRs gehören außer den TLRs, NLRs und CD14 der Mannoserezeptor, der Glukanrezeptor und *scavenger*-Rezeptoren, die hauptsächlich von dendritischen Zellen sowie Monozyten und Makrophagen exprimiert werden. Die Zellen des angeborenen Immunsystems besitzen in der Regel eine Vielfalt verschiedener Mustererkennungsrezeptoren (Abb. 2.2). Das PRR-Repertoire hängt vom Zelltyp ab und wird außerdem durch Aktivierung und Differenzierung der Zellen reguliert. Im Unterschied zu den Antigenrezeptoren der B- und der T-Zellen sind aber alle Mustererkennungsrezeptoren eines Typs (z. B. alle TLR4-Rezeptoren) molekular identisch, unabhängig davon, wo sie exprimiert werden. Alle PRRs des angeborenen Immunsystems sind nach dem Prinzip „ein Gen – ein Rezeptor" in der Keimbahn kodiert (im Kontrast zur TCRs und BCRs).

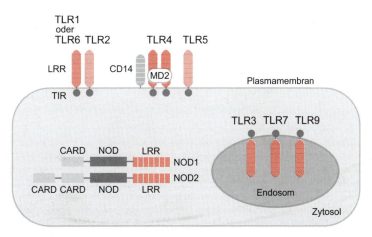

2.2 Struktur und zelluläre Lokalisation von TLRs, NOD1 und NOD2. Alle Moleküle binden ihre Liganden mit *leucine-rich repeats* (LRRs). TLRs sind membranassoziiert und fungieren als Rezeptoren an der Zelloberfläche oder in endosomalen Kompartimenten. NOD1 und NOD2 sind zytosolische Proteine.

Weitere Beispiele für PAMPs, die vom Immunsystem durch PRRs erkannt werden, sind bakterielle Kohlenhydrate, Peptidoglykane, Flagellin, doppelsträngige RNA – typisch für RNA-Viren – und bakterielle DNA, die sich von eukaryotischer DNA durch die größere Häufigkeit von CpG-Motiven unterscheidet. Inzwischen weiß man, dass PRRs nicht nur PAMPs, sondern auch körpereigene zelluläre Stressproteine, wie z. B. Hitzeschockproteine (HSPs), erkennen. In beiden Fällen droht dem Organismus Gefahr. Deshalb nennt man endogene Stressproteine und Erregerstrukturen auch gemeinsam Alarmine.

Die Ligation von TLRs und NLRs durch PAMPs löst die Freisetzung inflammatorischer Zytokine und/oder die Sekretion von Typ1-Interferonen (IFNα, IFNβ) aus und startet so eine Immunantwort (Kap. 4.4).

2.2 MHC-Moleküle

Während Antikörper antigene Determinanten in ihrer nativen dreidimensionalen Form binden, müssen die Antigene für die Erkennung durch T Lymphozyten prozessiert, also aufbereitet werden (Kap. 2.5.3). Dies leisten antigenpräsentierende Zellen (APCs), z. B. dendritische Zellen. Die Produkte der Antigenprozessierung, kurze Peptide, werden den T-Zellen dann im Komplex mit spezialisierten, zelleigenen Oberflächenmolekülen präsentiert. Diese sind auf einem Genort kodiert, von dem man seit langem weiß, dass er eine wichtige Rolle bei der Entscheidung über Transplantatabstoßung oder -akzeptanz (Gewebsverträglichkeit) spielt. Der Locus wurde deshalb Haupthistokompatibilitätskomplex (*major histocompatibility complex*, **MHC**) genannt (Abb. 2.3).

Die dort kodierten MHC-Moleküle gehören zur Immunglobulinsuperfamilie und lassen sich aufgrund von Struktur- und Funktionsunterschieden in zwei Klassen einteilen: MHC-I und MHC-II (Tab. 2.1). Alle MHC-Moleküle sind durch eine Furche gekennzeichnet, die am Boden von einer β-Faltblattstruktur und an den Seiten von zwei α-Helices begrenzt wird. In diese Furche werden die prozessierten antigenen Peptide eingelagert. Im Boden der MHC-Furchen befinden sich an bestimmten Stellen „Taschen". Peptide, die an entsprechenden **Ankerpositionen** Aminosäuren besitzen, deren Reste in diese Taschen passen, können mit sehr hoher Affinität binden. Andere Aminosäurereste ragen nach oben aus der Furche und nehmen Kontakt mit dem T-Zell-Rezeptor auf (Abb. 2.4, Kap. 2.5.3). Neben den *major histocompatibility antigens* gibt es **minor histocompatibility antigens**, welche die Entschei-

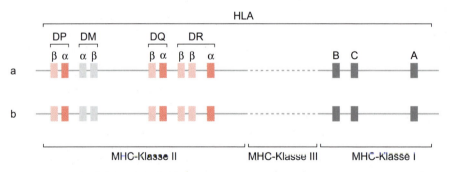

2.3 Stark vereinfachte schematische Darstellung des menschlichen MHC-Genlocus auf Chromosom 6. Dargestellt sind der mütterliche (a) und väterliche (b) Haplotyp. Von HLA-A, HLA-B und HLA-C (schwarz) ist jeweils die α-Kette im MHC-Genlocus kodiert, β2-Mikroglobulin außerhalb. MHC-I-Moleküle sowie HLA-DR, -DP und -DQ (rot) werden auf der Zellmembran exprimiert. HLA-DM hat eine katalytische Funktion bei der Peptidbeladung der MHC-II-Komplexe in endosomalen Kompartimenten. MHC-Klasse-III-Moleküle kodieren Komplementfaktoren. Man erkennt, dass ein Individuum jeweils maximal sechs verschiedene MHC-I-Allele und sechs MHC-II-Allele auf den Zelloberflächen exprimieren kann. Bei Homozygotie für einzelne Allele vermindert sich die Vielfalt entsprechend.

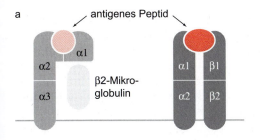

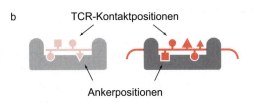

2.4 Struktur der MHC-I- und MHC-II-Moleküle. a) Im Querschnitt erkennt man, wie bei MHC-I (links) die α-Kette allein und bei MHC-II (rechts) die α- und β-Ketten gemeinsam eine Peptidbindungsgrube formen. b) Der Längsschnitt durch die Bindungsgrube zeigt, dass diese bei MHC-I an den Enden geschlossen ist, so dass die Länge des gebundenen Peptids eng begrenzt ist. Dagegen ist die Bindungsgrube der MHC-II-Komplexe offen, und die gebundenen Peptide können an beiden Enden hinausragen. Die Ankerpositionen, mit denen sich bestimmte Aminosäurereste der antigenen Peptide in „Taschen" am Boden der Bindungsgrube einpassen, sowie die Aminosäurereste, welche aus der Grube hinausragen und Kontakt mit dem TCR aufnehmen können, sind ebenfalls erkennbar.

dung über eine Transplantatakzeptanz mit beeinflussen. Diese beruhen auf individuellen Unterschieden im Spektrum der MHC-gebundenen Peptide.

2.2.1 MHC-Klasse I

Der MHC-Locus des Menschen liegt auf dem Chromosom 6 und kodiert für die sog. **HLA**-Antigene (*human leukocyte antigens*). Er kodiert drei Typen von MHC-I-Molekülen, **HLA-A, HLA-B** und **HLA-C**. Sie werden von allen kernhaltigen Zellen des Organismus exprimiert. MHC-I-Moleküle bestehen aus einer MHC-kodierten α-Kette, die in der Zellmembran verankert ist, und dem assoziierten β2-Mikroglobulin, welches außerhalb des MHC-Locus kodiert wird. Bei den α-Ketten lassen sich drei Domänen unterscheiden: α1 und α2 bilden zusammen die Peptidbindungsfurche, α3 ist eine Immunglobulindomäne, welche eine Bindungsstelle für CD8 besitzt. MHC-I-Moleküle präsentieren Peptide für $CD8^+$-T-Zellen. Die Peptidbindungsfurche der MHC-I-Moleküle ist an den Enden geschlossen, so dass im Komplex mit MHC-I Peptide einer definierten Länge von 8–10 Aminosäuren präsentiert werden (Abb. 2.4).

Tabelle 2.1 Vergleich der MHC-I- und MHC-II-Moleküle.

	MHC-Klasse I	MHC-Klasse II
Genloci beim Menschen	HLA-A, HLA-B, HLA-C	HLA-DR, HLA-DP, HLA-DQ
Expression	auf allen Zellen außer Erythrozyten	nur auf professionellen antigen-präsentierenden Zellen: – dendritische Zellen – Monozyten/Makrophagen – B-Zellen
Antigenpräsentation für	$CD8^+$-T-Zellen, zytotoxische T-Zellen	$CD4^+$-T-Zellen, T-Helferzellen
typische präsentierte Antigene	zytoplasmatische Antigene: körpereigene Proteine und z. B. virale Proteine	extrazelluläre Antigene:, körpereigene Proteine und z. B. viele Bakterien und Toxine
Struktur der MHC-Moleküle	α-Kette zusammen mit β2-Mikroglobulin	α- und β-Kette
Struktur der präsentierten Peptide	Peptide definierter Länge (8–10 AS), definierte Ankerpositionen	Peptide variabler Länge (12–25 AS), definierte Ankerpositionen

AS: Aminosäure; HLA: *human leukocyte antigen*

2.2.2 MHC-Klasse II

Die MHC-II-Moleküle des Menschen heißen **HLA-DR, HLA-DP** und **HLA-DQ**. Sie bestehen aus je einer membranverankerten α- und β-Kette, welche miteinander assoziieren, aber keine kovalente Bindung ausbilden. Beide Ketten haben zwei Domänen. Die α1-Domäne bildet zusammen mit der β1-Domäne die Peptidbindungsfurche. Diese ist an den Enden offen, so dass längere Peptide (12–25 Aminosäuren) binden können, die dann mit ihren Enden aus der Furche herausragen (Abb. 2.4). Auf der β1-Domäne befindet sich eine Bindungsstelle für CD4, und MHC-II-Moleküle präsentieren antigene Peptide für die $CD4^+$-T-Helferzellen. Die Expression von MHC-II-Molekülen ist beschränkt auf sogenannte professionelle APC, vor allem dendritische Zellen, Monozyten, Makrophagen und B-Zellen. Die Tabelle 2.1 fasst die Unterschiede zwischen MHC-I und MHC-II zusammen.

2.2.3 Der MHC-Polymorphismus

Der menschliche MHC-Komplex ist außerordentlich polymorph. An jedem Genort sind zahlreiche Allele bekannt (z. B. für HLA-B mehr als 700 oder für HLA-DRβ mehr als 500), und durch die Sequenzierung dieses Genkomplexes bei weiteren Bevölkerungsgruppen werden ständig neue Varianten entdeckt. Die Variabilität betrifft besonders die Peptidbindungsfurche, und verschiedene MHC-Allele präsentieren deshalb verschiedene Peptidspektren mit jeweils charakteristischen Ankeraminosäuren. Es ist wichtig zu verstehen, dass im Unterschied zu den Antikörpern (und T-Zell-Rezeptoren) die **MHC-Vielfalt** nicht in jedem einzelnen Individuum, sondern auf der **Ebene der Population** ausgeprägt ist. Dabei ist die Variabilität so groß, dass zwei nicht verwandte Menschen fast immer unterschiedliche MHC-Genausstattungen haben. Wegen ihrer räumlichen Nähe werden die Allele der einzelnen MHC-Loci nicht unabhängig voneinander vererbt, sondern als gesamter **Haplotyp**; so bezeichnet man die Allelkombination, die sich zusammen auf einem Chromosom befindet (Abb. 2.3). MHC-Moleküle werden kodominant exprimiert, so dass ein Mensch auf seinen kernhaltigen Zellen maximal sechs verschiedene MHC-I-Moleküle besitzt, je drei kodiert auf dem mütterlichen und dem väterlichen Haplotyp. Auf professionellen APC kommen noch einmal maximal sechs MHC-II-Moleküle hinzu. Bei Homozygotie für einzelne Loci oder den ganzen Haplotyp ist die individuell ausgeprägte Vielfalt entsprechend geringer. Eineiige Zwillinge haben natürlich identische HLA-Antigene.

2.2.4 MHC-Klasse IB

Neben den oben beschriebenen „klassischen" MHC-I-Molekülen (MHC-IA) werden innerhalb und außerhalb des MHC-Locus weitere Proteine mit ähnlicher Struktur kodiert, die ebenfalls mit β2-Mikroglobulin assoziiert auf der Zellmembran exprimiert werden: die MHC-Moleküle der Klasse IB. Diese sind weniger polymorph als MHC-IA-Moleküle und haben diverse Funktionen.

HLA-E bindet ein sehr enges Peptidspektrum, bevorzugt Motive aus den Signalpeptiden der klassischen MHC-IA-Moleküle. Die HLA-E-Expression ist deshalb ein Maß für die Syntheserate von MHC-IA-Molekülen. HLA-E ist ein Ligand inhibitorischer NK-Rezeptoren (Kap. 2.3).

Die Plazentazellen fetalen Ursprungs, welche in den Uterus einwandern, exprimieren keine MHC-IA-Moleküle sondern statt dessen **HLA-G**, ebenfalls ein Ligand inhibitorischer NK-Rezeptoren (Kap. 9.7).

Die Moleküle **CD1a–e** werden auf dendritischen Zellen, Monozyten und Thymusepithelzellen exprimiert und präsentieren neben Peptiden auch bakterielle Lipide und Glykolipide, z. B. Mycolsäure, Glucosemycolat, Phosphoinositolmannoside und Lipoarabinomannan. Anders als bei MHC-IA-Molekülen findet die Beladung nicht im endoplasmatischen Retikulum, sondern, vergleichbar den MHC-II-Molekülen, in endosomalen Kompartimenten statt (Kap. 2.5.3). Dorthin werden Antigene aus dem Extrazellulärraum transportiert, zum Beispiel nach Bindung an den Mannanrezeptor. Die CD1-Lipidkomplexe werden bevorzugt von γδ-T-Zellen und NKT-Zellen als Antigene erkannt (Kap. 2.5.4).

MIC-A und **MIC-B** werden von Zellen unter Stressbedingungen vermehrt exprimiert, zum Beispiel bei Infektionen und auch von vielen Tumoren. Diese MHC-IB-Moleküle binden aktivierende NK-Rezeptoren.

2.3 Rezeptoren der natürlichen Killer-(NK-)Zellen

NK-Zellen erkennen und lysieren infizierte Zellen, Tumorzellen sowie Zellen, welche durch IgG markiert sind. Dabei spielt die Bindung ihrer Rezeptoren an bestimmte MHC-I-Allele eine zentrale Rolle. NK-Zellen besitzen aktivierende und inhibierende Rezeptoren. Erstere sind mit weiteren Proteinketten assoziiert, welche ITAMs (*immunoreceptor tyrosine-based activation motifs*) besitzen (Kap. 4), letztere weisen in ihrem eigenen zytoplasmatischen Teil ein ITIM (*immunoreceptor tyrosine-based inhibition motif*) auf. Strukturell gehören die NK-Rezeptoren entweder zur Immunglobulinsuperfamilie oder es sind Lektine (F&Z 7). Die große Familie der **KIRs** (*killer cell immunoglobulin-like receptors*), welche in einem Gencluster auf dem menschlichen Chromosom 19 kodiert ist, hat sowohl aktivierende als auch inhibitorische Mitglieder. Der Name verrät, wen man vor sich hat. Betrachten wir als Beispiel den Rezeptor KIR2L1. Die Ziffer 2 bedeutet, dass das Molekül zwei Immunglobulindomänen besitzt; es gibt auch KIR, welche drei haben und dann KIR3 heißen. Der Buchstabe L zeigt an, dass der Rezeptor einen langen zytoplasmatischen Teil hat, auf dem sich ein ITIM befindet. Es handelt sich also um einen inhibierenden Rezeptor (Kap. 4). Aktivierende KIR haben eine kurze intrazytoplasmatische Domäne (S) und assoziieren mit weiteren Proteinketten, welche aktivierende Signale vermitteln. Die letzte Ziffer besagt, um welchen der drei bekannten KIR2L es sich handelt. Die lektinähnlichen NK-Zell-Rezeptoren sind Heterodimere aus CD94 und einer von sechs bekannten **NKG2**-Ketten (A–F), die auf dem Chromosom 12 kodiert sind. NKG2D ist aktivierend. Inhibierende NK-Zell-Rezeptoren binden an bestimmte MHC-IA-Allele, an HLA-E oder HLA-G. Diese Rezeptoren werden auch auf manchen T-Zell-Subpopulationen exprimiert, deren Aktivität dadurch moduliert werden kann. Die aktivierenden NKG2D-Rezeptoren binden an die MHC-IB-Moleküle MIC-A, MIC-B, deren Expression bei „gestressten" Zellen ansteigt. Die Liganden vieler aktivierender NK-Zell-Rezeptoren sind noch nicht bekannt.

Es war nicht leicht, die Spielregeln der NK-Zell-Aktivierung zu enträtseln. Nach aktuellem Kenntnisstand lauten sie wie folgt:

1. NK-Zell-Rezeptoren und MHC werden unabhängig voneinander vererbt.
2. NK-Zell-Rezeptoren werden klonal exprimiert, d.h. verschiedene NK-Zellen eines Organismus können sich in ihrem Rezeptorrepertoire unterscheiden.
3. Jede NK-Zelle exprimiert mindestens einen inhibitorischen Rezeptor, welcher an mindestens ein MHC-I-Allel des Organismus binden kann. Bei normaler MHC-I-Expression sind also alle NK-Zellen gehemmt.
4. Wenn Zellen einzelne MHC-I-Allele verlieren oder vermindert exprimieren (*missing self*), was bei Tumoren und Virusinfektionen häufig vorkommt, werden einzelne NK-Zell-Klone enthemmt (Abb. 5.16).
5. Aber nur dann, wenn eine NK-Zelle zusätzlich ein aktivierendes Signal erhält, zum Beispiel weil die Tumorzelle bzw. die infizierte Zelle „gestresst" ist und Liganden der aktivierenden NK-Rezeptoren exprimiert, wird sie lytisch aktiv.

Schließlich wird der FcγRIII (CD16) in hoher Dichte auf NK-Zellen exprimiert und ist ein bedeutender aktivierender NK-Zell-Rezeptor. CD16 bindet an den Fc-Teil von IgG, das an Zelloberflächen gebunden hat. Dadurch werden NK-Zellen zur Lyse der IgG-markierten Zielzellen aktiviert, ein Prozess, der als *antibody-dependent cellular cytotoxicity* (ADCC) bekannt ist (Kap. 5).

2.4 B-Zell-Rezeptoren (BCRs)

Die Antigenrezeptoren der B-Lymphozyten sind membrangebundene Antikörper. Die Immunglobuline aller Spezifitäten und aller Klassen sind nämlich zu Beginn ihrer „Karriere" immer mit einer Transmembrandomäne versehen, die sie in der Zellmembran einer B-Zelle verankert, so dass sie dort als Rezeptor wirken können. Dabei unterscheiden sich die B-Zell-Rezeptoren einzelner B-Zellen voneinander in ihrer Antigenspezifität. Das Repertoire verschiedener B-Zell-Rezeptoren entspricht dem Antikörperrepertoire und wird beim Menschen auf etwa 10^6 (von theoretisch 10^{13} möglichen) Spezifitäten geschätzt. Dieser Vielfalt entspricht die Vielfalt der Substanzklassen und Strukturen, die B-Zellen als Antigene erkennen können. Dies ist ein wichtiger Unterschied zwischen den BCRs (Antikörpern) und den PRRs, bei denen die verschiedenen Typen jeweils molekular identisch sind und molekular definierte PAMPs binden. Bei der Differenzierung zur Plasmazelle wird auf der Ebene der Antikörper-RNA die Transmembrandomäne durch *splicing* entfernt, und die Plasmazelle sezerniert dann lösliche Antikörper derselben Spezifität und derselben Klasse wie die BCRs ihrer Vorläufer-B-Zelle.

2.5 T-Zell-Rezeptoren (TCRs)

2.5.1 Struktur

Die Antigenrezeptoren der T-Zellen sind die T-Zell-Rezeptoren (TCRs). Strukturell ähneln sie Antikörper-Fab-Fragmenten. Sie bestehen aus zwei Ketten mit jeweils einer konstanten und einer variablen Ig-Domäne. Beide Ketten sind in der T-Zell-Membran verankert und durch eine Disulfidbrücke miteinander verbunden. Bei etwa 95 % der T-Zellen im Blut wird dieser Antigenrezeptor aus einer α- und einer β-Kette gebildet (αβ-T-Zellen), bei den restlichen aus einer γ- und einer δ-TCR-Kette. Ähnlich wie bei den Antikörpern befinden sich auch in den variab-

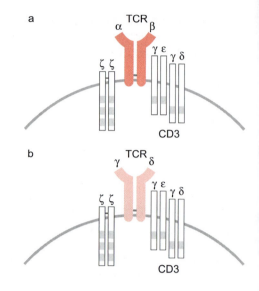

2.5 Aufbau des TCR-Komplexes bei αβ-T-Zellen (a) und γδ-T-Zellen (b). Mit dem variablen Antigenerkennungsrezeptor (rot bzw. rosa) sind die konservierten Proteine des CD3-Komplexes sowie ein Homodimer aus ζ-Ketten assoziiert. Diese Moleküle tragen Signalmotive in ihrem zytoplasmatischen Teil (ITAM, grau), deren Bedeutung in Kapitel 4 erläutert wird.

len Domänen der TCRs hypervariable Bereiche, welche die Antigenbindungsstelle bilden. Dabei gibt es auch hier ein riesiges Repertoire von schätzungsweise 10^6 (von 10^{18} theoretisch möglichen) verschiedenen Spezifitäten in jedem Organismus, wobei sich individuelle T-Zellen in ihren TCRs voneinander unterscheiden. Hierin ähneln die T-Zellen den B-Zellen.

Anders als Antikörper kommen die TCRs jedoch nur in membrangebundener Form vor, sie werden nicht sezerniert. Die variablen Antigenrezeptoren der T-Zellen, die αβ-TCRs und die γδ-TCRs, sind auf der Zelloberfläche stets assoziiert mit weiteren Membranproteinen, dem CD3-Komplex, bestehend aus CD3γ-, CD3δ- und CD3ε-Ketten in der Form von Heterodimeren, und einem Homodimer aus ζ-Ketten (Abb. 2.5). Dass neben den klonal variablen TCR-Ketten auch zwei der konservierten Ketten des CD3-Komplexes mit den Buchstaben γ und δ bezeichnet werden, hat historische Gründe.

Das charakterisierende Merkmal der T-Zellen ist ihr TCR. Da dieser ohne CD3 und ζ-ζ nicht auf die Membranoberfläche gelangen kann, eignet sich der monomorphe CD3-Komplex für den diagnostischen T-Zell-Nachweis.

2.5.2 Antigenbindung

Auch die Antigenbindung durch die TCRs unterscheidet sich von der durch Immunglobuline trotz der nahen strukturellen Verwandtschaft beider Rezeptortypen. Während im Repertoire der BCRs Spezifitäten für die verschiedensten Substanzklassen vorkommen und die dreidimensionale Struktur der Epitope entscheidend für die Bindungsstärke ist, sind die T-Zellen spezialisiert auf die Erkennung von Proteinantigenen und dabei angewiesen auf die Kooperation mit antigenpräsentierenden Zellen (APCs, siehe auch Kap. 5.7). Denn die TCRs binden gleichzeitig an MHC-Moleküle und an die darin verankerten antigenen Peptide. Nur wenn beides passt, das MHC-Allel und das Peptidepitop, wird die Affinität des Komplexes zum TCR so hoch, dass die Bindung in den T-Zellen ein Aktivierungssignal auslöst (Abb. 2.6). Man spricht deshalb von der **MHC-Restriktion** bei

Tabelle 2.2 Vergleich von Antikörpern und T-Zell-Rezeptoren.

Antikörper	T-Zell-Rezeptor
wird sezerniert	stets membrangebunden
binden verschiedene chemische Substanzklassen	binden Peptide[a] im Kontext von MHC-Molekülen
binden native, dreidimensionale Struktur des Antigens	binden Primärsequenz
mittlere bis sehr hohe Affinität $K_D = 10^{-6}$–10^{-13} M	niedrige Affinität $K_D = 10^{-4}$–10^{-7} M
Somatische Hypermutation	keine somatische Hypermutation

a) Ausnahmen siehe Kap. 2.5.4

der Antigenerkennung durch T-Zellen. Die Bindung des TCR an den MHC/Peptid-Komplex auf der Oberfläche der APCs wird durch CD8 oder CD4 verstärkt, die an konservierte Bereiche auf MHC-I bzw. MHC-II binden können. Die Expression dieser akzessorischen Moleküle passt bei fast allen T-Zellen zur Spezifität ihres TCR, denn dieser ist bei $CD8^+$-T-Zellen in der Regel MHC-I-restringiert, bei $CD4^+$-T-Zellen dagegen MHC-II-restringiert. In der Tabelle 2.2 sind wichtige Unterschiede zwischen Immunglobulinen und TCRs zusammengefasst.

2.5.3 Antigenprozessierung für die Erkennung durch T-Zellen

Die Peptide, die den T-Zellen von den APCs auf MHC-Molekülen präsentiert werden, entstehen aus Proteinantigenen durch Prozessierung. Sowohl MHC-I- als auch MHC-II-Moleküle werden im endoplasmatischen Retikulum synthetisiert. Die typischen Wege der Antigenprozessierung und Peptidbeladung von MHC-I und MHC-II unterscheiden sich jedoch (Abb. 2.7).

Auf **MHC-I** gelangen hauptsächlich Peptidepitope von Proteinen, welche im Zytoplasma der APC synthetisiert werden, zum Beispiel virale Proteine aber auch zelleigene Proteine.

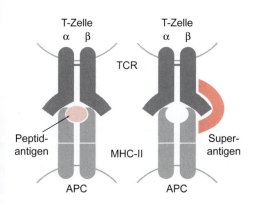

2.6 T-Zellen erkennen mit ihrem Rezeptor einen Komplex aus antigenem Peptid und MHC. Dargestellt ist eine $CD4^+$-T-Zelle, die MHC-II-restringiert ist (links). Superantigene umgehen Proteinprozessierung und Peptidpräsentation, indem sie außerhalb der Peptidbindungsstelle binden und den TCR mit MHC-II-Molekülen vernetzen (rechts, Kap. 2.5.4).

Einige dieser Proteine werden noch im Zytoplasma von einer multimolekularen „Enzymmaschine", dem **Proteasom**, in Peptide zerlegt. Die Peptide werden unter Verbrauch von ATP durch Transportmoleküle (*transporter associated with antigen processing*, **TAP**) in das endoplasmatische Retikulum verlagert und dort auf frisch synthetisierte MHC-I-Moleküle geladen. Durch die Peptidbindung werden die kurzlebigen Komplexe aus MHC-I-α-Kette und β2-Mikroglobulin stabilisiert und können über den Golgi-Apparat auf die Zellmembran transportiert werden (Abb. 2.7). Da $CD8^+$-T-Zellen ihre antigenen Peptide auf MHC-I-Molekülen erkennen, sind diese Zellen besonders befähigt zur Wahrnehmung und Bekämpfung von Virusinfektionen (Kap. 9.1).

Die **MHC-II**-Moleküle entstehen zwar ebenfalls im endoplasmatischen Retikulum, können dort aber nicht mit Peptiden beladen werden, da ihre Peptidbindungsfurche zunächst durch eine dritte **invariante Kette** blockiert ist. Die invariante Kette sorgt auch dafür, dass die MHC-II-Moleküle in den Zellen einen anderen Weg einschlagen als die MHC-I-Komplexe. Sie werden in ein spezialisiertes endosomales Kompartiment sortiert. Hier treffen sie auf Peptidepitope, welche von Proteinantigenen im Extrazellulärraum stammen, aus dem sie von der APC aktiv aufgenommen wurden. Es herrscht ein saures Milieu, in dem Proteasen aktiv sind und die Antigene in Peptidbruchstücke zerlegen. Auch die invarianten Ketten werden proteolytisch degradiert, bis nur noch kleine Peptide in der Furche übrig bleiben (*class II-associated invariant chain peptide*, CLIP). Diese können gegen ein antigenes Peptidepitop ausgetauscht werden, und danach werden die MHC-II/Peptid-Komplexe an die Zelloberfläche gebracht (Abb. 2.7). Im Komplex mit MHC-II werden also besonders Epitope extrazellulärer Antigene präsentiert. Das sind zum Beispiel viele Bakterien, Viren (solange diese noch keine Zelle infiziert haben) und natürlich körpereigene Serumpro-

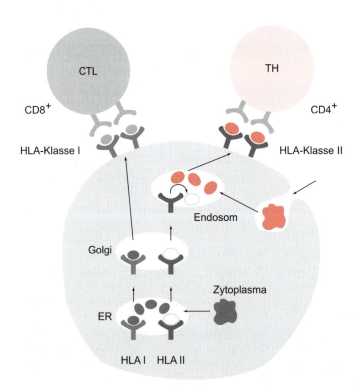

2.7 T-Zellen erkennen mit ihrem TCR nur aufbereitete antigene Peptidbruchstücke, die ihnen präsentiert werden. T-Helferzellen erkennen phagozytierte Antigene, CTLs erkennen intrazelluläre Antigene.

teine. Die Effektorfunktionen der CD4$^+$-T-Zellen, welche MHC-II-restringiert sind, zielen deshalb auf Erreger im Extrazellularraum und in endosomalen Kompartimenten (Phagosom und Phagolysosom).

Es gibt auch Wege, auf denen extrazelluläre Antigene zur Präsentation auf MHC-I prozessiert werden können. Man spricht hier von **Kreuzpräsentation**. Sie spielt besonders bei der Initiierung der Tumorabwehr eine wichtige Rolle.

Man sollte sich deutlich vor Augen führen, dass sowohl auf MHC-I- als auch auf MHC-II-Molekülen Peptidepitope von körperfremden und von körpereigenen Proteinantigenen präsentiert werden. Die APCs besitzen keinen Mechanismus, mit dem sie bei der Antigenprozessierung zwischen fremd und selbst unterscheiden könnten.

2.5.4 Besonderheiten bei der Antigenerkennung durch T-Zellen

NKT-Zellen

NKT-Zellen exprimieren neben ihrem T-Zell-Rezeptor das Oberflächenmolekül NK1.1, welches auch NK-Zellen charakterisiert. Das TCR-Repertoire dieser Zellen ist stark eingeschränkt, denn alle humanen NKT-Zellen benutzen in ihrer TCRα-Kette die Elemente V$α_{24}$ und J$α_Q$. Auch in ihrer Antigenerkennung sind diese T-Zellen unkonventionell. Sie reagieren bevorzugt auf bakterielle Glykosphingolipide welche auf CD1, MHC-IB-Molekülen, exprimiert werden.

γδ-T-Zellen

Etwa 5% der T-Zellen im peripheren Blut nutzen anstelle der α- und β-Ketten einen TCR, der aus γ- und δ-Ketten besteht. Man weiß vergleichsweise wenig über die Funktion dieser Zellen, doch gibt es gute Hinweise, dass sie für die Infektionsabwehr wichtig sind. Dafür spricht, dass sie in großer Zahl an den Grenzflächen des Organismus vorkommen, in der Darmschleimhaut und bei Mäusen auch in der Haut. γδ-T-Zellen werden stark durch manche Bakterienspezies stimuliert, besonders auch durch Mykobakterien. Sie erkennen dabei unkonventionelle Antigene auf ungewöhnliche Weise: Ihre TCRs binden Phospholipide, die nicht auf MHC-Molekülen, sondern auf CD1 präsentiert werden. Dabei binden die TCRs nicht mit den hypervariablen Bereichen (CDRs), sondern mit konservierten Strukturen. Werden γδ-T-Zellen aktiviert, so reagieren sie genauso wie αβ-T-Zellen: Sie sezernieren Zytokine und sind potente Killerzellen (Kap. 5.2, 7.2.1).

Zwitterionische Polysaccharide

T-Zellen können neben Peptiden auch Kohlenhydratstrukturen als Antigen erkennen, wenn diese von den antigenpräsentierenden Zellen auf MHC-II als zwitterionische (alternierend positiv und negativ geladene) Oligosaccharide präsentiert werden. Dies trifft z. B. für bakterielle Polysaccharide von *Staphylococcus aureus*, *Streptococcus pneumoniae* und *Bacteroides fragilis* zu, die vor Präsentation durch reaktive Stickstoffradikale depolymerisiert werden (Kap. 5.6).

Superantigene

Bestimmte mikrobielle Toxine, zum Beispiel das *toxic shock syndrome toxin-1* (TSST1) oder Enterotoxine, die von Staphylokokken sezerniert werden können, aktivieren sehr große Subpopulationen von T-Lymphozyten und werden deshalb Superantigene genannt. Superantigene umgehen die Antigenprozessierungs- und -präsentationswege, indem sie MHC-II und TCR direkt vernetzen. Dabei binden sie sowohl MHC-II als auch den TCR außerhalb der Peptidbindungsstellen (Abb. 2.6). Superantigene aktivieren alle T-Zellen, welche in ihrem TCR bestimmte Vβ-Elemente benutzen (Abb. 3.3), dies können bis zu 10% der T-Zellen sein. Wenn man bedenkt, dass nur etwa eine von 10^4–10^5 T-Zellen auf ein konventionell präsentiertes antigenes Peptid reagiert, tragen die Superantigene ihren Namen zu Recht. Dabei wirken einige dieser Toxine bereits in femtomolaren Konzentrationen und gehören damit zu den potentesten bekannten T-Zell-Mitogenen (Tab. 2.3). Superantigene werden als Exotoxine

Tabelle 2.3 Vergleich zwischen „konventionellen" Peptidantigenen und Superantigenen.

Peptidantigene	Superantigene (SAg)
kurze Peptide	Proteine von 22–28 kDa
Prozessierung notwendig	keine Prozessierung, dreidimensionale Struktur des SAg wichtig
$CD8^+$: MHC-I-restringiert $CD4^+$: MHC-II-restringiert	MHC-II ist notwendig, aber kein bestimmtes Allel
Peptide binden in der MHC-Bindungsgrube	SAg binden außerhalb der Bindungsgrube an MHC-II außerdem an konservierte Bereiche der TCRβ-Kette (bzw. der TCRα-Kette)
etwa 1 von 10^5 T-Zellen antwortet	polyklonale Aktivierung von T-Zellen mit bestimmten Vβ/(Vα)-Elementen, etwa 1 von 10 T-Zellen antwortet

von verschiedenen Stämmen von *Staphylococcus aureus*, *Streptococcus pyogenes* sowie von *Mycoplasma arthritidis* sezerniert. Es gibt aber auch membrangebundene Superantigene, welche im Genom des *mouse mammary tumour virus* kodiert sind. Dies deutet darauf hin, dass sich superantigene Toxine in der Evolution unabhängig voneinander in sehr weit voneinander entfernten Mikroorganismen entwickelt haben. Wenn bei einer bakteriellen Infektion größere Mengen Superantigen in die Zirkulation gelangen, kann dies durch die starke T-Zell-Aktivierung mit massiver Zytokinausschüttung einen lebensgefährlichen Zustand verursachen, das toxische Schocksyndrom (TSS).

Allo-MHC

Die MHC-Moleküle und ihr ausgeprägter Polymorphismus wurden bei Transplantationsversuchen entdeckt. Tatsächlich lösen Organtransplantate, deren MHC-Ausstattung nicht vollständig mit der des Empfängers übereinstimmt (*MHC-mismatch*), heftige Abstoßungsreaktionen aus. Selbst wenn zwei Individuen die gleiche MHC-Ausstattung besitzen, können sich ihre MHC/Peptid-Komplexe unterscheiden. Die Ursache dafür sind genetische Polymorphismen anderer Moleküle (Isoformen von Enzymen, *single nucleotide polymorphisms*), wodurch nach Prozessierung ein leicht verändertes Peptidspektrum entsteht (*minor histocompatibility antigens*). Auch dies kann sich auf den Erfolg einer Transplantation auswirken, allerdings in geringerem Maße als ein *MHC-mismatch*.

Die Abstoßungsreaktionen sind durch alloreaktive T-Zellen vermittelt, welche Komplexe aus fremden MHC-Allelen (allo-MHC) und Peptiden als Antigen erkennen. 1–10 % aller T-Zellen sind durch Zellen eines anderen Individuums derselben Spezies aktivierbar. Es leuchtet zunächst nicht ein, weshalb so viele T-Zellen fremde MHC-Moleküle erkennen; Transplantationen haben ja in der Evolution des Immunsystems keine Rolle gespielt. Aber T-Zellen nutzen MHC-Moleküle als Restriktionselemente bei der Antigenerkennung (Kap. 2.5.3). Sie werden bereits während ihrer Entwicklung im Thymus auf die Erkennung von MHC „geprägt". Denn im Thymus können sich nur die Zellen zu reifen T-Zellen entwickeln, deren TCR eine Affinität zu MHC-Molekülen aufweist. Weshalb werden dann die körpereigenen Gewebe nicht abgestoßen? Dies garantiert ein weiterer Selektionsmechanismus, der im Thymus die Zellen eliminiert, die aufgrund ihrer besonders hohen Affinität zu Selbst-MHC mit Selbst-Peptid später als reife T-Zellen durch die körpereigenen MHC/Peptid-Komplexe aktiviert würden (Kap. 11.1). T-Zellen, die eine mittlere Affinität zu eigenen, dabei aber zufällig eine hohe Affinität zu fremden MHC/Peptid-Komplexen besitzen, werden durch diesen Prozess nicht erfasst, denn im Thymus werden ja nur Selbst-MHC-Allele exprimiert.

MEMO-BOX | **Antigenerkennung**

Antigenerkennung durch das angeborene Immunsystem

1. Zellen des angeborenen Immunsystems besitzen Rezeptoren (pattern recognition receptors, PRRs), mit denen sie konservierte molekulare Muster (pathogen-associated molecular patterns, PAMPs) auf Mikroorganismen binden.
2. Die PRRs sind nicht klonal verteilt, sondern auf den Zellen des angeborenen Immunsystems breit exprimiert.
3. MHC-Moleküle präsentieren Peptide auf der Zelloberfläche. Diese stammen bevorzugt aus den Zytoplasma (MHC-I) bzw. aus dem Extrazellulärraum (MHC-II).
4. Der MHC-Genlocus ist außerordentlich polymorph, d.h. zwei Individuen unterscheiden sich in der Regel in ihren MHC-Allelen.
5. NK-Rezeptoren tragen auf ihrer Oberfläche aktivierende und inhibierende Rezeptoren.
6. Die inhibierenden NK-Zell-Rezeptoren binden bestimmte MHC-Allele.
7. NK-Zellen werden stimuliert, wenn sie ein aktivierendes Signal erhalten und gleichzeitig durch MHC-Verluste auf der Zielzelle enthemmt werden (missing self).

Antigenerkennung durch das adaptive Immunsystem

Die Antigenerkennung der B-Zellen erfolgt durch die BCRs, die membrangebundene Immunglobuline sind.
Die Antigenerkennung durch T-Zellen ist an verschiedene Voraussetzungen gebunden:

1. Das Proteinantigen muss Peptidsequenzen besitzen, welche an mindestens ein MHC-Allel des Individuums mit hoher Affinität binden können.
2. Diese Peptidsequenzen dürfen bei der Prozessierung nicht durch Proteolyse zerstört werden.
3. Es müssen T-Zellen vorhanden sein, deren TCRs den Komplex aus MHC-Allel und Peptidepitop tatsächlich binden. $CD4^+$-T-Zellen erkennen ihre Peptidepitope auf MHC-II-, $CD8^+$-T-Zellen dagegen auf MHC-I-Molekülen.

3 Was versteht man unter einer klonalen Antwort?

Es fasziniert immer wieder, dass jeder gegen fast alles eine adaptive Immunreaktion entwickeln kann. Aber als Karl Landsteiner vor fast 100 Jahren entdeckte, dass er bei Tieren sogar gegen Anilinfarbstoffe – frisch synthetisiert in den Laboratorien der aufstrebenden chemischen Industrie – spezifische Antikörperantworten auslösen konnte, war er perplex: Diese Substanzen waren ja neu auf der Welt! Mechanismen der evolutionären Anpassung konnten das Phänomen deshalb nicht erklären.

Das Immunsystem scheint auf alles vorbereitet zu sein. Wie ist das möglich? Auf diese Frage erschien den meisten Immunologen lange nur eine Antwort plausibel: Bei einer Immunreaktion werden die spezifischen Antikörper an der Struktur der Antigene geformt, sozusagen „maßgeschneidert". Wir wissen heute, dass dies nicht stimmen kann. Antikörper sind Proteine; ihre Form und damit ihre Antigenspezifität beruht auf ihrer Aminosäuresequenz, und diese muss als genetische Information in der DNA verankert sein. Nach dem sogenannten klassischen „Dogma der Molekularbiologie" fließt aber die Information von der DNA zum Protein und nicht umgekehrt.

Aber schon bevor die Mechanismen der Gentranskription und ihrer Translation in Proteine aufgeklärt waren, entwickelte Frank MacFarlane Burnet eine kühne alternative Erklärung für die Anpassungsfähigkeit des adaptiven Immunsystems. Nach seiner Theorie hält das Immunsystem schon **vor** jedem Antigenkontakt ein riesiges Repertoire an BCR-Spezifitäten bereit. Das ist gleichbedeutend mit einem riesigen Repertoire an Antikörperspezifitäten, die im Bedarfsfalle zur Verfügung stünden. Dabei ist wichtig, dass jede B-Zelle nur einen Typ molekular identischer Antikörper exprimiert. Es wird vermutet, dass ein Mensch mindestens 10^6 B-Zell-Varianten haben muss, die sich in der Spezifität der Antikörper auf ihrer Oberfläche unterscheiden. Jede B-Zell-Variante kommt zunächst nur als Einzelzelle vor. Ein eindringendes Antigen bindet an die BCRs der wenigen B-Zellen, welche passende Epitopspezifitäten besitzen. Die Antigenbindung ist für die B-Zellen ein Aktivierungssignal: Sie teilen sich mehrfach und bilden einen **Klon** – mit diesem Begriff werden die Nachkommen einer einzigen Zelle bezeichnet. Alle B-Zellen des Klons tragen auf ihrer Oberfläche BCRs derselben Spezifität wie die Mutterzelle. Nach ihrer Differenzierung zu Plasmazellen sezernieren sie große Mengen dieser Antikörper in löslicher Form; die spezifische Antikörperantwort wird jetzt wirksam und messbar (Abb. 3.1).

Burnets Theorie erklärt nicht nur, wie eine adaptive Immunantwort möglich ist, sondern auch, weshalb sie Zeit braucht, denn für Teilung und Differenzierung benötigen die B-Zellen einige Tage. Sein Erklärungsmodell wurde berühmt als **Theorie der klonalen Selektion**: Das **Antigen selektioniert** aus einem riesigen Repertoire **die B-Zellen mit passender Antikörperspezifität**, welche sich daraufhin vermehren und Klone bilden. Seine Theorie wurde mit einem Nobelpreis (Tab. 1) gewürdigt und hat sich bis heute glänzend bewährt. Sinngemäß lässt sie sich auch auf T-Lymphozyten und ihre antigenspezifischen TCRs übertragen.

Frage: Wie viele Zellen eines Klons könnten nach fünf Tagen klonaler Expansion eines Lymphozyten verfügbar sein? Antwort in Abbildung 3.1.

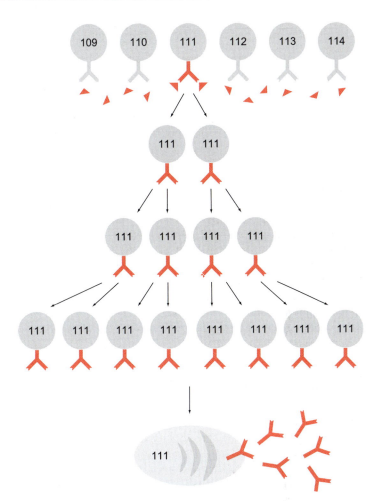

3.1 Regulation der Antikörperproduktion durch klonale Selektion. Antigenbindung aktiviert die wenigen B-Zellen, deren BCRs das Antigen mit hoher Affinität binden. Von den mehr als 10^6 verschiedenen BCR-Spezifitäten sind hier nur sechs abgebildet. Die aktivierte B-Zelle teilt sich innerhalb von 18–24 Stunden und bildet einen Klon, der schließlich aus Millionen von B-Zellen derselben Spezifität bestehen kann. Ein Teil dieser B-Zellen differenziert sich zu Plasmazellen, welche Antikörper dieser Spezifität in löslicher Form sezernieren.

Die Axiome der Theorie der klonalen Selektion

1. Die Antikörperdiversität entsteht unabhängig vom Antigenkontakt.
2. Jede B-Zelle exprimiert Antikörper einer einzigen Spezifität.
3. Nur B-Zellen, welche Antigen binden, vermehren sich (bilden einen Klon) und differenzieren zu Plasmazellen.
4. Die Plasmazellen eines Klons sezernieren Antikörper derselben Spezifität.

3.1 Wie entsteht die große Antigenrezeptor-Diversität der B- und T-Zellen?

Burnets Theorie der klonalen Selektion beantwortete schwierige Fragen, warf aber ihrerseits neue auf: Wenn die Antikörper- und TCR-Diversität unabhängig vom Antigenkontakt entsteht, werden auch Rezeptoren gebildet, die auf Autoantigene passen, also körpereigene Strukturen erkennen. Wie verhindert wird, dass das adaptive Immunsystem den Organismus selbst angreift, wird in Kapitel 11 erörtert.

Seit das humane Genom vollständig sequenziert ist, wissen wir, dass der Mensch nur etwa 30 000 Gene besitzt. Wir müssen also zuerst die Frage beantworten, wie diese Gene so viele verschiedene Antikörper und TCRs kodieren. Das biologische Prinzip, das sich dahinter verbirgt, wurde von Susumo Tonegawa (Tab. 1) entdeckt.

3.2 Der Aufbau der Immunglobulin- und T-Zell-Rezeptor-Genloci

Die Genloci der schweren und leichten Ig-Ketten befinden sich beim Menschen auf verschiedenen Chromosomen; Abbildung 3.2 zeigt ihre Struktur in der **Keimbahnkonfiguration**, d.h. so wie ein Individuum sie erbt. Es wird erkennbar, dass diese Gencluster keine fertigen Immunglobulinketten kodieren, sondern vielmehr einen Bausatz verschiedener Teilelemente bereithalten.

Es gibt verschiedene Typen dieser Genbausteine, die mit Buchstaben bezeichnet werden: **V** steht für *variable*, **D** für *diversity*, **J** für *joining* und **C** für *constant*. Ganz ähnlich ist die Situation bei den T-Zell-Rezeptor-Genen (Abb. 3.3) mit der Besonderheit, dass die Genelemente der α- und der δ-Kette gemeinsam auf einem Genort auf dem Chromosom 14 kodiert werden. Bei der Differenzierung der B-Zellen im Knochenmark und der T-Zellen im Thymus müssen die Gene für die Immunglobulin- und T-Zell-Rezeptor-Ketten aus diesen Elementen zusammengefügt werden.

Die Gene für die variablen Domänen der schweren Immunglobulinketten sowie für die TCRβ- und δ-Ketten bestehen aus jeweils einem V-, einem D- und einem J-Element; für die leichten Ketten sowie die TCRα- und γ-Ketten wird ein V-Element direkt mit einem J-Element verbunden. Dieses „Genpuzzle" erfolgt durch **somatische Rekombination**, einen Prozess, der die DNA irreversibel verändert. Dabei spielt der **Zufall** eine große Rolle, denn es ist nicht vorher festgelegt, welches V-Element mit welchem D- bzw. J-Element verknüpft wird. Die somatische Rekombination der Immunglobulin- und TCR-Gene ist im Organismus ein einzigartiger Mechanismus, der unter hohem Aufwand mit limitiertem Genmaterial eine riesige Vielfalt erzeugt. Seine Prinzipien sollen hier am Beispiel der B-Zell-Entwicklung erläutert werden, die im Knochenmark stattfindet. Sie sind bei der T-Zell-Entwicklung im Thymus aber sehr ähnlich.

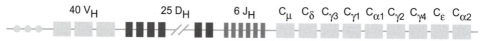

3.2 Schematische Darstellung der Keimbahnkonfiguration der Ig-Genloci. Sie stellen „Baukastensysteme" mit Genelementen für die variablen (V, D und J) und die konstanten (C) Domänen der Ig-Ketten dar. V: *variable*; D: *diversity*; J: *joining*; C: *constant*.

TCRβ-Kette, Chromosom 7

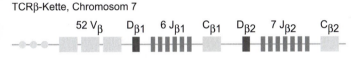

TCRγ-Kette, Chromosom 7

TCRα- und δ-Kette, Chromosom 14

3.3 Schematische Darstellung der Keimbahnkonfiguration der TCR-Genloci. Die Loci stellen „Baukastensysteme" von Genelementen für die variablen (V, D und J) und die konstanten (C) Domänen der TCR-Ketten dar. Die Gene der α- und γ-Ketten entsprechen im Aufbau denen der leichten Ig-Ketten, die β- und δ-Kettengene ähneln eher den variablen Genelementen für die schwere Ig-Kette. V: *variable*; D: *diversity*; J: *joining*; C: *constant*.

3.3 Die somatische Rekombination

Jede B-Vorläuferzelle besitzt jeweils zwei Allele der Gene für die schwere und die beiden Typen von leichten Ketten (κ und λ) der Immunglobuline, eines ererbt von der Mutter und eines vom Vater. Diese befinden sich zunächst in der Keimbahnkonfiguration. Zu Beginn ihrer Entwicklung zur B-Zelle rekombiniert die Vorläuferzelle ein Allel der schweren Kette, indem sie ein beliebiges D-Element mit einem beliebigen J-Element verknüpft und danach den entstandenen **DJ-Komplex** mit einem zufällig ausgewählten **V-Element** verbindet (Abb. 3.4). Dies wird durch eine komplexe Maschinerie aus spezialisierten Enzymen bewirkt, welche an konservierte Signalsequenzen vor den Genelementen binden. In einem vielschrittigen Prozess schneiden sie die Genabschnitte heraus, die zum Beispiel beim Genlocus der leichten Kette die betroffenen V- und J-Elemente voneinander trennen, und stellen die VJ-Verknüpfung her (Abb. 3.5). Die bekanntesten der beteiligten Enzyme heißen RAG1 und RAG2, *rag* steht für *recombination activating gene*. Sie werden im Immunsystem nur in der B- und der T-Zell-Entwicklung aktiv. Signalsequenzen leiten die somatische Rekombination. Die einzelnen Genelemente der Antigenrezeptoren sind durch konservierte Signalsequenzen markiert. Diese bestehen stets aus einem Heptamer (sieben Basen, roter Pfeil in Abb. 3.5), das von einem Nonamer (neun Basen, rosa Pfeil) durch entweder 12 oder 23 beliebige Basen getrennt ist. Die RAG-Enzyme binden an diese Signalsequenzen und bringen zwei von ihnen in räumliche Nähe. Da alle Heptamer- und Nonamersequenzen identisch sind, erfolgen diese Paarungen zufällig. Es gilt jedoch die „12-23-Regel", d. h. Signalsequenzen mit 12 Spacerbasen werden stets mit Signalsequenzen assoziiert, deren Heptamer und Nonamer durch 23 Basen getrennt sind. Nun werden durch die Enzyme in beiden DNA-Strängen Doppelstrangbrüche erzeugt und die DNA-Fragmente danach so zusammengefügt, dass auf dem Chromosom eine VJ-Rekombination erfolgt, während der dazwischen liegende DNA-Abschnitt als zirkuläre DNA aus dem Chromosom ausgeschnitten wird. Dieser sogenannten Exzisionszirkel liegt nun frei im Zellkern (Abb. 3.5). Bei einer Zellteilung wird er nicht repliziert, sondern gelangt unverändert in eine der beiden Tochterzellen. Die Anzahl der Exzisionszirkel in einer B- oder T-Zell-Population gibt also Aufschluss über die Zahl der nach der somatischen Rekombination erfolgten Zellteilungen. Je mehr Exzisionszirkel vorhanden sind, desto „jünger" ist

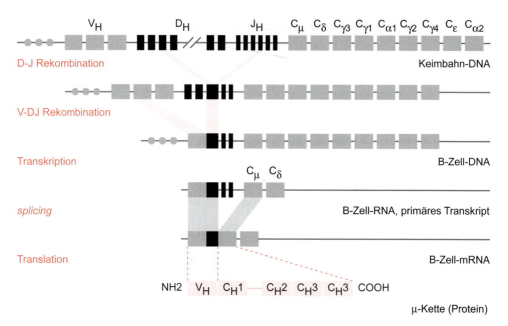

3.4 Somatische Rekombination, Transkription, Spleißen und Translation einer schweren Ig-Kette. Die Abbildung stellt die Prinzipien dar, ist jedoch nicht maßstabsgetreu.

im Durchschnitt diese Population. Tatsächlich findet man bei Kindern deutlich mehr T-Zell-Rezeptor-Exzisionszirkel als bei alten Menschen (Kap. 9.11).

Bei der somatischen Rekombination wirken regelhafte und zufallsgesteuerte Prozesse zusammen: Regelhaft werden nur Genelemente **eines** Chromosoms rekombiniert; auch wird die **Reihenfolge VDJ** immer eingehalten. Der Zufall jedoch bestimmt, welches V-Element mit welchem D- und J-Element verknüpft wird, dabei werden in jeder Zelle „die Karten neu gemischt". So entsteht **kombinatorische Vielfalt** (Tab. 3.1). Sie erhöht sich noch dadurch, dass schwere und leichte Ketten in einer B-Zelle zufällig gepaart werden und beide zusammen die Antigenbindungsstelle bilden. Außerdem werden, anders als zum Beispiel beim RNA-*splicing*, bei der somatischen Rekombination die Verbindungen zwischen den Genelementen nicht präzise geknüpft, sondern einzelne Nukleinsäuren können entfernt oder beliebig, d.h. ohne *template*, hinzugefügt werden. Die **junktionale Diversität**, die dadurch entsteht, erhöht die Antikörpervielfalt wesentlich (Tab. 3.1). Sie

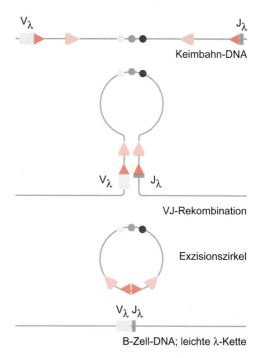

3.5 Mechanismen der somatischen Rekombination am Beispiel der VJ-Rekombination der leichten λ-Ig-Kette.

Tabelle 3.1 Theoretisch mögliche Diversität bei B- und T-Zell-Rezeptoren.

	Antikörper		T-Zell-Rezeptor			
	leichte Ketten	schwere Kette	[α]-Kette	[β]-Kette	[γ]-Kette	[δ]-Kette
variable (V)	40 30	40	~70	52	12	4
diversity (D)	0 0	25	0	2	0	3
joining (J)	5 4	6	61	13	5	3
verschiedene Ketten	200 120	6 000	4 200	1 352	60	36
kombinatorische Diversität	~ 2 × 10^6			~ 5.8 × 10^6	2 160	
mit junktionaler Diversität	~ 10^{13}			~ 10^{18}	~10^{18}	

hat jedoch einen hohen Preis: Drei Nukleinsäuren kodieren jeweils für eine Aminosäure. Wenn nun an den Verknüpfungsstellen durch Zufall nicht Vielfache von drei Nukleinsäuren hinzugefügt oder entfernt werden, verschiebt sich das Leseraster, und bei der Translation entsteht keine Immunglobulinkette, sondern ein „Nonsense"-Protein. Dies ist rein rechnerisch bei zwei von drei Rekombinationsereignissen der Fall. Wenn ein Gen für eine schwere Kette erfolgreich rekombiniert ist, beginnt die Zusammensetzung des Gens für die leichte Kette. War die Rekombination nicht produktiv, hat die B-Zelle eine zweite Chance und rekombiniert das zweite Allel der schweren Kette. Sollte dies ebenfalls erfolglos bleiben, muss die Zelle sterben. Sobald die Gene für **eine** schwere und **eine** leichte Kette produktiv rekombiniert sind, d. h. sobald die Zelle einen funktionierenden Antikörper synthetisieren kann und sie damit zu einer reifen B-Zelle geworden ist, beendet sie den Vorgang und schaltet die RAG-Enzyme ab. Diese sogenannte **allele Exklusion** – jeweils nur ein Allel für die schwere bzw. leichte Kette wird genutzt – garantiert, dass jede B-Zelle molekular identisch, d. h. klonspezifische Antikörper nur einer Spezifität exprimiert. Dies ist, wie bereits diskutiert, eine wichtige Voraussetzung für die klonale Selektion und damit für die Spezifität der adaptiven Immunantwort.

3.4 Vom rekombinierten Gen zum Rezeptor

Wie wir gesehen haben, wird die genetische Vielfalt der Immunglobulin- und TCR-Ketten durch einen Prozess der somatischen Rekombination erzeugt, der die DNA der B- und T-Zellen irreversibel verändert. Dies betrifft jedoch nur die Genabschnitte für die variablen Domänen. Die VDJ- bzw. VJ-Schnittstellen mit ihrer ausgeprägten auch junktionalen Diversität kodieren hypervariable Bereiche der Proteine (CDR3), welche später direkt in der Antigenkontaktstelle liegen (Abb. 1.3). Die konstanten Domänen der Antikörperketten (bzw. TCR-Ketten) sind in den C-Elementen kodiert (Abb. 3.2 und 3.3). Diese C-Elemente werden erst nach der Transkription, auf der Ebene der RNA, durch präzises Gen-*splicing* direkt mit dem rekombinierten Genbereich verbunden. Erst jetzt kann durch Translation ein funktionales Protein synthetisiert werden (Abb. 3.4).

> **MEMO-BOX** — **Entstehung der Antigenrezeptoren des adaptiven Immunsystems**
>
> 1. In jedem Individuum entsteht unabhängig vom Antigenkontakt eine große Vielfalt verschiedener BCRs (Antikörper) und TCRs.
> 2. Die Vielfalt besteht auf der Ebene der Zellpopulationen, denn jede B-Zelle (bzw. T-Zelle) exprimiert nur einen Typ molekular identischer BCRs (bzw. TCRs).
> 3. Bei Antigenkontakt teilen und differenzieren sich nur die B-Zellen (bzw. T-Zellen), deren Rezeptoren eine hohe Affinität zu diesem Antigen besitzen.
> 4. Die Gene der BCRs und TCRs kodieren keine fertigen Rezeptoren, sondern deren Elemente (Baukastenprinzip).
> 5. Durch somatische Rekombination auf DNA-Ebene werden in B- und T-Zellen die Gene für die variablen Domänen der Immunglobulin- und TCR-Ketten zusammengesetzt. Dieser Vorgang ist irreversibel.
> 6. Durch RNA-*splicing* werden an die rekombinierten Genabschnitte für die variablen Domänen die Gensegmente der konstanten Domänen angefügt.
> 7. Die Expression funktionaler Antikörperketten (bzw. TCR-Ketten) unterdrückt die somatische Rekombination weiterer Allele, so dass einzelne B- und T-Zellen nur **einen** klonalen Antigenrezeptor exprimieren (allele Exklusion).

Wie verarbeiten Immunzellen die Informationen?

4.1 Von der Membran zum Kern

Auf die Vielfalt der Informationen, die Immunzellen über ihre verschiedenen Membranrezeptoren aus ihrer Umgebung aufnehmen, reagieren sie mit einer passenden Antwort, zum Beispiel mit Entleerung ihrer Granula, Zellteilung, Differenzierung zu Effektorzellen, Sekretion von Zytokinen oder auch mit programmiertem Zelltod (Apoptose). Häufig ist dafür die Übersetzung der Membransignale in ein genetisches Programm erforderlich, Gene müssen an- oder abgeschaltet werden. Wie gelangen die Signale von der Membran in den Kern und wie werden die Informationen von der Zelle dabei integriert?

Dieses Kapitel soll wichtige Prinzipien der räumlich-zeitlichen Choreographie der Signaltransduktion erklären, die den nur wenige Mikrometer weiten Weg von der Membran in den Kern überbrücken (Abb. 4.1), und einige charakteristische Beispiele beschreiben. Weil man sich therapeutische Einflussmöglichkeiten erhofft, wird die Signaltransduktion in Immunzellen sehr intensiv erforscht.

Die erste Frage lautet: Wie wird die Information, zum Beispiel dass ein Antigen an seinen Rezeptor gebunden hat, durch die Zellmembran geleitet? **Konformationsänderungen** des Rezeptors als Folge der Ligandenbindung oder **Clusterbildung** von Rezeptoren durch Bindung

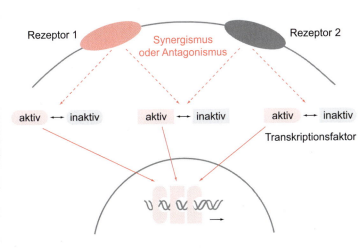

4.1 Von der Membran zum Kern. Ein Rezeptor kann mehrere Signalwege aktivieren. Signalwege verschiedener Rezeptoren können konvergieren und sich gegenseitig verstärken (Synergismus) oder abschwächen (Antagonismus). Die Wege führen zur Aktivierung von Transkriptionsfaktoren, welche in den Kern translozieren und dort an DNA-Sequenzmotive in den Genpromotoren binden. Da die Promoterbereiche meist mehrere Bindungsmotive für Transkriptionsfaktoren besitzen, können dort die Informationen verschiedener Signalwege integriert werden.

an multivalente Liganden sind hierbei wichtige Prinzipien.

Diese Vorgänge haben eine Änderung der räumlichen Anordnung und/oder Konformation von **rezeptorassoziierten Signalmolekülen** im Zellinneren zur Folge. Häufig sind dies **Enzyme**, welche nun aktiviert werden und intrazelluläre Proteine posttranslational modifizieren. Phosphorylierung und Dephosphorylierung an Tyrosin- oder Serin- bzw. Threoninresten, enzymatische Spaltung, Ubiquitinierung und Degradation von Proteinen sind Beispiele für solche Enzymaktivitäten. Die posttranslationalen Modifikationen verändern das Verhalten der Signalmoleküle: Die **Assoziation weiterer Moleküle** oder im Gegenteil die **Dissoziation molekularer Komplexe**, die Aktivierung weiterer Enzyme in Form einer Kaskade oder die Freisetzung von sogenannten *second messengers*, die durch das Zytoplasma diffundieren, sind mögliche Konsequenzen.

Schließlich erfassen diese Veränderungen **Transkriptionsfaktoren** – Proteine, die sich zunächst im Zytoplasma befinden. Durch die Signaltransduktionsvorgänge werden sie modifiziert, so dass sie nukleäre Transportsignale exponieren. Sie werden nun durch die Kernporen **in den Zellkern transportiert**, binden dort an bestimmte DNA-Sequenzmotive in den Promoter- bzw. Enhancer-Regionen der Gene und aktivieren oder reprimieren deren Transkription. Dadurch dass sich oft eine Vielzahl von Bindungsmotiven für Transkriptionsfaktoren in den Promoterregionen befinden, sind diese wichtige Orte der Informationsbündelung in einer Zelle: Denn nur, wenn hier synchron die verschiedenen passenden Transkriptionsfaktoren binden, wird der RNA-Polymerase-Komplex mit hoher Effizienz rekrutiert und die Transkription beginnt.

Wenn man **Zelldifferenzierungsvorgänge** verstehen möchte, taucht eine weitere Frage auf: Wie „erinnert" sich eine Zelle auch nach mehreren Zellteilungen an ihr genetisches Programm? Im Verlauf der Zelldifferenzierung wird dieses durch **Modifikationen der Chromatinstruktur epigenetisch** fixiert. Histonacetylierung und DNA-Demethylierung öffnen einen Genort für die Transkription, Deacetylierung und Methylierung führen zu einer geschlossenen DNA-Konformation, die eine Transkription verhindert. Die DNA-Methylierungsmuster wirken nach einer Zellteilung wie Lesezeichen für den Transkriptionsapparat der Zelle.

Signaltransduktion ist ein Thema mit Variationen. Signalfaktoren bilden oft große **Familien homologer Moleküle**, welche ihrerseits **modular** aufgebaut sind: **Typische Sequenzmotive und Domänen** kommen mit Variationen in verschiedenen Signalmolekülen vor; in F&Z 3 finden sich Beispiele. Diese Variationen bestimmen die Spezifität der Interaktionen. So binden allgemein SH2-Domänen an phosphorylierte Tyrosinreste, doch die Aminosäuresequenz in deren Nachbarschaft beeinflusst die Affinität eines bestimmten Phosphotyrosinrestes zu verschiedenen SH2-Domänen stark.

4.2 Signaltransduktion durch den T-Zell-Rezeptor

4.2.1 Tyrosinphosphorylierung

Die α- und β-Ketten des antigenspezifischen T-Zell-Rezeptors haben nur sehr kurze intrazytoplasmatische Abschnitte ohne Enzymaktivität oder bekannte Signaltransduktionsmodule. Sie sind aber auf der Zellmembran stets assoziiert mit den γ-, δ- und ε-Ketten des CD3-Komplexes, welche jeweils ein **ITAM**-Sequenzmotiv (*immunoreceptor tyrosine-based activation motif*) besitzen, sowie mit dem ζ-Homodimer, dessen Ketten jeweils sogar drei ITAMs aufweisen (Abb. 2.5, Konsensussequenz der ITAMs in F&Z 3). Innerhalb von Sekunden bis wenigen Minuten nach der Bindung der TCRs an ihr Antigen beobachtet man eine Phosphorylierung dieser ITAMs an ihren Tyrosinresten. Verantwortlich dafür sind zwei Tyrosinkinasen der Src-Familie, **Fyn** (*fibroblast yes-related non-receptor kinase*) und **Lck** (*lymphocyte kinase*).

Die interessante Geschichte der Bezeichnung Src (sprich: Sark, *sarcoma-associated kinase*) rechtfertigt einen kleinen Exkurs: Gefunden wurde Src im Genom des Rous-Sarcomavirus als ein Onkogen, welches bei Hühnern nach Infektion mit diesem Virus Tumorwachstum verursacht. Groß waren Überraschung und Beunruhigung, als man auch in nicht infizierten Zellen ein Homolog dieses Moleküls entdeckte, dessen Gen als Protoonkogen bezeichnet wurde. Es stellte sich später heraus, dass die virale Tyrosinkinase vSrc im Gegensatz zu ihrem zellulären Homolog cSrc nicht regulierbar ist. Aus dieser Geschichte lassen sich zwei Dinge lernen: Eine stringente Regulation der Signaltransduktionsvorgänge ist essenziell für geordnetes Zellwachstum. Und Tumoren sind nicht grundsätzlich verschieden von normalen Zellen, sondern nutzen physiologische Signalwege aus.

In ruhenden Zellen kommen Lck und Fyn mit ihrem Substrat, den ITAMs, kaum in Kontakt, denn TCR und Src-Kinasen befinden sich bevorzugt in verschiedenen Bereichen der Zellmembran. Diese ist nämlich nicht homogen, sondern besitzt Mikrodomänen unterschiedlicher Lipidzusammensetzung, welche als *rafts* (Flöße) oder GEMs (*glycosphingolipid-enriched microdomains*) bezeichnet werden. In diesen cholesterol- und glykosphingolipidreichen Domänen konzentrieren sich bestimmte Membranmoleküle, die sich zum Beispiel von außen mit Glykosylphosphatidylinositol (GPI) oder von innen mit Fettsäureresten (Prenylierung) darin verankern – wie die Src-Kinasen und viele andere Signalmoleküle. Andere Membranmoleküle, so etwa die TCRs, sind in den *rafts* dagegen abgereichert. Nach Antigenbindung ändert sich dies und die TCRs gelangen nun ebenfalls in die *rafts*. Außerdem kann Lck mit CD4 bzw. CD8 assoziieren, und diese Moleküle binden bei der Antigenerkennung an konservierte Strukturen auf den MHC-Molekülen (Kap. 2.2), die das antigene Peptid präsentieren. So gelangt Lck in die Nähe des TCR/CD3-Komplexes, wird auf bisher nicht völlig geklärte Weise aktiviert und phosphoryliert die Tyrosinreste der ITAMs. Die großen negativ geladenen Phosphatgruppen an den Tyrosinen sind Bindungsstellen für SH2-Domänen (*src homology2*), von denen die zytoplasmatische Tyrosinkinase **Zap70** (*ζ-associated protein of 70 kDa*) gleich zwei besitzt. Zap70 wird an die Membran rekrutiert und dort durch Lck aktiviert. Eine Mutation der Zap70-Kinase führt zu einem schweren Immundefekt (F&Z 9).

4.2.2 Adapterproteine

Die aktivierte Tyrosinkinase Zap70 phosphoryliert weitere Tyrosinsignalmotive, welche sich auf Transmembran-Adapterproteinen (**TRAPs**) befinden. Adaptermoleküle besitzen weder enzymatische noch transkriptionsregulatorische Aktivität, können jedoch mit Hilfe ihrer Bindungsmotive bzw. -domänen Signalfaktoren in räumliche Nähe zueinander bringen. Auf den sieben bekannten TRAPs der T-Zellen befinden sich insgesamt 50 Tyrosinsignalmotive! Dies lässt die Komplexität, Spezifität und Flexibilität der Signalvorgänge in T-Zellen erahnen. Werden die TRAPs nun tyrosinphosphoryliert, rekrutieren sie zytosolische Proteine mit SH2-Domänen an die Membran, sowohl **zytosolische Adapterproteine** als auch weitere Enzyme, darunter Phospholipase Cγ, Proteinkinase C (PKC) und Ras.

4.2.3 Phopholipase Cγ

Dieses Enzym kann mittels einer SH2-Domäne in seiner regulatorischen Untereinheit an phosphorylierte Tyrosinmotive in der Membran binden, wo es sein Substrat Phosphatidylinositol-4,5-bisphosphat (**PIP2**) findet und dieses in Inositoltrisphosphat (**IP3**) und Diacylglycerol spaltet. Diacylglycerol bleibt in der Membran verankert und bindet die zytosolische Serin/Threonin-Kinase PKC, welche Signalwege aktiviert, die bewirken, dass der Transkriptionsfaktor **NFκB** aktiviert wird und in den Kern transloziert.

Das stark geladene IP3 ist wasserlöslich, diffundiert als *second messenger* durch das Zytoplasma und bindet an seinen Rezeptor, einen Calciumkanal in der Membran des endoplasmatischen Retikulums. Dieser öffnet sich, so dass Calcium-Ionen in das Zytoplasma strömen und die Konzentration freien Calciums dort ansteigt. Das interagiert mit zytoplasmatischen Proteinen, unter anderem mit Calmodulin, welches nach Calciumbindung die Serinphosphatase Calcineurin aktiviert. Calcineurin dephosphoryliert den Transkriptionsfaktor **NFAT** (*nuclear factor of activated T cells*), der dann in den Kern transloziert und dort zum Beispiel die Transkription des IL2-Gens aktiviert. Die Immunsuppressiva Cyclosporin A und Tacrolimus (FK506) greifen in diesen Signalweg ein und verhindern die Aktivierung von Calcineurin und NFAT (Kap. 25.4).

4.2.4 Ras

Ras (von *rat sarcoma*) ist ein kleines G-Protein, d. h. eine GTPase, die GTP bindet, einen Phosphatrest abspaltet, danach das resultierende GDP freisetzt und erneut GTP aus dem Zytoplasma bindet. GTP-Ras löst weitere Signalvorgänge aus, GDP-Ras ist dagegen inaktiv. Das Gleichgewicht zwischen der GTP- und der GDP-bindenden Form im Ras-Zyklus kann auf zwei Arten verschoben werden: GEFs (*guanine nucleotide exchange factors*) erleichtern die Freisetzung von GDP und erhöhen deshalb die Menge von GTP-Ras, während GAPs (*GTPase-activating proteins*) die enzymatische Ras-Aktivität steigern, wodurch die Konzentration von GDP-Ras ansteigt. Nach T-Zell-Ligandenbindung wird Ras durch den GEF Sos (*son of sevenless*) aktiviert und stimuliert seinerseits eine Kaskade von Serinkinasen, den **MAP-(*mitogen-activated protein-*)Kinase-weg**, welcher schließlich zur Aktivierung des Transkriptionsfaktorkomplexes **AP1** führt.

Die Bindung von T-Zell-Rezeptoren an antigene MHC/Peptid-Komplexe löst also zunächst Tyrosinphosphorylierungsvorgänge aus, die von Adaptorproteinen an evolutionär ältere, weniger spezifische und zwischen verschiedenen Zelltypen stark konservierte Signaltransduktionssysteme gekoppelt werden. Diese aktivieren ihrerseits verschiedene Transkriptionsfaktoren (Abb. 4.2).

Neben der Änderung des genetischen Programms beeinflusst die Signaltransduktion auch das Zytoskelett und dadurch Form und Bewegung der Zelle. An der Kontaktstelle zwischen T-Zelle und APC bildet sich eine charakteristische mikroskopisch sichtbare multimolekulare Struktur aus, der **SMAC** (*supramolecular activation cluster*), der etwa eine Stunde lang stabil bleibt und so hoch organisiert ist, dass man ihn auch als **immunologische Synapse** bezeichnet.

4.3 Signale durch Zytokinrezeptoren der Hämatopoietin-Familie

Auch die löslichen Kommunikationsmoleküle des Immunsystems, die Zytokine (Kap. 7.1), lösen nach Bindung an ihre Rezeptoren auf der Zelloberfläche ein genetisches Programm in den

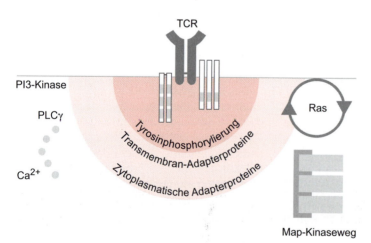

4.2 Adapterproteine verbinden Tyrosinphosphorylierungssignale mit phylogenetisch älteren Signaltransduktionswegen. Ca: Calcium; Map: *mitogen-activated protein kinase*; PI: Phosphoinositol; Ras: Name abgeleitet von *rat sarcoma virus*.

Zellen aus. Viele Zytokinsignale (z. B. von IL2, IL4, IL12) werden auf einem sehr kurzen und eleganten Weg in den Kern vermittelt. Die Rezeptoren bestehen hier aus mehreren Transmembranketten mit intrazytoplasmatischen Tyrosinsignalmotiven. Mindestens zwei dieser Ketten sind im Zytoplasma mit einer Tyrosinproteinkinase der **JAK**-Familie (Janus-Kinase) assoziiert. Bindung des Zytokins führt zur Clusterbildung der Rezeptorketten, so dass sich die JAKs gegenseitig phosphorylieren und dadurch aktivieren können (Transphosphorylierung). Sie phosphorylieren danach die Tyrosinreste der Rezeptorketten. Diese phosphorylierten Tyrosinmotive sind Bindungsstellen für die SH2-Domänen zytoplasmatischer **STAT**-Proteine (*signal transducer and activator of transcription*). Sobald diese in die Nähe der aktivierten JAKs gelangen, werden auch ihre Tyrosinsignalmotive phosphoryliert. Nun dimerisieren die STAT-Faktoren, indem sie mit ihren SH2-Domänen jeweils an einen Phosphotyrosinrest des gegenüberliegenden STAT-Faktors binden. Im Gegensatz zu STAT-Monomeren translozieren die Dimere in den Zellkern und binden dort an die DNA (Abb. 4.3).

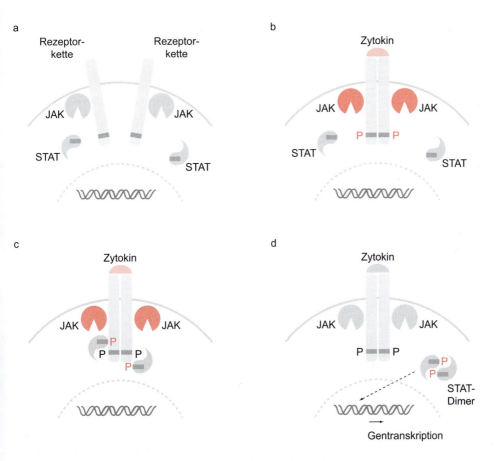

4.3 Der JAK/STAT-Signaltransduktionsweg. Ligandenbindung auf einer ruhenden Zelle (a) führt zur Transphosphorylierung rezeptorassoziierter Janus-Kinasen. Diese werden dadurch aktiviert und phosphorylieren TBSM (*tyrosin-based signalling motifs*) auf den Rezeptoren (b), welche als Bindungsstelle für die SH2-Domänen von STAT-Faktoren dienen (c). Diese werden nun ebenfalls von den JAKs phosphoryliert (c), bilden Dimere und translozieren in dieser Form in den Kern (d). JAK: Janus-Kinase; STAT: *signal transducer and activator of transcription*; P: Phosphat.

4.4 Signale durch Toll-like-Rezeptoren

TLRs sind PRRs (Kap. 2.1), und die Pathogenerkennung durch sie initiiert die angeborene Immunabwehr und hilft, die spezifische Immunantwort zu optimieren (was z. B. in Kap. 7.2.1 weiter ausgeführt wird). Ein Prototyp der Signaltransduktion ist in Abb. 4.4 dargestellt. Mehrere Adapterproteine und eine Serin/Threonin-Kinase führen nach Ligandenbindung an TLRs einerseits zur Aktivierung des MAP-Kinasewegs und andererseits zur Aktivierung der Serin/Threonin-Kinase IKKβ (*inhibitor of NFκB (IKB) kinase*). Diese phosphoryliert IκB, das mit NFκB komplexiert vorliegt und diesen Transkriptionsfaktor dadurch im Zytoplasma festhält. Die Phosphorylierung ist das Signal für die Ubiquitinierung und **Degradation von IκB**. NFκB wird dadurch frei, kann **in den Zellkern translozieren** und dort proinflammatorische Zytokingene anschalten. Die Stimulation der zytoplasmatischen NOD-*like* Rezeptoren hat ähnliche Konsequenzen, denn sie steuern über einen anderen Signalweg ebenfalls NFκB an.

Manche TLRs können auch einen alternativen Signalweg nutzen, der Transkriptionsfaktoren aus der Familie der interferonregulierenden Faktoren (IRFs) aktiviert (TLR3, 4, 7, 8, 9). Diese schalten im Kern die Gene der Typ-1 Interferone (IFNα und IFNβ) an.

Diese Aktivierungen haben drastische Konsequenzen und sind deshalb streng kontrolliert, um Hyperinflammation zu vermeiden. So existieren z. B. lösliche TLRs (sTLR2 oder sTLR4), welche die Ligandenbindung verhindern, sowie negative Regulatoren wie z. B. IRAKM, welches IRAK (siehe Abb. 4.4) inhibiert. Andere alternative NFκB-Signalwege können sogar antiinflammatorische Immunantworten einleiten: So kann z. B. in DCs eine TLR9-Ligation über IKKα-Aktivierung zur Induktion von IDO führen (Kap. 19.1 und 20.2.2).

4.5 Todessignale

Ebenso wie die Zellteilung spielt auch der Zelltod eine wichtige Rolle in der Regulation der Immunantwort. Dabei handelt es sich fast

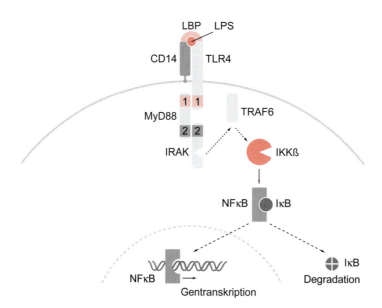

4.4 LPS-*sensing* durch TLR4 führt über NFκB-Translokation in den Kern zur Anschaltung proinflammatorischer Gene (Kap. 7.3.1). 1: TIR-Domäne (*toll/ IL1-receptor domain*); 2: *death domain*; IκB: *Inhibitor of NFκB*; IKK: *IκB-kinase*; IRAK: *IL1-receptor-associated kinase*; LBP: *LPS-binding protein*; LPS: Lipopolysaccharid; MyD88: *myeloleukaemic differentiation factor*; NF: *nuclear factor*; TLR: *toll-like receptor*; TRAF: *TNF-receptor-associated factor*.

immer um **Apoptose**, den aktiven „Selbstmord" der Zelle, der durch Todessignale oder durch das Ausbleiben von Überlebenssignalen (Tod durch Vernachlässigung) ausgelöst wird. Durch Todessignale treiben zum Beispiel CTLs ihre Zielzellen in den Selbstmord, Beispiele für Zelltod durch Vernachlässigung sind die Apoptose der Thymozyten, die nicht durch positive Signale selektioniert werden, und die klonale Kontraktion am Ende einer adaptiven Immunantwort (Kap. 8).

Apoptose ist eine aktive und Energie verbrauchende Leistung der sterbenden Zelle. Die auslösenden **Todesrezeptoren** auf der Zelloberfläche gehören zur Familie der TNF-Rezeptoren, ihr bekanntester Vertreter ist **Fas** (CD95, Tab. 4.1), das hier als Beispiel dienen soll. Fas-Liganden kommen als membrangebundene Moleküle und in löslicher Form vor. Sie bilden Trimere, so dass sie bei Bindung auch die Fas-Rezeptoren trimerisieren. Der zytoplasmatische Teil von Fas besitzt eine Todesdomäne (*death domain*, DD), welche mit der DD des Adaptermoleküls FADD (*Fas-associated adaptor protein containing death domains*) assoziiert. FADD besitzt außerdem eine DED (*death effector domain*), an welche die Protease Caspase 8 mit ihrer DED bindet. Als **Caspasen** bezeichnet man **C**ystein-proteasen, welche Proteine hinter **As**paragin-

Tabelle 4.1 Fas, Fas-Ligand und einige homologe Rezeptor-Liganden-Paare.

Fas (CD95)	Fas-Ligand (CD95L)
TNFR-I (p55)	TNF
TNFR-II (p75)	LTα, LTβ
CD40	CD40L/CD154
TRAILR1/DR4 TRAILR2/DR5 TRAILR3/DcR1 TRAILR4/DcR2	TRAIL

DR: *death receptor;* DcR: *decoy receptor;* LT: Lymphotoxin; R: Rezeptor; TNF: Tumornekrosefaktor; TRAIL: *TNF-related apoptosis-inducing ligand*

säuren spalten. Da sie über ihre DED durch extrazelluläre Signale regulierbar ist, zählt man Caspase 8 zu den Regulatorcaspasen. Sie liegt in der Zelle zunächst als Proenzym vor. Durch die **Trimerisierung von Fas** kommt es zur räumlichen Annäherung der Caspasen, welche sich nun gegenseitig spalten und dadurch aktivieren. Dies löst eine **proteolytische Kettenreaktion** aus, vergleichbar der Aktivierung des Komplement- oder Gerinnungssystems. Caspase 3 wird gespalten und aktiviert eine Effektorcaspase, die weitere intrazelluläre Substrate proteolytisch spaltet – PKC, Gelsolin, Aktin und viele andere.

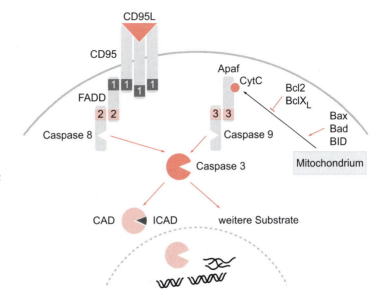

4.5 Rezeptorvermittelte und mitochondriale Signalwege in die Apoptose. 1: death domain; 2: death effector domain; 3: caspase-recruiting domain; Apaf: apoptosis-activating factor; CAD: caspase-activated DNase; Cyt: Cytochrom; FADD: Fas-associated adaptor protein containing a death domain; ICAD: inhibitor of CAD.

Ein interessantes Substrat der Caspase 3 ist der Inhibitor der *caspase-activated DNase* (ICAD), der mit der DNase CAD einen Komplex bildet und das Enzym im Zytoplasma festhält. Die Spaltung von ICAD erlaubt CAD die Translokation in den Kern, wo sie an der DNA ihr tödliches Werk vollbringt. Sie induziert Doppelstrangbrüche zwischen den Nukleosomen, so dass DNA-Bruchstücke einer charakteristischen Länge entstehen, jeweils Vielfache von 200 Basenpaaren. Die Zelle ist tot. Allerdings ist die DNA-Zerlegung durch CAD für die Apoptose zwar hinreichend, aber nicht unbedingt notwendig. Was mit den toten Zellen passiert, wird in Kap. 7.3.1 bzw. 9.4 beschrieben.

Der **Zelltod durch Vernachlässigung** tritt ein, wenn wichtige Überlebenssignale, etwa in Form von Wachstumsfaktoren oder Zytokinen, ausbleiben. Hierbei wird die Mitochondrienmembran gestört und **Cytochrom C** tritt ins Zytosol aus. Cytochrom C bindet an Apaf (*apoptosis-activating factor*), wodurch die assoziierte Caspase 9 aktiviert wird, welche wiederum Caspase 3 durch Spaltung aktiviert – mit den bekannten tödlichen Folgen (Abb. 4.5). Die Stabilität der Mitochondrienmembran wird durch Mitglieder der **Bcl2**-Familie beeinflusst, von denen einige proapoptotisch wirken, z. B. Bax und Bad, während andere, wie Bcl2 und BclX$_L$, die Apoptose hemmen. Die Balance zwischen pro- und antiapoptotischen Bcl2-Proteinen entscheidet oft zwischen Leben und Tod der Zellen; ihre Expression ist deshalb stringent reguliert.

4.6 Die Integration mehrerer Signale

Die beschriebenen Beispiele zeigen, dass ein Rezeptor mehrere Signalwege einschalten kann. Die Signalwege verschiedener Rezeptoren können konvergieren und sich gegenseitig verstärken

Tabelle 4.2 ITAM und ITIM, Yin und Yang der Signaltransduktion.

aktivierende Rezeptoren mit ITAM
CD3γ, CD3δ, CD3 ε
ζ-Homodimer (3 ITAM); assoziiert mit dem TCR/CD3-Komplex und manchmal mit dem FcγRIII (CD16)
Igα (CD79a) und Igβ (CD79b)
γ-Kette des FcγRI (CD64), FcγRIII (CD16), FcαRI (CD89) und des FcεRI
FcεRI-β-Kette
DAP12 und DAP10; assoziiert mit aktivierenden NK-Rezeptoren (*killer cell immunoglobulin-like* Rezeptoren, *killer cell lectin-like* Rezeptoren und anderen)
inhibierende Rezeptoren mit ITIM
FcγRIIB (CD32)
CD22
PIR (*paired Ig-like receptors*)
PAG (*phosphoprotein associated with glycosphingolipid-enriched microdomains*)
inhibierende NK-Rezeptoren (*killer cell immunoglobulin-like* Rezeptoren *und killer cell lectin-like* Rezeptoren)
CTLA4 (CD152, dieses Mitglied der CD28-Familie besitzt ein ITIM-ähnliches Motiv)
PD1 (*programmed cell death-1*, Mitglied der CD28-Familie)
BTLA (*B and T lymphocyte attenuator*, Mitglied der CD28-Familie)

(Synergismus) oder abschwächen (Antagonismus) (Abb. 4.1). Häufig ist es dazu erforderlich, dass die beiden Rezeptoren durch ihre Liganden in räumliche Nähe gebracht werden; man spricht von Kreuzvernetzung. Ein klassisches Beispiel ist die Hemmung von B-Zellen durch synchrone Ligation des B-Zell-Rezeptors (ITAM) mit dem Fcγ-Rezeptor IIB, welcher ein ITIM (*immunoreceptor tyrosine-based inhibition motif*) besitzt. Der Antagonismus zwischen aktivierenden Rezeptoren mit ITAM- und inhibitorischen Rezeptoren mit ITIM-Sequenzen ist ebenfalls ein Thema mit Variationen in der Signaltransduktion der Immunzellen, denn diese Motive kommen in vielen verschiedenen Oberflächenrezeptoren vor (Tab. 4.2). „Unter dem Strich" wird durch die Signalvorgänge ein „Cocktail" von Transkriptionsfaktoren aktiviert, der das Transkriptionsprofil der Zelle ändert, d. h. als Antwort auf die aufgenommenen Signale ein genetisches Programm anschaltet. So ändern Zellen ihr Produktionsprogramm für lösliche Mediatoren oder regeln Rezeptorenexpressionen auf ihrer Oberfläche.

4.7 Wie wird der Signalprozess abgeschlossen?

Die Begrenzung und Beendigung der Signalvorgänge ist für die Regulation der Zellaktivität ebenso wichtig wie deren Aktivierung; dennoch ist darüber weit weniger bekannt. Eine zentrale Rolle spielen Tyrosinphosphatasen, wie die Rezeptortyrosinkinase CD45 sowie zytoplasmatische Tyrosinphosphatasen SHP1 und SHP2 (*src homology2 domain-containing phosphatases*). Viele Transmembranrezeptoren besitzen ITIM-Motive (*immunoreceptor tyrosine-based inhibition motifs*), deren Tyrosinreste bei der Zellaktivierung ebenfalls durch Kinasen phosphoryliert werden. Dann können die SH2-Domänen der zytoplasmatischen Phosphatasen daran binden und ins Zentrum der Aktivierung gelangen, wo sie die phosphorylierten Tyrosinreste wieder dephosphorylieren. In vielen Zellen werden ITIM-enthaltende Rezeptoren nach Aktivierung verstärkt exprimiert.

Ein weiterer Mechanismus, durch den die Tyrosinphosphorylierung abgeschaltet werden kann, ist die Induktion von Transkription und Expression von SOCS-Proteinen (*suppressor of cytokine signalling*), die an verschiedenen Stellen mit dem JAK/STAT-Signalweg interferieren. Dafür wird in Kap. 8 ein Beispiel gezeigt.

Calciumpumpen sind ständig aktiv und befördern zytoplasmatisches Calcium zurück in die intrazellulären Speicherräume, zum Beispiel das endoplasmatische Retikulum.

Und schließlich spielt bei der Abschaltung von Signalen die Degradation von Zelloberflächenrezeptoren und Signalmolekülen eine wichtige Rolle.

MEMO-BOX

Signaltransduktion von der Membran zum Kern

1. Durch Signaltransduktion und Transkriptionsregulation integrieren Zellen die Vielfalt der Signale, die sie aus ihrem Mikromilieu aufnehmen, und übersetzen sie in ein genetisches Programm.
2. Von einem Membranrezeptor können mehrere Signalwege angestoßen werden.
3. Verschiedene Rezeptoren können gleiche Signalwege nutzen.
4. Signaltransduktion erfolgt in der Regel durch eine Kaskade von posttranslationalen Modifikationen zytoplasmatischer Signalfaktoren.
5. Transkriptionsfaktoren liegen im Zytoplasma vor und translozieren nach Aktivierung (infolge von Signaltransduktionsvorgängen) in den Kern.
6. In den Promoterbereichen der Gene befinden sich zahlreiche Bindungsstellen für verschiedene Transkriptionsfaktoren. Deshalb sind sie wichtige Orte der Signalintegration.
7. Signalfaktoren sind modular aufgebaut.

Welche Konsequenzen hat die Aktivierung der Immunzellen?

5

Alle Immunzellen erlangen während ihrer Reifung und Differenzierung Spezialfunktionen, sie wandern in verschiedene Kompartimente des Organismus, üben verschiedene **Effektorfunktionen** aus und haben eine sehr unterschiedliche Lebensspanne. Eine Immunantwort kann aber ebenso zur **Nichtreaktivität** führen, d.h. keine Effektorfunktionen generieren. Darauf wird in den Kapiteln 7 und 11 näher eingegangen.

Um diese komplexen Zusammenhänge durchschauen zu können, ist es zunächst hilfreich, alle Effektorfunktionen einer zellulären Aktivierung darzustellen.

5.1 Antikörpersynthese und Antikörperfunktionen

Nur B-Zellen können nach Aktivierung in Plasmazellen ausdifferenzieren und Antikörper bilden. Im Folgenden werden 13 Antikörperfunktionen erörtert, die natürlich voraussetzen, dass der Antikörper ein Antigen spezifisch bindet, die aber vor allem von der Struktur des Fc-Teils des Antikörpers abhängen (Kap. 1.2.1). Insbesondere die Interaktion der Antikörper mit Fc-Rezeptoren (FcRs) auf verschiedensten Zellen und ihre unterschiedliche Fähigkeit C1q zu binden, sind hier von Interesse.

5.1.1 Komplementvermittelte Antikörperzytotoxizität

Wenn ein Antikörper eine Oberflächenstruktur auf einer Zelle „erkennt", d.h. sich spezifisch bindet, kann er nur dann zytotoxische Effekte einleiten, wenn er zur Klasse IgG oder IgM gehört. Nach Antigenbindung – und nur dann! – macht ein IgG-Antikörper eine leichte Konformationsänderung durch. Erst dann können zwei benachbarte IgG-Moleküle an ihren CH2-Domänen eine „Andock"-Möglichkeit für C1q bieten. Was danach passiert, ist in Kapitel 1.3 im Detail beschrieben: Die Komplementkaskade läuft auf der Oberfläche der betroffenen Zelle ab. Am Ende wird die Zelle durch Porenbildung, die man im Elektronenmikroskop sichtbar machen kann, abgetötet (Abb. 5.1). IgM kann bereits als Einzelmolekül nach Antigenbindung Komplement aktivieren.

5.1 Spezifische Antikörper zerstören mithilfe von Komplement eine Zielzelle, z.B. ein Bakterium. Die molekularen Vorgänge dabei sind Abbildung 1.8 zu entnehmen. Körpereigene Zellen werden in der Regel nicht lysiert, da sie Schutzproteine tragen. Ausnahme: kernlose Zellen (Erythrozyten und Thrombozyten) (Tab. 1.4). Die Komplementaktivierung führt aber auch zu Entzündung und Aktivierung anderer Zellen (z.B. durch C5a), so dass kernhaltige körpereigene Zellen indirekt Schaden nehmen können (Kap. 1.3.5).

5.1.2 Antikörperabhängige zelluläre Zytotoxizität (*antibody-dependent cellular cytotoxicity*, ADCC)

Der von spezifischen Antikörpern gebundenen Zelle droht u. U. noch ein anderes Schicksal: Die

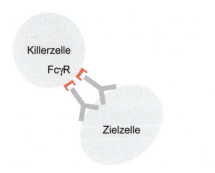

5.2 Spezifische Antikörper zerstören mithilfe einer unspezifischen Killerzelle eine Zielzelle. Hiervon können auch körpereigene Zellen betroffen sein, falls Autoantikörper gebildet wurden (Kap. 18.2). Dieser Mechanismus kann auch im Zusammenhang mit Medikamentennebenwirkungen eine Bedeutung erlangen (Kap. 23. 1)

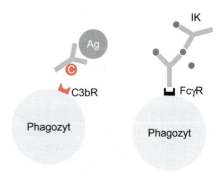

5.3 Spezifische Antikörper beschleunigen die Phagozytose von Antigenen oder Immunkomplexen (IK).

„frei nach außen" ragenden Fc-Teile von IgG-Molekülen ermöglichen **NK-Zellen** oder anderen Killerzellen, welche spezifische Rezeptoren für den Fc-Teil von IgG tragen (Kap. 7.3.2), sich zu binden. Werden die **Fc-Rezeptoren** dabei **kreuzvernetzt** (cross-linking), wird die Zelle zur Ausschüttung zytotoxischer Mediatoren veranlasst. Dieses extrazelluläre Killing durch unspezifische Killerzellen trifft nur Zielzellen, die durch spezifische Bindung von Antikörpern „markiert" wurden (Abb. 5.2).

5.1.3 Opsonierende Antikörper

Opsonieren heißt „für das Mahl zubereiten". Ist bereits eine spezifische Immunantwort vorhanden, können IgG-Antikörper ein Bakterium „markieren", d. h. mit dem Idiotyp (Fab) binden. Mit dem freien Isotyp (Fc-Teil) bieten sie Andockstellen für Phagozyten. Die Opsonierung der Bakterien sorgt für eine optimierte, d. h. beschleunigte Phagozytose. Wenn die Antikörper der Klasse IgG auf der Bakterienoberfläche bereits Komplement aktiviert haben, können die Phagozyten sowohl mit Fcγ-Rezeptoren als auch mit Komplementrezeptoren, zum Beispiel für C3b, die „zubereiteten" Bakterien schneller internalisieren (Abb. 5.3).

5.1.4 Blockierende Antikörper

Binden Antikörper an Rezeptorstrukturen, können sie deren Zugänglichkeit für Liganden blockieren. Diese Spezialfunktion wird unter Kapitel 5.1.9 und in Abbildung 5.10 erläutert. Solche Antikörperfunktionen finden sich bei speziellen Autoantikörpererkrankungen (Kap. 18.2.4).

Es gib aber noch eine weitere Möglichkeit der Antikörperblockade: Antigenspezifische IgG-Moleküle sind körpereigene Proteine. An den hypervariablen Regionen bilden sie mit den complementary determining regions (CDRs), ihrem Idiotyp, einen kleinen dreidimensionalen Abschnitt, der das „Spiegelbild" des Epitops ist und an dieses binden kann. Da die CDRs eine durch somatische Rekombination (Kap. 3.3) entstandene neue – quasi „fremde" – Struktur darstellen, können sie auf das Immunsystem als Antigen wirken. Wenn diese neu gebildeten Antikörper eine ausreichende Konzentration erreichen, wird gegen exakt diese antigenähnlichen Strukturen wiederum eine Immunantwort generiert. Die daraus resultierenden Antikörperspezifitäten nennt man **antiidiotypische Antikörper**. Die Anti-Idiotyp-Antikörper blockieren die jeweiligen Funktionen der idiotypischen Antikörper, da sie sich spezifisch an deren Antigenbindungsstellen (CDRs) binden (Abb. 5.4) und mit ihnen Immunkomplexe bilden. Sie sorgen für schnelle Elimination jener Antikörper, die mit den formierten Immunkomplexen phagozytiert werden (Kap. 5.5).

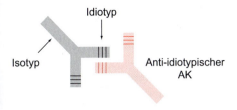

5.4 Antiidiotypische Antikörper (rot) besitzen eine Spezifität für Antigenbindungsstellen eines Antikörpers. Sie entstehen bei der Immunantwort auf eine vorausgehende Immunantwort (grauer Antikörper).

Es wird diskutiert, dass nach Ablauf einer Immunantwort antiidiotypische Antikörper in Abwesenheit von Antigen – sozusagen als dessen unschädlicher Ersatz – die langfristige IgG-Produktion stimulieren und damit einen wesentlichen Beitrag zur Aufrechterhaltung des Immungedächtnis leisten (Kap. 10). Ein Beweis konnte dafür bisher nicht erbracht werden. Antiidiotypische Antikörper könnten aber auch pathologische Bedeutung erlangen (Kap. 18.2.1).

5.1.5 Maskierende Antikörper

Binden Antikörper, die selbst keine Zytotoxizität vermitteln können, auf Zelloberflächen, können sie den Zugang zytotoxischer T-Zellen oder zytotoxischer Antikörper verhindern, da sie die Antigene maskieren und u. U. mit diesen gemeinsam endozytiert werden (Abb. 5.5).

5.1.6 Sensibilisierende Antikörper

Nur Antikörper der Klasse **IgE** können ohne vorherige Antigenbindung, d. h. ohne Konformationsänderung, an einen Fcε-Rezeptor binden. FcεRI-tragende Zellen sind zum Beispiel Mastzellen. Die Mastzellen reagieren auf die Rezeptorbesetzung durch IgE **nicht** (Abb. 5.6). Gelangt jedoch ein Antigen in das Mikromilieu der derart „**sensibilisierten**" **Mastzellen**, für das zwei oder mehrere in benachbarten Fcε-Rezeptoren sitzende IgE-Moleküle eine Spezifität besitzen, wird das Antigen gebunden und schlägt eine Brücke zwischen den Antikörpern. Der Brückenschlag setzt sich in einem *cross-linking* der davon mit betroffenen Fcε-Rezeptoren fort, und dies führt zur Aktivierung der Mastzelle (Abb. 5.7). Eine Mastzelle reagiert auf ein Antigen folglich nur mit einer Degranulation, wenn auf ihrer Oberfläche, entsprechend der Größe des Antigens, ausreichend viele IgE-Moleküle mit der relevanten Spezifität sitzen. Diese Spezialfunktion spielt bei der Abwehr von Parasiten eine wichtige Rolle (Kap. 9.1). Pathophysiologisch relevant wird der IgE-vermittelte Mechanismus bei Allergien (Kap. 18.1).

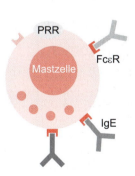

5.5 Nicht zytotoxische Antikörper können Epitope auf Antigenen abdecken (maskieren) und für spezifische CTLs „unsichtbar" machen.

5.6 Mastzellen, die mit spezifischen IgE-Molekülen besetzt sind, sind für entsprechende Antigene sensibilisiert.

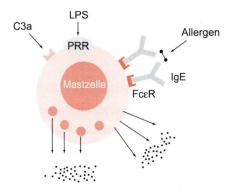

5.7 Sensibilisierte Mastzellen können durch einen antigenen Brückenschlag zur Degranulation gebracht werden. Mastzellen können aber auch von LPS oder z. B. C3a aktiviert werden.

5.1.7 Neutralisierende Antikörper

Besitzt ein Organismus spezifische IgG-Antikörper gegen Toxine (z. B. Wespengift), können sie an die kleinen Moleküle binden und deren biologische Wirkung neutralisieren, weil sie die Toxinbindung an zelluläre Rezeptoren verhindern. Dieses Prinzip wird zum Beispiel bei manchen Vergiftungen therapeutisch genutzt. Man immunisiert den Patienten passiv, indem man ihm ein spezifisches Hyperimmunserum appliziert (Kap. 26.1). Es gibt eine ganze Immunglobulinklasse, deren wichtigste Effektorfunktion in der Neutralisierung liegt: Sekretorische IgA-Moleküle (sIgA). Allein durch ihr großes Molekulargewicht von ca. 400 kDa können sie auf den Schleimhäuten äußerst effektiv die Penetration, z. B. von Viruspartikeln, in den Organismus verhindern (Abb. 5.8).

5.1.8 Agonistische Antikörper

Antikörper, die gegen Rezeptorproteine gerichtet sind, können prinzipiell drei Effekte haben: (1) ohne Wirkung binden, (2) den Ligandenzugang blockieren (Kap. 5.1.4) oder (3) die Wirkung der physiologischen Liganden imitieren (Abb. 5.9). Der letztgenannte Tatbestand wird nur bei Autoimmunerkrankungen relevant und hat kein physiologisches Pendant. Nicht alle Autoantikörper gegen Hormonrezeptoren führen zu Symptomen. Sie können agonistische Wirkungen nur dann entfalten, wenn die in Frage kommenden Zielzellen die Rezeptoren in großer Dichte exprimieren (z. B. 80 000 pro Zelle), da das *cross-linking* der Rezeptoren durch die bispezifischen IgG-Moleküle gewährleistet sein muss (Abb. 5.9). Im *in vitro*-Experiment entfalten Fab-Fragmente eines agonistischen Anti-Rezeptor-Antikörpers grundsätzlich nur antagonistische Wirkungen, weil sie die Rezeptoren nicht kreuzvernetzen können. Eine zehnfach geringere Rezeptordichte kann den Antikörpern bereits ihre agonistische Wirkung nehmen.

5.1.9 Antagonistische Antikörper

Anti-Rezeptor-Antikörper können auch die Zugänglichkeit des Rezeptors für seinen physiologischen Liganden blockieren (Abb. 5.10). Es handelt sich hier um eine **Spezialform blockierender Antikörper**, die wegen der klinischen Bedeutung (Kap. 18.2.3, Abb. 18.2) separat vorgestellt wird. Die IgG-Moleküle sind im Vergleich zu Peptidhormonen (Liganden) riesig.

5.1.10 Inhibierende Antikörper

Nur lösliche Immunkomplexe aus Antigen mit IgG besitzen die Potenz, entweder über cross-linking von FcγR und BCR, oder über cross-linking zweier Fcγ-Rezeptoren auf einer B-Zelle deren weitere Aktivierung zu inhibieren. Diese inhibitorische Funktion ist allerdings an einen

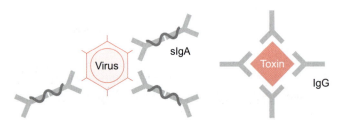

5.8 Neutralisation: Spezifische Antikörper können biologische Wirkungen von Antigenen verhindern, zum Beispiel die Penetration von Viren durch die Schleimhäute (sIgA) oder die Wirkung von Toxinen in der Zirkulation (IgG).

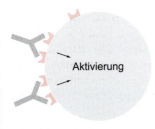

5.9 Anti-Rezeptor-Antikörper imitieren u. U. den physiologischen Liganden.

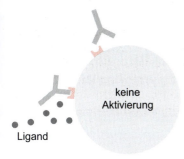

5.10 Anti-Rezeptor-Antikörper können u. U. die Bindung des physiologischen Liganden blockieren.

ganz speziellen Fc-Rezeptortyp (**FcγRIIB**, Tab. 7.2) gebunden (Abb. 5.11). Im ersten Fall handelt es sich um ein Rückregulationsprinzip zur Begrenzung einer antigenspezifischen B-Zell-Antwort. Denn das gleichzeitige Besetzen von BCR und FcγRIIB führt zur Inaktivierung genau der B-Zell-Klone, die die antigenspezifischen IgG-Moleküle produziert haben. Der zweite Fall wird in den Kapiteln 7.3.2 und 25.2 erläutert.

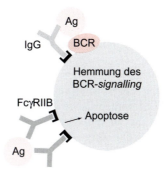

5.11 Die Besetzung von FcγRIIB durch IgG-Immunkomplexe führt zu einem inhibitorischen *signalling* in B-Zellen.

5.1.11 Penetrierende Antikörper

Antikörper können intakte Epithelzellschichten nur passieren, indem sie über spezielle Rezeptoren durch die Epithelzelle „hindurchgeschleust" werden. In Kapitel 5.1.7 sind die sekretorischen IgA-Antikörper bereits erwähnt worden. Poly-Ig-Rezeptoren der Epithelzellen binden basolateral IgA-Dimere und entlassen die Moleküle apikal, d. h. ins Lumen. Ähnlich selektiv wird beim Menschen die Plazentagängigkeit ausschließlich für Immunglobuline der Klasse IgG realisiert (Abb. 5.12). Bei anderen Spezies, z. B. beim Schwein, werden mütterliche IgG-Moleküle erst nach der Geburt beim Säugen durch das Darmepithel transportiert.

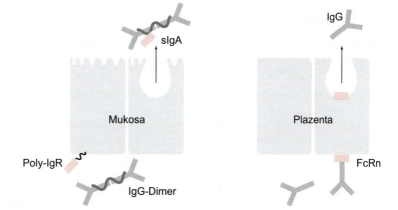

5.12 Spezielle Rezeptoren vermitteln die Penetration von Immunglobulinen durch intakte Epithelzellschichten. Details finden sich in den Kapiteln 12.1.2 und 9.7.

5.1.12 Präzipitierende Antikörper

Binden Antikörper aus einem polyklonalen Antiserum größere Proteinantigene mit mehreren Epitopen, kann es zur Komplexformation und Ausfällung der Komplexe (Präzipitate) kommen. Die Bildung löslicher (kleinerer) Immunkomplexe ist die Vorstufe der Präzipitation. Dabei ist wesentlich, dass die Antigene und die Antikörper in Konzentrationen vorliegen, die eine Kreuzvernetzung der Antigene durch die Antikörper erlauben (Abb. 5.13). Nur IgG- und IgM-Antikörper können präzipitieren. Die Präzipitation ist ein Vorgang, der im Labor zum Nachweis von Antigenen benutzt wird. Die Formation löslicher Immunkomplexe kommt auch im Organismus vor.

5.1.13 Agglutinierende Antikörper

Nur Immunglobuline der Klassen G und M können agglutinieren, d.h. partikuläre Antigene (z. B. Zellen) verklumpen (Abb. 5.14). Das Prinzip ist das gleiche wie bei der Präzipitation. Die Agglutination kann in vielfältiger Weise als Nachweisprinzip immunologischer Labormethoden ausgenutzt werden.

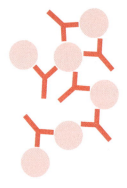

5.14 Bivalente IgG-Moleküle (und auch spezifische IgM-Moleküle; nicht gezeigt) können Zellen und Partikel verklumpen. In der Zirkulation kommt es dabei zur Komplementaktivierung.

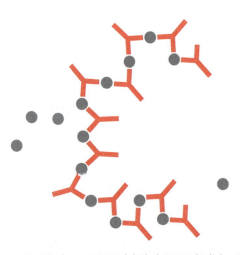

5.13 Bivalente IgG-Moleküle können lösliche Antigene ausfällen. Geschieht das *in vivo*, kommt es auch zur Komplementaktivierung.

5.2 Zytotoxische T-Zellen (*cytotoxic T lymphocytes,* CTLs)

Ausdifferenzierte CD8-positive CTLs können körpereigene Zielzellen nur töten, wenn diese ihnen über ihre MHC-Klasse-I-Moleküle fremde antigene Peptide präsentieren (Abb. 2.7, Abb. 5.15). Somit fallen ihnen nicht gesunde Zellen, sondern nur Tumorzellen, virusinfizierte Zellen und Zellen mit zytoplasmatischen bakteriellen Infektionen zum Opfer. Nach der Antigenerkennung wird die zytotoxische T-Zelle aktiviert. Im Prinzip gibt es zwei Killingmechanismen: Zum einen werden zytoplasmatische Granula mit der Zellmembran fusioniert und schütten zytotoxische Moleküle nach außen. Perforin polymerisiert auf der Membran der gebundenen Zielzelle zu einer Pore. Es besitzt strukturelle Homologien zum Komplementfaktor C9 (Abb. 1.8, F&Z 1). Granzym B wird ebenfalls aus den Granula freigesetzt, dringt über die perforininduzierte Pore in die Zielzelle und aktiviert dort als Serinprotease ein kaskadenartig arbeitendes Enzymsystem, die Caspasen, die die Apoptose einleiten (Kap. 4.5). Nach Aktivierung exprimieren zytotoxische T-Zellen aber auch Fas-Ligand (FasL, CD95L), was sie im Ruhezustand nicht tun. So bewaffnet werden sie gefährlich für alle Fas-(CD95-)positiven Zellen. CD95 wird auf nahezu allen Zellen konstitutiv exprimiert. Kommt es zur Ligation durch CD95L, wird in der Fas-(CD95-)exprimierenden Zielzelle Apoptose induziert. Allerdings können Metalloproteasen die mem-

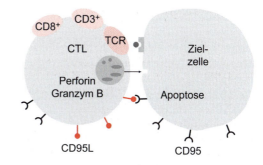

5.15 Spezialisierte T-Zellen (CTLs) können Zielzellen töten. Im Spezialfall können auch CTLs selber die Zielzellen sein, da sie wie viele andere Zellen auch konstitutiv CD95 exprimieren.

Fas = CD95
FasL = CD95L wird erst nach T-Zell-Aktivierung exprimiert

branständigen CD95L-Moleküle abspalten. Lösliche FasL (sCD95L) können im Mikromilieu auch Zellen töten, die nicht von den spezifischen CTLs erkannt wurden. Das Fas/FasL-System spielt bei Induktion von Toleranz, bei Virusinfektionen und bei Autoimmunerkrankungen (Kap. 11, 19.1 und 22.2) eine zentrale Rolle. Die molekularen Mechanismen des Killing erlauben den CTLs nach ihrer Lösung von der Zielzelle weitere Zielzellen zu töten. Ein CTL-Klon besitzt damit eine beachtliche Effizienz. Aktivierte CTLs sezernieren aber auch Zytokine (Kap. 7.1), z. B. TNF, der über TNF-Rezeptor I (TNFR-I) ebenfalls Zielzellen apoptotisch töten kann. Produzieren sie IFNγ, sorgen sie dafür, dass MHC-Klasse-I-Moleküle auf den Zielzellen hochreguliert werden.

5.3 NK-Zell-Zytotoxizität

Natürliche Killerzellen (NK-Zellen) haben keine antigenspezifischen Rezeptoren. Sie besitzen aktivierende NK-Zell-Rezeptoren, die eine Art „Breitbandspezifität" besitzen und onkofetale Antigene oder stressinduzierte zelluläre Moleküle erkennen. Die Rezeptoren sind in Kapitel 2.3 und F&Z 7 ausführlich dargestellt. Veränderungen oder das Fehlen von MHC-Klasse I-Molekülen auf den potenziellen Zielzellen heben parallel die Signale durch die inhibitorischen NK-Zell-Rezeptoren auf und geben diese Zellen sozusagen „zum Abschuss frei" (Abb. 5.16). In den Granula der NK-Zellen finden sich Perfo-

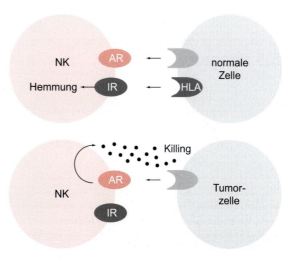

5.16 NK-Zellen töten Zielzellen nach Erkennung über NK-Zell-Rezeptoren (Kap. 2.3). AR steht hier für einen aktivierenden Rezeptor, IR für einen inhibierenden Rezeptor. NK-Zellen können aber auch antikörpervermittelt Zielzellen zerstören (Abb. 5.2).

rin und Granzym B wie bei den CTLs. NK-Zellen schütten auch ein antimikrobielles Peptid, Granulysin, in die Zielzelle, das intrazelluläre Erreger abtötet. Tumorzellen und infizierte Zellen haben häufig eine herunterregulierte MHC-Klasse-I-Molekülexpression oder veränderte MHC-Klasse-I-Moleküle (Kap. 20).

Bei vorliegender Immunität können spezifische Antikörper das Repertoire der NK-Zellspezifitäten erheblich erweitern, weil sie den NK-Zellen, die CD16 exprimieren, sozusagen ihre Spezifität „verleihen" (ADCC, Abb. 5.2).

5.4 Gerichtete Zellmigration

Um eine optimale Immunantwort zu leisten, müssen Immunzellen zur Migration befähigt sein und darüber hinaus in die richtige Richtung wandern. Die notwendigen Informationen dafür erhalten sie über Konzentrationsgradienten chemotaktisch aktiver Moleküle. Komplementspaltprodukte zum Beispiel „locken" Zellen zum Ort des Geschehens, indem sie ins Mikromilieu diffundieren. Zellen mit entsprechenden C3a- oder C5a-Rezeptoren können sich an dem entstehenden Konzentrationsgradienten orientieren (Abb. 5.17). Die Zellmigration ist ein zytoskelett- und energieabhängiger Vorgang. Diesem wichtigen Koordinationssystem ist Kapitel 13 gewidmet.

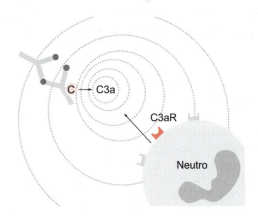

5.17 Zellen können sich an Konzentrationsgradienten kleiner Peptide orientieren, wenn sie dafür Rezeptoren exprimieren. Hier hat ein Immunkomplex Komplement aktiviert. Ein neutrophiler Granulozyt wird von C3a zum Ort des Geschehens gelockt.

für C3b) wird die Phagozytose beschleunigt, da die Bindung forciert und stabilisiert wird.

Nach einer Impfung oder Infektion tragen spezifische Antikörper – diese müssen der Klasse IgG angehören – durch Opsonierung (Abb. 5.3) zur Optimierung der Abräumfunktion bei. Die „Straßenfeger" unter den Fresszellen sind die neutrophilen Granulozyten. Sie sorgen auch für die Elimination abgestorbener körpereigener Zellen, die sie erkennen können (Kap. 7.3).

5.5 Phagozytose

Phagozytose ist ein energie- und zytoskelettabhängiger rezeptorvermittelter „Fressvorgang", bei dem größere Partikel, z. B. lebende Bakterien, von der Zytoplasmamembran umschlossen und dadurch internalisiert werden (Abb. 5.18). So entsteht eine Einstülpung der Zellmembran und nach deren Abschnürung ein intrazelluläres Vesikel, das Phagosom. Die Fresszellen gehören zur unspezifischen Abwehr. Durch Mannoserezeptor, CD14 oder Komplementrezeptoren (z. B.

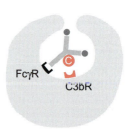

5.18 Phagozyten internalisieren Zellen oder Antigene. Hier ist eine antikörperverstärkte Phagozytose gezeigt.

5.6 Intrazelluläres Killing

Fresszellen besitzen eine große Batterie toxischer oder mikrobizider Moleküle, die in den Lysosomen vorgehalten werden. Die Fusion von Phagosom und Lysosom zum Phagolysosom leitet das intrazelluläre Killing ein. Proteolytische Enzyme wie Elastase, saure Hydrolasen und Lysozym zerstören Bakterien und andere gefressene Zellen. Die Senkung des pH-Wertes auf < 4,0 wirkt bakterizid oder bakteriostatisch, Defensine und kationische Proteine ebenfalls. Das eisenbindende Laktoferrin und das Vitamin-B12-bindende Protein entziehen den phagozytierten Mikroorganismen lebensnotwendige Faktoren. Neutrophile und Monozyten oder Makrophagen besitzen darüber hinaus zwei induzierbare Enzymsysteme: Das NADPH-abhängige Oxidasesystem, das zur Generierung reaktiver Sauerstoffradikale führt, und das stickoxidgenerierende Enzym iNOS (induzierbare Stickoxidsynthase). Die toxischen, leicht diffusiblen Radikale töten gefressene Bakterien (Abb. 5.19). Bakterielle Produkte, wie zum Beispiel Lipopolysaccharide Gram-negativer Bakterien, oder aber Zytokine, die während der Immunantwort gebildet werden, induzieren diese Enzymsysteme. Der potenteste Makrophagenaktivator darunter ist Interferon-γ.

Zum Teil besitzen die lysosomalen Enzyme eine solch herausragende Funktion, dass Mutationen zu angeborenen Immunmangelkrankheiten führen, wie zum Beispiel zum Unvermögen, Gram-negative Bakterien abzutöten (chronische Granulomatose, F&Z 9). Manche Mikroorganismen haben phylogenetisch Strategien entwickelt, solche Wirtsabwehrstrategien zu unterwandern (Kap. 20.1).

Die proteolytischen lysosomalen Enzyme, wie z. B. die **Neutrophilenelastase**, zerstören aber auch körpereigene Gewebe, wenn sie die Zelle verlassen können. Das kann zu einer Abszessbildung führen. Dessen Inhalt besteht aus Zellbruchstücken und Neutrophilen (Eiter) und muss oft chirurgisch entleert werden.

Kürzlich wurde entdeckt, dass neutrophile Granulozyten auch extrazellulär töten können. Sie werfen „Fangnetze" (neutrophil extracellular traps, NETs) aus, die aus DNA, Histonen und Proteasen (z. B. Elastase) bestehen und Bakterien binden und abtöten.

5.7 Antigenpräsentation

T-Zellen können ohne „fremde Hilfe" keine Antigene erkennen. Diese müssen ihnen wie auf einem Tablett serviert werden (Kap. 2.5.3). Die professionellen antigenpräsentierenden Zellen (APCs) sind dendritische Zellen (DCs). Bei der Betrachtung dieses Prozesses wird klar, dass die Qualität einer spezifischen Immunantwort nicht nur vom TCR, sondern auch der Peptidbindung der maximal sechs verschiedenen MHC-Klasse-II-Moleküle auf den APCs eines Individuums abhängt. Diese bestimmen die präferentielle Präsentation von Peptiden, die in „ihre Grube" (Kap. 2.2) passen. Die enorme Vielfalt der MHC-Moleküle auf Populationsebene (Kap. 2.2.3) hat zur Folge, dass es Individuen gibt, die anfälliger als andere gegenüber einer Infektionskrankheit sind. Die Situation kann bei einer anderen Endemie dann natürlich auch umgekehrt sein. Im Gegensatz zu den T-Helferzellen, die Peptide auf MHC-II erkennen und letztendlich die Qualität einer momentan ablaufenden Immunantwort bestimmen, werden den CTLs antigene Peptide nur über MHC-I-Moleküle präsentiert (Abb. 2.7).

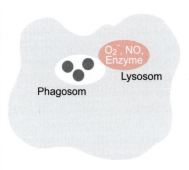

5.19 Werden Bakterien von Phagozyten internalisiert, folgt im Idealfall das intrazelluläre Killing. Dazu fusionieren Phagosom und Lysosom.

MHC-Struktur-ähnliche CD1-Moleküle können Glykolipide und Zuckerstrukturen präsentieren (Kap. 2.2.4).

5.8 Makrophagenleistungen

Neben Phagozytose sowie intrazellulärem und extrazellulärem Killing (z. B. über TNF) können Makrophagen auch Antigene für T-Helferzellen präsentieren. Sie exprimieren konstitutiv MHC-Klasse-II-Moleküle. Monozyten und vor allem Makrophagen imponieren auch durch eine Fülle möglicher Sekretionsprodukte. Sie reagieren differenziell auf verschiedenste äußere Stimuli im Gewebe und können sogar gegenläufige Effekte setzen, indem sie pro- (TNF) oder antiinflammatorische Zytokine (IL10) produzieren, pro- oder antikoagulatorische Gerinnungsfaktoren sezernieren, Produkte des Cyclooxygenase- (Prostaglandine) und des Lipoxygenaseweges (Leukotriene) produzieren, angiogenesefördernde Faktoren (z. B. VEGF) freisetzen, Thrombozyten aktivieren (PAF) oder nach Aktivierung auch toxische Radikale freisetzen. Nicht zuletzt tragen sie über die Sezernierung von Wachstumsfaktoren zur Wundheilung und Gewebereparatur bei und fördern die Bildung hämatopoetischer Zellen über die Produktion von colony-stimulating factors (CSFs) im Knochenmark. Als Beispiele für Signale, auf die Makrophagen reagieren, sind in Abbildung 5.20 vier potente Makrophagenaktivatoren dargestellt. Lipopolysaccharide (LPS) aus Gram-negativen Bakterien binden an CD14, einen pattern recognition-receptor (PRR), und aktivieren die Zellen über TLR4. Damit wird eine sehr frühe und hoch sensitive Erkennung einer Gram-negativen Infektion gewährleistet, ebenso zum Beispiel über die Abspaltung von C3a nach Komplementaktivierung (Kap. 1.3.5). Interferon-γ (IFNγ) gilt als der wichtigste Makrophagenaktivator, was wir bereits bei der Beschreibung des intrazellulären Killing festgestellt hatten. Makrophagen werden aber auch über die Besetzung ihrer Fcγ-Rezeptoren (in diesem Falle FcγRIII) durch Immunkomplexe stark aktiviert.

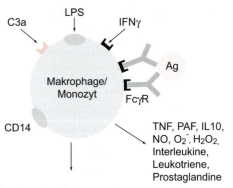

Antigenpräsentation
Komplement- und Gerinnungsfaktoren,
VEGF, Hormone, Adhäsionsmoleküle,
Wachstumsfaktoren, Phagozytose

5.20 Makrophagen besitzen ein großes Repertoire verschiedener Produkte. Sie können durch viele verschiedene Moleküle aktiviert werden (siehe Text).

5.9 Mastzellsekretionsprodukte

Sensibilisierte Mastzellen (Abb. 5.6) haben IgE-Moleküle aus dem Repertoire des Individuums in ihren Fcε-Rezeptoren verankert. Das wird erst bedeutsam, wenn ein relevantes Antigen erneut in den Organismus eindringt und auf spezifische IgE-Moleküle auf der Mastzelloberfläche trifft. Sind die Zellen mit ausreichender Menge spezifischer IgE-Moleküle für jenes Antigen besetzt, kann das Antigen durch Bindung an die spezifischen Antikörper eine Kreuzvernetzung der entsprechenden Fcε-Rezeptoren verursachen („antigener Brückenschlag"). Dadurch werden die Zellen aktiviert (Abb. 5.7). Da Mastzellen im Gewebe sitzen, können sie lokal sofort sehr toxische Moleküle freisetzen, die zum Beispiel eingedrungenen Parasiten gefährlich werden. Diesen können nämlich (wegen ihrer meist derberen Hüllen) Komplement oder Perforin nichts anhaben. Wie in der industrialisierten Welt aus dem wichtigen Abwehrmechanismus eine sehr dominante Pathophysiologie der Überempfindlichkeit vom Soforttyp (die Allergien) wurde, wird in Kapitel 18.1 erläutert. Die Mastzellsekretionsprodukte, die entweder vorgefertigt in den Granula liegen (Histamin, Bradykinin) oder als neu generierte Lipidmediatoren (Leukotriene, Prostaglandine) aus dem Arachidonsäurestoffwechsel stammen, werden in Kapitel 18.1 ebenfalls ausführlich abgehandelt. Da Mastzellen auch durch andere Aktivatoren zur Degranulation gebracht werden können (Abb. 5.21), ist die Diagnostik und Therapie von Allergien nach wie vor schwierig. 90 % aller Mastzellen besiedeln das Gewebe in der Nähe des Darms. Ihr Pendant im Blut sind die basophilen Granulozyten.

5.10 Sekretionsprodukte eosinophiler Granulozyten

Eosinophile Granulozyten sind eine Minderheit unter den Zellen im peripheren Blut. Patienten mit Parasitenbefall fallen durch eine Eosinophilie (> 1500 µl^{-1}, Tab. 15.1) auf. Ihre in Granula vorrätigen basischen Proteine (*major basic protein*, MBP; *eosinophil cationic protein*, ECP) sind toxisch für Würmer, Bakterien aber auch körpereigene Zellen. Peroxidasen, Hydrolasen und Lysophospholipase zerstören Wurm- und Protozoenzellwände. Lipidmediatoren (Abb. 5.22) verursachen eine Erhöhung der Gefäßpermeabilität und Entzündung. Die nach Aktivierung produzierten Zytokine IL3, IL5, GM-CSF verstärken die Generierung eosinophiler Granulozyten, andere wirken chemotaktisch (IL8) oder fördern ebenso wie die Peroxidasen Gewebeumbau und Fibrosierung (TGFα). Die Funktionen finden sich auch in Tabelle 18.2 wieder.

Vergleicht man die immunologischen Effektorfunktionen in der Memo-Box unten mit dem Anforderungsprofil an Spezialfunktionen, die das Immunsystem zu leisten hat (Memo-Box in Kap. 9), fällt auf, dass eine Nichtreaktivität, zum Beispiel nach Toleranzinduktion, mit den Effektorfunktionen, die hier vorgestellt wurden, nicht erklärbar ist. Die Etablierung und Erhaltung der Immuntoleranz sind hoheitliche Aufgaben immunregulatorischer Zellen (DC, T-Helferzellen) die sich von denen der ausführenden Truppe unterscheiden und die separat in den Kapiteln 7 und 11 beleuchtet werden.

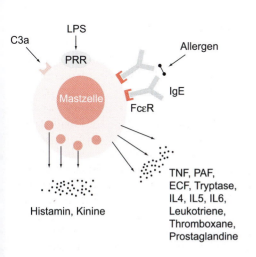

5.21 Nach Aktivierung sezernieren Mastzellen innerhalb von Sekunden biologisch hochwirksame Moleküle (Tab. 18.1).

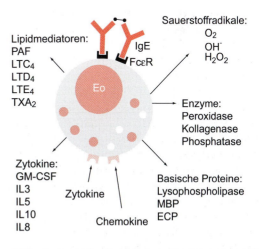

5.22 Eosinophile Granulozyten besitzen ebenfalls ein Arsenal an toxischen Sekretionsprodukten. Nach Zytokinstimulation regulieren sie Fcε-Rezeptoren hoch und gelangen damit auch noch zu einer neuen Waffengattung: spezifischen IgE-Molekülen.

MEMO-BOX

Die Immunzell-Effektor-Funktionen auf einen Blick

1. Antikörperbildung ⟶ Antikörperfunktionen
2. T-Zell-Zytotoxizität (CTLs)
3. NK-Zell-Zytotoxizität
4. Zellmigration
5. Phagozytose (Neutrophile)
6. intrazelluläres Killing
7. Antigenpräsentation
8. Makrophagenaktivierung
9. Mastzellenaktivierung
10. Eosinophilenaktivierung

Antikörperfunktionen
- komplementabhängige Zytotoxizität
- ADCC
- Opsonierung
- blockierende AK
- markierende AK
- sensibilisierende AK
- neutralisierende AK
- agonistische AK
- antagonistische AK
- inhibierende AK
- penetrierende AK
- präzipitierende AK
- agglutinierende AK

Die regulatorischen Zellfunktionen finden Sie in Kapitel 7.

Wie kommt eine Immunreaktion in Gang?

6

Ob es zu einer Immunantwort kommt, hängt in erster Linie vom **Antigen** ab. Antigene haben eine hohe **Immunogenität**, wenn sie eine komplexe Struktur mit einem **Molekulargewicht** > 2500 Da besitzen und ihre **Struktur** große Unterschiede zu körpereigenen Strukturen aufweist. Proteinantigene sind wesentlich immunogener als Zuckerstrukturen oder Lipide. Auch die **Dosis** spielt eine entscheidende Rolle. Ist sie zu niedrig oder zu hoch, werden keine Effektorfunktionen (Kap. 5) in Gang gesetzt, sondern im Gegenteil, während der stattfindenden Immunantwort wird eine Toleranz gegenüber dem Antigen erzeugt (Kap. 11 und 12.2). Aber auch sehr kleine Moleküle mit einem Molekulargewicht < 2500 Da können eine Immunantwort erzeugen, wenn sie an größere Moleküle oder Zellen gebunden sind. Diese Moleküle nennt man **Haptene**, die sich an **Carrier** gebunden haben. Solche Immunantworten können zum Beispiel bei Arzneimittelnebenwirkungen (Kap. 23.1) bedeutsam werden.

Letztlich sind die **Applikationsform**, z.B. Zusätze bei Impfstoffen (Kap. 24.1), und die **Route des Antigens** im Organismus (Tab. 6.3) ausschlaggebend für die Qualität der Immunantwort. Diese Details finden sich später in den Kapiteln 7 und 9. Die Initiation einer Immunantwort wird am Beispiel der Infektabwehr erläutert.

6.1 Die primäre Immunantwort

Wenn **Mikroorganismen** die äußeren Barrieren (Kap. 1.3) überwunden haben und in den Körper eingedrungen sind, spricht man von einer Infektion. Handelt es sich dabei um den ersten Kontakt des Immunsystems mit einem bestimmten Antigen, wird eine primäre Immunantwort ausgelöst.

6.1.1 Unmittelbar wirksame Abwehrmechanismen

In den meisten Fällen erkennen und beseitigen Effektormechanismen des angeborenen Immunsystems die Infektionserreger innerhalb weniger Stunden, ohne dass der Betroffene etwas davon bemerkt. Die „stillen Helden" des Immunsystems werden deshalb in ihrer Bedeutung leicht unterschätzt. Es sind die Gewebsmakrophagen, die durch ihre PRRs die konservierten molekularen Muster der Infektionserreger (PAMPs) **als Gefahr erkennen**, die Erreger daraufhin phagozytieren und verdauen oder sie durch die Generierung von Sauerstoffradikalen und Stickoxiden abtöten. Das Komplementsystem steht in den extrazellulären Flüssigkeiten ebenfalls ständig bereit und kann auf der Oberfläche vieler Erreger durch den Lektinweg und/oder den alternativen Weg sofort aktiviert werden. Die Folgen sind Opsonisierung, was die Effizienz der Phagozytose wesentlich erhöht, oder direkte Lyse durch den Membran-Attacke-Komplex (Kap. 1.3.5). Meist genügt das. Hier wird der *stand by*-Modus der angeborenen Abwehr noch einmal deutlich.

6.1.2 Die Entzündungsreaktion

Ist das Problem dadurch nicht zu beheben, senden Makrophagen und Mastzellen durch Zytokinfreisetzung einen Hilferuf aus, vor allem durch die Sekretion von TNF, IL1 und IL6. Eine Entzündung kommt in Gang, die wir seit der Antike an ihren vier Kardinalsymptomen *rubor* (Röte), *calor* (Hitze), *tumor* (Schwellung) und *dolor* (Schmerz) diagnostizieren. TNF wirkt auf die kleinen Blutgefäße, welche sich weit stellen, so dass sich der Blutstrom intensiviert und gleichzeitig verlangsamt (*rubor, calor*). Außerdem werden die Endothelzellen aktiviert und exprimieren auf ihrer Oberfläche Adhäsionsmoleküle (Kap. 13.2). Dies führt dazu, dass an dieser Stelle mehr Zellen des Immunsystems aus dem Blutstrom an den Ort der Infektion rekrutiert werden (*tumor*). Die Verlangsamung des Blutstroms ermöglicht diesen Zellen zunächst einen lockeren Kontakt mit dem Endothel, und sie rollen langsam darauf entlang. Dabei erhalten sie weitere Signale, adhärieren nun fest, und in der Folge zwängen sich die Zellen durch die Endothelschicht und deren Basalmembran in das Gewebe hinein. Dieser Vorgang wird als **Diapedese** bezeichnet. Ein Gradient von Chemokinen und Fragmenten von Komplementproteinen (C3a, C5a; Kap. 1.3.5) leitet sie dann durch **Chemotaxis** an den Ort des Geschehens (Kap. 13). Hier beteiligen sie sich an der Phagozytose und Abtötung der Infektionserreger. Dies kann einige Tage dauern.

6.1.3 Die Aktivierung des adaptiven Immunsystems

Zeitlich parallel zu den beschriebenen Entzündungsvorgängen wird durch dendritische Zellen die adaptive Immunantwort induziert. Unreife dendritische Zellen befinden sich überall an den Grenzschichten des Organismus. In der Haut heißen sie Langerhans-Zellen. Durch Mikropinozytose nehmen sie kontinuierlich Material aus dem Extrazellulärraum auf, erheben also ständig den aktuellen „Antigenstatus" ihrer Umgebung. Wenn sie eine Infektion über ihre PRRs wahrnehmen, verändern sie innerhalb kürzester Zeit ihren Phänotyp. Sie stellen die Mikropinozytose ein und regulieren ihre PRR-Moleküle herunter; das Antigenspektrum, das sie zum Zeitpunkt der Registrierung „der Gefahr" aufgenommen hatten, wird so in ihrem Zellinnern „konserviert". Dann runden sie sich ab und migrieren durch die Lymphgefäße in die Lymphknoten. Auf dem Weg prozessieren sie die pinozytierten Antigene und exprimieren sie in Form von MHC-II/Peptid-Komplexen in sehr hoher Dichte auf ihrer Zelloberfläche. Auch die Expression kostimulatorischer Moleküle (z. B. CD80 und CD86) wird verstärkt. Wenn die aktivierten DCs in den Lymphknoten ankommen, haben sie sich so zu hoch effizienten professionellen APCs differenziert. Diese nehmen in den T-Zell-Zonen Kontakt mit naiven $CD4^+$-T-Lymphozyten auf und präsentieren ihnen das Antigenspektrum, das sie als *danger signal* aufgenommen hatten. Die Kommunikation zwischen T-Zellen und dendritischen Zellen ist von lebhafter Bewegung geprägt, da die T-Zellen auf den Oberflächen der DCs entlang „kriechen" und diese aktiv nach passenden MHC-II/Peptid-Komplexen absuchen. Wenn sie mit ihrem TCR ihr Antigen erkennen, d. h. sich binden, intensivieren sie ihre Kommunikation mit der DC und werden aktiviert. Sie teilen sich und bilden einen Klon. Dabei differenzieren sie sich zu Effektorzellen, z. B. zu T-Helferzellen, von denen einige später zu Gedächtniszellen (Memoryzellen) werden (Kap. 10). Viele antigenspezifische B-Lymphozyten teilen und differenzieren sich nur dann zu Plasmazellen, wenn sie T-Zell-Hilfe bekommen. Auch dies nimmt Zeit in Anspruch, so dass frühestens einige Tage nach Beginn der Infektion die sezernierten spezifischen Antikörper im Serum wirksam und auch für die Infektionsdiagnostik als **Serokonversion** („vorher negativ – jetzt positiv") messbar werden. Dabei wird die **primäre Antikörperantwort** durch **IgM** dominiert; erst in der späten Phase kommen andere Ig-Klassen hinzu, zunächst in geringerer Konzentration (Abb. 6.2). Die Latenzzeit zwischen der Infektion und dem Einsetzen der Effektormechanismen des adaptiven Immunsystems – hier am Beispiel der Serokonversion beschrieben – ist sehr variabel; bei einer HIV-Infektion zum Beispiel rechnet man mit mindestens sechs Wochen, sicherheitshalber aber mit sechs Monaten (Kap. 22.2).

Die Differenzierung naiver T-Zellen zu T-Helferzellen mit nachfolgender Aktivierung antigenspezifischer B-Zellen zur Antikörperproduktion ist aber nur eine von vielen Antwortmöglichkeiten des adaptiven Immunsystems. Andere Beispiele sind die Sekretion der Zytokine IFNγ oder IL17 durch CD4⁺-T-Effektorzellen oder die Differenzierung von CD8⁺-T-Zellen zu Killerzellen (*CTLs, cytotoxic T lymphocytes*). IFNγ aktiviert Makrophagen, so dass diese die phagozytierten Erreger wesentlich effizienter eliminieren können; IL17 rekrutiert und aktiviert neutrophile Granulozyten; CTLs töten virusinfizierte Zellen ab (Kap. 5). T-Effektorzellen können den Lymphknoten verlassen und in die peripheren Gewebe einwandern. Wenn ihnen dort ihr Antigen präsentiert wird, zum Beispiel am Infektionsort, wird die Effektorfunktion ausgelöst. Welchen Differenzierungsweg das adaptive Immunsystem einschlägt, wird wesentlich durch die DCs bestimmt, denn diese können PAMPs verschiedener Erregertypen unterscheiden. Sie geben neben der Präsentation der Antigene diese Zusatzinformationen durch die Sekretion von Zytokinen und die Expression von kostimulatorischen Oberflächenmolekülen an die T-Zellen weiter. Die T-Zellen (und B-Zellen) können die Vielzahl dieser Kosignale über Rezeptoren empfangen, sie integrieren und in ein passendes genetisches Differenzierungsprogramm übersetzen (Kap. 4). Gemeinsam ist den verschiedenen Antwortmodi des adaptiven Immunsystems, dass **Effektor-** und später auch **Memoryzellen** entstehen.

6.1.4 Die Kostimulation – *"It takes two to tango"*

Naive T-Zellen benötigen mindestens zwei Signale für ihre Aktivierung. Die isolierte Bindung des TCR an den spezifischen MHC/Peptid-Komplex (erstes Signal) führt nämlich bei ihnen weder zur IL2-Sekretion noch zur Proliferation und klonalen Expansion. Dafür ist zusätzlich ein so genanntes zweites Signal notwendig, d. h. weitere membrangebundene oder lösliche Faktoren aus dem umgebenden Milieu. Hierbei spielt CD28, ein kostimulatorisches Molekül, das konstitutiv auf der Oberfläche der meisten T-Zellen exprimiert wird, eine sehr große Rolle. Ligation dieses Moleküls durch CD80 (B7.1) und CD86 (B7.2) liefert den T-Zellen ein sehr potentes zweites Signal (Abb. 6.1). CD80 und CD86 werden von professionellen APCs exprimiert, besonders wenn diese vorher durch die Wahrnehmung von pathogenassoziierten Mus-

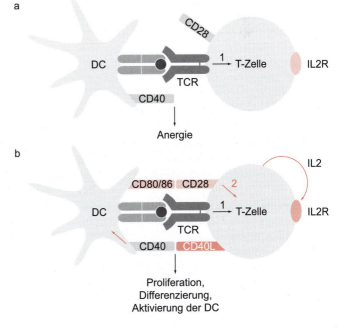

6.1 Der TCR ist der Hauptschalter der T-Zellen (erstes Signal). Aber Antigenerkennung reicht zur vollständigen Aktivierung nicht aus (a). Kostimuli aus dem umgebenden Milieu, besonders die Bindung von CD80 und CD86 an das T-Zell-Molekül CD28, liefern das notwendige zweite Signal, z. B. für die IL2-Synthese (die Bedingung der klonalen Expansion). Die T-Zelle antwortet unter anderem auch mit der Expression von CD40-Ligand, einem wichtigen zweiten Signal für die APC (b).

Tabelle 6.1 Die CD28- und B7-Molekülfamilien beim Menschen.

CD28-Familie			B7-Familie		
Name	Expression	Funktion	Name	Expression	Funktion
CD28	T, konstitutiv	+	B7.1 (CD80)	hämatopoietische Zellen, besonders B-Zellen und myeloide Zellen, induziert	Induktion von IDO
CTLA4 (CD152)	T, aktiviert Treg, konstitutiv	–	B7.2 (CD86)	hämatopoietische Zellen, besonders B-Zellen und myeloide Zellen, konstitutiv und induziert	Induktion von IDO, Kostimulation der Ig-Synthese
ICOS	T, aktiviert	+	ICOSL (GL-50, B7h, B7RP1, B7H2)	B-Zellen konstitutiv, andere hämatopoietische und nicht hämatopoietische Zellen konstitutiv und induziert	
PD1	T, aktiviert	–	PDL1	hämatopoietische und nicht hämatopoietische Zellen, induziert	
			PDL2	hämatopoietische und nicht hämatopoietische Zellen, induziert	
BTLA	T und B, aktiviert	–	B7x (B7S1, B7H4)	hämatopoietische und nicht hämatopoietische Zellen, induziert	
?			B7H3	hämatopoietische und nicht hämatopoietische Zellen, induziert	

Moleküle der CD28-Familie binden spezifisch an ein oder mehrere Mitglieder der B7-Familie. Rezeptor/Liganden-Paare stehen in dieser Tabelle nebeneinander. +: kostimulatorisch, aktivierend; –: inhibitorisch; B: B-Zellen; BTLA: *B and T lymphocyte attenuator;* CTLA: *cytotoxic T lymphocyte activation-associated gene;* H oder h: Homolog; ICOS: *inducible co-stimulator;* ICOSL: Ligand des *inducible co-stimulator;* IDO: Indolamin 2,3-dioxygenase; PD: *programmed cell death;* PDL: Ligand des *programmed cell death;* RP: *related protein;* T: T-Zellen; Treg: regulatorische T-Zellen

tern (LPS, bakterielle Zuckerstrukturen, virale RNA, bakterielle DNA) aktiviert wurden. In den letzten Jahren wurden weitere Mitglieder der CD28- und B7-Familien entdeckt, die offenbar wichtige Funktionen in der Regulation der T-Zellen besitzen (Tab. 6.1). Die meisten Körperzellen exprimieren dagegen keine CD28-Liganden, so dass sie naive autoreaktive T-Zellen auch nicht aktivieren können, selbst wenn sie die passenden MHC/Peptid-Komplexe besitzen. Auch unreife dendritische Zellen, welche kontinuierlich aus der Peripherie in die Lymphknoten wandern, zeigen, wenn überhaupt, nur wenig CD80 oder CD86 auf ihrer Oberfläche. Dendritische Zellen wirken deshalb auch nicht immunogen, solange sie nicht zum Beispiel durch die genannten mikrobiellen Reize zur Reifung und Expression dieser Moleküle veranlasst werden.

Die volle Aktivierung von T-Zellen führt zur Sekretion von IL2 und zur Proliferation. Außerdem exprimieren sie CD40-Ligand (CD154), der wiederum den DCs über CD40 wichtige

Kostimuli vermittelt. So entsteht eine wechselseitige Kommunikation zwischen T-Zelle und antigenpräsentierender DC.

6.2 Die sekundäre Immunantwort

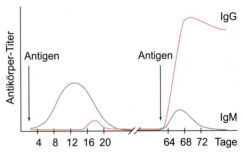

6.2 Antikörperklassen bei der primären und der sekundären Immunantwort.

Viele Mikroorganismen lösen nur bei der ersten Infektion eine Krankheit aus, und alle weiteren Kontakte mit demselben Erreger verlaufen symptomfrei. Bei einem erneuten Kontakt mit dem gleichen Antigen generiert das Immunsystem nämlich eine um vieles effizientere sekundäre Effektorantwort. Sie unterscheidet sich von der primären dadurch, dass nicht nur das angeborene, sondern auch das adaptive System sofort in das Geschehen eingreifen kann. Darin zeigt sich der Immunisierungseffekt. Im Verlauf der vorhergehenden primären Antwort wurden ja antigenspezifische Antikörper sowie Effektor- und Memory-T- und B-Zellen gebildet (Tab. 6.2).

Die Antikörper stehen jetzt sofort zur Verfügung, binden an das Antigen und lösen Effektormechanismen aus. Auch T-Effektorzellen können innerhalb weniger Stunden aktiviert werden und dann zum Beispiel Zytokine sezernieren oder virusbefallene Zellen lysieren. Memoryzellen (Kap. 10) differenzieren sich bei erneutem Antigenkontakt schnell zu Effektorzellen. Insgesamt ist also die Latenzzeit der adaptiven Reaktion bei einer sekundären Immunantwort drastisch verkürzt. Weil sich im Verlauf der primären Antwort der Pool der antigenspezifischen T- und B-Zellen durch klonale Expansion vergrößert hat, fällt die sekundäre Antwort auch stärker aus. Bei einer sekundären Antikörperantwort werden neben IgM auch andere Immunglobulinklassen schnell und in großer Menge gebildet (Abb. 6.2). All diese Veränderungen sind antigenspezifisch;

Tabelle 6.2 Primäre und sekundäre Immunantwort.

	präformierte Effektoren	Erkennung	Elimination der Erreger	Rekrutierung von Effektorzellen über
primäre und sekundäre Immunantwort	Komplement	mannosebindendes Lektin, direkt (alternativer Weg)	Opsonisierung, Lyse	C3a, C5a
	Mastzellen	PRR	Phagozytose und intrazelluläre Abtötung, reaktive Sauerstoff- und Stickstoffintermediate	Zytokine und Chemokine, z. B. IL1, IL6, TNF, IL8
	Makrophagen			
	dendritische Zellen			
	NK-Zellen	aktivierende NK-Rezeptoren	Lyse	
nur sekundäre Immunantwort	Antikörper (B-Memoryzellen)	Antikörperbindungsstelle	Effektormechanismen des adaptiven Immunsystems (z. B. Kap. 5.1, 5.2)	
	T-Memoryzellen	TCR		

sie beruhen nicht auf einer allgemeinen Steigerung der Reaktionsfähigkeit. Wird das Immunsystem nach einer primären Antwort gegen ein Antigen A mit einem unbekannten Antigen B konfrontiert, generiert es wieder eine primäre Antwort. Das adaptive Immunsystem mit seinen klonal verteilten Antigenrezeptoren (Antikörper und TCRs) behält also die Antigenerfahrungen eines Individuums in Erinnerung. Dagegen kann man die konservierten PRRs des angeborenen Immunsystems, die in der Keimbahn verankert sind, als „Speziesgedächtnis" für Alarmsignale auffassen (Kap. 2.1). Beide Systeme sind durch vielfältige Interaktionen und Feedback-Schleifen eng miteinander vernetzt.

6.2.1 Die Keimzentrumsreaktion – koordinierte Immunität von B- und T-Zellen (und dendritischen Zellen)

In den meisten Fällen benötigen B-Zellen zur Antikörperproduktion T-Zell-Hilfe. Dazu müssen sich Antigen, T- und B-Zellen treffen, und dies geschieht an der Grenze zwischen T-Zell-Areal und B-Zell-Follikel in den peripheren lymphatischen Organen. Obwohl T-Zellen und B-Zellen in der Regel verschiedene Epitope auf komplexen Antigenen erkennen (T-Helferzellen stets Peptide, gebunden an MHC-II-Moleküle; B-Zellen die dreidimensionale Struktur von Molekülen verschiedener Stoffklassen), kooperieren sie antigenspezifisch. Naive T-Zellen differenzieren sich zu T-Helferzellen, wenn ihnen ihr antigenes Epitop von einer professionellen APC, meist einer DC, zusammen mit den passenden Differenzierungssignalen präsentiert wird (Kap. 7.2.1). Die differenzierten T-Helferzellen können nun den B-Zellen helfen, vorausgesetzt, diese präsentieren ihnen ebenfalls ihr TCR-Epitop. Dies tun B-Zellen, welche mit ihrem BCR das gleiche Antigen binden, besonders effizient, weil sie mithilfe ihrer BCRs das Antigen internalisieren, es dann prozessieren und gebunden an MHC-II-Moleküle auf die Membran bringen. Die T-Zell-Hilfe involviert Signale durch membrangebundene Moleküle und lösliche Faktoren. Essenziell ist die Ligation von CD40 (ein Molekül, das von B-Zellen

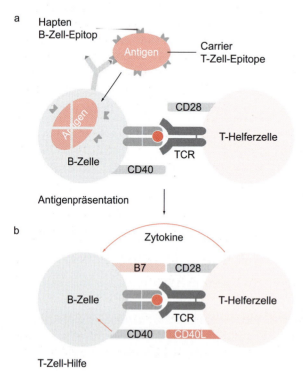

6.3 Damit eine T-Helferzelle einer B-Zelle helfen kann, muss diese ihr das passende Antigen präsentieren (a). B-Zellen binden Antigen spezifisch über ihren BCR, nehmen es auf, prozessieren es und präsentieren Peptidbruchstücke, gebunden an MHC-II, auf ihrer Oberfläche. T-Zellen, die diesen MHC/Peptid-Komplex als Antigen erkennen, werden dadurch zur T-Zell-Hilfe aktiviert (b). Die T-Zell-Hilfe besteht in der Expression membrangebundener Rezeptoren, welche an Moleküle auf der B-Zell-Oberfläche binden (z. B. CD40L), sowie in der Sekretion von Zytokinen.

und DCs konstitutiv exprimiert wird) durch den CD40-Liganden (CD40L/CD154), den T-Zellen erst nach Aktivierung exprimieren (Abb. 6.3).

Die T-Zell-Hilfe löst bei den B-Zellen eine starke Proliferation aus, die dazu führt, dass sich die B-Zell-Follikel makroskopisch sichtbar vergrößern. Man spricht von einer Keimzentrumsreaktion, denn die vielen Mitosen in diesem Bereich führten den Entdecker Walther Flemming vor mehr als 100 Jahren zu der Annahme, es handle sich bei diesen Strukturen um das blutbildende Organ.

Die proliferierenden B-Zellen nehmen Veränderungen an ihren BCRs vor: Klassenwechsel und somatische Hypermutation. Es häufen sich während der Keimzentrumsreaktion Punktmutationen in den hypervariablen Bereichen der rekombinierten Antikörpergene, die die Spezifität der Antikörper beeinflussen. Diese zufälligen Veränderungen haben in den meisten Fällen keinen oder einen negativen Einfluss auf die Bindungsstärke der Antikörper an ihr Epitop, selten werden sie die Bindungsstärke erhöhen. Außerdem besteht eine gewisse Gefahr, dass sich durch die somatische Hypermutation Autoantikörper bilden. Deshalb werden die B-Zellen nach der Hypermutation einer Selektion unterzogen: Follikulär dendritische Zellen präsentieren ihnen das Antigen, und B-Zellen, die dieses nicht mehr mit ausreichender Affinität binden können, sterben. Außerdem benötigen die B-Zellen in diesem Stadium zum Überleben noch einmal antigenspezifische T-Zell-Hilfe. Diese erhalten sie aber nur, wenn sie den T-Zellen immer noch das passende Epitop präsentieren können. Autoreaktive B-Zellen sind dazu nicht mehr in der Lage, sondern nehmen mit ihren BCRs Autoantigene auf und präsentieren diese. Die T-Zellen sind jedoch tolerant für diese Antigene (Kap. 11) und verweigern die Hilfe. In mehreren Runden von somatischer Hypermutation und nachfolgender Selektion reichern sich B-Zellen mit einer erhöhten Affinität für das Antigen bei einer Keimzentrumsreaktion stark an, so dass sich die durchschnittliche Antigenbindungsstärke der sezernierten Antikörper nach und nach erhöht. Dies nennt man **Affinitätsreifung** der Antikörperantwort.

6.2.2 Die T-Zell-unabhängige Antikörperproduktion

Manche Antigene können B-Zellen auch T-Zell-unabhängig zur Antikörperproduktion aktivieren. Dies sind solche mit vielen repetitiven Epitopen, zum Beispiel komplexe Kohlenhydratstrukturen auf Bakterienoberflächen. Sie kreuzvernetzen die BCRs auf der B-Zell-Oberfläche, was ein starkes Aktivierungssignal darstellt. Allerdings kommt es ohne T-Zell-Hilfe nicht zur Keimzentrumsreaktion mit Klassenwechsel und somatischer Hypermutation, so dass in Antwort auf T-Zell-unabhängige Antigene nur IgM produziert wird. Ein Beispiel für eine solche Antikörperantwort sind die Isohämagglutinine, die Antikörper gegen die Blutgruppenantigene A und B, welche bekanntermaßen von allen Individuen gebildet werden, die diese Blutgruppenantigene nicht besitzen.

Wie kommt es zur Antikörperantwort gegen etwas, das nicht da ist?

Des Rätsels Lösung ist die physiologische Antikörperantwort gegen Polysaccharide auf Bakterien. Hier bestehen Kreuzreaktivitäten mit den Blutgruppenantigenen. Toleranzmechanismen verhindern die Bildung von Antikörpern gegen die körpereigenen Blutgruppenantigene (Kap. 11), so dass ein Individuum mit der Blutgruppe A nur Isohämagglutinine gegen das Blutgruppenantigen B besitzt. Da Isohämagglutinine stets vom IgM-Isotyp sind, können sie die Plazentaschranke nicht überwinden und gefährden deshalb, im Gegensatz zu Anti-Rhesus D-Antikörpern (IgG, vgl. Kap. 25.3), auch bei Blutgruppeninkompatibilität den Fetus nicht.

6.3 Das Mikromilieu entscheidet über die Qualität der Immunantwort

Wenn wir bisher hauptsächlich Effektorfunktionen des Immunsystems im Hinblick auf Antigenerkennung und Elimination von Fremdantigenen beleuchtet haben (Kap. 5), müssen wir nun auch in Betracht ziehen, dass ein Organismus zum Beispiel aufgenommene Nahrungsmittelantigene nicht attackiert und mit der physiologischen Darmflora – jeder hat seine individuelle Mikroflora – in friedlicher Koexistenz lebt. Dazu ist eine zusätzliche Qualität einer aktiven Immunantwort erforderlich, die Toleranz von Fremdantigenen.

Merill Chase (Tab. 1) hat 1946 den ersten Hinweis dafür geliefert, dass der Ort der antigenen Konfrontationen darüber entscheidet, ob ein Antigen eliminiert oder fortan toleriert wird. Hier gilt es zunächst, diesen wichtigen Tatbestand festzuhalten (Tab. 6.3). Diese Mechanismen werden in den Kapitel 9.6, 12.2, 20.2, 21.1 und 21.2 unter verschiedenen Blickwinkeln erörtert und besitzen auch therapeutisches Potenzial (Kap. 25).

Tabelle 6.3 Die Route des Fremd-Antigens bestimmt die Qualität der Immunantwort.

Antigengabe	Immunantwort
subkutan	Abwehr
intramuskulär	Abwehr
Verletzung	Abwehr
intravenös	Toleranz
oral, nasal, aerogen	Toleranz
Pfortader	Toleranz

MEMO-BOX — **Die Initiierung einer spezifischen Immunantwort gegen Pathogene**

1. Bei einer primären Immunantwort werden Effektormechanismen des angeborenen, nicht klonalen Immunsystems sofort wirksam.
2. Die Antwort des adaptiven Immunsystems folgt mit einer Latenz von einigen Tagen.
3. Sie wird von APCs des angeborenen Immunsystems ausgelöst, die Antigen in die Lymphknoten transportieren und es dort den T-Zellen präsentieren.
4. Das adaptive Immunsystem expandiert klonal und kann verschiedene Effektormechanismen aktivieren.
5. Neben Effektorzellen entstehen bei der primären Immunantwort auch Memoryzellen.
6. Die primäre Antikörperantwort ist zunächst durch IgM dominiert. Erst später werden auch antigenspezifische Antikörper anderer Klassen produziert.
7. Die Effektormechanismen des adaptiven Immunsystems verstärken die Antwort des angeborenen Immunsystems.
8. Bei einem erneuten Kontakt mit dem gleichen Antigen generiert das adaptive Immunsystem eine sekundäre Antwort. Diese ist stärker und hat eine viel geringere Latenzzeit als die primäre Antwort.
9. Bei einer sekundären Antikörperantwort werden neben IgM meist andere Ig-Klassen, vor allem IgG, in großer Menge gebildet.
10. Das angeborene Immunsystem repräsentiert das Immungedächtnis der Spezies, das adaptive das des Individuums.

Wie wird eine Immunantwort koordiniert?

7

Wenn eine spezifische Immunantwort induziert wird, entscheiden viele Faktoren darüber, in welcher Qualität sie abläuft. Auch ihre Intensität muss reguliert werden, um einen Organismus gesund zu erhalten. Für die optimale Abwehr einer Virusinfektion sind vor allem spezifische CTLs notwendig, gegen eine extrazelluläre bakterielle Infektion helfen spezifische Antikörper. Parasiten erfordern wiederum eine andere Abwehrstrategie, bei der Eosinophile und Mastzellen aktiviert werden müssen. Es gibt aber auch subtilere Leistungen des Immunsystems, die nicht auf den ersten Blick erkannt werden. So erfordert eine Schwangerschaft einen aktiven Beitrag des Immunsystems der Mutter. Es muss mit einer lokalen Toleranz reagieren, statt die Effektorfunktionen, die in Kapitel 5 beschrieben werden, gegen väterliche Antigene in der Plazenta zu mobilisieren. Auch die resorbierten Nahrungsbestandteile müssen zwar als fremd erkannt, aber dennoch toleriert werden. Diese Spezialanforderungen werden uns in den Kapiteln 9 und 12 wieder begegnen.

Nur das Mikromilieu kann unterschiedliche Immunantworten induzieren. Immunologische Regelkreise werden „von außen" in verschiedene Richtungen getrieben. Die Informationen aus dem Mikromilieu werden über Rezeptoren empfangen. Die betroffenen Zellen reagieren auf derartige Signale mit einer differenziellen Genexpression, d.h. sie verändern die Palette ihrer Genprodukte. So können sie plötzlich lösliche Mediatoren produzieren oder die Synthese anderer Moleküle herunterfahren. Das trifft auch für Rezeptorproteine zu. Damit beeinflussen diese Zellen ihrerseits wieder andere Zellen, zum Beispiel Effektorzellen der Immunabwehr. $CD4^+$-T-Helferzellen entfalten ausschließlich so ihre Wirkungen. Wie der Name bereits suggeriert, helfen sie bei der Initiierung der Immunantwort. Früher unterschied man zwischen Helfer- und Suppressorzellen. Man konnte sie zwar nicht richtig differenzieren, aber das Prinzip klang einleuchtend. $CD4^+$-T-Zellen waren (und sind) die Helferzellen. $CD8^+$-T-Zellen deklarierte man als Zytotoxische/Suppressor-Zellen. Heute wissen wir, dass bestimmte $CD8^+$-T-Zellen, aber vor allem $CD4^+$-T-Zellen suppressorische Leistungen vollbringen können. Wir nennen sie – auch nicht sehr treffsicher – **regulatorische T-Zellen (Treg)**. Wenn man akzeptiert, dass Treg „die Hilfe zur Suppression" leisten, ist das Weltbild der $CD4^+$-T-Helferzellen wieder in Ordnung.

T-Helferzellen sind für die Induktion der Antikörpersynthese essenziell, entscheiden über den Ig-Klassenswitch, aktivieren oder inaktivieren Makrophagen, verstärken die NK-Zell-Zytotoxizität, können die Lymphozytenproliferation verstärken oder hemmen und schalten autoreaktive T-Zell-Klone aus. Die Aufzählung macht schnell klar, dass hier Subpopulationen wirken müssen, die temporär die Oberhand gewinnen. Um sich dem Problem zu nähern, werden zunächst die löslichen Mediatoren systematisch vorgestellt.

7.1 Zytokine und Zytokinrezeptoren

Zytokine sind lösliche Polypeptide mit lokaler Wirkung und einer kurzen Halbwertzeit von einigen Minuten. Das gleichzeitig an einem Ort

Tabelle 7.1 Zytokinfamilien und einige wesentliche Vertreter.

Interleukine[1]	IL1β, IL2, IL3, IL4, IL8, IL10, IL12, IL17, IL18, IL23
koloniestimulierende Faktoren	G-CSF, GM-CSF, IL3
Interferone	IFNα, IFNβ, IFNγ
Cytotoxine	TNFα, TNFβ
Chemokine[2]	IL8, MIP1α, MCP1
Wachstumsfaktoren	TGFα, TGFβ, PDGF

[1] siehe F & Z 5, [2] siehe F & Z 6

wirkende Zytokinspektrum beeinflusst die dort vorhandenen Zellen und deren Funktionen.

Zytokine wirken oft im Konzert mit anderen. Betroffene Zellen empfangen einen Cocktail an Informationen. Besondere Beachtung muss die Tatsache finden, dass Zytokine auch von Zellen außerhalb des Immunsystems sezerniert werden können. Die Kenntnisse über „ektopische" oder aberrante Zytokinexpressionen unter pathophysiologischen Bedingungen sind noch sehr beschränkt, werden aber durch die Mikroarray-Technologie rasant erweitert.

Die Zytokinnnomenklatur ist leider nicht einheitlich, auch wenn viele als Interleukine mit einer eigenen Nummer (z. B. IL1 als endogenes Pyrogen) bezeichnet werden. Tabelle 7.1 enthält einige wichtige Zytokine. Deren Hauptproduktionsorte, ihre Rezeptoren und dominanten Wirkungen finden sich unter F&Z 5 im Anhang.

Sehr oft hängt die biologische Wirkung eines Zytokins davon ab, welche Rezeptorstruktur ligiert wird. Am Beispiel von TNF wird in Abbildung 7.1 demonstriert, dass rezeptorabhängig z. T. gegenläufige biologische Wirkungen entstehen: Bindet TNF an TNFR1, wird die Zelle in Apoptose geschickt. Bindet TNF an TNFR2, wird die Zelle aktiviert und damit vor Apoptose geschützt. Eine weitere wichtige Rolle spielt der lösliche TNFR1 (sTNFR1). Dieser wird in der extrazellulären Domäne des membranständigen TNFR1 durch aktivierbare Proteasen abgespalten und neutralisiert TNF. Die physiologische Rolle dieses blockierenden sTNFR wird zum Beispiel in Kapitel 9.7 deutlich. In F&Z 9 ist ein autosomal dominant vererbter Immundefekt

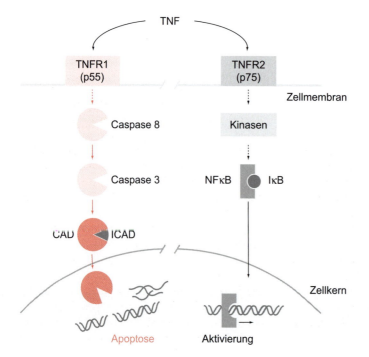

7.1 Trimere TNF-Moleküle trimerisieren TNF-Rezeptoren mit unterschiedlichen Folgen. Die Ligation der TNFR1 aktiviert Procaspasen, die den Inhibitor der caspaseaktivierten DNase (ICAD) spalten, so dass CAD in den Zellkern eindringen kann und DNA fragmentiert. Die Ligation der TNFR2 aktiviert Kinasen, die den Inhibitor IκB phosphorylieren, wodurch er von NFκB dissoziert. NFκB kann nun in den Kern gelangen, wo der Transkriptionsfaktor an verschiedene Promotorregionen der DNA bindet und zum Beispiel proinflammatorische Zytokingene hochreguliert.

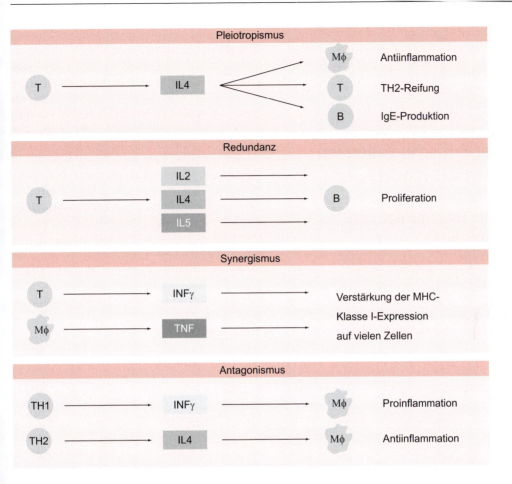

7.2 Wirkprinzipien des Zytokinnetzwerkes.

beschrieben, bei dem eine Mutation des TNFR1 die Abspaltung von sTNFR1 unmöglich macht. Dem Patienten fehlt deshalb ein wichtiges regulatorisches Molekül.

Auch die induzierte Rezeptorverfügbarkeit ist ein wichtiges regulatorisches Moment. Antigenaktivierte T-Zellen proliferieren klonal. Sie produzieren nicht nur IL2, den T-Zell-Wachstumsfaktor, sondern sie regulieren auch den IL2-Rezeptor (CD25) hoch. Dadurch ist garantiert, dass ausschließlich der spezifische Klon expandiert und nicht etwa unbeteiligte T-Zellen auf IL2 reagieren können. Ruhende T-Zellen sind CD25-negativ (Abb. 6.1). Selbstverständlich können aber andere T-Zellen, falls sie zeitgleich am gleichen Ort durch ihr Antigen aktiviert wurden, auf den unspezifischen T-Zell-Wachstumsfaktor IL2 reagieren.

Da Zytokine im Konzert wirken, ist es wichtig zu wissen, dass sie sowohl **pleiotrop, redundant, synergistisch** als auch **antagonistisch** wirken können. Abbildung 7.2 gibt dafür je ein Beispiel.

Insbesondere T-Helferzellen entfalten ihre biologischen Wirkungen über die Sezernierung von Zytokinen. Wie T-Helferzellen zu ihren unterschiedlichen regulatorischen Effektorfunktionen befähigt werden, hat sich im letzten Jahrzehnt teilweise aufklären lassen. Man unterscheidet klassischerweise pro- und antiinflammatorisch wirkende Zytokine (Abb. 7.2, 7.3, 7.6, 7.8, 7.9, 21.2). Dabei finden sich Ausnahmen von der Regel: Das antiinflammatische Zytokin TGFβ befördert die Differenzierung von TH17-Zellen, welche Gewebeentzündung initiieren (Kap. 7.3.1). Das proinflammatorische Zytokin IFNγ ist z. B. auch ein potenter Induktor des Enzyms IDO, dessen Aktivierung eindeutig immunsuppressive Konsequenzen hat (Kap. 9.7 und 20.2.2).

7.2 Dendritische Zellen im Zentrum der Macht

7.2.1 Die Feuermelder des Immunsystems

Die Messung der T-Zell-Proliferation *in vitro* gilt wegen des komplexen, multifaktoriellen Geschehens als overall-T-Zell-Funktionstest (Kap. 15.14). Schon in den 70er-Jahren aber stellte man erstaunt fest, dass gereinigte T-Zell-Populationen nicht mehr zur Proliferation stimulierbar waren. Man erkannte, dass Monozyten – also Zellen der unspezifischen Abwehr – für den Beginn einer T-Zell-Antwort essenziell waren. Dendritische Zellen (DCs) waren damals noch unbekannt. Heute wissen wir, dass DCs die professionellen antigenpräsentierenden Zellen sind. Sie wandern nach Antigenkontakt in Haut, Schleimhaut oder Gewebe in den nächsten Lymphknoten, wo sich die T-Zellen und B-Zellen aufhalten (Kap. 13). Je nach Mikromilieu, aus dem sie kommen, haben die DCs über ihre verschiedenen TLRs unter Umständen LPS oder bakterielle CpG-Motive registriert. Diese Informationen führen sehr schnell zu Änderungen ihrer Genexpressionsprofile, so dass die DCs bei der Antigenpräsentation verschiedene Zytokine produzieren. Der Begriff Transcriptomics

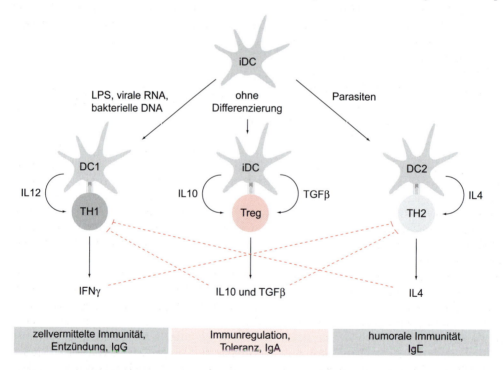

7.3 Dendritische Zellen entscheiden während der Ag-Präsentation über die T-Helferzelldifferenzierung. Die roten Linien symbolisieren hemmende Einflüsse (wie diese Hemmung funktioniert, findet sich in Abb. 8.1). Dieses Schema dient nur zur Orientierung, denn myeloide und plasmazytoide DCs lassen sich nicht in dieses Schema pressen. Je nach Mikromilieu können DCs auch anders als hier dargestellt reagieren. iDC: unreife (*immature*) DCs. Die T-Helferzellen TH1 und TH2 sind einfach durch Nummerierung unterschieden worden. Die kürzlich entdeckten TH17-Zellen sind in dieser Abbildung nicht zu finden, da sie sich unabhängig von diesen Differenzierungswegen entwickeln (Kap. 7.3.1).

(Kap.15.16.7) bezeichnet einen Forschungsansatz, der darauf zielt, die Genexpressionsprofile in ihrer Gesamtheit zu eruieren. Unsere heutigen Erkenntnisse lassen sich, stark vereinfacht und mit Widersprüchen behaftet, folgendermaßen zusammenfassen:

Bakterielle (CpG, LPS, BCG) und virale (dsRNA) Komponenten induzieren in DCs, neben vielem anderen, eine herausragende **IL12**-Synthese. Dies stellt während der Antigenpräsentation eine wichtige Zusatzinformation für T-Helferzellen dar und veranlasst T-Zellen, sich in dieser Immunantwort in **TH1**-Zellen zu differenzieren. Das Resultat (Abb. 7.3) ist eine starke proinflammatorische, zelluläre Immunantwort sowie Immunglobulinklassen mit zytotoxischer Potenz (IgG). IFNγ, das Leitzytokin bei dieser Reaktion, verstärkt die Zytotoxizität von CTLs und NK-Zellen.

Im Spezialfall der antiparasitären Abwehr versehen die DCs aufgrund des Antigenprofils die T-Zellen mit einer **IL4**-Dusche. Daraus resultieren antigenspezifische **TH2**-Antworten. Das Leitzytokin der TH2-Zellen ist IL4. Es sorgt für eine starke humorale Immunantwort mit Klassenswitch zum IgE und ermöglicht damit das Auffahren der schweren Artillerie der Mastzell- und Eosinophilenprodukte (Abb. 5.21 und 5.22).

Dendritische Zellen, die unreif bleiben, d.h. nicht ausdifferenzieren und zum Beispiel auch nur unvollständig kostimulatorische B7-Moleküle (CD80, CD86) hochregulieren, produzieren die antiinflammatorischen Zytokine IL10 und TGFβ. T-Zellen können sich unter solchen Umständen nicht zu TH1- oder TH2-Zellen profilieren. Sie bleiben in einem Zustand, der als immunsuppressiv zu bezeichnen ist, da ihr Zytokinspektrum **IL10** und **TGFβ** umfasst. Solche „T-Suppressorzellen" nennt man heute **regulatorische T-Zellen (Treg)** – sozusagen als Strafe für die Forscher der 80er-Jahre, die von T-Suppressorzellen redeten, sie aber nicht fassen konnten (Abb. 7.3).

Bislang ist es nicht möglich, im Humansystem durch Phänotypisierung (Kap. 15.7) regulatorische T-Zellen zweifelsfrei zu identifizieren. Es ist bislang kein Oberflächenmolekül bekannt, das typisch und ausschließlich auf regulatorischen T-Helferzellen exprimiert wird. Es wird zum Beispiel zwischen CD4$^+$CD25$^+$, den Transkriptionsfaktor FoxP3-exprimierenden, so genannten „natürlichen", und CD4$^+$CD25$^-$ und FoxP3$^+$ oder FoxP3$^-$-induzierten Treg unterschieden (Abb. 11.3). Expression von Neuropilin scheint ein für Treg typisches Merkmal zu sein.

Auch TH1- und TH2-Zellen wurden auf Einzelzellebene bislang nur durch ihr Zytokinspektrum definiert. Hier könnten ihre variablen Expressionsprofile von Chemokinrezeptoren in der Zukunft Tore öffnen: **TH1-Zellen** exprimieren **CXCR3** und **CCR5**, während **TH2-Zellen** **CCR3** und **CCR4** auf ihrer Oberfläche tragen. Die funktionelle Rolle dieser Chemokinrezeptoren ist in den Abbildungen 7.8 und 7.9 dargestellt.

Wie viele Ausnahmen von dieser Regel in Zukunft zu finden sein werden, entscheidet, ob diese Phänotypisierung Bestand haben wird. Immunologische Grundlagenforschung ist schnelllebig.

7.2.2 Was T-Helferzellen alles können

Nachdem wir nun wissen, wie es zu TH1- oder TH2-dominierten Immunantworten kommt und wann Treg-Zellen generiert werden (Abb. 7.3), soll die Tragweite dieser Erkenntnisse aufgezeigt werden. Die Abbildung 7.4 enthält diese wichtigen Informationen und soll neugierig machen auf die Immunpathologie menschlicher Erkrankungen.

T-Helferzellen sind auch für die Induktion einer spezifischen Antikörperantwort essenziell. Dabei ist es lediglich erforderlich, dass ihnen B-Zellen durch MHC-Klasse-II-Moleküle prozessiertes Antigen präsentierten. Das setzt voraus, dass das Antigen aus Polypeptiden besteht. Wenn Antikörper Zuckerstrukturen binden, ergibt sich hier Erklärungsbedarf. Entweder sind die Zuckerstrukturen als Haptene kovalent an Proteine gebunden, man spricht von Protein-Carriern, so dass auch T-Zellen aktiviert werden können, oder B-Zellen produzieren Antikörper unabhängig von T-Zell-Hilfe (Kap. 6.2).

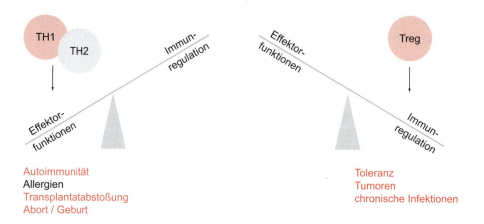

7.4 Dominanz von Immuneffektor- oder Suppressormechanismen und deren Konsequenzen.

Wenn sie helfen, entscheiden T-Helferzellen über den **Klassenswitch** von B-Zellen. TH1-Zellen verursachen einen Klassenswitch zu IgG, welches FcγR-vermittelte und komplementaktivierende Effektorfunktionen besitzt (Tab. 1.1). TH2-Zellen, die eine antiparasitäre Abwehr mit Mastzellen und Eosinophilen initiieren, veranlassen über IL4 einen Switch zum IgE. Suppressorisch wirkende Treg schalten Immunglobulinsynthesen auf eine IgA-Produktion um. Das Zytokin TGFβ wirkt somit nicht nur antiinflammatorisch, sondern verhindert auch eine lokale Produktion von komplementbindenden (und damit entzündungsfördernden) Immunglobulinen (Abb. 7.3). T-Zell-unabhängige B-Zellen erzeugen ausschließlich Immunglobuline der Klasse M. Die Isohämagglutinine gegen Zuckerstrukturen von Blutgruppenantigenen (Kap. 6.2.2 und 23.2.1) sind dafür ein Beispiel.

Die Funktionen der sogenannten TH17-Zellen werden im folgenden Kapitel vorgestellt.

7.3 Angeborene und erworbene Immunität – ein immunregulatorisches Netzwerk

Das Paradebeispiel der Vernetzung zwischen unspezifischem und spezifischem Immunsystem ist mit der Antigenpräsentation bereits erläutert. Drei weitere wichtige Systeme sollen die Komplexität des Immunsystems weiter verdeutlichen.

7.3.1 Inflammation oder Antiinflammation?

Die Entzündung ist ein Resultat eingewanderter, d. h. chemotaktisch angelockter Zellen mit einem proinflammatorischen Zytokinspektrum und toxischen Effektormolekülen. Eine Entzündung kann durch Komplementaktivierung aber auch durch Zellen der unspezifischen Abwehr initiiert werden (Kap. 6.1.2, Abb. 7.3). Wenn während der Initiierung einer adaptiven Immunantwort T-Zellen zur IFNγ-Synthese stimuliert werden, wird die Vernetzung der angeborenen und erworbenen Immunität noch deutlicher: **IFNγ** ist der potenteste Makrophagenaktivator und forciert die Fusion der Phagosomen mit den Lysosomen und damit das intrazelluläre Killing der phagozytierten Bakterien. Gleichzeitig verstärkt IFNγ auch die zytotoxische Potenz von CTLs und NK-Zellen. Mutationen in IFNγ- oder IL12-Rezeptorstrukturen legen die komplette proinflammatorische Strecke lahm. Patienten mit solchen angeborenen Immundefekten sind hochgradig infektgefährdet – und zwar für intrazelluläre Infektionen wie z. B. Tuberkulose und sogenannte opportunistische

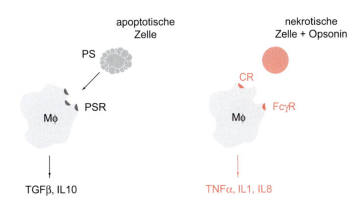

7.5 Die zwei Gesichter der Phagozytose: Leise Entsorgung oder Alarm. Opsonine können Antikörper oder Komplementfaktoren sein.

Infektionen (F&Z 9). IFNγ scheint auch für die Granulomformation, d. h. für die Abkapselung eines Tuberkuloseherdes essenziell (Kap. 9.1).

Es wird nicht überraschen, dass solche IFNγ-Wirkungen bei Dysregulationen auch pathologische, d. h. krankmachende Effekte setzen können (Kap. 19.2, 21.1).

Es gibt aber Situationen, in denen Inflammation überflüssig ist, zum Beispiel wenn Makrophagen apoptotische Zellen fressen. Diese sind programmiert in einen Suizid getrieben worden, ihre Abräumung bedarf keines Aufhebens. Beispiele für solche Ereignisse sind Apoptosen während der Gewebe- und Organentwicklung, der Gewebeerneuerung, beim Aussortieren autoreaktiver T-Zellen im Thymus (Kap. 11), bei der Rückregulation einer klonalen Expansion von Lymphozyten (Kap. 8) und bei der Abtötung von Tumorzellen oder virusinfizierten Zellen durch CTLs oder NK-Zellen. Tatsächlich löst die Phagozytose apoptotischer Zellen in Makrophagen keine proinflammatorische Zytokinproduktion aus, sondern stimuliert sie u. U. sogar zur Synthese von IL10 oder TGFβ. Anders ist das bei der Phagozytose nekrotischer Zellen, da Nekrosen dem Organismus eine Gefahr signalisieren (Abb. 7.5).

Das zweite Beispiel betrifft den Darm. Entzündungen an der Darmschleimhaut würden die Barrierefunktion zerstören. Hier wirken nur sIgA-Moleküle. Diese können nach Antigenbindung kein Komplement binden, sondern das Antigen „nur" neutralisieren (Abb. 5.8). Entzündungsfördernde IgG-Moleküle kommen physiologischerweise im Darmgewebe nicht vor, weil dort antiinflammatorische Treg-Zellen und Schleimhautmakrophagen **TGFβ** synthetisieren (Abb. 7.3 und 7.6). Dieses Zytokin veranlasst in den B-Zellen der Schleimhaut einen Klassenswitch zum IgA (F&Z 5, Kap. 9.6).

Im Jahre 2006 wurde eine weitere T-Zellentität „entdeckt", die sich unabhängig von der polarisierenden TH1- und TH2- Differenzierung (Abb. 7.3) entwickelt: die IL17-produzierenden TH17-Zellen (wieder eine unsystematische Namensgebung, denn TH1- und TH2-Zellen produzieren keineswegs IL1 bzw. IL2). Die **TH17-Zellen** wirken bevorzugt auf Zellen außerhalb des Immunsystems. Sie befördern **Gewebeentzündung**, indem sie Fibroblasten, Endothelzellen oder Epithelzellen zur Synthese proinflammatorischer Zytokine (z. B. IL6) und verschiedener Chemokine stimulieren. Dies fördert die Rekrutierung und Aktivierung von Neutrophilen. Deshalb haben TH17-Zellen eine herausragende Rolle bei der antibakteriellen Abwehr. Man vermutet auch eine kausale Rolle bei Autoinflammation und Autoimmunität. Die Überraschung war, dass offenbar neben IL6 und IL23 (Abb. 8.1) auch vor allem TGFβ – und zwar in Kombination mit IL6! – die TH17-Differenzierung einleiten kann. Interaktionen zwischen TH1-, TH2- und TH17-Zellen sind jedoch in Ansätzen bereits bekannt (Abb. 8.1). TH17-Zellen lassen sich mit IL12 oder IL4 jeweils zu TH1- oder TH2-Zellen konvertieren, während TH1- und TH2-Zellen sich nicht zu TH17-Zellen umwandeln lassen.

Aus Abbildung 7.6 lässt sich bereits ahnen, welches Konfliktpotenzial der *cross-talk* mit

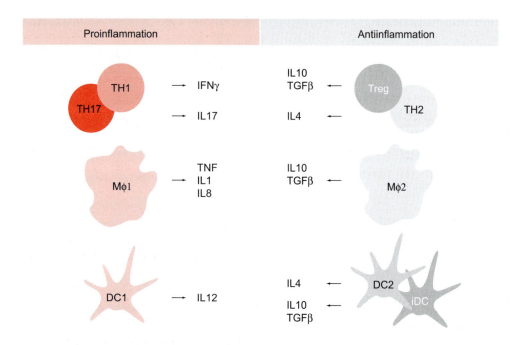

7.6 Pro- oder Antiinflammation: Das Nettoresultat zählt.

Zytokinen bei der Pathophysiologie einer Immunantwort bietet (Kap. 18 und Folgende).

Frage: Was versteht man unter einer opportunistischen Infektion? Wann kann sie auftreten? Antwort in Kapitel 22.2 und F&Z 9.

7.3.2 Immunglobuline und Fc-Rezeptoren

Viele Immunglobulinklassen, die während einer spezifischen Immunantwort gebildet werden, können Zellen beeinflussen, welche Fc-Rezeptoren tragen. Es gibt verschiedene Fc-Rezeptoren, die spezifisch verschiedene Immunglobulinklassen (Isotypen) binden (Tab. 7.2). Für alle Immunglobuline **mit Ausnahme von IgE** (Abb. 5.6) gilt dabei die Regel, dass sie Fc-Rezeptoren nur dann besetzen können, wenn sie zuvor das Antigen gebunden haben, d. h. in einem Immunkomplex vorliegen. Dabei erfahren sie eine Konformationsänderung und optimieren dadurch ihre Passfähigkeit. Lediglich FcRn binden monomere IgG-Moleküle (Abb. 5.12). Die Vielfalt der Zellen, die die Immunglobuline letztendlich aufgrund ihres Isotyps beeinflussen können, ist beachtlich (Tab. 7.2).

Im Einzelfall benötigen Immunglobuline aber auch Rezeptoren, um überhaupt an ihre Wirkungsstätte gelangen zu können. Das trifft für das sekretorische IgA zu, das über den **Poly-Ig-Rezeptor** durch die Epithelzellschicht der Schleimhäute geschleust wird (Kap. 12), sowie für IgG-Moleküle, die über einen **FcRn** die menschliche Plazenta passieren können (Abb. 5.12). Bei manchen Spezies gibt es keinen diaplazentaren Transport für mütterliches IgG. Dafür besitzen die Neugeborenen FcRn auf Darmepithelien, so dass große Mengen maternaler IgG-Moleküle aus der Muttermilch aktiv in die Säuglinge transportiert werden und einen postnatalen aktuellen passiven Schutz bieten.

In diesem Kompendium können wiederum nur Beispiele für die vielfältigen gegenseitigen Einflussnahmen erwähnt werden:

In der Regel führt die Fcγ-Rezeptorbesetzung durch Immunkomplexe zur Aktivierung der Zelle. Das in Abbildung 7.5 dokumentierte Beispiel einer opsonierten nekrotischen Zelle führt, wenn Fcγ-Rezeptoren bemüht werden, zur pro-

Tabelle 7.2 Zelluläre Fc-Rezeptoren.

Rezeptor	Zelltyp	Ligandeneffekt
FcγRI (CD64)	Mo, MΦ, N, DC	Aktivierung (ITAM)
FcγRIIA (CD32)	MΦ, N, Eo, DC, LC, Thrombo	Aktivierung (ITAM-like)
FcγRIIB (CD32)	B, Mast, Baso, MΦ, N, Eo, DC, LC	Inhibition (ITIM)
FcγRIII (CD16)	Mo, MΦ, NK, N, B, Mast, Eo, DC, LC	Aktivierung (ITAM)
FcεRI	Mast, Baso, Eo, DC, LC	Aktivierung (ITAM)
FcεRII (CD23)	MΦ, Eo, T, B, Thrombo, ubiquitär	Aktivierung
FcαRI (CD89)	MΦ	Aktivierung
FcμR	aktivierte B-Zellen	Aktivierung
Poly-IgR	Epithel, Leber, Dünndarm, Lunge	Transport von IgA
FcRn	Plazenta Dünndarm[1]	Transport von IgG

ITAM: *immunoreceptor tyrosine-based activation motif*; ITIM: *immunoreceptor tyrosine-based inhibition motif*; MΦ: Makrophage; N: neutrophiler Granulozyt; Eo: eosinophiler Granulozyt; LC: Langerhans-Zelle
[1] (nicht beim Menschen),

inflammatorischen Aktivierung des Phagozyten. Solche Fcγ-Rezeptoren sind mit Signalmolekülen assoziiert, welche ITAMs besitzen (Tab. 7.2).

Als einziger Fcγ-Rezeptor besitzt der **FcγRIIB** ein inhibitorisches Motiv (ITIM) und inaktiviert die betreffende Zelle nach Ligation und Kreuzvernetzung. Wir greifen aus Tabelle 7.2 zwei Zelltypen heraus, um deren Beeinflussung durch Immunkomplexe zu betrachten:

Es ist bekannt, dass B-Zellen durch die Sekretion von IgG – im Gegensatz zur IgM-Produktion während einer Primärantwort – negativ rückreguliert werden. Der Immunkomplex mit dem spezifischen IgG, das an das Antigen gebunden hat, kann gleichzeitig FcγRIIB und den BCR binden. Werden beide Rezeptoren dadurch kreuzvernetzt, kommt es zur Inhibition des BCR-signallings der betroffenen B-Zelle, die den antigenspezifischen Antikörper produziert. Immunkomplexe können aber auch zwei FcγRIIB vernetzen. Das führt sogar zu einem apoptotischen Untergang aktivierter B-Zellen (Abb. 5.11), denn nur aktivierte B-Zellen haben FcγRIIB hochreguliert.

Mastzellen exprimieren sowohl Fcε-Rezeptoren als auch FcγRIIB. Je nachdem, welche Ig-Klasse bei einer Immunantwort dominiert – IgE bei einer TH2-getriebenen Antwort, IgG bei einer TH1-dominierten Antwort – fällt das Resultat aus: Sensibilisierte Mastzellen reagieren auf einen antigenen Brückenschlag ihrer Fcε-Rezeptoren mit Degranulation (Abb. 5.7). Wird eine IgG-Antwort induziert, wird die Mastzelldegranulation durch FcγRIIB-Ligation unterdrückt. Das wird als therapeutisches Prinzip bei Allergien genutzt (Kap. 25.1).

7.3.3 Komplement und Komplementrezeptoren

Komplement als zentraler Bestandteil der unspezifischen angeborenen Abwehr sorgt für die frühe Opsonierung und schnelle Phagozytose bakterieller Erreger (Kap. 1.3). Komplementrezeptoren auf Phagozyten beschleunigen die Phagozytose (Tab. 7.3). CR3 spielt als Integrin darüber hinaus bei Adhäsion und Migration eine Rolle (Kap. 13, Abb. 13.2). Selbst Infektionserreger entern Zielzellen über Komplementrezeptoren. Epstein-Barr-Viren nutzen den CR2, um selektiv B-Zellen zu infizieren (infektiöse Mononukleose).

7.4 Chemokine und Chemokinrezeptoren

In Kapitel 13 wird erklärt, wie Immunzellen in Gewebe migrieren und dort ihren Bestimmungsort finden. Dabei gibt es viele gewebeständige Moleküle, die konstitutiv exprimiert sind und das normale trafficking reifender Zellen ermöglichen. Darüber hinaus werden indu-

Tabelle 7.3 Zelluläre Komplementrezeptoren.

Rezeptor	Zelltyp	Ligandeneffekt
CR1 (CD35)	Mo, MΦ, B, DC, N, Ery	C3b, C4b, iC3b: Schutz der Liganden vor weiterem Abbau, Phagozytosestimulation
CR2 (CD21)	DC, B	C3d, iC3b, C3dg: Korezeptor für BCR-Rezeptor für EBV-Infektion
CR3 (CD11b/CD18)	Mo, MΦ, N, DC	iC3b: Phagozytosestimulation
CR4 (CD11c/CD18)	Mo, MΦ, N, EC	iC3b: Zellaktivierung
C5aR	Mo, MΦ, N, Mast, EC	C5a: Zellaktivierung
C3aR	Mo, MΦ, N, Mast, EC	C3a: Zellaktivierung

MΦ: Makrophage; N: neutrophiler Granulozyt; EC: Endothelzelle

zierbare Chemokine, die bei der Aktivierung des Immunsystems durch Infektion, Gewebezerstörung oder zum Beispiel Thrombose (Gefäßverschluss) freigesetzt werden, Zellen mit entsprechenden Rezeptoren anlocken. Diese wichtige Funktion ist durch hohe Redundanz (Abb. 7.2) abgesichert. Am Beispiel der Makrophagenmigration in Abbildung 7.7 soll die Redundanz der Chemokin/Chemokinrezeptor-Interaktionen verdeutlicht werden.

Die Nomenklatur der Chemokine orientiert sich an der N-terminalen Aminosäuresequenz. Bei **CC-Chemokinen** befinden sich im N-terminalen Bereich zwei benachbarte Cysteinreste. Bei **CXC-Chemokinen** werden diese durch eine andere Aminosäure getrennt. Eine Systematik findet sich unter F&Z 6. Hier interessiert vordergründig die Rolle dieses Systems bei der Immunregulation. Aktivierte TH1-Zellen produzieren IFNγ, das Monozyten oder Endothelzellen zur Sekretion der CXC-Chemokine IP10, Mig oder I-TAC stimuliert. Diese binden an den induzierten CXCR3 aktivierter TH1- oder NK-Zellen und verstärken die proinflammatorische IFNγ-Synthese (Abb. 7.8). Monozyten, die durch IL4, nicht aber IFNγ zur Synthese des CC-Chemokins MDC getrieben werden, verstärken die Wirkung der CCR4-exprimierenden TH2-Zellen. Eotaxin polarisiert eine TH2-dominierte Antwort weiter durch Rekrutierung und Aktivierung von Eosinophilen (Abb. 7.9). Die Expressionsprofile unterschiedlicher Chemokinrezeptoren auf TH1- und TH2-Zellen werden zur Unterscheidung genutzt (Kap. 7.2).

Selbstverständlich beeinflussen auch Subpopulationen von Neutrophilen die Qualität der lokalen Immunantwort. Sezernieren sie IL8, locken sie weitere Neutrophile an und verstärken die Elimination von Pathogenen, aber auch

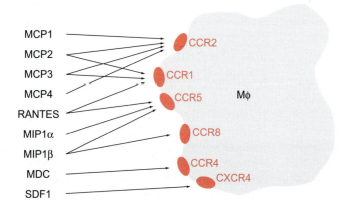

7.7 Beispiel für die Redundanz der Chemokine. Vier verschiedene Chemokine können z.B. vom CCR2 registriert werden.

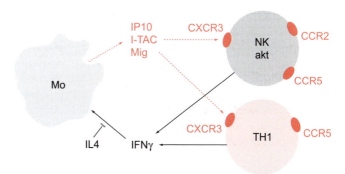

7.8 Polarisierung einer TH1-Antwort durch Chemokine.

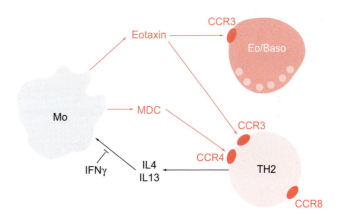

7.9 Polarisierung einer TH2-Antwort durch Chemokine.

die damit häufig verbundene Gewebezerstörung. Haben sie mit MIP1α gefüllte Granula, locken sie Monozyten an und verstärken die Entzündung. Setzen sie bei Degranulation IP10 frei, werden T-Zellen einwandern, und eine spezifische Immunantwort wird induziert.

7.5 Neuroimmunoendokrine Regelkreise

Die Zellen des Zentralnervensystems (ZNS) und des Immunsystems kommunizieren über Zytokine und Neuropeptide sowie entsprechende Rezeptoren miteinander. So ist schon seit mehreren Jahrzehnten bekannt, dass IL1 Fieber erzeugen kann, weshalb es zuerst als endogenes Pyrogen bezeichnet wurde. Wie funktioniert das?

Sensorische Nervenfasern des Nervus vagus besitzen offenbar Zytokinrezeptoren und melden lokale Entzündungen nach Verletzung oder Erregerinvasion ins ZNS. Auch Immunzellen können je nach Erregertyp oder Antigen Hormone wie Endorphine, ACTH, CRF oder z.B. TSH synthetisieren. Sie stellen damit offenbar einen „**sechsten Sinn**" dar, denn sie transformieren das Erkannte in eine differenzielle Hormonproduktion. Es ist noch nicht völlig aufgeklärt, wie diese differenzierten Informationen ins Gehirn gelangen. Im ZNS befinden sich viele Loci und Nuklei, die Zytokinrezeptoren exprimieren. IL1 oder TNF können von Zellen im ZNS (z.B. Mikroglia) synthetisiert werden, gelangen aber auch aus der Peripherie bei systemischen (überschießenden) Entzündungen über Transporter durch die Blut-Hirn-Schranke direkt ins ZNS.

Die Reaktionen des ZNS auf Entzündungsinformationen werden prinzipiell auf zwei Wegen gebahnt (Tab. 7.4). Die somatotrope Organisation des ZNS führt dazu, dass bei selektiver Aktivierung verschiedener Areale (z. B. Area postrema), Nuclei (Nucleus paraventricularis oder Nucleus tractus solitarius) oder Loci (Locus ceruleus) durch afferente Nervenbahnen auch die schnelle efferente Antwort diskret und lokal bleibt. Der **Parasympathikus**, dessen efferenter Vagusnerv Milz, Leber, Darm, Niere, Herz oder zum Beispiel die Lunge erreicht, schüttet dann **Acetylcholin** aus. Der **Sympathikus** wirkt über **Adrenalin** oder **Noradrenalin**. Eine Wirkung auf das Immunsystem setzt natürlich voraus, dass Immunzellen Rezeptoren für diese Neurotransmitter besitzen. Dies ist der Fall: Gewebsmakrophagen zum Beispiel exprimieren **nikotinerge Acetylcholinrezeptoren** bzw. **β-adrenerge** Rezeptorstrukturen. Beide Systeme, Sympathikus und Parasympathikus, induzieren in den Zielzellen vor Ort eine **antiinflammatorische** Reaktion, indem sie zum Beispiel IL10 hochregulieren und die **TNF**-Produktion supprimieren. Das autonome NS reguliert die lokale Immunantwort sozusagen in real-time ebenso reflexartig, wie es zum Beispiel die Herzfrequenz kontrolliert. Es ist extrem wichtig, dass die neuronale Regulation **sehr schnell** und nur **kurzzeitig** wirkt. Dieses *fine tuning* verhindert kontinuierlich überschießende, systemische Auswirkungen einer lokalen Entzündungsantwort, ohne bei Persistenz der Aktivatoren (z. B. Infektion oder Tumor) den erforderlichen regulären Ablauf einer Immunantwort abzuwürgen.

Etwas langsamer, aber auch langfristiger, wirkt die Aktivierung der Hypophysen-Hypothalamus-Nebennierenrinden-Achse (**HPA-Achse**). Die Aktivierung hypothalamischer Kerne induziert eine humorale Antwort, die in drei Stufen abläuft und demzufolge mehrfach gegenreguliert werden kann (Abb. 7.10): Die Freisetzung von *corticotropin-releasing factor* (**CRF**) stimuliert den Hypophysenvorderlappen zur Produktion von *adrenocorticotropic hormone* (**ACTH**), das die Nebennierenrinde zur Glukokortikoidausschüttung stimuliert. Glukokortikoide wirken ebenfalls antiinflammatorisch, d. h. **immunsuppressiv**. Diese neuroendokrine antiinflammatorische Schiene wirkt systemisch, der Anstieg von **Cortisol** ist im Serum messbar.

Die kontrollierende Gegenregulation durch das neuroendokrine System ist sehr wichtig, denn intrinsische immunologische Regelkreise, zum Beispiel über regulatorische T-Zellen, können Tage benötigen, bis sie angeschaltet sind. Natürlich können diese Regelkreise zwischen Immunsystem und Neuroendokrinium auch in pathophysiologischen Zusammenhängen zur Geltung kommen, zum Beispiel bei septischen Immunparalysen oder peripherer Immunsuppression nach Schlaganfällen (Kap. 21). Aber auch chronische Stressexposition führt zur Überaktivierung der HPA-Achse, die auch „Stressachse" genannt wird. Die Folgen sind periphere Immunsuppression und zum Beispiel erhöhte Infektneigung.

Inzwischen liefert die Kenntnis des cholinergen antiinflammatorischen Regelkreises Ansatzpunkte, die Wirkungen von nicht-steroidalen, antiinflammatorischen Medikamenten (Aspirin, Indomethacin, Ibuprofen), Akupunktur, psychischem Stress, Immunkonditionierung, Biofeedback oder Meditation und Hypnose einer molekularen Analyse zuzuführen. Darauf kann hier nicht weiter eingegangen werden.

Neuropeptide oder Peptidhormone, wie z. B. Substanz P (SP, auch Neurokinin 1 genannt), α-Melanozyten-stimulierendes Hormon (αMSH)

Tabelle 7.4 Neuroimmunoendokrine Regelkreise: Nach Meldung einer Entzündung aus der Peripherie werden zwei antiinflammatorische Regelkreise eingeschaltet.

Autonomes Nervensystem (Sympathikus, Parasympathikus)	Hypothalamus - Hypophysen - Nebennierenrinden-Achse
nerval reflexartig schnell kurzzeitig	humoral langsamer längerfristig
antiinflammatorisch	antiinflammatorisch
lokal wirkend: Acetylcholin Nikotin Adrenalin Noradrenalin	systemisch wirkend: Glukokortikoide

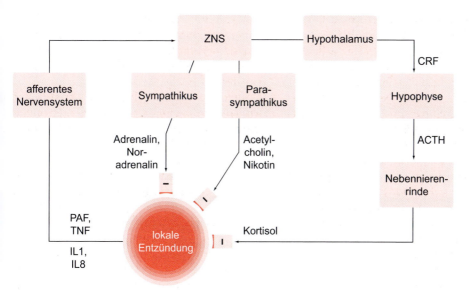

7.10 Prompte kurzfristige nervale und längerfristige humorale antiinflammatorische Regelkreise kontrollieren die Stärke einer peripheren Entzündung.

oder Proenkephalin A, besitzen antimikrobielle Funktionen. Sie wirken wie α-Defensine (Kap. 1.3.2) und schützen die anatomischen Areale, in denen sie durch Stress oder toxische Stimuli sofort freigesetzt werden, vor Infektionen. Die vielen von Immunzellen sezernierten verschiedenen Neuropeptide beeinflussen natürlich auch die Qualität von lokalen Immunreaktionen, indem sie z. B. antiinflammatorisch wirken und damit bei Toleranz und Autoimmunität wichtig sind. So hemmen αMSH und VIP (vasoaktives intestinales Peptid) die T-Zellproliferation, die Synthese von TNFα, IL1, IL6 oder IL12 und stimulieren die Generation von regulatorischen T-Zellen und die IL10-Produktion. Diese bislang verborgen gebliebenen Funktionen sind ein weiterer Beleg für die Vernetzung von Nervensystem und Immunsystem, deren beider Stärke die Erkennung von Gefahr und die Sofortreaktion ist.

MEMO-BOX — **Immunregulation**

1. Dendritische Zellen bestimmen während der Antigenpräsentation die Qualität der Immunantwort (DC1 → TH1, iDC → Treg; DC2 → TH2).
2. Immunzellen kommunizieren untereinander und mit Zellen ihres Mikromilieus (einschließlich der Nervenfasern) über Zytokine und Chemokine.
3. Pro- und antiinflammatorische Reaktionslagen entscheiden über Initiation bzw. Unterdrückung von Immuneffektorfunktionen.
4. Antikörper, Komplement, Hormone, Chemokine beeinflussen über entsprechende Rezeptoren Genexpressionen und damit Zellfunktionen aktivierter Immunzellen.
5. Das autonome Nervensystem kontrolliert eine lokale Immunantwort durch ein antiinflammatorisches impulsartiges lokales *fine tuning* (Sympathikus → Adrenalin, Parasympathikus → Acetylcholin).
6. Die Hypothalamus-Hypophysen-Nebennierenrinden-Achse supprimiert humoral (CRF → ACTH → Glukokortikoide) und wirkt langfristig sowie systemisch.

Wie wird eine Immunreaktion wieder abgeschaltet?

8

Thema mit Variationen: Über die zeitliche Begrenzung einer Immunantwort weiß man viel weniger als über die Aktivierungsvorgänge. Entscheidend ist zunächst die **Elimination des Antigens** durch die Effektormechanismen des Immunsystems. Ohne antigenen Reiz hört die Rekrutierung neuer Zellen in das Immungeschehen auf. Antigenspezifische Aktivierung über ihren TCR ist offenbar auch notwendig für das Überleben der T-Effektorzellen, die ja im Verlauf einer Immunantwort dramatisch expandiert sind. Werden Antigen/MHC-Komplexe limitierend, sterben viele dieser Zellen den **Tod durch Vernachlässigung**, da sie die zum Überleben notwendigen TCR-Signale nun nicht mehr erhalten. Die Phase **klonaler Kontraktion** (clonal downsizing) beginnt. Ihre Beobachtung und Quantifizierung ist erst seit Einführung der Tetramer-Technologie (Kap. 15.15.) möglich. Zur klonalen Kontraktion trägt auch **Brudermord** der CTLs bei. Wenn die antigenexprimierenden Zielzellen durch eine effiziente Immunantwort eliminiert werden, überwiegen im Mikromilieu zunehmend die aktivierten CTLs, die ja im Verlauf einer Immunantwort dramatisch expandiert sind. Sie treffen dadurch immer häufiger direkt aufeinander und treiben sich mit Fas/FasL-Interaktionen gegenseitig in die Apoptose (Abb. 5.15). Die Bedeutung dieser Vorgänge erkennt man daran, dass Defekte im Fas/FasL-System zu schweren Krankheitszuständen führen (F&Z 9).

Klonale Expansion und klonale Kontraktion sind aber nicht nur bezogen auf eine spezifische Immunantwort zu betrachten, denn z. B. wird in der Zirkulation immer wieder eine konstante Gesamtlymphozytenzahl eingestellt (Homöostase). Aber wie werden Lymphozytenzahlen, deren Lebensspanne und damit deren Populationsdynamik kontrolliert? Welche Faktoren beeinflussen die Interaktion von Lymphozyten untereinander und mit ihrem Mikromilieu? Das ist bis heute noch unklar. Kompetition um limitierte Ressourcen und Besiedlungsräume beeinflussen die **Homöostase**. Eine limitierte Ressource ist das spezifische Antigen.

Auch Abschaltung von Zytokinproduktion gehört zu diesem Thema. Hier spielen SOCS-Proteine (Kap. 4.7) eine wichtige Rolle. In Abb. 8.1 wird gezeigt, wie sich TH1- und TH2-Zellen gegenseitig neutralisieren und wie beide TH17-Zellen in Schach halten.

Auch Suppressormechanismen führen zur Abschaltung einer Immunantwort. Ein Beispiel sind $CD4^+$-T-Zellen, die einige Tage nach ihrer Aktivierung CTLA4 (CD152) hochregulieren. CTLA4 ist ein Homolog von CD28 (Tab. 6.1), das jedoch nach Bindung an seine Liganden CD80 und CD86 inhibitorisch wirkt und Proliferation und Zytokinsekretion der T-Zellen hemmt (Kap. 11.2.5). Als übergeordnete **negative Feedback-Schleifen** wirken die lokalen und systemischen Einflüsse des neuroendokrinen Systems (Kap. 7.5).

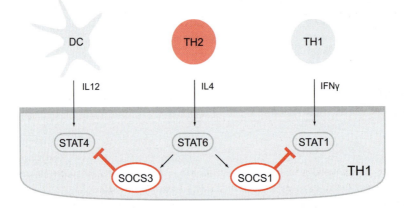
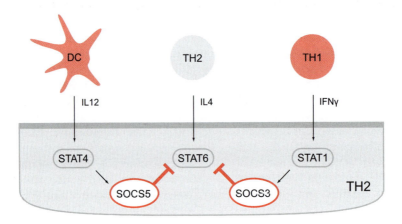
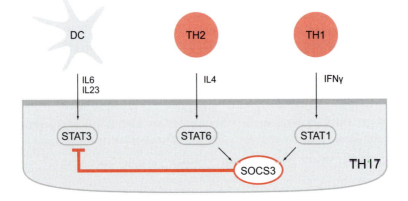

8.1 SOCS-Proteine in der Kreuzregulation von T-Helferzellen. a) Suppression von TH1-Zelldifferenzierung durch IL4-STAT6-*signalling*. Induktion von SOCS3 hemmt IL12-STAT4-*signalling* und SOCS1 hemmt IFNγ-STAT1-*signalling*. b) Umgekehrt hemmen die TH1-assoziierten Zytokine IL12 und IFNγ die TH2-Entwicklung. c) Sowohl TH1- als auch TH2-Zytokine hemmen die TH17-Differenzierung. In TH17-Zellen wird durch IL4 oder IFNγ SOCS3 induziert, das die IL6- und IL23-vermittelte Induktion von TH17-Zellen (Kap. 7.3.1) hemmt.

Frage: Welcher Mechanismus liegt einer klonalen Kontraktion nach Elimination eines Antigens zugrunde?
Antwort in Abbildung 5.15

MEMO-BOX — **Beendigung einer Immunreaktion**

1. Der wichtigste Faktor bei der Beendigung einer Immunantwort ist die Elimination des auslösenden Antigens.
2. Die vorher expandierten T-Zell-Klone kontrahieren durch Apoptose (clonal downsizing).
3. Eine Immunantwort wird auch durch die Induktion von Suppressormechanismen wieder gedämpft.
4. Auch inhibierende Einflüsse des neuroendokrinen Systems tragen zur Beendigung einer Immunreaktion bei.

9 Kann das Immunsystem auf verschiedene Herausforderungen unterschiedlich reagieren?

Es kann. Das Instrumentarium für diese unterschiedlichen Aufgaben lässt sich grob in drei Sektionen gliedern: die Effektorfunktionen zur Elimination von Antigenen und zum Töten (manchmal unter Verlust eigener Zellen), das Arsenal der Toleranzmechanismen und die Wachstumsförderung. Die Memo-Box dieses Kapitels zeigt die Spezialanforderungen auf einen Blick. Die Differenzierung der Effektorfunktionen wird entscheidend von der Etablierung und Aufrechterhaltung pro- bzw. antiinflammatorischer Reaktionslagen abhängen.

9.1 Abwehr von Infektionserregern

Bakterien, die sich extrazellulär vermehren (z. B. *E. coli*), werden durch Komplement lysiert oder opsoniert. Ist bereits eine Immunität vorhanden, können spezifische Antikörper die Phagozytose weiter verstärken (Abb. 5.1, 5.3, 5.18, 5.19), und Th17-Zellen fördern die Rekrutierung und Aktivierung von Neutrophilen. Die Erreger werden schneller eliminiert (Abb. 9.1).

Wachsen Infektionserreger **nach** der Phagozytose in intrazellulären Vakuolen weiter, wie z. B. *Mycobacterium tuberculosis*, bedarf es bei der Abwehr der Kooperation mit **TH1-Zellen**. Spezifisch aktivierte TH1-Zellen exprimieren CD40L, sezernieren IFNγ und stimulieren dadurch die Produktion von Proteasen, Sauerstoffradikalen, Stickoxid oder TNFα und verstärken die Phagolysosomenfusion in den infizierten Phagozyten. Bleibt dies erfolglos, sorgt TNFβ aus TH1-Zellen für den programmierten Zelltod der „nicht reparablen" Zellen. Chronisch infizierte Zellen setzen dann die Keime frei, die von frisch eingewanderten Makrophagen zerstört werden. Andere TH1-Zytokine sorgen für T-Zell-Proliferation (IL2), forcierte Makrophagendifferenzierung (IL3, GM-CSF), Endothelzellaktivierung zur Rekrutierung von Zellen aus der Zirkulation (TNF) sowie deren gezielte Migration (MCP4).

Gelingt das intrazelluläre Killing nicht (z. B. bei *M. tuberculosis*-Infektion), hilft nur noch das „Einmauern" der Infektionsherde: Es wird ein **Granulom** gebildet. Die eingekapselten Erreger aber bleiben vital. Die infizierten Makrophagen fusionieren, bilden vielkernige Riesenzellen, produzieren TGFβ oder PDGF, welche Fibrosierung und Kollagensynthese induzieren. Diese Gewebefibrosierung führt zur Einkapselung. Die Regulation ist nicht im Detail molekular aufgeklärt. Es handelt sich offenbar um Wirkprinzipien, die auch bei der Wundheilung zum Tragen kommen (Kap. 9.9). Es finden sich TH1- und TH2-Zellen. Das Zentrum ist oft nekrotisch. Freigesetzte Radikale oder Lipidmediatoren zerstören dort auch körpereigenes, gesundes Gewebe. Granulome bei chronischer Infektion sind tickende Zeitbomben, denn nicht immer gelingt es dauerhaft, die vitalen Erreger zu isolieren und gleichzeitig die Gewebezerstörung zu begrenzen.

Gelingt es den Keimen ins Zytoplasma auszuweichen (z. B. *Listeria monocytogenes*), können nur **spezifische CTLs** die infizierten Zellen

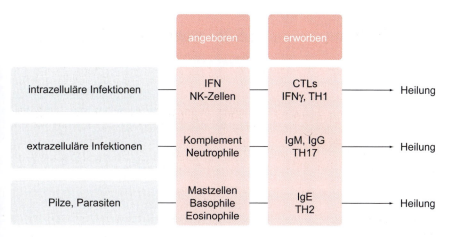

9.1 Die Abwehr von Infektionserregern.

eliminieren (Abb. 2.7, 5.15). Virusinfektionen werden ebenso bekämpft, NK-Zellen spielen hier ebenfalls eine große Rolle (Abb. 5.16). Allerdings verfügen viele Erreger über ausgefeilte Strategien, das Immunsystem des Wirts zu unterlaufen (Kap. 20.1). Retroviren, z. B. HIV, bauen ihre genetische Information einfach in die DNA der infizierten Zelle ein. Der Wirt bleibt demzufolge lebenslang potenziell infektiös (Kap. 22.2). Andere Viren verändern durch den evolutionären Druck ständig ihren Phänotyp. Die bei einer Grippe erworbene Immunität der CTLs ist für einen neuen Influenzastamm nicht mehr *up to date*. Diesem Thema ist ein eigener Abschnitt (Kap. 20.1) gewidmet.

Handelt es sich um größere Erreger, z. B. Parasiten, können diese über komplementvermittelte Lyse nicht abgetötet werden. Hier sind IgE-vermittelte Abwehrreaktionen notwendig (Abb. 5.21 und 5.22), bei denen hoch toxische Mediatoren aus Mastzellen oder Eosinophilen freigesetzt werden, die sich in Tabelle 18.1 bzw. 18.2 wiederfinden.

Wegen der beschriebenen Besonderheiten bei der Infektionsabwehr führen unterschiedliche Immundefekte (Kap. 22) je nach betroffenem System oft zu besonderer Empfindlichkeit für bestimmte Erregertypen.

9.2 Elimination von nicht infektiösen Fremdantigenen

Partikuläre Antigene, wie z. B. Rußpartikel in der Lunge, werden entweder phagozytiert oder aber eingekapselt, wenn ihre Größe ein Auffressen verhindert (*frustrated phagocytosis*). Proteine können durch Antikörper opsoniert und anschließend von Zellen gefressen oder durch Neutralisation an ihrer biologischen Wirkung (z. B. Toxinwirkung) gehindert werden (Abb. 5.8), um dann als Immunkomplex ebenfalls phagozytiert zu werden. Nichtproteinstrukturen werden ebenfalls erkannt (Kap. 2). Im Einzelfall, z. B. bei Arzneimittelallergien (Kap. 23.1), entscheiden Bindungen von Molekülen (Haptenen) an Zellen über ihren weiteren Weg bei der Konfrontation mit dem Immunsystem.

9.3 Elimination fremder eukaryotischer Zellen

Dringen über Schleimhautläsionen, z. B. beim Geschlechtsverkehr, allogene Zellen in den Organismus ein, werden sie an ihren fremden MHC-Molekülen erkannt und durch CTLs abgetötet (Kap. 2.2, 2.5). Das trifft auch für Organtransplantate zu, wenn sie MHC-Unterschiede zum Rezipienten aufweisen (Kap. 23.2).

Nur bei lokaler immunsuppressiver Reaktionslage während der Schwangerschaft (Kap. 9.7) oder unter starker immunsuppressiver Therapie, z. B. nach Organtransplantation, können körperfremde Zellen im Organismus überleben. Man spricht von **Chimärismus**, wenn dies wie bei der Knochenmarktransplantation viele Zellen sind – hier wird das ganze hämatopoietische System durch Zellen des Spenders ersetzt –, oder von **Mikrochimärismus**, wenn es sich etwa bei einer Schwangerschaft nur um einzelne kindliche Zellen handelt, die im mütterlichen Organismus jahrelang überleben können. Die Begriffe sind von der Chimäre abgeleitet, einem sagenhaften Ungeheuer der griechischen Mythologie, vorne Löwe, in der Mitte Ziege und hinten Drache.

9.4 Elimination körpereigener apoptotischer Zellen

Neben dem FasL- oder TNF-induzierten Zelltod gibt es viele Situationen, bei denen auch physiologischerweise apoptotische Zellen entstehen, zum Beispiel bei der Organogenese, der negativen Selektion im Thymus (Kap. 11) oder der Beendigung einer klonalen Expansion (Kap. 8). Die Elimination der apoptotischen Zellen erfolgt durch Makrophagen, die z. B. nach außen gestülptes Phosphatidylserin (PS) auf deren Membran erkennen (Abb. 7.5) und diese **ohne** *danger signal* (d. h. ohne Hochregulation proinflammatorischer Zytokine) still phagozytieren. Das Immunsystem räumt somit überschüssiges Zellmaterial ab, das ein Label trägt: PS. Bei lebenden Zellen ragt das membrangebundene PS nach innen.

9.5 Toleranz gegenüber körpereigenen Antigenen

Im Zentrum der Spezialanforderungen an das adaptive Immunsystem stehen die Mechanismen, die dafür sorgen, dass Lymphozyten, die ihre Antigenrezeptoren per Zufall generieren und damit zwangsläufig körpereigene Strukturen ebenfalls erkennen könnten, „außer Gefecht" gesetzt werden. Den zentralen und peripheren Toleranzmechanismen ist ein eigenes Kapitel gewidmet (Kap. 11).

9.6 Toleranz gegenüber Nahrungsmittelantigenen

Die Toleranz gegenüber Autoantigenen wird durch negative Selektion im Thymus realisiert (Kap. 11). Nahrungsmittelantigene sind Fremdantigene. Sie dienen der Energiegewinnung und Lebenserhaltung und müssen täglich aufgenommen werden. Beim Gesunden gibt es **keine** Immun**abwehr** gegen Nahrungsmittelantigene, wohl aber eine spezielle Immunantwort: die **orale Toleranz**. Injektionen von Hühnereiweiß (Ovalbumin) erzeugen sehr wohl eine spezifische Antikörperproduktion. Das Füttern von Ovalbumin aber ruft keine Antikörperproduktion hervor. Unser Frühstücksei können wir also noch im hohen Alter genießen. Ganz offenbar ist die **Route der Applikation** (Tab. 6.3) entscheidend. Der oralen Toleranz ist im spannenden Kapitel der Schleimhautimmunität (Kap. 12) mehr Platz gewidmet.

9.7 Förderung des fötalen Wachstums

Es gibt noch eine Gruppe von Fremdantigenen, die toleriert werden – zumindest zeitweise (und das auch noch penibel genau begrenzt): fötale Antigene während einer Schwangerschaft. Es ist keineswegs so, dass das mütterliche Immunsystem nicht gegen den Föten reagiert. Ganz im Gegenteil. Die mütterliche Immunantwort ist essenziell für den erfolgreichen Ausgang der Schwangerschaft. Das erkennt man daran, dass die reproduktive Kapazität dann besonders hoch ist, wenn Mutter und Vater genetisch sehr verschieden sind. Dies garantiert die genetische Vielfalt einer Population (Kap. 14). Auch hier wird eine Spezialleistung einer Immunantwort durch das lokale Mikromilieu geprägt. Das uterine Epithel sezerniert **LIF**, die Blastozyte exprimiert LIF-Rezeptoren: Die Einnistung des befruchteten Eies kann beginnen. Nach der Einnistung des Embryos gehen die darunter befindlichen Epithelzellen in Apoptose. Werden apoptotische Zellen abgeräumt, wird ein antiinflammatorisches Zytokinprofil induziert (Abb. 7.5). Das Uterusepithel produziert **GM-CSF**, einen Wachstumsfaktor, der auch das Wachstum der fötoplazentaren Einheit befördert. Diese ist in der Lage, sehr früh **IL10** zu produzieren. Damit ist eine **lokale** Immunsuppression eingeläutet. Welche Stimuli die uterine GM-CSF Produktion induzieren, ist noch nicht bekannt. Käme es jedoch zu einer proinflammatorischen Immunreaktion, würde IFNγ als proinflammatorischer Entzündungsmediator die GM-CSF-Freisetzung blockieren und Wachstumsretardierung beim Föten verursachen. Wenn IL10 fehlt, wird die initiale, lokal antiinflammatorische Reaktionslage destabilisiert. Es droht ein frühzeitiger Schwangerschaftsabbruch, ein Abort. Denn eine proinflammatorische Reaktionslage aktiviert CTLs, NK-Zellen, TNF-Freisetzung aus Makrophagen und die Generierung zytotoxischer Antikörper (Abb. 7.4). All diese Effektormechanismen greifen fötale Antigene in der Plazenta (nicht den Föten selbst!) an. So wird der Abort eingeleitet.

Ein teilweise noch hypothetisches Schwangerschaftszytokinnetzwerk (Tab. 9.1) erklärt viele Einzelteile im Puzzle der lokalen Toleranzinduktion. Der Synzytiotrophoblast der Plazenta produziert hohe Spiegel an **löslichem TNF-Rezeptor**. Erst zum Ende des dritten Trimesters der Schwangerschaft fallen diese rapide ab. Die zwischenzeitlich kontinuierlich ansteigende TNF-Produktion der uteroplazentaren Einheit

Tabelle 9.1 Das lokale mütterliche Reaktionsprofil während der Schwangerschaft.

Toleranz/Förderung des fötalen Wachstums	Abort/Geburt
GM-CSF	TNFα/β
LIF	IL2
IL3, IL5	IFNγ
CSF1	
sTNFR	
HLA-G	
IDO	
CD95L	
Progesteron	
IL10	

wird jetzt biologisch relevant. Wird dadurch die Geburt eingeleitet? Wie es auf den Tag genau – bei verschiedenen Spezies sehr unterschiedlich (Maus: 21 Tage, Schwein: 116 Tage, Mensch: 9 Monate, Elefant: 22 Monate) – zur Geburt kommt, bleibt bis heute ein Mysterium.

Während der Schwangerschaft aber sind die molekularen Mechanismen zur Stabilisierung einer Toleranz mehrfach gesichert: Der Synzytiotrophoblast exprimiert **HLA-G**, einen Liganden inhibitorischer NK-Zell-Rezeptoren (Kap. 2.3, F&Z 7). Zellen des Synzytiotrophoblasten haben Indolamin 2,3-dioxygenase (**IDO**) hochreguliert. Dieses Enzym wurde in der Plazenta zuerst beschrieben. Es baut Tryptophan ab. Diese essenzielle Aminosäure ist wichtig für T-Zell-Funktionen. Tryptophandegradation führt außerdem zum Abbauprodukt Kynurenin, das vor allem auf TH1-Zellen apoptotisch wirkt. Das Enzym IDO ist offenbar ein endogenes immunsuppressives Wirkprinzip. Es wird nicht nur in der Plazenta konstitutiv exprimiert, sondern ist auch in DCs und Makrophagen induzierbar. Der Synzytiotrophoblast als „immunologisch privilegierter Ort" exprimiert außerdem konstitutiv **FasL**. Welche Vorteile das beim Angriff einer zytotoxischen T-Zelle haben kann, ist in Abbildung 19.1 dokumentiert. Er produziert

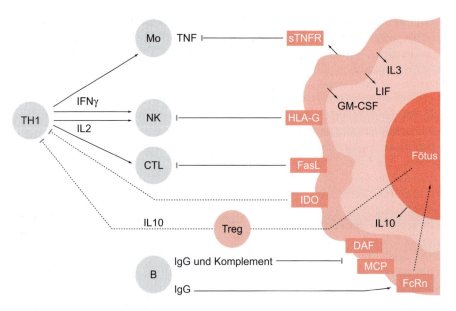

9.2 Synzytiotrophoblast und Fötus schalten mütterliche Immuneffektormechanismen auf Toleranz um.

auch **Progesteron**, das in hohen lokalen Konzentrationen immunsuppressiv wirkt.

Auch der Fötus leistet einen Eigenanteil: Kindliche Zellen passieren die Plazenta und wirken im lokalen Mikromilieu suppressiv, da sie IL10 sezernieren können. Das Reaktionsprofil kindlicher Zellen im Nabelschnurblut ist eindeutig noch auf Antiinflammation geschaltet: keine NK-Zellen, keine Chemokinproduktion, unreife B-Zellen, verstärkte T-Suppressoraktivität. An dieser Stelle muss betont werden, dass alle protektiven und wachstumsfördernden molekularen Mechanismen vorwiegend lokal wirken. Die Mutter benötigt eine reguläre TH1-Antwort, um nicht ausgerechnet während der Schwangerschaft an einer Infektion zu erkranken.

Das Spektrum mütterlicher Immunglobuline der Klasse G kommt dem menschlichen Föten adoptiv zugute, da diese durch FcRn der Plazenta in den fötalen Kreislauf transportiert werden. Dabei werden eventuell vorhandene Spezifitäten gegen väterliche Antigene vorher an der Plazenta gebunden, die ja diese väterlichen Antigene exprimiert. Sie wirkt sozusagen als Immunadsorber. Dass solche Antikörper an der Plazenta nicht zytotoxisch wirken, verhindern Komplementinhibitoren, zum Beispiel ein komplementabbauförderender Faktor (DAF, *decay accelerating factor*) und plazentares *membrane complement protein* (MCP) (Tab. 1.4).

Im Normalfall verläuft eine Schwangerschaft immunologisch komplikationslos (Abb. 9.2), so dass der Nobelpreisträger Sir Peter Medawar (Tab. 1) den Fötus als „glückliches Semiallotransplantat" bezeichnete. Die Geburt ist immunologisch gesehen eine Rejektion – auch mit glücklichem Ausgang. Entgegen bisheriger Lehrmeinung können die während der Schwangerschaft übergetretenen fötalen Zellen über Jahrzehnte in der Mutter überleben. Der Mikrochimärismus (Kap. 9.3) kann zu *graft-versus-host*-(GvH-)ähnlichen Symptomen führen, bleibt aber meist unbemerkt.

9.8 Tumorerkennung und -abwehr

Im Jahre 1953 wurde erstmals belegt, dass Tumoren immunogen sind, d. h. dass man gegen sie im Experiment eine Immunantwort establieren kann. Das progressive Wachstum eines immunogenen

Tumors in einem immunkompetenten Wirt (der Tumorträger ist bis dahin gesund) wurde als **zentrales Paradoxon** deklariert. Mittlerweile gibt es Schätzungen, dass die Mutationsrate pro Gen und Zellteilung bei 10^{-6} liegt. Da hochgerechnet wahrscheinlich 10^{16} Zellteilungen im Leben stattfinden, hat man mit 80 Jahren 10^9 Mutationen pro Gen überlebt. Also muss man umgekehrt fragen, warum Tumoren so seltene Ereignisse sind.

Zum einen gibt es sehr effiziente zelluläre Reparaturmechanismen. Zum anderen leistet das Immunsystem ganz offensichtlich doch eine effektive Tumorüberwachung, die zur Abtötung entarteter Zellen führt. Im Tierexperiment gibt es dafür eindeutige Belege. Aber auch der Befund, dass dichte T-Zellinfiltrate in einem humanen Tumor der beste prognostische Faktor für langes Überleben sind, spricht für sich.

Woran erkennen Immunzellen Tumorzellen?

Tumorzellen sind körpereigene Zellen. Viele von ihnen reaktivieren embryonale Gene, die bei ausdifferenzierten Zellen nicht exprimiert werden, oder sie überexprimieren normale Antigene, die aufgrund der veränderten Quantität immunogen werden. Drittens können Mutationen oder abnormale posttranslationale Modifikationen zu Veränderungen von Selbst-Antigenen führen. Ihre Immunogenität steht in der Regel außer Zweifel.

Weshalb wachsen diese Tumoren trotzdem?

Die Antwort liegt auf der Hand, wenn man die Spezialanforderungen an das Immunsystem vor dem geistigen Auge Revue passieren lässt (bitte Augen schließen!). Dabei fällt nämlich auf, dass etliche physiologische Funktionen einer aktiven Immunantwort als **Toleranz** oder **Wachstumsförderung** gebahnt werden. Durch ihre hohe Mutationsrate gelangen Tumoren (selten!) in die Lage, solche Mechanismen zu induzieren. Das Immunsystem selbst verursacht dann sogar ein so genanntes **Tumorenhancement**. Das wird in Kapitel 20.2 detailliert erörtert.

Hier gilt es festzustellen, dass eine reguläre **Tumorabwehr** mit gleichen Effektorfunktionen realisiert wird wie die Elimination virusinfizierter Zellen (Abb. 9.1): mit Interferonen, NK-Zellen und spezifischen CTLs.

9.9 Wundheilung

Der Verschluss der Blutgefäße nach Trauma wird durch Thrombozyten eingeleitet. Sie formen Plaques und setzen eine Enzymkaskade in Gang: das Gerinnungssystem. Zusätzlich werden TGFβ, PDGF und VEGF frei, die die Gefäßpermeabilität im umgebenden Gewebe erhöhen (Ödem) und eine Entzündung initiieren. Gleichzeitig wird eine andere Enzymkaskade aktiviert: das Kininsystem. Bradykinin erzeugt Schmerz, womit die Aufmerksamkeit des Betroffenen überhaupt erst auf die Wunde gelenkt wird.

Die Entzündung (Kap. 6.1.2) führt zur Extravasation von Neutrophilen, die eine mögliche Wundinfektion schnell eliminieren. Ihnen folgen Monozyten, die vor Ort zu Makrophagen differenzieren. Auch Lymphozyten infiltrieren den Wundbereich. Die Entzündung wird so lange aufrechterhalten, bis die Erreger erfolgreich bekämpft sind.

Der Wundverschluss ist ein noch nicht vollständig aufgeklärter Prozess, bei dem Makrophagen eine zentrale Rolle spielen. Sie beräumen totes Gewebe (Zelldebris) und initiieren die Gewebereparatur. Ihr Zytokinprofil besteht in einer solchen Situation nicht mehr aus proinflammatorischen Zytokinen, sondern beinhaltet TGFβ1, TGFα, *fibroblast growth factor* (FGF), IL10, *vascular endothelial cell growth factor* (VEGF), und *platelet-derived growth factor* (PDGF). FGF und PDGF stimulieren die Fibroblastenproliferation, TGFβ fördert die Kollagensynthese, und für die Neovaskularisierung, die Versorgung mit neuen Blutgefäßen, sorgen FGF und VEGF. Die Angiogenese ist wichtig, um die Sauerstoff- und Nährstoffversorgung des proliferierenden Gewebes zu gewährleisten. Eingewanderte TH2-Zellen sezernieren das Schlüsselzytokin IL13, das Fibroblastenmigration,

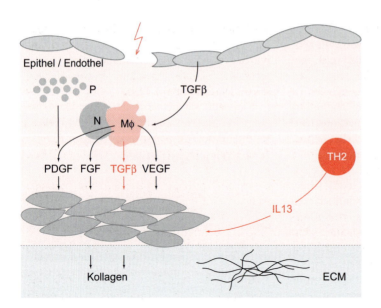

9.3 Wundheilung und Gewebereparatur: Thrombozyten (P) sorgen für Blutgerinnung (Hämostase), Neutrophile (N) verhindern Infektionen und Makrophagen initiieren den Wundverschluss und Gewebeersatz. IL13 ist für den Einbau von extrazellulärer Matrix (ECM) essenziell.

Fibroblastenproliferation und vor allem deren Kollagensynthese induziert (Abb. 9.3).

Ein nicht optimaler Wundverschluss endet mit Fibrosierung, die sich als überschießende Keloidbildung (Narbenbildung) an der Haut oder als Fibrose der Lunge, zum Beispiel bei chronischen Pilzinfektionen, manifestieren kann (Kap. 21.3). Die fehlende Elastizität führt in der Lunge zu Funktionsstörungen. An der Wundheilung sind auch Endothelien (FGF, VEGF und IGF (*IFN-inducing factor*) sowie die Epithelzellen (TGFα) und die Fibroblasten (TGFβ, FGF, PDGF) selbst beteiligt.

Wundheilungsstörungen stellen ein großes medizinisches Problem dar, weil bei Langliegerpatienten mit Dekubitus (aufgelegenen, offenen Wunden) oder Diabetikern mit „offenen Beinen" bislang keine simple Abhilfe geschaffen werden kann.

9.10 Gewebereparatur durch Knochenmarkstammzellen

Im Jahre 2001 fiel ein weiteres Dogma: Pluripotente Knochenmarkstammzellen könnten ausschließlich zu Zellen des blutbildenden Systems ausdifferenzieren (Abb. 1.1). Im Tierexperiment konnte nämlich gezeigt werden, dass injizierte Knochenmarkstammzellen zu ischämischen Arealen im Herzen wandern und einen experimentell provozierten Herzinfarkt ausheilen. Die CD34-positiven Knochenmarkstammzellen differenzieren zu Kardiomyozyten und sogar zu Endothelzellen. Sie generieren *de novo* funktionierendes Myokard und realisieren zeitgleich die Gefäßeinsprossung. Ist hier ein wichtiger Reparaturmechanismus entdeckt worden, der bislang verborgen blieb? Werden Infarkte oder Schlaganfälle erst klinisch relevant, wenn dieser Reparaturmechanismus überfordert ist? Der Leser dieses Kompendiums kann die Frage bei dessen Erscheinen vielleicht inzwischen beantworten. Das Tierexperiment aber zeigt: Wieder ist das **Mikromilieu** offensichtlich für eine zelluläre Leistung entscheidend.

9.11 Alternsabhängige Immunkompetenz

Kinder bringen schützende IgG-Antikörper mit auf die Welt, die sie von der Mutter über die Plazenta erhalten haben. Mit der Muttermilch nehmen sie dann sIgA auf, welches ihre Schleimhäute schützt. Ansonsten ist das unreife Immunsystem eines Neugeborenen noch auf Antiinflammation geschaltet (Kap. 9.7). Das muss sich jetzt ändern, um erfolgreich Infektionserreger abwehren zu können. Von Geburt an steigende IgM-Spiegel im Serum zeigen, dass das adaptive Immunsystem der Kinder unmittelbar aktiv wird. Infolge einer gewissen Unreife der T-Zellen kann der Klassenwechsel jedoch noch nicht mit voller Effizienz unterstützt werden, so dass IgG und IgA im Serum erst ab einem Alter von etwa sechs Monaten deutlich nachweisbar werden. Deren Konzentrationen steigen dann kontinuierlich an, bis im Alter von mehreren Jahren Erwachsenenwerte erreicht sind. Da der Spiegel des von der Mutter übertragenen IgG mit einer Halbwertszeit von etwa drei Wochen abfällt, besteht bei Kindern im Alter von etwa 3–12 Monaten ein relativer IgG-Mangel im Serum, der ein erhöhtes Infektionsrisiko mit sich bringt.

Im Lauf des Lebens ändert sich die Zusammensetzung des T-Zell-Pools. Die Bildung neuer T-Zellen im Thymus, bei Kindern und Jugendlichen ein sehr aktiver Vorgang, nimmt allmählich ab und mit ihr der Anteil naiver T-Zellen.

Während unstimulierte T-Zellen dem Repertoire verloren gehen, expandieren „in Anspruch genommene" T-Zellen klonal. Die Lücken an TCR-Spezifitäten, die dabei entstehen, werden wieder aufgefüllt, solange der Thymus naive T-Zellen mit neuen Spezifitäten (Kap. 11.1.1) entlässt. Eine altersabhängige **Thymusinvolution** schränkt somit das T-Zell-Repertoire in späteren Lebensabschnitten ein. Das zeigt sich u. a. in reduzierten oder fehlenden Primärantworten oder schwerwiegenden Verlusten im T-Zell-Repertoire nach Bestrahlung oder Chemotherapie bei alten Menschen.

Immunoseneszenz

Immunisierungen älterer Personen funktionieren nicht mehr so wie in jugendlichem Alter. Der Hauttest vom verzögerten Typ ist reduziert. Auffällig sind die erhöhte Tumorinzidenz und das erhöhte Infektionsrisiko älterer Menschen, z. B. bei Influenzaepidemien. Sie haben weniger influenzaspezifische T-Zellen und geringere Influenza-Hämagglutinin-spezifische Antikörpertiter nach Infektion oder Impfung.

In nahezu allen Studien an älteren Menschen zeigt sich ein intrinsischer T-Zell-Defekt *in vitro*, auf mitogene Stimuli (Kap. 15.14) mit einer Proliferation zu antworten. Bei Zellteilung wird jedesmal die **Telomerlänge** der Chromosomen in einer T-Zelle reduziert. Eine T-Zelle gelangt irgendwann (je nach Inanspruchnahme des Klons) an den Punkt, wo ihre vorausgegangenen Zellteilungen zu einer Telomerlänge geführt haben, die keine Teilung mehr erlaubt. Humane Lymphozyten teilen sich maximal 50-mal. Leonard Hayflick hat dieses Phänomen 1961 zum ersten Mal beschrieben.

Auch eine reduzierte **IL2-Induzierbarkeit** trägt zur Reduktion der proliferativen Kapazität von T-Zellen älterer Menschen bei.

Im Gegensatz dazu findet man bei alten Menschen erhöhte IL6-Serumspiegel. Diese sind mit erhöhtem kardiovaskulären Risiko, verminderter antiviraler Abwehr, zum Beispiel gegenüber Varizella-zoster-Virus (VZV), und schlechter Schlafqualität gekoppelt. Je schlechter der psychische Zustand alter Menschen, zum Beispiel bei sozialer Isolation, desto höher sind die IL6-Spiegel. Interessanterweise sind diese Phänomene durch Verhaltensinterventionen wie Tai Chi Chih zu beeinflussen. Tai Chi verbessert die VZV-spezifische Immunantwort nach Impfung älterer Menschen. Gleichzeitig erhöht sich der Parasympathikotonus, verbessert sich die Schlafqualität und sinken die erhöhten IL6-Spiegel.

Altern kompromittiert zwar T-Zell-abhängige B-Zell-Antworten gegen Fremdantigene, aber nicht eine $CD5^+$-B-Zell-Entität, die vornehmlich **Autoantikörper** produziert. Die Rolle regulatorischer T-Zellen während des Alternsprozesses ist noch nicht aufgeklärt.

Es bleibt zu betonen, dass **Altern nicht** unbedingt etwas mit **Lebensalter** zu tun hat – wie wir auch aus dem Alltagsleben längst wissen. Ein Krankheitsbild, das 1903 von dem Medizinstudenten Otto Werner zuerst beschrieben wurde, belegt das. Patienten mit Werner-Syndrom haben mit zehn Jahren graue Haare, verlieren die Zähne, haben eine kleine Statur, Osteoporose, Diabetes, Tumoren und eine sehr kurze

Lebenserwartung. 1996 wurde das WRN-Gen gefunden: eine DNA-Helikase, die bei Telomerformation mitwirkt.

Bei der Kalkulation der Lebenserwartung ist auch ein sog. **immunologischer Risikophänotyp** identifiziert worden, der durch eine Ratio von $CD4^+/CD8^+$ T-Zellen im Blut < 1, reduzierte T-Zell-proliferative Kapazität in vitro und CMV-Seropositivität charakterisiert ist. Es finden sich anerge CMV-spezifische CTLs, die apoptoseresistent sind und überraschenderweise bis zu 20% aller CTLs im Blut ausmachen können. Man spricht von **T-Zelloligoklonalität**. Es wird nicht überraschen, dass das Immunsystem eines Menschen, der 100 Jahre alt wurde, nicht die erwarteten alterskorrelierten Veränderungen zeigt. Die Hundertjährigen haben weniger organspezifische Autoantikörper. Seltener finden sich bei ihnen erniedrigte NK-Zellaktivitäten, eine erniedrigte Resistenz gegen oxidativen Stress, erniedrigte T-Zellproliferation oder erhöhte TNFα-Plasmaspiegel. Neben einer wesentlichen (günstigen) genetischen Disposition tragen auch Lebensumstände, reduzierte kalorische Ernährung, körperliche Aktivität und Optimismus dazu bei, dieses Alter zu erreichen.

Fragen: Wie verändert sich mit zunehmenden Alter die Zahl der TCR-Exzisionszirkel in der T-Zell-Population Gesunder? Antwort in Kapitel 3.3

Was bedeutet T-Zelloligoklonalität für die Immunkompetenz des Betroffenen? Antwort in Kapitel 10.2 und 11.2.2

MEMO-BOX — **Die Spezialanforderungen auf einen Blick**

Pathogenerkennung
Abwehr extrazellulär wachsender Bakterien
Abwehr intrazellulär wachsender Bakterien
Pilzabwehr
Parasitenabwehr
Granulombildung
antivirale Abwehr
Elimination von nicht infektiösen Fremd-Antigenen
Elimination apoptotischer Zellen
Toleranz gegenüber Autoantigenen
Nahrungsmitteltoleranz
lokale Schwangerschaftstoleranz
Förderung des fötalen Wachstums
Geburt

Tumorerkennung
Tumorabwehr
Gewebereparatur
Wundheilung
Memoryfunktion
Regulation der Klongröße
Homöostase der Blutzellen
Informationsübertragung an ZNS
Fieberinduktion
Entzündung
Antiinflammation
Beeinflussung von Organfunktionen
Beeinflussung der Gerinnung
Reaktion auf neuroendokrine, metabolische und efferente, nervale Stimuli

Wie funktioniert das Immungedächtnis?

Als 1846 auf den abgelegenen Faröer-Inseln die Masern ausbrachen, war die Erinnerung an die letzte schwere Epidemie im Jahre 1781 schon beinahe erloschen. Nicht jedoch das Immungedächtnis: Kein Bewohner, der älter als 64 Jahre war, erkrankte erneut; deren nahe Verwandte und Kinder waren dagegen nicht geschützt. Die bemerkenswerte Geschichte zeigt, dass das Immungedächtnis nach dem primären Kontakt mit einem Erreger im Prinzip lebenslang vor diesem schützen kann, auf jeden Fall jahrzehntelang! In vielen Situationen wissen wir allerdings nicht, wie häufig nach der ersten Immunisierung weitere symptomfreie Auseinandersetzungen mit dem Erreger stattgefunden haben – zum Beispiel bei Epidemien – und wie wichtig diese für die lebenslange Aufrechterhaltung des Immungedächtnisses sind.

„Schneller, höher, weiter", so lässt sich der Unterschied einer sekundären Immunantwort durch Memoryzellen zur primären Reaktion naiver Zellen zusammenfassen. Hinzu kommt häufig auch eine andere Qualität der Antwort. Diese erstaunlichen Fähigkeiten des Immunsystems nutzt man bei Impfungen aus: Man konfrontiert das Immunsystem mit erregertypischen Antigenen in abgeschwächter Form (Tab. 24.2), damit ein Immungedächtnis aufgebaut wird, welches bei der Exposition mit dem virulenten Erreger vor der Erkrankung schützt. Dafür genügt ein Antigenkontakt in der Regel nicht, deshalb wird wiederholt immunisiert, und jedes Mal wird die Immunantwort effizienter (Tab. 24.3). Bei jeder adaptiven Immunantwort werden bei der klonalen Expansion und Differenzierung antigenspezifische Effektorzellen und Memoryzellen gebildet.

10.1 B-Zell-Gedächtnis

Bei den B-Zellen wird das Immungedächtnis sowohl durch langlebige Plasmazellen garantiert, die kontinuierlich spezifische Antikörper produzieren, als auch durch spezialisierte B-Memoryzellen (Abb. 10.1). Nach einer Immunantwort ist die Zahl antigenspezifischer Plasma- und B-Memoryzellen im Vergleich zu der Zahl naiver B-Zellen vor Antigenkontakt durch klonale Selektion und Expansion stark erhöht (Kap. 3). Man erkennt die Memoryzellen meist leicht an der Klasse ihres BCR (Membran-Ig), denn der Klassenwechsel vom IgM der naiven B-Zellen zu einer anderen Ig-Klasse erfolgt ja stets im Rahmen einer Immunreaktion. Außerdem haben die Antikörper der B-Memoryzellen im Durchschnitt eine höhere Affinität zu ihrem Antigen als die naiven B-Zellen (Kap. 6.2.1). Dies erklärt die veränderte Qualität der humoralen Gedächtnisantwort. Nicht alle B-Zellen wechseln bei einer Immunantwort ihre Ig-Klasse, es gibt auch IgM-positive Memoryzellen. Das B-Zell-Gedächtnis wirkt systemisch, denn die Antikörper verteilen sich unabhängig von ihrem Produktionsort im ganzen Organismus.

10.2 T-Zell-Gedächtnis

Die Expansion antigenspezifischer T-Zellen nach Antigenkontakt ist dramatisch. Auf dem Gipfel der Effektorphase nach einer Pockenimpfung waren 2–4 % aller $CD4^+$-T-Zellen und 5–15 % aller $CD8^+$-T-Zellen im peripheren Blut

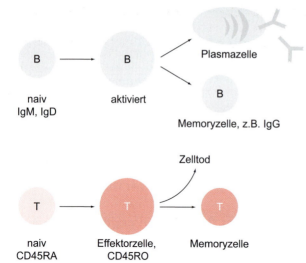

10.1 Entwicklung von Memoryzellen. Das Gedächtnis des humoralen Immunsystems wird einerseits durch langlebige Plasmazellen garantiert, andererseits durch B-Memoryzellen, die sich parallel zu den Plasmazellen aus aktivierten B-Zellen entwickeln. Bei den T-Zellen entwickelt sich ein Teil der Effektorzellen zu langlebigen Memoryzellen weiter. Die meisten sterben in der Phase der klonalen Kontraktion (Kap. 8).

für das Impfvirus Vaccinia spezifisch. Dies entspricht einer 200–10000fachen Vermehrung antigenspezifischer T-Zellen.

Frage: Wie bestimmt man die Zahl antigenspezifischer T-Zellen? Antwort in Kapitel 15.15

Drei Monate später hatten sich 5 % der $CD4^+$- und 3 % der $CD8^+$-Effektorzellen zu Memoryzellen weiterentwickelt, immer noch 10–300-mal mehr als vor dem Antigenkontakt. Es wird noch diskutiert, ob sich T-Memoryzellen auch direkt aus naiven T-Zellen bilden können (Abb. 10.1). Im Vergleich mit Effektorzellen sind Memoryzellen klein und verhalten sich funktionell weitgehend ruhig. Die einzelnen Klone sind über Jahre stabil. Wird das Immunsystem stark beansprucht, machen sich unterschiedliche spezifische T-Zellklone Konkurrenz, da die Gesamtzahl der Zellen nicht beliebig steigen kann (Kap. 11.2.2). Das kann sich sehr nachteilig auf eine spezifische Memoryfunktion auswirken (Abb. 10.2).

Memoryzellen lassen sich durch Antigen sehr viel leichter und schneller aktivieren als naive T-Zellen. Während T-Zellen nach ihrem ersten Antigenkontakt fast ausschließlich IL-2 sezernieren, sind Effektorzytokine wie IFNγ, IL-4, IL-5, IL-10, IL17 oder TGFβ charakteristisch für eine Gedächtnisantwort. Gedächtniszellen kann man auch daran erkennen, dass sie eine kürzere Spleißvariante von CD45 auf der Membran tragen, CD45RO, während naive T-Zellen durch die lange Form CD45RA charakterisiert sind. Mithilfe monoklonaler Antikörper kann man diese CD45-Varianten unterscheiden. Außerdem tragen T-Memoryzellen auf ihrer Oberfläche ein verändertes Spektrum von Adhäsionsmolekülen und Chemokinrezeptoren, so dass

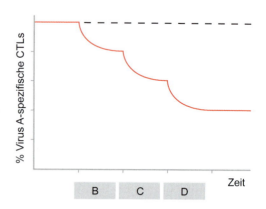

10.2 Klongröße bei häufigen Infektionen. Die Größe des Pools CD8+ Memoryzellen mit Spezifität für einen viralen Erreger A wird durch nachfolgende andere Infektionen (B, C, D) reduziert, da die Gesamtzellzahl gleich bleibt (Homöostase). Die gestrichelte Linie entspräche einem Leben ohne weitere Infektionen (das man im Mausexperiment garantieren kann).

sie nicht mehr bevorzugt die Lymphknoten aufsuchen, sondern in die peripheren Gewebe auswandern. Das tun sie besonders effizient, wenn dort eine Entzündungsreaktion abläuft. Treffen sie im Gewebe auf ihr Antigen, differenzieren sie sich sehr schnell wieder zu Effektorzellen. Dadurch, dass auch die T-Memoryzellen die Gewebe durchstreifen, wirkt das gesamte Immungedächtnis systemisch.

MEMO-BOX — **Die Phasen der adaptiven Immunantwort**

1. Antigenerkennung
2. klonale Expansion
3. Effektorphase
4. klonale Kontraktion
5. Memory

11 Wie vereinbart sich ein breites, zufällig entstandenes Antigenrezeptor-Repertoire mit immunologischer Selbsttoleranz?

Lange Zeit waren die meisten Immunologen der Überzeugung, dass eine gegen „Selbst" gerichtete Immunantwort prinzipiell unmöglich wäre. Vor diesem Hintergrund war die Entdeckung von Antikörpern gegen körpereigene Schilddrüsenantigene 1957 ein Meilenstein (Tab. 1). Sie veränderte die Konzepte von immunologischer Selbsttoleranz und stimulierte die Forschung zu diesem Thema. Selbsttoleranz ist ausschließlich ein Problem des adaptiven Immunsystems. Weil die TCRs und BCRs unabhängig vom Antigenkontakt durch einen zufallsgesteuerten Prozess entstehen (Kap. 3), gibt es keinen Zweifel, dass sich T-Zellen und B-Zellen entwickeln, welche körpereigene Antigene erkennen. Hätte die Antigenerkennung durch diese autoreaktiven T- und B-Zellen die gleichen Konsequenzen wie die Erkennung mikrobieller Antigene, wären selbstzerstörerische Autoimmunkrankheiten unausweichlich. Dies wird jedoch durch verschiedene Toleranzmechanismen verhindert, von denen einige bereits in die Entwicklung der T- und B-Zellen eingreifen – man spricht hier von **zentraler Toleranz** –, während die Mechanismen der **peripheren Toleranz** auf die reifen Zellen wirken. Selbsttoleranz des adaptiven Immunsystems ist nicht in den TCR- und BCR-Genen verankert, sie wird in der Auseinandersetzung des Immunsystems mit den Antigenen des Organismus erworben. Deshalb ist – anders als für die Erhaltung des Immungedächtnisses – für die Entstehung und für die Aufrechterhaltung immunologischer Toleranz gegen bestimme Antigene die kontinuierliche Anwesenheit dieser Antigene (bzw. Tolerogene) absolut notwendig.

11.1 Zentrale Toleranz

Die Mechanismen der zentralen Toleranz wirken auf die Entwicklung der Lymphozyten, bei B-Zellen im Knochenmark, bei T-Zellen im Thymus.

11.1.1 Die T-Zell-Entwicklung im Thymus

T-Zellen entwickeln sich im Thymus aus Vorläuferzellen, die aus dem Knochenmark stammen. Wenn diese in den Thymus einwandern, besitzen sie noch keinen T-Zell-Rezeptor, können also auch noch kein Antigen erkennen. Im Thymus wird nun der T-Zell-Rezeptor rekombiniert und exprimiert, so dass Milliarden von **Thymozyten** (das sind die unreifen T-Zellen) mit mehr als 10^6 verschiedenen Antigenspezifitäten entstehen. Von diesen verlassen jedoch nur 1–2 % den Thymus als reife T-Zellen, alle anderen sterben. Dahinter verbirgt sich ein „verschwenderischer"

Selektionsprozess. Der garantiert einerseits, dass keine T-Zellen den Thymus verlassen, die Komplexe aus körpereigenen MHC-Allelen mit körpereigenen Peptiden so stark binden, dass die reifen T-Zellen dadurch aktiviert würden. Andererseits müssen alle reifen T-Zellen eine minimale Bindungsstärke zu MHC-Molekülen aufweisen, damit sie erstens über ihren T-Zell-Rezeptor Überlebenssignale aufnehmen und zweitens Komplexe aus Fremdpeptiden mit Selbst-MHC-Allelen mit hoher Affinität binden können. Im Kontakt mit verschiedenen anderen Zelltypen des Thymus werden die Bindungseigenschaften der neu entstandenen TCRs an den lokal exprimierten MHC/Peptid-Komplexen getestet, während sich die Thymozyten in ihrem Reifungsprozess vom Thymuskortex in die Thymusmedulla bewegen. Im **Kortex** sind die APCs vor allem die kortikalen Thymusepithelzellen, die dort ein dichtes Netz bilden. In der **Medulla** gibt es ein breiteres Spektrum von APCs: medulläre Thymusepithelzellen, dendritische Zellen, Makrophagen und auch viele B-Zellen. Die Thymozyten suchen mit ihren TCRs die MHC/Peptid-Komplexe ab, die auf der Oberfläche dieser Zellen exprimiert werden, und reagieren darauf. Bleibt die Reaktion unterhalb einer bestimmten Schwelle, sterben die Thymozyten den Zelltod durch Vernachlässigung (Kap. 4.5). Durch diese **positive Selektion** – das Aktivierungssignal ist hier notwendig für das Überleben – wird eine minimale Affinität der TCRs reifer T-Zellen zu den MHC-Allelen des Organismus garantiert, die Vorraussetzung für die MHC-Restriktion der T-Zell-Antwort. Erreicht das Signal jedoch eine Stärke, die bei reifen T-Zellen zur Aktivierung führen würde, sterben Thymozyten ebenfalls. Dieser Prozess heißt **negative Selektion** und erfolgt durch aktivierungsinduzierte Apoptose, vermittelt durch Rezeptoren für das Todessignal TRAIL (Tab. 4.1). Nur Thymozyten mit einer mittleren Affinität für die im Thymus präsentierten Antigene überleben und verlassen den Thymus schließlich als reife naive T-Zellen. Seit kurzem kennt man noch einen vierten Weg. Starke Signale, die gerade noch keine Apoptose im Sinne der negativen Selektion induzieren, bewirken, dass sich die Thymozyten zu **„natürlichen" Treg** ($CD4^+25^+FoxP3^+$) entwickeln. Diese reagieren mit der Sekretion immunsuppressiver Zytokine, wenn sie in der Peripherie ihr Antigen

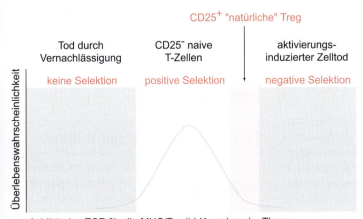

11.1 Nach dem Aviditätsmodell hängt das Schicksal der Thymozyten von der Bindungsstärke ihres TCR zu den im Thymus exprimierten MHC/Peptid-Komplexen ab. Dabei sind die Affinität zwischen TCR und MHC/Peptid-Komplex und die Expressionsdichte der Komplexe auf den APCs im Thymus wichtig. Nur in einem Bereich mittlerer Bindungsstärke überlebt ein größerer Anteil von Thymozyten. Diejenigen mit einer Avidität im oberen Bereich entwickeln sich zu Treg, welche suppressiv wirken, wenn sie als reife T-Zellen ihr Antigen erkennen. Dadurch erhöht sich die Trennschärfe des Systems.

wiederfinden. Dadurch, dass sich T-Zellen, welche durch ihre mäßig hohe Affinität zu Selbst-Antigenen gefährlich werden könnten, bevorzugt zu Immunsuppressoren entwickeln, erhöht sich die Trennschärfe des Systems zwischen dem mittleren Affinitätsbereich – der Überleben und Reifung signalisiert – und dem Bereich sehr hoher Affinität – der die Deletion autoreaktiver T-Zellen zur Folge hat (Abb. 11.1).

Welche Antigene werden nun im Thymus präsentiert und bilden damit die Grundlage der zentralen T-Zell-Toleranz? Zunächst einmal werden Epitope sämtlicher thymuseigenen Antigene von Thymusepithelien, dendritischen Zellen und Makrophagen präsentiert; darunter befinden sich auch viele im Organismus allgemein verbreitete Zellantigene. Dendritische Zellen nehmen außerdem kontinuierlich Antigene aus dem Extrazellulärraum auf, die zum Beispiel mit dem Blut in den Thymus transportiert werden. Allerdings sind verschiedene Gewebe natürlich durch ihre gewebstypischen Antigene charakterisiert: So wird zum Beispiel Insulin selektiv von den β-Zellen des Pankreas produziert, Melanin in Melanozyten, und MOG (myelin oligodendrocyte glycoprotein) in Oligodendrozyten. Erst seit einigen Jahren wissen wir, dass viele so genannte gewebespezifische Antigene auch im Thymus exprimiert werden. Medulläre Thymusepithelzellen besitzen einen speziellen Mechanismus, der es ihnen erlaubt, nach einem stochastischen Prinzip jeweils einige der gewebespezifischen Gene aberrant zu transkribieren, die Proteine zu exprimieren und sie den Thymozyten zu präsentieren.

Zum Abschluss dieses Abschnitts muss noch Folgendes betont werden: Die Thymozyten werden an **allen** Antigenen selektioniert, welche im Zeitraum ihrer Reifung im Thymus exprimiert werden. Sie können dabei nicht zwischen Selbst- und Fremd-Antigenen unterscheiden. Reifen sie also während einer Infektion, werden sie auch tolerant für den Infektionserreger. Da aber die Selbst-Antigene im Thymus immer vorhanden sind, während es sich bei den meisten Infektionen um vorübergehende Zustände handelt, wird die Selbst-Toleranz kontinuierlich erzeugt und aufrechterhalten, während die Tolerisierung gegen Infektionserreger nur die T-Zellen betrifft, die sich während der Infektion entwickeln. Die bereits vorher gereiften T-Zellen in der Peripherie können natürlich zur Bekämpfung der Infektion aktiviert werden.

11.1.2 Zentrale B-Zell-Toleranz im Knochenmark

Auch B-Zellen reagieren mit Toleranz, wenn sie während ihrer Reifung im Knochenmark auf Antigene treffen, die mit hoher Affinität an ihre BCRs binden. Diese können sich auf der Oberfläche von Zellen befinden, zum Beispiel auf Stromazellen des Knochenmarks, oder in löslicher Form mit dem Blut dorthin transportiert werden. Sobald eine B-Zelle einen reifen BCR auf ihrer Oberfläche exprimiert – dies ist immer IgM – prüft sie die Bindungsstärke dieses Rezeptors für die lokalen Antigene. Ist diese so hoch, dass die B-Zellen nach ihrer Reifung dadurch aktiviert würden, greifen verschiedene Toleranzmechanismen. Zunächst durchlaufen die reifenden B-Zellen eine Phase der **Rezeptoredition**, d.h. die B-Zelle kann bisher nicht genutzte V- und J-Elemente ihrer BCR-Gene ein weiteres Mal rekombinieren und dadurch die Antigenspezifität ihres BCR ändern. Trifft die B-Zelle in einem späteren Reifungsstadium auf ihr Antigen, tritt entweder **Deletion** durch Apoptose ein, oder die B-Zelle reguliert die Dichte ihrer BCRs auf ihrer Oberfläche so weit herunter, dass sie als reife B-Zelle in der Peripherie nicht mehr aktivierbar ist. Man spricht von **Rezeptormodulation**.

11.1.3 Zentrale NK-Zell-Toleranz

Zwar gehören NK-Zellen zum angeborenen Immunsystem, aber auch in ihrer Entwicklung werden Toleranzmechanismen wirksam, die ihre Rezeptorexpression betreffen. Auf NK-Zellen werden nicht alle inhibitorischen KIRs exprimiert, die im Genom kodiert sind (Kap. 2.3, F&Z 7). Die Expression der KIRs unterliegt in den reifenden Zellen offenbar einem zufallsgesteuerten Regulationsprozess, bei dem durch DNA-Methylierung bestimmte KIR-Gene dauerhaft epigenetisch abgeschaltet werden. Nur die NK-Zellen bekommen die Lizenz zur Reifung, deren inhibitorische KIRs jetzt noch ein Signal erhalten. Dadurch wird garantiert, dass jede reife NK-Zelle mindestens einen inhibitorischen KIR exprimiert, der an ein körpereigenes MHC-I-Allel binden kann. Diese vermitteln den reifen NK-Zellen nun hemmende Signale. Die Folge ist, dass Zellen, die sämtliche MHC-I-Allele in normaler Dichte auf ihrer Oberfläche exprimieren, alle NK-Zell-Klone inhibieren können, die in diesem Organismus gereift sind. Deshalb werden sie von den NK-Zellen nicht angegriffen.

Randbemerkung: Erythrozyten exprimieren bekanntlich keine MHC-Moleküle. Sie können deshalb NK-Zellen nicht inhibieren. Da sie sie aber auch nicht aktivieren können, werden sie durch NK-Zellen nicht lysiert (Kap. 2.3).

11.2 Periphere Toleranz

Auch wenn die zentralen Toleranzmechanismen viele autoreaktive T- und B-Zellen aus dem reifenden Repertoire herausfiltern, führen sie nicht zur Abwesenheit von Autoreaktivität im adaptiven Immunsystem. In jedem Organismus gibt es viele reife Lymphozyten, welche körpereigene Antigene mit hoher Affinität erkennen (z. B. Kap. 19.2). Trotzdem sind Autoimmunkrankheiten relativ selten, weil die Autoreaktivität in der Peripherie so reguliert wird, dass es in der Regel nicht zu destruktiven Immunantworten kommt. Zunächst werden die wichtigen Mechanismen der peripheren Toleranz für T-Zellen beschrieben.

11.2.1 Ignoranz

Oft nehmen die autoreaktiven T-Zellen ihre antigenen Epitope gar nicht wahr, zum Beispiel weil sie in immunprivilegierten Orten exprimiert werden oder weil sie nur in sehr geringer Dichte auf der Oberfläche der APCs präsent sind, die zur Aktivierung der T-Zellen nicht ausreicht. Wenn sie ihr Antigen ignorieren, bleiben die autoreaktiven T-Zellen in der Peripherie naiv.

Durch Erhöhung der Proteinexpression, wie sie z. B. bei Tumoren vorkommen kann (Kap. 9.8, 20.2), und/oder durch Änderungen der Antigenprozessierung, kann sich die Epitopdichte auf den APCs erhöhen. Dann werden diese naiven T-Zellen aktiv und reagieren mit einer primären Immunantwort.

11.2.2 Homöostatische Mechanismen

Die **Zahl der Zellen** des adaptiven Immunsystems wird – abgesehen von transienten Sollwertverstellungen bei Infektionen – in einem engen Rahmen **konstant** gehalten. Bei einer starken Verringerung der Lymphozytenpopulation, zum Beispiel nach zytostatischer Behandlung oder Bestrahlung, proliferieren die verbliebenen Zellen stark, um die Lymphozytenpools schnell wieder aufzufüllen. Dies erlaubt auch autoreaktiven Zellen, sich stärker zu vermehren. Der Proliferationsreiz senkt offenbar auch ihre Aktivierungsschwelle und erhöht das Risiko von Autoimmunkrankheiten. Daraus kann man umgekehrt folgern, dass die Mechanismen der Lymphozytenhomöostase, nämlich die Konkurrenz mit nicht autoreaktiven T-Zellen um limitierte physiologische Nischen, die Vermehrung und Aktivierung autoreaktiver T-Zellen begrenzt.

11.2.3 Deletion

Auch reife T-Zellen können auf einen sehr starken antigenen Reiz mit Apoptose reagieren. Dieser Mechanismus spielt eine große Rolle bei verschiedenen therapeutischen Strategien zur Induktion spezifischer Transplantattoleranz.

11.2.4 Anergie

Es ist in diesem Buch schon häufig angeklungen (z. B. Kap. 7.2), dass die Wahrnehmung von Antigen in T-Zellen sehr verschiedene Reaktionen auslösen kann. Während die Antigenerkennung durch den TCR der Hauptschalter für die T-Zell-Aktivierung ist, bestimmen kostimulatorische Signale aus ihrem Mikromi-

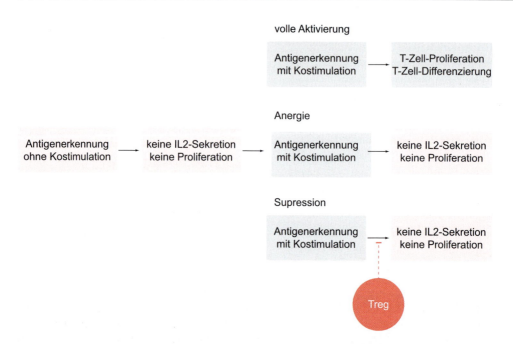

11.2 Antigenerkennung (1. Signal) mit Kostimulation (2. Signal) führt zu voller T-Zell-Aktivierung mit IL2-Sekretion und Proliferation. Antigenerkennung allein (nur 1. Signal) löst keine sichtbare Reaktion in den T-Zellen aus, aber die Zellen werden anerg, d. h. sie reagieren nicht mehr auf den vollen Stimulus (1. und 2. Signal). Anergie betrifft nur die stimulierte Zelle (intrinsisch). Von Suppression spricht man, wenn andere Zellen, Treg (extrinsisch), die Reaktion auf einen vollen Stimulus unterdrücken.

lieu den Modus der T-Zell-Antwort wesentlich mit. Aber auch die „individuelle Biographie" einer Zelle hat Einfluss: unreife T-Zellen, naive T-Zellen, differenzierte T-Effektor- und T-Memoryzellen reagieren jeweils verschieden auf die gleichen Signale.

Wie im Abschnitt 6.1.4 dargestellt, benötigen naive T-Zellen zu ihrer vollen Aktivierung neben der Antigenerkennung durch den TCR (erstes Signal) ein zweites kostimulatorisches Signal. Allerdings ist ein isoliertes erstes Signal, die Erkennung von Antigen, für T-Zellen nicht dasselbe wie Ignoranz, bei der die T-Zellen naiv bleiben. Dies zeigt das Schema in Abbildung 11.2. Die T-Zellen nehmen das erste Signal wahr, auch wenn sie sich dadurch allein nicht aktivieren lassen. Dies kann man zeigen, indem man versucht, sie nachfolgend durch einen vollen Stimulus (1. und 2. Signal) zu aktivieren. Die Zellen reagieren darauf nicht mehr; sie sind durch die erste unvollständige Aktivierung paralysiert worden. Man nennt diesen Toleranzmechanis-

mus Anergie. Anergie ist also eine mögliche Reaktion von T-Zellen auf einen antigenen Reiz (Abb. 11.2).

11.2.5 Suppression

Noch weitergehend als die Anergie wirkt die Suppression, da hier die toleranten T-Zellen Einfluss auf andere, potenziell reaktive T-Zellen nehmen und deren Aktivierung ebenfalls unterdrücken (Abb. 11.2). Im Gegensatz zu Ignoranz, Deletion und Anergie handelt es sich bei der Suppression um einen **aktiven Toleranzmechanismus**, der sich mit den suppressiven **Treg** auf nicht tolerante Organismen übertragen lässt (Kap. 16.2). Die Suppression involviert Zellkontakt und/oder die Sekretion regulatorischer Zytokine, besonders von IL10 und TGFβ. Regulatorische T-Zellen gehören der Population der $CD4^+$-T-Helferzellen an und können sowohl TH1- als auch TH2-Zellen inhibieren (Abb. 7.3). Wie im Kapitel 11.1.1 beschrieben, entsteht

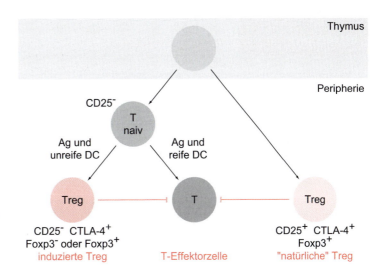

11.3 Die Entwicklung „natürlicher" und induzierter Treg im Thymus und in der Peripherie. Beide können Effektorzellen supprimieren.

eine Population **„natürlicher" Treg** (CD4$^+$25$^+$) direkt im Thymus. Sie machen in der Peripherie 5–10% der CD4$^+$-T-Zellen aus. Verschiedene Populationen **induzierter Treg** (CD4$^+$25$^-$) können sich unter bestimmten Bedingungen im Rahmen einer (tolerogenen) Immunantwort in der Peripherie entwickeln (Abb. 11.3). Unreife dendritische Zellen sowie die Zytokine IL10 und TGFβ geben ihnen dafür wichtige Signale.

Die (Wieder)entdeckung und Charakterisierung der T-Suppressorzellen hat bei den Immunologen intensive Forschungsaktivitäten ausgelöst. Denn die Balance zwischen der Aktivität von T-Effektorzellen und Treg ist oft entscheidend für den Ausgang einer Immunreaktion, so dass man sich von einem besseren Verständnis dieser Interaktion therapeutische Einflussmöglichkeiten auf chronische Infektionen und Tumoren auf der einen Seite, und auf Allergien, Autoimmunkrankheiten und Transplantatabstoßungsreaktionen auf der anderen Seite erhofft (Abb. 7.4).

autoreaktiven B-Zellen den Zugang zu den B-Zell-Follikeln der sekundären lymphatischen Organe. Außerhalb der B-Zell-Follikel jedoch sterben sie schnell. Aber die wichtigsten Garanten der peripheren B-Zell-Toleranz sind T-Zellen. **Autoreaktive B-Zellen bekommen keine T-Zell-Hilfe** (Kap. 7), da die autoreaktiven T-Zellen entweder deletiert wurden, anerg, supprimiert oder selbst suppressiv sind. T-Zell-Hilfe ist jedoch für die Aktivierung der meisten B-Zellen unverzichtbar. Ebenso ist sie essenziell für die Initiierung einer Keimzentrumsreaktion mit Klassenwechsel und somatischer Hypermutation, sowie für die positive Selektion der mutierten B-Zellen (Kap. 6.2.1). Ohne die stringente Kontrolle durch die T-Zellen wäre die somatische Hypermutation der Antikörpergene für den Organismus ein riskantes Unternehmen. Es ist deshalb bestimmt kein Zufall, dass T-Zellen ihre Antigenrezeptoren nicht hypermutieren.

11.2.6 Periphere B-Zell-Toleranz

Homöostatische Mechanismen wirken in der Peripherie auch auf B-Zellen und erschweren

MEMO-BOX

Immuntoleranz

1. Mechanismen der Immuntoleranz garantieren, dass das adaptive Immunsystem den Organismus nicht angreift.
2. Die Mechanismen der zentralen Toleranz wirken auf unreife T-, B- und NK-Zellen, die der peripheren Toleranz auf reife T- und B-Zellen.
3. Im Thymus werden reifende T-Zellen einer stringenten Selektion unterworfen, die einerseits garantiert, dass die reifen T-Zellen MHC-Moleküle binden (positive Selektion), andererseits verhindern, dass T-Zellen mit einer sehr hohen Affinität zu MHC/Selbst-Peptid-Komplexen reifen (negative Selektion).
4. Thymozyten mit einer mäßig hohen Affinität zu Autoantigenen entwickeln sich zu regulatorischen T-Zellen (Treg).
5. Zentrale B-Zell-Toleranz wird durch Rezeptoredition, Deletion oder Rezeptormodulation der B-Zellen garantiert, die eine hohe Affinität zu Autoantigenen besitzen.
6. Auch NK-Zellen sind in ihrer Reifung Toleranzmechanismen unterworfen.
7. Trotz der zentralen Toleranz reifen einige autoreaktive T- und B-Zellen und gelangen in die Peripherie.
8. Die Mechanismen der peripheren T-Zell-Toleranz sind
   - Ignoranz
   - homöostatische Mechanismen
   - Deletion
   - Anergie
   - Suppression
9. Die periphere B-Zell-Toleranz wird hauptsächlich durch die T-Zell-Toleranz garantiert, da die meisten B-Zellen auf T-Zell-Hilfe angewiesen sind.

Was passiert an den Grenzflächen? 12

Anderthalb Quadratmeter der Körperoberfläche bestehen aus Haut, der weitaus größte Teil aber aus Schleimhäuten. Die Schleimhäute kleiden die Atemwege, Drüsenausführungsgänge, z. B. Speicheldrüsen, Tränendrüsen oder Milchdrüsen, und den Urogenital- und Gastrointestinaltrakt aus. Haut und Schleimhäute sind von einem dichten Netzwerk dendritischer Zellen durchzogen. Eindringende Erreger, Fremdantigene oder Verletzungen werden sofort registriert. Die Hautbarriere wurde in Kapitel 1.3 besprochen. Die Induktion einer adaptiven Antwort erfolgt auch hier durch dendritische Zellen, die in der Haut Langerhans-Zellen heißen. Sie migrieren nach Antigenaufnahme in den nächsten Lymphknoten. Für die Migration benötigen sie autokrine IL1β-Signale und die Ligation ihrer TNFR-II (p75). Das TNF-Signal erzeugen umliegende Keratinozyten nach Stimulation durch IL1.

12.1 Das mukosale Immunsystem

Die meisten Schleimhautoberflächen sind dünne, einlagige Epithelzellschichten und fungieren als permeable Barrieren, da sie den Gasaustausch (Lunge), die Nahrungsresorption (Darm) und sensorische Funktionen (Auge, Nase, Mund) zu erfüllen haben. Es ist deshalb nicht verwunderlich, dass die meisten Infektionserreger über die Schleimhäute in den Organismus eindringen. Jede Schleimhaut besitzt ein spezielles Mikrokompartiment assoziierter lymphatischer Gewebe: zum Beispiel das **bronchusassoziierte** (*bronchus-associated lymphoid tissue*, **BALT**) und das **darmassoziierte** (*gut- associated lymphoid tissue*, **GALT**). Im Folgenden soll beispielhaft die Schleimhautimmunität am Darm beschrieben werden.

Die Darmschleimhaut besteht aus Falten (Plicae), Fältchen (Villi) und Mikrovilli. Daraus resultiert im Dünndarm eine Gesamtoberfläche von ca. 200 m^2. Die Epithelzellen (Enterozyten) sind untereinander mit *tight junctions* (bestehend aus Okkludinen) verbunden, wodurch ein dichter Verschluss garantiert wird. Das Schleimhautepithel ist ein hoch proliferatives Gewebe mit einem hohen Turnover. Zytostatika und Bestrahlungen haben deshalb auch vor allem Nebenwirkungen am Darm. Auch Durchblutungsstörungen haben hier verheerende Auswirkungen. Das Reparaturpotenzial ist aber beträchtlich. Am Kryptengrund zwischen den Villi sitzen die Stammzellen, die sofort für Nachschub an Epithelzellen sorgen und die Villi „von Grund auf" mit einer neuen Grenzschicht versorgen.

Die Schleimhaut des Darms besteht aus Epithelzellen, Becherzellen und M-Zellen. Die mit Mikrovilli besetzten Epithelzellen (**Enterozyten**) bilden das resorptive Darmepithel. Sie sind von einer dicken von den **Becherzellen** sezernierten Mukusschicht überzogen. Dazwischen finden sich Zellen ohne Mikrovilli, die aber eine basolaterale mikro-(M-)gefaltete Struktur haben, die **M-Zellen**. Sie produzieren keinen Schleim und sind nicht von einer Glykokalyx überzogen. Sie können endozytieren oder phagozytieren, transportieren das aufgenommene Material in Vesikeln zur Basalmembran und entlassen es in den Extrazellularraum (Transzytose). Viele enterale Erreger benutzen die M-Zellen als Eintrittspforte. Die M-Zellen sitzen vor allem über den

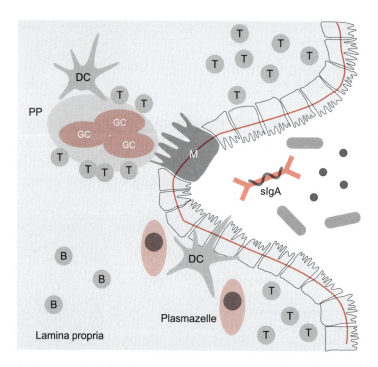

12.1 Grenzsicherung am Darm. Die Epithelzellen sind durch *tight junctions* verbunden. In und unter der Schleimhaut finden sich wesentlich mehr Zellen als hier abgebildet. Vor allem NKT-Zellen finden sich unter den vielen CD3$^+$-T-Zellen. Die mukosalen DCs können sogar das Darmlumen mit Ihren Fortsätzen eruieren. Unterhalb der M-Zellen (M) finden sich organisierte lymphoide Strukturen, die Peyer'schen Plaques (PPs).

sog. **Peyer'schen Plaques**, dem darmassoziierten Lymphgewebe. Daneben gibt es in der Lamina propria, dem Gewebe unter der Schleimhaut, auch isolierte Lymphfollikel. 80 % aller B-Zellen eines Menschen befinden sich in dieser Region. Die von den M-Zellen freigesetzten bakteriellen Antigene werden von den DCs in den Peyer'schen Plaques aufgenommen und den T-Zellen präsentiert. Dendritische Zellen können aber auch mit ihren Fortsätzen nach „außen" ragen und Antigene direkt aus dem Lumen aufnehmen (Abb. 12.1). Dabei produzieren sie *tight junctions* zu den benachbarten Epithelzellen, so dass die Barrierefunktion des Darmepithels nicht gestört wird. In der Lamina propria des Darms befinden sich vor allem Effektorzellen. Sie haben sich in den lymphatischen Geweben des Darms, der Atemwege oder des Genitaltraktes differenziert, wohin sie als naive Zellen gewandert sind, um nach Aktivierung und Lymphknotenpassage wieder in die Zirkulation zu wandern und sich ein zweites Mal, diesmal als Effektorzellen, in einem beliebigen mukosaassoziierten lymphoiden Gewebe (**MALT**) anzusiedeln. So wird garantiert, dass lokale Infektionen zu einem generalisierten Schutz **aller** Schleimhäute führen, zum Beispiel auch der laktierenden Mamma bei einer Mutter, die stillt. Die Zellen verlassen die Zirkulation in Schleimhautnähe, weil die Gefäße dort bestimmte Adhäsionsmoleküle (MAdCAM1) exprimieren. Gleichzeitig exprimieren die GALT-HEVs (GALT *high endothelial venules*) aber auch den Liganden (C6-kin) von CCR7, einem Chemokinrezeptor auf T- und B-Zellen (F&Z 6). Auch hier gilt also, dass ein lokales **Mikromilieu** zu speziellen Leistungen des Immunsystems führt.

12.1.1 Die Spezialtruppe der intraepithelialen Lymphozyten

Es war lange unbekannt, dass die so genannten intraepithelialen Lymphozyten (**IELs**) in ihrer Quantität den Epithelzellen kaum nachstehen. Das Verhältnis ist 1:10. Spezialisierte intraepitheliale T-Zellen (**NKT-Zellen**) erkennen gestresste, infizierte oder verletzte Epithelzellen an veränderten MHC-I-Molekülen (**MIC-A, MIC-B**, Kap. 2.2.4). NKT-Zellen exprimieren einen αβ-T-Zell-Rezeptor sowie einen aktivierenden NK-Zell-Rezeptor, mit dem sie gestresste oder infizierte Epithelzellen erkennen und danach sofort (leise, ohne Entzündung) in Apoptose schicken. Diese Zellen leisten einen wichtigen Beitrag zur Aufrechterhaltung der Integrität der Grenzschichten nach außen.

12.1.2 Sekretorisches IgA – eine leise Waffe

Die Stromazellen des GALT produzieren **TGFβ**. Somit ist erklärbar, warum IgA das dominierende Immunglobulin der Schleimhäute ist, denn TGFβ induziert einen Klassenwechsel zum IgA. Allerdings ist für die Produktion des sekretorischen IgA eine spezialisierte Plasmazelle erforderlich, die ein IgA-Dimer produziert, das durch eine J-Kette zusammengehalten wird. Polymeres IgA wird dann von einem dafür spezifischen Fc-Rezeptor, dem Poly-Ig-R (Tab. 7.2), auf der basolateralen Seite der Epithelzellen gebunden und durch die Zelle geschleust (Abb. 5.12). Das sekretorische IgA (sIgA) besitzt noch einen Rest dieses Poly-Ig-R, die so genannte sekretorische Komponente, da die IgA-Sekretion durch proteolytische Spaltung dieses Rezeptors auf der Oberfläche der Epithelzelle erfolgt. Auch für die B-Zellen gilt das Prinzip, dass eine lokale Infektion zu einer systemischen Sekretion von spezifischem sIgA auf allen Schleimhäuten des Organismus führt.

Die Wirkung des sIgA erschöpft sich in Neutralisation (Abb. 5.8), die jedoch effektiv z. B. vor eindringenden Viren schützt. Da kein Komplement aktiviert werden kann, gibt es auch keine Entzündungsreaktion. Diese „Einschränkung" ist von herausragender Bedeutung für die Erhaltung einer geschlossenen Epithelzellbarriere, die durch Entzündung gefährdet wird. Kürzlich wurde beschrieben, dass sIgA-Moleküle nicht nur eine nicht inflammatorische Neutralisation von Antigenen bewirken, sondern auch bereits eingedrungene Antigene „lautlos" wieder nach außen befördern (*clearance*-**Funktion**). Denn der Poly-Ig-R transportiert auch IgA-Immunkomplexe mit nicht degradiertem Antigen aus der Lamina propria ins apikale Darmlumen zurück (Abb. 5.12). Eine effektive stille *clearance* durch das erworbene Immunsystem ist also von großem Vorteil. Luminales sIgA verhindert auch die Translokation kommensaler Bakterien durch die Epithelschicht in den Organismus.

12.2 Orale Toleranz

Obwohl wir einer großen Vielfalt von Nahrungsmittelantigenen ausgesetzt sind, reagiert ein Gesunder darauf nicht mit einer spezifischen sIgA-Antwort. Dies steht zunächst im Widerspruch zum vorherigen Abschnitt, in dem die Generierung einer spezifischen sIgA-Antwort gegenüber Bakterien beschrieben wurde. Nahrungsmittel wie Proteine, Lipide oder Zuckerstrukturen werden von Enterozyten aufgenommen und in einem physiologischen Transportprogramm zur Basalmembran weitergeleitet. **Mukosale, unreife DCs** sind auf **Antiinflammation** geschaltet. Sie produzieren u. a. IL10, aber kein IL12. Offenbar stehen sie in diesem Mikromilieu **unter dem Einfluss von Enterozyten**. Diese produzieren einen löslichen Faktor (TSLP), den sie in ganz bestimmter Konzentration kontinuierlich freisetzen und der die mukosalen DCs zu nicht inflammatorischen DCs **konditioniert**.

Epithelzellen können aber auch selbst Antigene präsentieren. Sie gehören zu den so genannten nicht professionellen APC, da sie antigenpräsentierende Moleküle oder nicht klassische MHC-Klasse-IB-Moleküle (Kap. 2.2.4) exprimieren – allerdings **ohne** das Arsenal kostimulatorischer Moleküle. Es fehlen zum Beispiel CD80 und CD86 (Kap. 6.1.4 und 11.2.4). Dadurch werden die spezifischen T-Helferzellen in den Zustand einer **Anergie** versetzt. Unzureichende kostimulatorische Aktivität kann die spezifischen T-Zellen sogar in **Apoptose** schicken (Kap. 4.5), wodurch idealerweise die entsprechenden Spezifitäten des T-Zell-Repertoires selektiv reduziert werden. Einzeldosen hoher Antigenkonzentrationen (> 20 mg) verursachen im GALT **Deletion** oder **Anergie** (*high dose tolerance*). Wiederholte Einflutung niedriger Antigendosen (*low dose tolerance*) induziert regulatorische T-Zellen (Treg), d. h. eine **aktive Suppression**.

Alle drei Mechanismen führen zur oralen Toleranz. Allerdings sind Anergie und aktive Suppression prinzipiell reversibel, so dass diese Toleranz u. U wieder gebrochen werden kann.

Die aktive Suppression ist im Tierexperiment durch Zelltransfer übertragbar (was unglücklicherweise „infektiöse Toleranz" genannt wurde). Die dafür verantwortlichen Zellen sind CD4$^+$25$^+$ und sezernieren IL10. Es sind regulatorische T-Zellen (**Treg**): Nach einer antigenen Fütterung, z. B. mit Ovalbumin, finden sich in den Peyer'schen Plaques (Abb. 12.1) nach 24 Stunden spezifische, regulatorische T-Zellen, 4–7 Tage später beobachtet man sie auch in der Milz. Dies bedeutet, dass eine orale Toleranz innerhalb von 5–7 Tagen etabliert werden kann und dann systemisch wirksam wird. Hierin liegen natürlich große Hoffnungen für die Wiederherstellung einer spezifischen, lang anhaltenden Toleranz bei Autoimmunerkrankungen (Kap. 25.1) durch orale Verabreichung der relevanten Antigene, da die unvollständige Antigenpräsentation durch Enterozyten und DCs präferenziell regulatorische T-Zellen induziert. Hohe lokale Konzentrationen von IL10 und TGFβ verhindern volle TH1- und TH2-Effektorfunktionen. Mukosale DCs bleiben immatur (**iDC**) bzw. werden DCr. Allerdings sind diese Mechanismen der oralen Toleranz noch nicht vollständig aufgeklärt.

Lösliche Antigene können aber auch unter Umgehung von Phagozytose in den Kapillarstrom gelangen und über die Pfortader die Leber erreichen. Werden die Nahrungsbestandteile in die Leber geflutet, treffen sie auf **Lebersinusendothelzellen**. Auch diese präsentieren permanent anflutende Antigene in inkompletter Weise und erzeugen tolerogene Signale – ganz im Gegensatz zu den Kupffer'schen Sternzellen, die eine TH1-Antwort promovieren. Ganz offensichtlich gehört zur oralen Toleranz die Vermeidung von Inflammation (Abb. 12.2).

Orale Toleranzinduktion (Tab. 6.3) und **orale oder nasale Vakzinierung** (z. B. eine

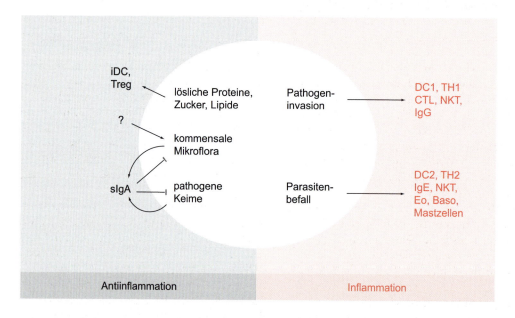

12.2 Hopp oder topp: Die Schleimhautbarriere im Darm. Eindringende Erreger treffen auf die systemische Immunabwehr. Nahrungsbestandteile werden „toleriert". Werden Erreger bereits außerhalb (im Darmlumen) durch sIgA neutralisiert, wird ebenfalls eine Entzündung vermieden. Wirtsproteine, die die kommensale Flora fördern, werden postuliert.

Schluckimpfung gegen Poliomyelitis) scheinen sich also auf den ersten Blick auszuschließen. Dass dem nicht so ist, findet sich in Kapitel 25.1.

Nahrungsmittelallergien sind ein Bruch der oralen Toleranz (Kap. 18.1.2 und 19.2).

12.3 Die Initiierung einer systemischen Infektabwehr

Was passiert aber, wenn Pathogene eindringen? Infiziert man sich beim Essen von Zitronencreme mit Salmonellen oder anderen enteralen Erregern, wird vor Ort im Darm eine erste Abwehr etabliert statt Toleranz zu üben. In diesem Falle muss das antiinflammatorische Milieu durchbrochen werden (Abb. 12.2). Entern pathogene Keime einen Organismus über die M-Zellen, gelangen sie sozusagen „von unten" an die **basolateralen** Regionen der Epithelzellschicht, die dort **TLRs** exprimiert. Die Bindung von pathogenassoziierten molekularen Mustern (PAMPs) an diese „Sensoren" (TLRs) veranlasst die Enterozyten, größere Mengen TSLP zu sezernieren. Hohe lokale Konzentrationen von TSLP induzieren in den konditionierten DCs die Sekretion von IL12 und damit die Initiierung einer proinflammatorischen TH1-Antwort. Werden Enterozyten infiziert, produzieren sie IL8, MCP1, MIP1α, RANTES (F&Z 6) und andere Chemokine, die sofort Entzündungszellen herbeirufen. Es beginnt ein Wettlauf mit der Zeit, bei dem sich entscheidet, ob eine Bakteriämie oder Virämie Platz greift oder nicht.

Manche Erreger besitzen ein sehr spezielles Ausbreitungsmuster. Bei Poliomyelitis z. B. werden sofort intestinale Neuronen infiziert. Nur eine effektive neutralisierende sIgA-Antwort schon auf der Schleimhaut ist deshalb lebensrettend. Durch Impfungen konnte die Kinderlähmung nahezu ausgerottet werden.

Viele Keime, wie das Poliomyelitisvirus, haben spezielle Strategien entwickelt, um in einem Säugetierorganismus Überlebensvorteile zu erlangen. Das wird in Kapitel 20.1 thematisiert.

Wenn auch in unseren Breitengraden selten, sollten doch Parasiten und vor allem Wurminfektionen nicht unerwähnt bleiben. Aus Abbildung 7.3 ist ersichtlich, dass der Organismus mit einer TH2-dominierten Antwort sehr erfolgreich spezielle Effektorfunktionen in Gang setzt (Abb. 5.21, 5.22). Wurmantigene werden über CD1-Moleküle vor allem auch NKT-Zellen präsentiert, die darauf auch mit IL4-Sekretion reagieren und dadurch eine TH2-Antwort einleiten.

Entzündung wird im Darm nur als Notbremse bei invasiven Keimattacken erforderlich. Das Risiko dabei ist die Störung der Epithelbarriere.

Aber noch eine Besonderheit gilt es zu verstehen: Wie unterscheidet das Immunsystem zwischen kommensalen und pathogenen Bakterien?

12.4 Die Rolle der kommensalen Darmflora

Ein gesunder Erwachsener beherbergt mehr als 1 kg Darmflora in Ileum und Kolon. Darunter sind ca. 400 verschiedene Spezies, die insgesamt eine Zellzahl von 10^{14}–10^{16} ausmachen. Wir brauchen diese intestinale Mikroflora zur Verdauung, aber vor allem zur Kompetition mit Pathogenen um Schleimhautbesiedlung und Nährstoffe. Häufige Antibiotikabehandlungen verursachen leider auch schwer wiegende Verluste der physiologischen Darmflora und gesundheitliche Beeinträchtigungen bis hin zur pathogenen Fehlbesiedlung.

Wie in einem Säugetierorganismus die kommensale Flora begünstigt wird, wissen wir noch nicht. Werden Versuchstiere aber keimfrei aufgezogen (und durch Kaiserschnitt entbunden), haben sie ein unterentwickeltes GALT, ein eingeschränktes Antikörperrepertoire und erniedrigte Serumspiegel aller Ig-Klassen im adulten Leben. Ein menschliches Neugeborenes beginnt mit der Aufnahme der Muttermilch sein Keimspektrum aufzubauen. Die Besiedlung des Darmes mit **Laktobazillen**, Gram-positiven **Bifidus-Bakte-**

rien und Gram-negativen **Bacteroidaceae** muss sehr schnell erfolgen. Wir werden noch lernen müssen, was häufige frühkindliche Antibiotikabehandlungen für Langzeitfolgen haben.

Mehr als 90 % der kommensalen Mikroflora lebt strikt anaerob. Sie kolonisiert die Schleimhautschicht **ohne** exponentielles Wachstum und invasive Potenzen. In welchen Situationen die eigene kommensale Mikroflora plötzlich gefährlich werden kann, findet sich im Kapitel 21.1. Normalerweise existiert mukosale Toleranz gegenüber der Bakterienflora im Darm. Wird diese Toleranz durchbrochen, entwickeln sich chronisch-entzündliche Darmerkrankungen. Offenbar ist es essenziell, ob ein Keim „vom Lumen her" erkannt wird (nicht inflammatorische so genannte TH2-Antwort) oder ob er nach Penetration „vom Gewebe her" die basolateralen TLRs erreicht. Eine frühe Infektion erzeugt zunächst eine TH2-Immunantwort, anhaltende Infektionen dann eine TH1-basierte Antwort. Die Enterozyten konditionieren dabei die DCs und deren Reaktionsprofil: entweder Krieg oder Frieden.

Nicht invasive, kommensale Bakterien erzeugen Toleranz, invasive Pathogene hingegen eine TH1-vermittelte Immunantwort.

Die konditionierten DCs nehmen regelmäßig aus dem Darmlumen kommensale Bakterien auf (Abb. 12.1) und bringen sie bis in die mesenterialen Lymphknoten (MLN, regional am Darm). Dort wird eine spezifische IgA-Antwort generiert (Abb. 7.3). Die Immunantwort bleibt auf die Schleimhäute begrenzt (Schleimhautimmunität), systemisch besteht nach wie vor Ignoranz. Nur wenn Keime die MLNs verlassen und sich systemisch ausbreiten (Kap. 21.1), wird eine systemische Immunantwort induziert.

MEMO-BOX — Schleimhautimmunität

1. Darmepithelzellen konditionieren beim Gesunden mukosale DCs zur Antiinflammation.
2. Es existiert lebenslange systemische Toleranz gegenüber löslichen Antigenen nach Antigenpräsentation durch unreife oder nicht professionelle APCs (orale Toleranz).
3. Die lokale Schleimhautimmunität wird von antientzündlichen sIgA-Antworten getragen.
4. Bei Invasion pathogener Keime wird eine systemische TH1-vermittelte Immunantwort induziert.
5. Die Wechselwirkungen zwischen kommensaler Bakterienflora und Wirt sind noch nicht vollständig aufgeklärt.

Wie kommen die Zellen zur richtigen Zeit an den richtigen Ort? 13

Das Immunsystem ist äußerst dynamisch, Immunzellen sind immer in Bewegung: Vom Knochenmark gelangen sie ins Blut, das sie aber meist sehr schnell wieder verlassen, um in Gewebe einzuwandern. Verschiedene Immunzellpopulationen steuern dabei spezifische Kompartimente an – in einem Prozess, den man als *homing* bezeichnet. Auch in den Geweben bleiben die Zellen mobil, was sich mit einer neuen Technik, der Multiphotonmikroskopie, sogar im lebenden Lymphknoten direkt beobachten lässt. Zeitrafferfilme dieser faszinierenden Vorgänge findet man inzwischen in vielen Onlinepublikationen[1]. Aus den Geweben gelangen Zellen des Immunsystems mit dem Lymphstrom durch die afferenten Lymphgefäße in die drainierenden Lymphknoten und können diese durch efferente Lymphgefäße wieder verlassen. Nach mehreren Lymphknotenstationen münden alle Lymphgefäße in den Ductus thoracicus, der sie schließlich in die Vena cava und damit wieder ins Blutgefäßsystem leitet.

13.1 Wege der Immunzellen durch den Organismus

Monozyten gelangen aus dem Knochenmark ins Blut und emigrieren durch Kapillarwände in die Gewebe, wo sie sich zu Makrophagen oder myeloiden DCs differenzieren und bleiben.[1]

93 % der Granulozyten befinden sich als Reserve im Knochenmark. Sie werden bei Entzündungen schnell ins Blut (Verweildauer dort maximal zehn Stunden) und von dort in die Gewebe gelockt. Hier führen sie ihre Effektorfunktionen aus und sterben.

Die meisten **dendritischen Zellen** verlassen den Blutstrom durch die Kapillaren, um in den Geweben, zum Beispiel der Haut und den Schleimhäuten, Antigene aufzunehmen. Von dort lösen sich regelmäßig einige von ihnen und migrieren mit dem Lymphstrom in die Lymphknoten. Dieser Prozess wird wesentlich intensiviert, wenn die dendritischen Zellen durch Kontakt mit PAMPs oder bei Entzündungen aktiviert werden.

Die Rezirkulation von **Lymphozyten** durch den Organismus soll am Beispiel der T-Zellen beschrieben werden. Wenn diese die Selektionsprozesse im Thymus überlebt haben, gelangen sie als **naive T-Zellen** ins Blut. Sie können das Blutgefäßsystem nur durch die Gefäßwände spezialisierter Venolen verlassen, die von einem kubischen Endothel ausgekleidet sind (*high endothelial venules*, HEV). HEV kommen unter physiologischen Bedingungen nur in sekundären lymphatischen Organen vor. So gelangen die T-Lymphozyten zum Beispiel in das T-Zell-Areal eines Lymphknotens. Suchen sie dort ihr Antigen vergeblich, verlassen sie den Lymphknoten innerhalb von zwölf Stunden durch ein efferentes Lymphgefäß und werden schließlich über den Ductus thoracicus wieder ins Blut geschwemmt. Der Zyklus beginnt von neuem. Sobald eine naive T-Zelle jedoch im Lymphknoten ihr Antigen findet, wird sie aktiviert: Sie teilt sich und der entstehende Klon differenziert sich zu **Effektorzellen**. Diese verlassen den Lymphknoten durch das efferente Lymph-

---

[1] z.B. Catron, D., A. Itano, K. Pape, D. Mueller, and M. Jenkins. 2004. Visualizing the first 50 hr of the primary immune response to a soluble antigen. Immunity 21:341-347. Filme unter: http://www.immunity.com/cgi/content/full/21/3/341/DC1

gefäß und gelangen über den Ductus thoracicus ins Blut. Durch ihre Differenzierung erwerben T-Effektorzellen die Fähigkeit, das Blutgefäßsystem durch die Kapillaren zu verlassen und in die peripheren Gewebe einzuwandern. Interessanterweise streben T-Zellen, welche ihr Antigen in einem Lymphknoten erkannt haben, der die Haut drainiert, bevorzugt in die Haut; T-Zellen, welche sich in einem mesenterialen Lymphknoten differenziert haben, migrieren dagegen vor allem in die Schleimhäute. Dieses *homing* erhöht die Wahrscheinlichkeit, dass die T-Effektorzellen in den peripheren Geweben ihr Antigen wiederfinden. Ist dies der Fall, erfüllen sie ihre Effektoraufgaben. Mit dem Lymphstrom gelangen sie schließlich in die Lymphknoten zurück. Einige T-Effektorzellen differenzieren sich weiter zu **Memory**zellen, die entweder bevorzugt Lymphknoten (*central memory cells*) oder periphere Gewebe (*peripheral memory cells*) ansteuern.

13.2 Postleitzahlen – oder die molekularen Grundlagen des homing

Durch die Beobachtung lebender Zellen mithilfe der Intravitalmikroskopie weiß man, dass die Emigration von Immunzellen aus dem Gefäßsystem in vier Schritten erfolgt: **Rollen, Aktivierung, feste Adhäsion** und **Diapedese** (Abb. 13.1). Verschiedene Molekülfamilien leiten die einzelnen Schritte. **Selektine** (*selective lectins*) **und ihre Liganden**, komplexe Kohlenhydratstrukturen, vermitteln zunächst eine lockere Haftung zwischen den Immunzellen und den Endothelzellen der Kapillaren (bzw. der HEV, F&Z 4). Unter den Scherkräften des Blutstroms werden laufend Bindungen geknüpft und wieder gelöst, und die Zellen rollen auf dem Endothel entlang als wären sie plötzlich klebrig.

Werden die Zellen während des Rollens auf dem Endothel durch **Chemokine** (F&Z 6) aktiviert, kommt eine weitere Familie von Adhäsionsmolekülen ins Spiel: die **Integrine**. Integrine sind heterodimere Adhäsionsmoleküle, bestehend aus einer von 18 bekannten α-Ketten und einer von acht β-Ketten. Insgesamt gibt es 24 Integrine, welche die Adhäsion zwischen Zellen bzw. zwischen Zellen und extrazellulärer Matrix vermitteln (Abb. 13.2).

Einzigartig für Integrine ist ihre Fähigkeit, in Antwort auf ein Chemokinsignal die Konformation zu ändern und dadurch die Affinität zu ihren Liganden auf den Endothelzellen stark zu erhöhen (***inside-out signalling***). Die Bindungen widerstehen jetzt den Scherkräften, die Immunzellen kommen zum Stillstand und haften fest. Es folgt die Diapedese durch das Endothel. Die molekularen Grundlagen sind hier noch nicht bekannt. Im Gewebe bewegen sich die Immunzellen entweder zufallsgesteuert (*random walk*) oder sie folgen den Gradienten chemotaktischer Substanzen. Solche Gradienten entstehen durch die Bindung sezernierter Chemokine an die extrazelluläre Matrix. In der Nähe der Produzenten ist die Chemokindichte am höchsten.

Jede Zelle „weiß", wo sie das Blutgefäßsystem verlassen soll, zum Beispiel steuern IgA^+-B-Zellen die Schleimhäute an (Kap. 12.1.2). Dieses *homing* wurde mit der Briefzustellung anhand eines dreistelligen Postleitzahlensystems verglichen: Die Evasion von Immunzellen kann

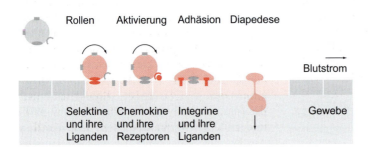

13.1 *Homing*: Rollen, Aktivierung, feste Adhäsion und Diapedese sind die Schritte der Extravasation von Immunzellen. Selektine und ihre Liganden, Chemokine und Integrine leiten sie dabei (jeweils rot hervorgehoben).

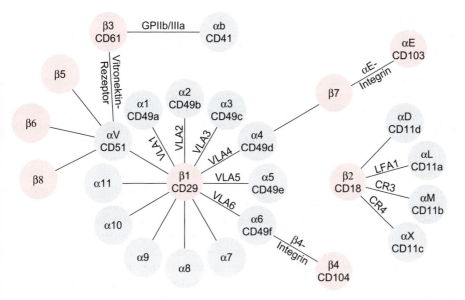

13.2 Die 24 bekannten Integrine bestehen jeweils aus einer von 18 α-Ketten und einer von acht β-Ketten. Sie vermitteln den Kontakt zwischen Zellen und die Adhäsion von Zellen an extrazelluläre Matrixproteine. Anhand ihrer CD-Nummern lassen sich aus F&Z 2 für die Integrine mit bekannter Funktion im Immunsystem die exprimierenden Zelltypen, ihre Liganden und ihre Funktionen ermitteln.

nur erfolgen, wenn Immunzelle und Endothel sequenziell die passenden Selektine/Selektinliganden (erste Ziffer der Postleitzahl), Chemokine/Chemokinrezeptoren (zweite Ziffer der Postleitzahl) und Integrine/Integrinliganden (dritte Ziffer der Postleitzahl) aufweisen. Ein Beispiel: Naive T-Zellen exprimieren L-Selektin (CD62L) in hoher Dichte auf ihrer Oberfläche. Dessen Ligand PNAD (*peripheral node addressin*) findet sich nur auf den HEV der Lymphknoten. Die T-Zellen werden dort gebremst und rollen auf dem kubischen Epithel entlang. Da sie auch CCR7-Chemokinrezeptoren besitzen, erhalten sie dort Aktivierungssignale durch die Chemokine CCL21, das von HEV konstitutiv exprimiert wird, und CCL19, das von anderen Lymphknotenzellen stammt und zu den HEV transportiert wird. Dadurch wird die Konformation des Integrins LFA1 (CD11a/CD18) auf den T-Zellen verändert, und eine hoch affine Interaktion mit dessen Liganden ICAM1 und ICAM2 arretiert die T-Zellen auf den HEV. Es folgt die Diapedese in das T-Zell-Areal des Lymphknotens.

Die Expression aller genannten Molekülfamilien wird auf Immun- und Endothelzellen differenziell reguliert. Bei einer Entzündung zum Beispiel induzieren inflammatorische Zytokine Adhäsionsmoleküle und Chemokine auf Endothelzellen (Kap. 6.1), so dass mehr Zellen aus dem Blut in den Entzündungsherd rekrutiert werden. (Kap. 7.4, Abb. 7.8, 7.9).

13.3 Treffen im Gewimmel

Damit eine Antikörperantwort angestoßen wird, müssen spezifische T- und B-Zellen zusammen auf ihr Antigen treffen. Dies ist nicht trivial, wenn man weiß, dass nur etwa eine von 10^5 naiven T-Zellen ein bestimmtes antigenes Peptidepitop (natürlich präsentiert auf dem passenden MHC-Allel) binden kann. Die Lösung liegt in der Organisation der **sekundären lymphatischen Organe**. Diese sind die „Konferenzräume" des Immunsystems und werden von naiven T- und B-Zellen regelmäßig aufgesucht. Dorthin transportieren auch dendritische Zellen Antigen aus den Geweben, um es den T-Zellen zu präsentieren, während in den B-Zell-Follikeln follikuläre dendritische Zellen lösliches Antigen bzw. Immunkomplexe für die B-Zellen festhalten. Nehmen wir als Beispiel einen Lymphknoten. Die antigenbeladenen **dendritischen Zellen** migrieren dorthin mit dem Lymphstrom, während die naiven T-Zellen und B-Zellen durch die HEV aus dem Blut hineingelangen. Sie alle werden dabei durch Signale über den Chemokinrezeptor **CCR7** geleitet. **Naive B-Zellen** exprimieren außerdem **CXCR5** und folgen deshalb im Lymphknoten einem **CXCL13**-Gradienten in die B-Zell-Follikel. Denn dort wird dieses Chemokin von Stromazellen sezerniert. Innerhalb der B-Zell-Follikel bewegen sich die B-Zellen ungerichtet und tasten die follikulären dendritischen Zellen ab. Stoßen sie dabei auf ihr Antigen, werden sie aktiviert, nehmen es auf und prozessieren es zur Präsentation für T-Zellen. Gleichzeitig erhöhen sie die Expression von **CCR7**, dessen Liganden **CCL19** und **CCL21** besonders hohe Konzentrationen in den T-Zell-Arealen erreichen. Die B-Zellen setzen sich nun in Richtung auf die T-Zell-Areale in Bewegung. **Naive T-Zellen** exprimieren kein **CXCR5** und bleiben deshalb in den T-Zell-Arealen, die auch von den dendritischen Zellen angesteuert werden. Dort wandern die T-Zellen ungerichtet umher und treten dabei nacheinander kurz in Kontakt mit vielen dendritischen Zellen, die sie nach dem passenden Antigen absuchen. Sobald sie ihr Antigen erkannt haben, intensivieren die T-Zellen den Kontakt mit der dendritischen Zelle und adhärieren kurzzeitig. Sie teilen und differenzieren sich nun und exprimieren vorübergehend **CXCR5**, um sich in Richtung auf die B-Zell-Follikel in Gang zu setzen. In der Randzone der B-Zell-Follikel treffen sich nun die antigenerfahrenen T- und B-Zellen. Handelt es sich um dasselbe Antigen, wird die **B-Zelle** auf ihrer Oberfläche die passenden T-Zell-Epitope exprimieren und die T-Zelle zur Hilfe stimulieren (Abb. 6.3). Eine **Keimzentrumsreaktion** kommt in Gang (Kap. 6.2.1). (Es gibt einen schönen Film, der diese Vorgänge im Lymphknoten anschaulich macht; vgl. Fußnote auf Seite 113). Lymphozyten, welche ihr Antigen nicht finden, verlassen den Lymphknoten nach einiger Zeit durch das efferente Lymphgefäß. Bei einer Entzündung allerdings wird ihnen dieser Ausgang einige Stunden versperrt, während sich der Zustrom von Zellen durch die **HEV** vervielfacht. Dies erhöht die Chance, dass Lymphozyten mit Spezifität für das entzündungsauslösende Antigen dieses tatsächlich im drainierenden Lymphknoten finden. Einige Tage später kommt es zu einem vermehrten Ausstrom von Lymphozyten aus den Lymphknoten ins Blut: Die inzwischen differenzierten antigenspezifischen Effektorzellen schwärmen auf der Suche nach ihrem Antigen in die Gewebe aus.

MEMO-BOX *Homing*

1. Die Zellen des Immunsystems sind immer in Bewegung.
2. Mit *homing* bezeichnet man die Emigration von Zellen aus den Gefäßen in bestimmte Gewebe und das Verbleiben an der richtigen „Adresse".
3. *Homing* wird durch die sequenzielle Interaktion von drei Typen von Rezeptor/Liganden-Paaren auf Immunzellen und Gefäßendothelien bewirkt: Selektinen, Chemokinen und Integrinen und ihren jeweiligen Rezeptoren.

Antigenspezifische Interaktion von T- und B-Zellen im Lymphknoten
1. Naive T-Zellen erkennen ihr Antigen auf DCs in den T-Zell-Arealen des Lymphknotens. Sie werden dadurch aktiviert und migrieren zu den Rändern des B-Zell-Follikels.
2. Naive B-Zellen finden ihr Antigen auf den follikulären DCs im B-Zell-Follikel. Sie nehmen es auf, prozessieren es und migrieren in Richtung auf die T-Zell-Zone.
3. An der Grenze zwischen T-Zell-Areal und B-Zell-Follikel treffen sich die aktivierten T- und B-Zellen. Wenn die B-Zellen den T-Zellen ihr Epitop präsentieren können, leisten diese ihnen T-Zell-Hilfe. Eine Keimzentrumsreaktion kommt in Gang.

14 Die Funktionen des Immunsystems in der Übersicht

Hier lassen wir noch einmal Revue passieren, was in den Kapiteln über die Physiologie der Immunantworten ausgeführt wurde.

Dabei fällt auf, dass keineswegs nur die Abwehr von Infektionserregern, d. h. die Aufrechterhaltung der Integrität eines Individuums, zu den Aufgaben eines regelrecht funktionierenden Immunsystems gehört.

Die Gesundheit eines Lebewesens hängt entscheidend davon ab, ob Zellerneuerung und Zelluntergang im physiologischen Gleichgewicht sind. Die abgestorbenen Zellen müssen „entsorgt" werden. Diese wichtige Aufgabe erledigen die Phagozyten.

Für die Infektabwehr ist die große Heterogenität der TCRs und BCRs auch gegenüber Erregern, die in Zukunft Humanpathogenität erlangen werden, ein Selektionsvorteil. Parallel dazu müssen Toleranzmechanismen gegenüber Autoantigenen etabliert werden, um das Überleben eines Individuums zu garantieren. Die hohe Antigenrezeptor-Diversität eines Individuums wird durch die Diversität der Histokompatibilitätsantigene auf Populationsebene weiter vergrößert, denn die MHC-Allele eines Individuums präsentieren den T-Zellen ein individualisiertes Peptidspektrum und induzieren deshalb jeweils individuelle Immunantworten. (Kap. 2.2). So haben bei neu auftretenden Pathogenen immer einige Vertreter einer Spezies einen Überlebensvorteil. Für das Überleben einer Spezies ist das essenziell, für einzelne Individuen aber u. U. ein Nachteil.

Die Aufrechterhaltung dieser Diversität wird über die Induktion einer mütterlichen Immunantwort gegen väterliche Antigene für eine erfolgreiche Reproduktion geregelt. Das mütterliche Immunsystem muss eine aktive fötale Wachstumsbeförderung leisten, z. B. durch GM-CSF (Kap. 9.7). Je fremder die väterlichen Antigene, desto immunogener sind sie. Diese immunologisch bedingte natürliche Selektion wird durch olfaktorische Paarungspräferenzen psychobiologisch verstärkt: HLA-gekoppelte Geruchssignale ermöglichen unbewusst Verwandtschaftserkennung. Jeder weiß darüber hinaus, was es bedeutet, wenn man „jemanden nicht riechen" kann. Alle MHC-Gene machen beim Menschen immerhin 1 % aller genetischen Informationen aus!

Die induzierbare Produktion von Wachstumsfaktoren gehört zu den zentralen Aufgaben des Immunsystems. Die Wachstumsförderung betrifft nicht nur die klonale Expansion von Immunzellen oder Gewebereparatur, sondern eben auch die des Föten im Uterus. Dazu ist simultan wiederum lokale Immunsuppression von Effektorfunktionen (Toleranz) vonnöten. Schließlich leistet das Immunsystem durch den konzertierten Abbruch dieser suppressorischen Leistung einen Beitrag zur Geburtseinleitung.

Angeborene und erworbene Immundefekte können alle diese Funktionen betreffen. Zusätzlich können viele Infektionserreger oder zum Beispiel auch Tumoren sozusagen in Eigenleistung eine „Umschaltung" der Immunantwort von zytotoxischen Effektorfunktionen auf Toleranz oder Wachstumsförderung bewirken. Diesen Tatbeständen sind die Kapitel 17 bis 22 gewidmet. Viele dieser Beispiele zeigen, dass Leistungen von Immunzellen entscheidend vom umgebenden Mikromilieu beeinflusst oder induziert werden. Sie zeigen aber auch, dass die induzierten Zellfunktionen entscheidend mehr bewirken können als Fremd-Abwehr und viele physiologische Aufgaben außerhalb des Immunsystems bewerkstelligen. Auf diesem Gebiet sind unsere Kenntnisse noch immer rudimentär.

MEMO-BOX — **Die biologische Bedeutung des Immunsystems**

1. Aufrechterhaltung der Integrität eines Individuums: Elimination der endogen anfallenden Zelltrümmer, Elimination von exogenen körperfremden Strukturen (Antigenen), Pathogenabwehr, Selbst-Toleranz, Nahrungsmitteltoleranz, Gewebereparatur, Wundheilung

2. Sicherung der Reproduktion: Förderung des fötalen Wachstums, lokale Toleranz, termingerechte Rejektion (Geburt)

3. Sicherung der genetischen Diversität innerhalb einer Spezies: immunologische und olfaktorische MHC-Selektion

IMMUNOLOGISCHE ARBEITSTECHNIKEN AUF EINEN BLICK

In vitro-Methoden

Antikörper werden auch als „Handwerkzeuge" benutzt und dafür gezielt hergestellt. Nach einer Immunisierung finden sich im Serum der immunisierten Tiere (meist Kaninchen) spezifische Antikörper. Welchen Anteil am Gesamtimmunglobulingehalt diese ausmachen, kann man indirekt durch die größtmögliche Verdünnung (den Titer) bei Benutzung feststellen. Ob das Antiserum für den Nachweis eines Antigens in einem *in vitro*-Test benutzbar ist, hängt entscheidend davon ab, wie viele der spezifischen oder nicht relevanten Antikörper mit anderen Bestandteilen der vermeintlich antigenhaltigen Lösung kreuzreagieren. Auch unterscheidet sich die Qualität polyklonaler Antiseren von Kaninchen zu Kaninchen. Dennoch kann man seit über einem Jahrhundert (Tab. 1) mithilfe von Antiseren Proteine quantifizieren bzw. mithilfe von Antigenen Antikörpertiter bestimmen.

15.1 Quantitative Immunpräzipitation

Diese Methode wird zum Nachweis von Antigen genutzt. Präzipitierende Antikörper (Abb. 5.13) können mit Antigenen Immunkomplexe bilden, die entweder ausfallen oder lösliche Komplexe formen, die durch Trübungsmessung (Immunnephelometrie) detektierbar sind. Unter Nutzung gereinigter Antigenstandards wird eine Eichkurve (Heidelberger Kurve, Tab. 1) erstellt, mit deren Hilfe auf die Antigenkonzentration in der Probe geschlossen werden kann, wenn man sich mit der gewählten Verdünnung im Äquivalenzbereich befindet.

15.2 Agglutinationstests

In der Blutgruppenserologie werden solche Tests seit 80 Jahren eingesetzt (Tab. 1). Der **Coombs-Test** wird genutzt, um **Isohämagglutinine**, d. h. Anti-A- oder Anti-B-Antikörper, die gegen Blutgruppenantigene im AB0-System reagieren, zu detektieren (Abb. 15.1). Unter Nutzung von Erythrozyten der Blutgruppe A lassen sich Anti-A-spezifische Isohämagglutinine (IgM-Antikörper) im Patientenserum nachweisen, weil das Serum die Erythrozyten agglutiniert (verklumpt) (Abb. 5.14). Ein indirekter Coombs-Test muss eingesetzt werden, wenn nicht agglutinierende Anti-Rh-Antikörper (IgG) gesucht werden. Nach Inkubation Rh-positiver Erythrozyten mit dem Patientenserum, dem „Auswaschen" (Abzentrifugieren) nicht gebundener Proteine, wird ein Anti-Human-IgG-Antiserum vom Kaninchen hinzugegeben, das zur Agglutination führt, falls Anti-Rh-Antikörper im Testserum waren.

Frage: Was sind Isohämagglutinine? Wieso hat jeder Gesunde mit der Blutgruppe B Anti-A-Antikörper? Antwort in Kapitel 6.2 und 23.2

15.3 Herstellung monoklonaler Antikörper

Spätestens bei dem Versuch, Antiseren gegen menschliche Blutzellpopulationen herzustellen, war man an die Grenzen der Verwendbarkeit spezifischer Antiseren gelangt. Die Oberflächen der Immunzellen tragen zum größten Teil uni-

Empfängerserum Isohämagglutinine (Blutgruppe)		Erythrozyten Spenderblutgruppe			
		A	B	AB	0
(A)	anti-B	○	●	●	○
(B)	anti-A	●	○	●	○
(AB)	–	○	○	○	○
(0)	anti-A anti-B	●	●	●	○

15.1 Coombs-Test zum Nachweis von Isohämagglutininen. Als Kreuzprobe wird der Test vor jeder Bluttransfusion durchgeführt.

forme, gemeinsame Oberflächenmoleküle. Die wenigen populationsspezifischen Unterschiede gingen in der überragenden Mehrheit von Antikörperspezifitäten unter, die gegen ubiquitäre Strukturen gerichtet waren, selbst wenn man mit isolierten Zellen immunisiert hatte. Die Isolation der gewünschten Antikörperspezifitäten aus einem Antiserum durch Immunadsorption (Kap. 15.8) gelang nicht, da die kreuzreagierenden Spezifitäten dominieren und am Ende „nichts" übrig blieb.

Georges Köhler und Cesar Milstein (Tab. 1) nutzten unter Kenntnis der Klonalität der Antikörperspezifität die alte Methode der **Zellfusion**. Ziel war die Herstellung monoklonaler Antikörper, d. h. von Antikörpern mit einer Spezifität (aus einem Klon).

Ein Beispiel: Ziel ist die Herstellung eines monoklonalen Antikörpers, der sich nur an Monozyten und keine anderen Blutzellen bindet, d. h. der monozytenspezifisch ist. Zunächst werden Mäuse (wir brauchen keine großen Mengen Antiserum) mit dem Antigen, humanen Monozyten, immunisiert. Wenn im Mausserum Antikörper detektierbar werden, die an menschliche Monozyten binden, wird die Milz entnommen (Abb. 15.2). In der Milzzellsuspension müssen sich unter Millionen antikörperproduzierender Zellen auch jene befinden, die die erhofften Spezifitäten produzieren.

Wie kommt man zu den gewünschten Antikörpern?

Selbst wenn man den oder die **Klone** finden würde, sie würden *in vitro* auch bei besten Kulturbedingungen maximal 14 Tage überleben. Die Idee der Nobelpreisträger war, sie zu **immortalisieren**. Durch Fusion mit Tumorzellen (in der Regel Mausmyelomzellen ohne eigene Antikörperproduktion, aber mit einem Enzymdefekt, den man sich zunutze macht) erlangen die Milzzellen als **Hybridomzellen** diese Qualität. Bei der Zellfusion muss man chemisch (Polyäthylenglykol) oder physikalisch (Elektroporation) die negativen Oberflächenladungen der Zellen senken, um eine Verschmelzung zu ermöglichen. Damit die Hybridomzellen nicht von nicht fusionierten Tumorzellen überwuchert werden, wählt man Myelomzellen mit einem Enzymdefekt. Der Enzymdefekt betrifft z. B. **Hypoxanthin-Guanin-Phosphoribosyltransferase (HGPRT)**. HGPRT ermöglicht einen Ersatzsyntheseweg für die DNA-Synthese, wenn Aminopterin diese blockiert. Für den neuen Syntheseweg nach Blockade mit Aminopterin werden dem Selektionsmedium neben **A**minopterin, **H**ypoxanthin und **T**hymidin (**HAT-Medium**) zugesetzt. Dadurch sterben nicht fusionierte HGPRT-negative Tumorzellen ab, die HGPRT$^+$-Hybridome aber überleben, denn die B-Zellen besitzen das Enzym (Abb. 15.3). Jetzt hat man eine Hybridomzellsuspension mit allen möglichen verschiedenen Klonen. Die Zellen kann man einzeln in die Kavitäten einer Mikrotiterplatte einsäen (Grenzverdünnung), wo sie dank der Immortalisierung

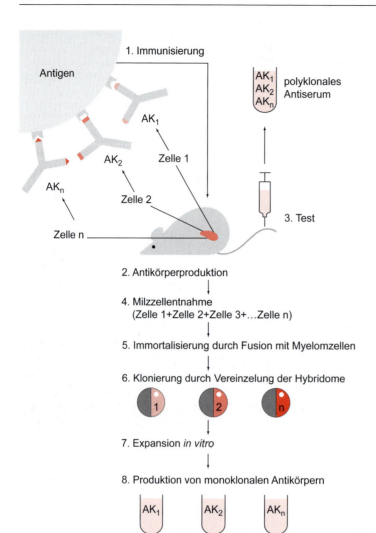

15.2 Herstellung monoklonaler Antikörper. Durch die Immortalisierung kommt es, anders als bei normalen B-Zellen (Abb. 3.1), ohne Antigenstimulation zur klonalen Proliferation.

zu Klonen heranwachsen, bei denen alle Zellen das gleiche, molekular identische Ig produzieren: monoklonale Antikörper. Da einzelne Zellen schlecht wachsen, gibt man ihnen zunächst *feeder cells* (Makrophagen) in die Isolierhaltung.

Die Makrophagen sezernieren Wachstumsfaktoren und schaffen ein zelluläres Milieu, in dem eine Einzelzelle überleben und proliferieren kann. In den Mikrotiterplatten prüft man zunächst, ob die Hybridome IgG in den Kulturüberstand sezernieren (ELISA, Kap. 15.5). Von allen nicht produzierenden Klonen kann man sich trennen. Je eher man mit geeigneten Methoden nach der gewünschten Spezifität fahndet und erfolgreich ist, desto eher kann man das aufwändige Testverfahren beenden. Im obigen Falle wird man nach Antikörpern fahnden, die sich nicht an Erythrozyten, T-Zellen, B-Zellen, NK-Zellen, Granulozyten binden, sondern nur an Monozyten – hier möglichst an alle. Heute wissen wir, dass auf diese Art und Weise Anti-CD14-Antikörper generiert wurden. Es gibt inzwischen viele verschiedene, die unterschiedliche Epitopspezifitäten haben.

Die wertvollen Hybridome werden in **flüssigem Stickstoff** tieftemperaturkonserviert (–196°C) und sind so jederzeit zur Produktion des selektierten monoklonalen Antikörpers in beliebiger Menge (z. B. in einem 700 l-Fermenter) verfüg-

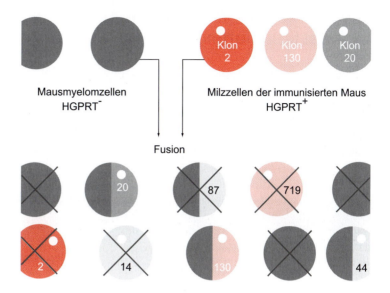

15.3 Immortalisierung antikörperproduzierender Milzzellen. Nur Hybridome, die HGPRT-positiv (o) sind, überleben im HAT-Medium (siehe Text). Die Nummern repräsentieren Antikörperspezifitäten aus den ca. 10^6 möglichen in einer Milzzellpopulation der Maus.

bar. Der Unterschied zu einem Antiserum wird in Abbildung 15.4 noch einmal verdeutlicht.

Erst die Herstellung monoklonaler Antikörper ermöglichte die Phänotypisierung der Immunzellen, die Entdeckung bislang unbekannter Oberflächenmoleküle, deren Identifizierung und funktionelle Charaktierisierung.

In unserem Beispiel eines monozytenspezifischen Antikörpers bekam das damals noch unbekannte Molekül, das auf allen Monozyten exprimiert wird, im ersten CD-Workshop 1982 die Nummer 14; es wurde später als GPI-verankertes 53 kDa Glykoprotein charakterisiert. 1990 wurde seine Funktion als Endotoxinrezeptor beschrieben, aber erst mit der Entdeckung der Toll-like-Rezeptoren 1996 konnte erklärt werden, wie Endotoxine Monozyten aktivieren (Kap. 2.1 und 4.4).

polyklonales Antiserum	monoklonaler Antikörper (moAK)
z.B. Anti-Maus-IgG-Antiserum vom Kaninchen	z.B. Anti-CD3 moAK

verschiedene Antikörper, begrenzte Menge, Chargenunterschiede, unterschiedliche Epitopspezifitäten, Kreuzreaktionen wahrscheinlich	molekular identische Antikörper, unlimitierte Verfügbarkeit, gleichbleibende Qualität, 1 Epitopspezifität, Kreuzreaktionen möglich

15.4 Vergleich monoklonaler Antikörper und polyklonaler Antiseren.

15.4 Western-Blotting

Die Namensgebung ist etwas kurios, sie wird in Kapitel 15.16.4 erläutert. Werden Proteingemische durch Gelelektrophorese aufgetrennt (meist SDS-PAGE), können sie mittels spezifischer Antikörperbindung (oft verwendet man polyklonale Kaninchenantiseren) identifiziert werden. Dazu werden die Proteine vom Gel auf eine **Membran** transferiert und mit dem Antiserum überschichtet. Gebundene Antikörper werden indirekt mit einem enzymmarkierten Nachweisantikörper (Anti-Kaninchen-IgG) detektiert. Durch Substratfärbung werden die gesuchten Proteinbanden sichtbar.

15.5 Enzym-Immunoassay (ELISA)

Antigen/Antikörper-Reaktionen sind die Basis aller ELISA-Varianten. Dabei reagieren nicht nur Antigene mit Antikörpern sondern auch Antikörper mit Antikörpern, zum Beispiel Anti-Maus-IgG-Antikörper vom Kaninchen bei der Suche nach antikörperproduzierenden Hybridomen aus der Maus (Kap. 15.3) oder Anti-Human-IgE-spezifische, monoklonale Antikörper bei der Quantifizierung der Gesamt-IgE-Konzentration bei einem Allergiker. Der detektierte Antikörper ist dabei *per definitionem* das Antigen in dieser Reaktion. Wer hier stutzt, sollte sich noch einmal Abbildung 1 anschauen.

Zum **Nachweis antigenspezifischer Antikörper** in einem Serum braucht man das Antigen, das an die feste Phase, d.h. die Plastikoberfläche der Kavitäten einer Mikrotiterplatte gebunden wird. Freie Oberflächen werden durch Zugabe eines irrelevanten Proteins „blockiert". Zwischen den Inkubationsschritten werden die Kavitäten gespült („gewaschen"). Nun wird die Probe, z. B. ein Patientenserum, hinzugegeben. Befinden sich in der zu testenden Probe spezifische Antikörper, werden diese nach Antigenbindung als Einzige nicht herausgewaschen (Abb. 15.5).

Wird in einem solchen Test nach **allergenspezifischen** IgE-Antikörpern gefahndet, bindet man die Allergene an die feste Phase. Um die

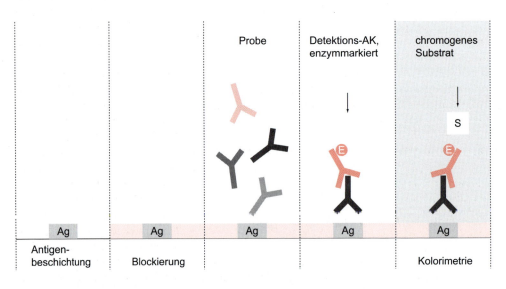

15.5 ELISA zum Nachweis **spezifischer** Antikörper.

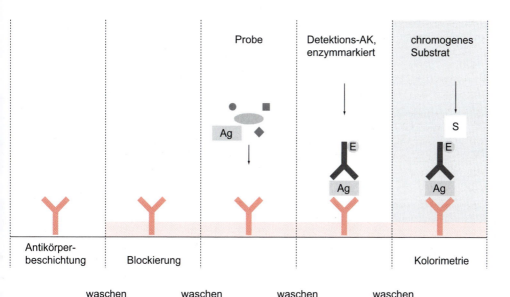

15.6 Sandwich-ELISA zum Antigennachweis.

spezifischen IgE-Antikörper aus dem Patientenserum, die an die Antigene gebunden haben, sichtbar zu machen, benötigt man Detektionsantikörper, zum Beispiel monoklonale Antikörper gegen Fc-Teile humaner IgE-Moleküle (Anti-Human-IgE-Antikörper), die vorher mit einem Enzym markiert wurden. Je nach Menge der gesuchten, jetzt gebundenen Patientenantikörper binden sich auch die Detektionsantikörper. Nach dem letzten Waschschritt gibt man das relevante chromogene Substrat hinzu, das vom Enzym in einen Farbstoff umgewandelt wird. Die Farbreaktion kann man mithilfe eines Photometers messen. Ihre Intensität ist zu der Konzentration der gesuchten spezifischen Antikörper proportional. Die Konzentration wird in **Titerstufen** (Verdünnungsstufen z. B. 1:80) angegeben (Abb. 15.5).

Frage: Besteht zum Beispiel die Frage nach einer frischen Rötelninfektion bei einer Schwangeren, kann man im Detektionssystem sowohl mit Anti-Human-IgG-Antiseren als auch mit Anti-Human-IgM-Antiseren arbeiten. Was bedeutet es für die Schwangere und das Kind, wenn der Test eine starke Röteln-spezifische IgG-Antwort erbringt? Antwort in Kapitel 6.2

Das Prinzip des **Sandwich-ELISA** ermöglicht die **Quantifizierung** von nahezu jedem löslichen Antigen. Um das Beispiel von oben fortzuführen: Entsteht die zusätzliche Frage nach einer Erhöhung der **Gesamt-IgE**-Konzentration bei einem Allergiker, kann diese mit einem Sandwich-ELISA beantwortet werden. Das IgE wird in diesem Test zum Antigen (Abb. 15.6).

Bedingung bei Nutzung eines Sandwich-ELISA ist, dass man Fängerantikörper und enzymmarkierte Detektionsantikörper benutzt, die unterschiedliche Epitopspezifitäten besitzen, weil sonst das Epitop bereits vom Fängerantikörper besetzt ist. Benutzt man in beiden Fällen monoklonale Antikörper, ist dieses essenziell. Die Antikörperpaare müssen ausgetestet werden. Benutzt man in beiden Fällen Antiseren, spielt das in der Regel keine Rolle, da Antiseren polyklonal oder zumindest oligoklonal sind. Im Vergleich zu einer Standardkurve, die man mit Verdünnungsreihen des gereinigten Antigens (hier: humanes IgE) erstellt, lässt sich die Konzentration des gesuchten Antigens bestimmen.

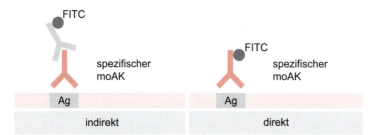

15.7 Immunfluoreszenzfärbung zum Nachweis von Antigenen (FITC: Fluoresceinisothiocyanat).

15.6 Immunfluoreszenz und Immunhistochemie

Mit fluoreszenzmarkierten Antikörpern (polyklonale Antiseren oder monoklonale Antikörper) kann man im Gewebeschnitt unter Zuhilfenahme eines Fluoreszenzmikroskops antigene Strukturen nachweisen (Abb. 15.7). Die Qualität der Bildanalyse lässt sich durch Verwendung eines konfokalen Laserscanningmikroskops entscheidend verbessern. Werden die Antikörper statt mit Fluorochromen, wie z. B. **Fluoresceinisothiozyanat (FITC)**, mit Enzymen, z. B. **Peroxidase**, markiert, gelingt der Antigennachweis über die Substratbindung und Farbreaktion. Die Empfindlichkeit der Methode lässt sich trickreich verstärken (Abb. 15.8).

15.7 Durchflusszytometrie

Um die Immunfluoreszenzanalyse von Zellsuspensionen mit **gleichzeitiger Mehrfachfärbung** mit **fluorochrommarkierten monoklonalen Antikörpern** und hohem Probendurchsatz zu ermöglichen, wurden **FACS-(*fluorescence activated cell sorter*-)**Maschinen entwickelt. Bei der Analyse von meist 20–50000 Zellen werden innerhalb weniger Minuten Zellcharakterisierungen (Phänotypisierungen), Rezeptor/Ligand-Wechselwirkungen und Funktionsanalysen (Radikalproduktion, Phagozytose o. ä.), Toxizitätsmessungen und mehr möglich. Man unterscheidet FACS-Geräte für die einfache **Phänotypisierung** von Zellen und solche zur Separation der markierten Populationen. Die Zellen werden mit den Antikörpern inkubiert,

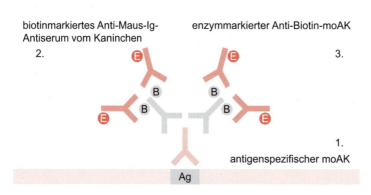

15.8 Enzymimmunhistologische Färbung mit Verstärkereffekt (B: Biotin; E: Enzym).

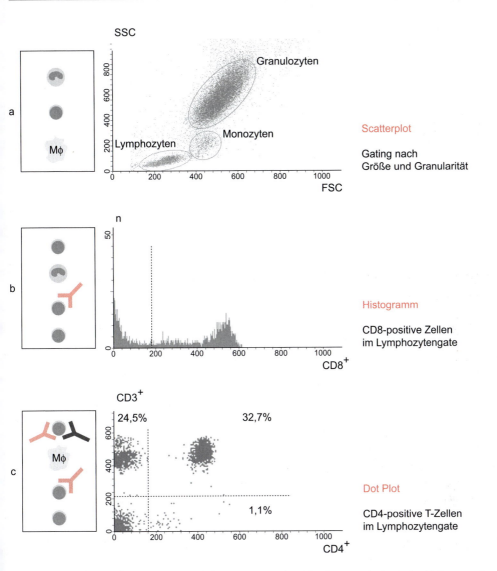

15.9 Analyse von Immunzellen im Durchflusszytometer (FACS). Die zu analysierenden Zellen werden einzeln an einem Laserstrahl vorbeigeführt (linke Bildausschnitte). (a) Im peripheren Blut lassen sich Lymphozyten, Monozyten und Granulozyten ohne Markierung bereits durch ihre unterschiedliche Größe (*forward scattering*, FSC) und Granularität (*side scattering*, SSC) unterscheiden. Die Zellpopulationen werden elektronisch eingegrenzt („gegated"). (b) Die Markierung mit einem monoklonalen Antikörper gegen CD8 erlaubt die Bestimmung des Anteils CD8+-Zellen im Lymphozytengate, d. h. Monozyten und Granulozyten werden bei dieser Auswertung nicht berücksichtigt. Die stark fluoreszierenden Zellen sind erfahrungsgemäß T-Zellen, die schwach CD8-exprimierenden Zellen sind NK-Zellen. (c) Mittels Zweifarbenfluoreszenz lassen sich auf Einzelzellebene zum Beispiel auch die Anteile von T-Helferzellen (CD3+CD4+) innerhalb der gegateten Lymphozytenpopulation bestimmen (hier: 32,7 %).

ungebundene Antikörper durch „Waschen" (Abzentrifugieren des Überstandes im Proberöhrchen) entfernt und die Zellen mit Puffer resuspendiert. Danach wird die Zellsuspension aus dem Probenröhrchen in das Durchflusszytometer gesaugt. Dabei werden die Zellen in einem Flüssigkeitsstrom **vereinzelt** und rasen in der Flow-Kammer durch einen Laserstrahl. **Größe** und **Granularität** der Zellen beeinflussen die Vorwärts- und Seitwärtsstreuung des Laserlichtes, die mit Photodetektoren gemessen werden. Zellen des peripheren Blutes lassen sich in Populationen einteilen (Abb. 15.9), weil sich Lymphozyten, Monozyten und Granulozyten dabei unterscheiden lassen. Die Phänotypisierung mittels CD-spezifischer, monoklonaler Antikörper ist getrennt für die verschiedenen Populationen möglich. Diese werden dafür elektronisch eingegrenzt („gegated").

Die Anfärbungen mit fluoreszenzmarkierten, monoklonalen Antikörpern können im Vollblut erfolgen. Die Antikörper werden bei 4 °C inkubiert, um die Membranfluidität abzusenken und eine mögliche Internalisierung der Oberflächenmarker zu unterbinden. Vor der Analyse werden die Erythrozyten lysiert. Bei entsprechenden Wellenlängen werden Fluorochrome an den markierten Antikörpern detektiert und die Fluoreszenzintensität dargestellt. Mit einem FITC-markierten Anti-CD8-Antikörper lässt sich in einer Histogrammdarstellung die **Prozentzahl** CD8-positiver T-Zellen im Lymphozytengate (Abb. 15.9) ermitteln. Werden stattdessen Anti-CD3-Antikörper eingesetzt, erhält man deren prozentualen Anteil unter den Lymphozyten. Man kann die **Absolutzahl** der T-Zellen pro Liter Blut ermitteln, wenn man zusätzlich in einer Zählkammer oder mittels Hämocounter die absoluten Leuko- und Lymphozytenzahlen im Vollblut bestimmt hat. Alternativ setzt man dem Blut eine bekannte Zahl von Eichpartikeln zu, die sich im FACS von den Zellen abgrenzen lassen. Die Normwerte der Blutzellen finden sich in Tabelle 15.1.

Die Bedeutung der Durchflusszytometrie aber ergibt sich aus der Möglichkeit, auf Einzelzellebene mit mehreren Antikörpern verschiedenste Fragen zu beantworten, z. B. ob sich unter den T-Zellen aktivierte $CD3^+HLA\text{-}DR^+$ oder $CD3^+CD69^+$-Zellen befinden, oder in welchem Verhältnis naive oder Memoryzellen zueinander stehen ($CD3^+CD45RA^+$ vs. $CD3^+CD45RO^+$). Auch lässt sich analysieren, wie viele Monozyten in einer Probe IL10 produzieren ($CD14^+$ i.c. IL10). Zur intrazellulären (i.c.) Färbung von IL10 mit einem markierten Antikörper müssen die Zellmembranen permeabilisiert werden, damit der Antikörper in die Zelle gelangen kann. Die Anwendung der **Zweifarben**- oder **Mehrfachfluoreszenz** (Abb. 15.9) setzt voraus, dass die verschiedenen Fluorochrome, mit denen die Antikörper direkt markiert wurden, verschiedene Emissionswellenlängen bei Anregung im Laserstrahl erzeugen und unterscheidbar bleiben. Das Prinzip der FACS-Analyse ist auf unserer „immuteach"-DVD (www.immuteach.de) in einem Film erklärt.

Die Einführung dieser Technik war ein Meilenstein in der Geschichte der Immunologie. Sie wird mittlerweile auch in vielen anderen Disziplinen eingesetzt. Antikörper sind zu Handwerkszeugen von Medizinern, Pharmazeuten, Chemikern, Geologen, Botanikern und Zoologen geworden. Auch Phagozytose und Sauerstoffradikalproduktion lassen sich im FACS analysieren (Kap. 15.12).

Tabelle 15.1 Absolutzahlen von Blutzellen beim Erwachsenen (pro μl).

Leukozyten	4 500 – 11 000
Neutrophile	1 800 – 8 000
Eosinophile	50 – 450
Basophile	0 – 200
Monozyten	100 – 800
Lymphozyten	1 000 – 4 800
T-Zellen ($CD3^+$)	800 – 2 500
B-Zellen ($CD19^+$ oder 20^+)	200 – 300
NK-Zellen ($CD16^+56^+3^-$)	100 – 500
T-Helferzellen ($CD4^+3^+$)	500 – 1 600
CTLs ($CD8^+3^+$)	300 – 900

15.8 Immunadsorption

Das Prinzip der Immunadsorption wurde 1901 von Paul Ehrlich (Tab. 1) erstmals beschrieben. Er stellte ein Kaninchenantiserum gegen Rindererythrozyten her, das auch Ziegenerythrozyten lysierte (Abb. 5.1). Im Immunserum verblieben aber nach Bindung an Ziegenerythrozyten (Adsorption) noch Antikörper, die ausschließlich Rindererythrozyten lysieren können. Er schloss daraus, dass das ursprüngliche Serum sowohl kreuzreagierende als auch Rindererythrozyten-spezifische Antikörper enthielt. Diese Technik war die Voraussetzung für die Blutgruppenserologie.

Koppelt man einen spezifischen Antikörper ähnlich wie beim ELISA-Test (Abb. 15.6) an ein Trägermaterial, kann man aus einer Lösung Antigene separieren. Oft wird das Trägermaterial in eine Chromatographiesäule gefüllt, wo es von der antigenhaltigen Lösung umflutet wird. Die Antigene werden spezifisch gebunden (adsorbiert) und können nach Verwerfen des Durchlaufs unter veränderten Bedingungen (z. B. pH-Wert) als Eluat gewonnen werden (**Affinitätschromatographie**). Das Adsorptionsprinzip der Affinitätschromatographie ist nicht auf Antigen-Antikörper-Reaktionen beschränkt. Zur Reinigung rekombinant hergestellter Proteine (Kap. 15.17.1) zum Beispiel können diese genetisch mit „Histidinschwänzen" (*tags*) aus sechs Histidinresten (meist am C-terminalen Ende) versehen werden. Mit kommerziell erhältlichen Nickelsäulen können die Proteine über die His-*tags* selektiv gebunden werden und separat nach Ablösung eluiert werden. Histidin bindet mit hoher Affinität an Nickel.

Auch **therapeutische** Anwendungen sind mittlerweile etabliert: Bei einer extrakorporalen Immunadsorption werden aus dem Patientenserum zum Beispiel Immunglobuline entfernt. Dazu verwendet man Säulen, die mit Anti-Human-Immunglobulin G beladen sind. Bei einer „Sitzung" werden ca. 30 % aller IgG adsorbiert. Ein Beispiel dafür findet sich in Kapitel 18.2.3.

15.9 Zellseparation mit antikörperbeladenen, magnetischen Partikeln

Werden Anti-CD19- oder Anti-CD20-Antikörper an magnetische Partikel (*beads*) gekoppelt und zu einer Zellsuspension gegeben, binden die *beads* an alle B-Zellen. Nach Inkubation wird ein starker Magnet an das Röhrchen gehalten. Während das Röhrchen eluiert wird, bleiben die selektierten B-Zellen an der Gefäßwand fixiert. Nach Entfernung des Magneten werden die markierten Zellen entleert und gewaschen. Eine solche Positivselektion führt aber häufig zur funktionellen Beeinflussung der Zellen durch die Antikörper. Für eine HLA-Typisierung, die an humanen B-Zellen durchgeführt wird (Kap. 15.10), ist das allerdings nicht wichtig, da die B-Zellen nur als Zielzellen zum Einsatz kommen. Für Funktionstests reinigt man Zellsubpopulationen in der Regel durch (meist aufwändigere) Negativselektion. Damit ist sichergestellt, dass die zu gewinnenden Zellen nicht durch Antikörperbindung beeinflusst werden. Oft muss man dafür aber viele verschiedene Antikörper einsetzen, um alle anderen Populationen mittels Magneten aus der Zellsuspension zu entfernen.

In Forschungslabors werden FACS-Geräte (Kap. 15.7) zur Isolation bzw. Reinigung spezieller Zellpopulationen benutzt.

15.10 HLA-Typisierung

Individuen einer Spezies unterscheiden sich in ihrem Besatz an MHC-Molekülen auf den Zellen. Beim Menschen heißen diese **human leukocyte antigens** (HLAs), da sie zuerst auf Leukozyten identifiziert wurden. Jeder Mensch besitzt maximal zwölf verschiedene HLA-Antigene: sechs HLA-Klasse-I-Antigene und sechs HLA-Klasse-II-Antigene (Abb. 2.3). Unter Zuhilfenahme vieler verschiedener Antiseren lassen sich diese Gewebemerkmale eines Individuums **serologisch** bestimmen. Das ist für die Suche geeigneter Spenderorgane für eine Transplantation wichtig. Routinemäßig werden dafür B-Zellen aus dem peripheren Blut angereichert (Kap. 15.9), weil diese sowohl HLA-Klasse-I- als auch HLA-Klasse-II-Moleküle konstitutiv exprimieren.

Das Prinzip der Typisierung basiert auf der Erkenntnis, dass IgG-Moleküle mithilfe des Komplementsystems Zellen lysieren können, auf denen sie ein Epitop spezifisch binden (Abb. 1.8). Dabei macht man sich zunutze, dass lebende und tote Zellen mit Farbstoffen zu unterscheiden sind: Nach der Antikörperinkubation wird Kaninchenkomplement hinzugegeben und der Totfarbstoff Ethidiumbromid sowie der Lebendfarbstoff Acridinorange zugesetzt. Die verschiedenen Kavitäten einer Mikrotiterplatte mit B-Zellen, die mit unterschiedlichen Antikörpern inkubiert wurden, werden jetzt nur noch fluoreszenzmikroskopisch nach Rot- oder Grünfärbung gesichtet (Abb. 15.10). Um den großen Polymorphismus der HLA-Antigene erfassen zu können, müssen eine Vielzahl von Antikörperspezifitäten eingesetzt werden.

Frage: Warum verwendet man bei HLA-Typisierungen Kaninchenserum als Komplementquelle? Antwort in Kapitel 1.3.5 und Abbildung 5.1

Die serologische HLA-Typisierung dient auch dem Aufbau von weltweiten Knochenmarkspenderdateien. Gesunde, auch Sie selbst, können sich typisieren und die Daten in solche Dateien einfließen lassen. Damit erklären Sie sich bereit, im Eventualfall eigene Knochenmarkstammzellen zu spenden, um einem Patienten mit Leukämie oder Immundefekt das Leben zu retten. Die behandelnden Ärzte suchen in diesen Dateien nach passenden Spendern, deren HLA-Antigenbesatz mit dem des Patienten identisch ist. Es gibt über 12 Millionen erfasste potenzielle Knochenmarkspender. Dennoch ist wegen des großen Polymorphismus die Chance, tatsächlich schnell einen passenden Spender zu finden, nicht immer gegeben.

Vor der Knochenmarkspende werden die Spender- und Empfängerdaten mittels modernerem, exakterem DNA-Typing mittels PCR (Kap. 15.16) erneut bestimmt.

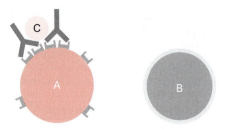

15.10 Serologische HLA-Typisierung am Beispiel von HLA-B27. Nach Inkubation mit einem HLA-B27-spezifischen Antikörper und Komplement färbt Ethidiumbromid die lysierten Zellen von Patient A, der HLA-B27 auf seinen B-Zellen exprimiert. Der Lebendfarbstoff Acridinorange färbt die DNA HLA-B27-negativer Zellen von Patient B, die nach Antikörper- und Komplementzugabe nicht lysiert wurden.

15.11 ELISPOT

Der Spot-ELISA ist ein modifizierter Sandwich-ELISA (Abb. 15.6) zur Quantifizierung von Zellen, welche eine bestimmte Substanz sezernieren. Nehmen wir als Beispiel einen IFNγ-ELISPOT, der häufig als Alternative zu einem Zytotoxizitätstest (Kap. 15.13) zum Einsatz kommt, wenn es darum geht, antigenspezifische CTLs zu quantifizieren. CTLs, und natürlich auch TH1-Zellen, sezernieren nämlich nach Aktivierung IFNγ. Zunächst werden Anti-IFNγ-Fangantikörper an die Kavitäten einer Mikrotiterplatte gekoppelt. Danach wird eine Suspension lebender Zellen hineingegeben, in der sich die gesuchten CTLs befinden. Diese werden nun zur Zytokinsekretion stimuliert, z. B. mit antigengepulsten APCs, und mehrere Stunden inkubiert. Wird IFNγ in das Kulturmedium sezerniert, erreicht das Zytokin in unmittelbarer Zellnähe hohe Konzentrationen und wird von den Anti-IFNγ-Antikörpern gebunden. Nach Beendigung der Kulturperiode werden alle Zellen durch einen hypoosmotischen Schock lysiert und die Reste durch Waschen entfernt. Wie beim Sandwich-ELISA folgt nun die Inkubation mit einem enzymgekoppelten Detektionsantikörper, der gegen ein anderes Epitop auf dem IFNγ gerichtet sein muss als der Fangantikörper. Die

Bindung der Detektionsantikörper wird durch ein chromogenes Substrat sichtbar gemacht. Im Unterschied zum ELISA ist dieses Substrat jedoch unlöslich und wird zusammen mit Agarose aufgebracht, welche nach Gelbildung die Verteilung des Farbstoffs in den Kavitäten verhindert. Das Resultat sind farbige Punkte an den Stellen, wo Zellen IFNγ produziert haben. Diese Punkte (*spots*) werden ausgezählt und in Beziehung zur Zahl der ursprünglich eingesetzten Zellen gesetzt. Der Durchmesser der Punkte vermittelt einen Eindruck von der sezernierten Zytokinmenge.

15.12 Phagozytosetest und intrazelluläres Killing

Eine einfache Methode zur Analyse der **Phagozytosekapazität** bestimmter Zellen ist die Durchflusszytometrie. Die Zellsuspension, z. B. Vollblut, wird mit opsonierten, FITC-markierten *E. coli*-Bakterien bei 37° C inkubiert, nach der Inkubationszeit gewaschen und im FACS-Gerät analysiert. Die Histogrammauswertung (Prinzip dargestellt in Abb. 15.9) liefert die Zahl der Phagozyten, die markierte Bakterien internalisiert haben. Hierbei muss natürlich sichergestellt sein, dass nur phagozytierte Bakterien und nicht etwa außen gebundene zur Fluoreszenzintensität der Zelle beitragen. Das wird durch Behandlung mit einer Quenchinglösung, die internalisierte FITC-Moleküle nicht erreicht, realisiert. Die Auswertung ist separat in verschiedenen (gegateten) Zellpopulationen (z. B. Monozyten oder Granulozyten, siehe Abb. 15.9) möglich. In der Regel phagozytieren 95–98 % aller Granulozyten, womit der *stand by*-Modus der Zellen des angeborenen Immunsystems deutlich dokumentiert wird. Die Prüfung des **intrazellulären Killing** kann mit verschiedenen Methoden erfolgen und ist u. U. entsprechend der Fragestellung sehr komplex. Hier soll nur die Messung der Fähigkeit von Zellen, nach *in vitro*-Stimulation Sauerstoffradikale bilden zu können, erwähnt werden. LPS, Bakterien oder andere Aktivatoren induzieren z. B. NADPH-Oxidase. Die freigesetzten Sauerstoffradikale, wie das Superoxidanion O_2^-, regen Luminol zur **Chemolumineszenz** an, die in einem Luminometer gemessen werden kann. Auch durchflusszytometrisch kann die Sauerstoffradikalproduktion gemessen werden: Werden Vollblutkulturen mit unmarkierten, opsonierten *E. coli* stimuliert, kann die Sauerstoffradikalbildung durch Zusatz des fluorogenen Substrates Dihydrorhodamin 123 gemessen werden. Die Radikale führen zur Oxidation des Substrates. Nach Zusatz eines Lysepuffers, der Erythrozyten entfernt und gleichzeitig durch leichte Fixation der Zellen die Reaktion stoppt, lässt sich durch Analyse in FACS (Kap. 15.7) die *ex vivo* induzierte Sauerstoffradikalproduktion quantifizieren (Fluoreszenzintensität proportional der Enzymaktivität). Durch „Gaten" der Monozyten bzw. Granulozyten (Abb. 15.9) lassen sich separate, populationsbezogene Aussagen machen.

15.13 Zytotoxizitätstests

Um die zytotoxische Aktivität von NK-Zellen oder CTLs zu messen, inkubiert man sie mit ihren Opfern, den so genannten Zielzellen, und misst deren Zelltod. Dazu werden die Zielzellen vorher markiert. Wegen der hohen Sensitivität der Methode wird dafür immer noch häufig radioaktives Chrom (^{51}Cr) eingesetzt. Die Zielzellen werden mit einem Chromsalz inkubiert, nehmen es in ihr Zytoplasma auf und werden danach mit den zytotoxischen Zellen konfrontiert. Kommt es zur Zelllyse, wird das radioaktive Chrom in den Kulturüberstand freigesetzt und kann dort gemessen werden. Dieser Test ist als **Chromfreisetzungstest** bekannt.

Alternativ können die potenziellen Opfer auch mit einem membrangängigen fluoreszierenden Vitalfarbstoff markiert werden. Sie lassen sich dann im **Durchflusszytometer** von den Mördern unterscheiden. Ihren Tod diagnostiziert man mithilfe eines zweiten Farbstoffs, der nur dann in die Zellen eindringt, wenn ihre Membran durch die zytotoxischen Zellen permeabilisiert ist. Das Prinzip ähnelt dem der serologischen HLA-Typisierung (Kap. 15.10), die Quantifizierung überlebender und toter Zielzellen erfolgt durchflusszytometrisch.

15.14 Messung der Zellproliferation

Es ist charakteristisch für das adaptive Immunsystem, dass B- und T-Lymphoyzten als Antwort auf einen antigenen Reiz klonal expandieren. Deshalb ist die Messung von Zellteilung für immunologische Fragestellungen von besonderer Aussagekraft. Dafür gibt es verschiedene Verfahren.

Ein Maß für die DNA-Synthese ist der **Einbau von Thymidin** in die DNA. Dafür werden Zellen in Mikrotiterplatten stimuliert und für eine bestimmte Zeit mit tritiertem Thymidin (^{3}H-Thymidin) inkubiert. Alle Zellen, die sich teilen, müssen ihre DNA verdoppeln. Dabei bauen sie auch das radioaktive ^{3}H-Thymidin ein. Nach einer definierten Markierungszeit werden die Zellen durch Zugabe von Wasser lysiert und der Debris mithilfe einer Pumpe durch ein Glasfaserfilter abgesaugt. Die langen DNA-Moleküle werden auf dem Filter zurückgehalten, ungebundenes ^{3}H-Thymidin dagegen nicht. Nach Trocknung der Filter und Aufbringen einer Szintillationsflüssigkeit kann man die β-Strahlung des DNA-gebundenen Tritiums mit einem Szintillationsmessgerät quantifizieren. Sie ist ein Maß für die Zellteilung. Mit standardisierten Stimuli (eingesetzt werden z. B. das Mitogen PHA sowie der monoklonale Antikörper (moAK) Anti-CD3 zur Stimulation von T-Zellen unabhängig von ihrer Antigenspezifität) findet dieser Test als **Lymphozytentransformationstest (LTT)** diagnostische Verwendung. Er ist ein Maß für die allgemeine T-Zell-Reaktivität.

Das Durchflusszytometer (Kap. 15.7) lässt sich für Zellteilungsmessungen auf Einzelzellebene einsetzen. Dafür werden die Zellen vor Stimulation mit einem fluoreszierenden Vital-

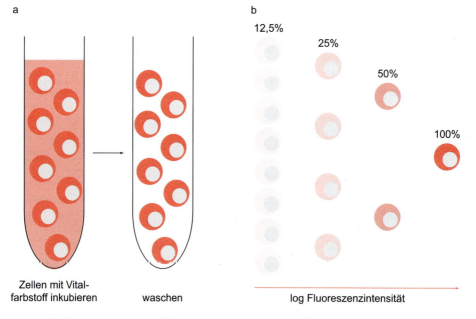

15.11 Messung der Zellteilung durch (a) Markierung der Zellen mit einem fluoreszierenden Vitalfarbstoff, z. B. mit CFSE (5,6-Carboxyfluorescein-diacetat-succinimidylester). (b) Bei jeder Zelldivision wird der Farbstoff auf beide Tochterzellen verteilt. Die Fluoreszenzintensität der Zellen halbiert sich (Auswertung im Durchflusszytometer wie in Abb. 15.9 b).

farbstoff inkubiert, der sich im Zytoplasma verteilt, und dann gewaschen. Bewährt hat sich hier z. B. **CFSE** (5,6-Carboxyfluorescein-diacetat-succinimidylester). Es folgt die der Fragestellung angepasste Stimulation. Bei jeder Zellteilung verteilt sich das CFSE auf die beiden Tochterzellen, und die zelluläre Fluoreszenzintensität halbiert sich (Abb. 15.11). Durch eine durchflusszytometrische Analyse lässt sich für jede Zelle die Zahl ihrer vorausgegangenen Teilungen ermitteln. Durch Kombination mit der Färbung anderer Marker kann man weitere Fragen beantworten, zum Beispiel: Welche Zelltypen teilen sich? Wie häufig teilen sie sich? Ist die Expression bestimmter Eigenschaften, z. B. Oberflächenmoleküle oder Zytokine, an Zellteilung gekoppelt?

15.15 Tetramer-Technologie

Wie kann man die Lymphozyten zählen, die spezifisch für ein bestimmtes Antigen sind? Bei **B-Zellen** ist dies recht einfach möglich, indem man an das Antigen einen Fluoreszenzfarbstoff koppelt. Dieses Reagenz bindet an die BCRs der spezifischen B-Zellen, welche nun mit Hilfe des FACS quantifiziert werden können. Dagegen stellt die Quantifizierung **antigenspezifischer T-Zellen** eine besondere Herausforderung dar, da diese ja ihr antigenes Peptidepitop nur im Komplex mit MHC binden. Nehmen wir als Beispiel die Quantifizierung von $CD8^+$-T-Zellen, welche ein Epitop des Cytomegalievirus (CMV) im Kontext mit dem MHC-Allel HLA-A2 erkennen. Hierfür benötigt man zunächst lösliche, trimolekulare Komplexe, bestehend aus einer HLA-A2α-Kette, β2-Mikroglobulin und dem antigenen Peptid. Gentechnisch modifizierte HLA-A2α-Ketten ohne Transmembrandomäne und β2-Mikroglobulin werden rekombinant hergestellt und lassen sich in Anwesenheit von Peptiden mit passenden Ankeraminosäuren (Abb. 2.4) zu solchen Komplexen renaturieren. Leider ist die Affinität der spezifischen TCRs zu ihren MHC/Peptid-Komplexen zu niedrig für eine stabile messbare Bindung. Um ein brauchbares Reagenz zu erhalten, müssen die MHC/Peptid-Komplexe multimerisiert werden. Dies gelingt auf elegante Weise durch folgenden Trick: Gentechnisch wird an die MHC-α-Kette eine Erkennungssequenz für das Enzym BirA angefügt, welches die kovalente Bindung von Biotin katalysiert. Vier biotinylierte HLA-A2/Peptid-Komplexe binden nun mit hoher Affinität an das tetravalente Molekül Streptavidin, das vorher zum Beispiel mit einem Fluoreszenzfarbstoff markiert wurde. Mit diesen Tetrameren, bestehend aus vier HLA-A2α-Ketten, vier β2-Mikroglobulinmolekülen, vier Peptiden, einem Streptavidintetramer und vielen Fluorochrommolekülen, lassen sich antigenspezifische T-Zellen zum Beispiel im FACS-Gerät leicht nachweisen (Abb. 15.12). Diese Technologie brachte erstaunliche Frequenzen antigenspezifischer T-Zellen zutage. Ein Beispiel findet sich in Kapitel 10.2.

15.16 Hybridisierungstechnologien

Hybridisierungstechniken betreffen die Analyse von Nukleinsäuren und beruhen auf der spezifischen Bindung zwischen Adenin und Thymidin (bzw. Uracil) einerseits und Guanin und Cytosin andererseits. DNA- bzw. RNA-Abschnitte hybridisieren miteinander, d. h. binden aneinander, wenn ihre Sequenzen komplementär zueinander sind. Die Hybridisierung ist reversibel, sie wird zum Beispiel bei Temperaturerhöhung wieder aufgeschmolzen. Die sequenzspezifische, reversible Bindung von Nukleinsäuren lässt sich für verschiedenste Fragestellungen und Anwendungen nutzen.

15.16.1 PCR

Aus der täglichen Laborarbeit ist die **Polymerase-Kettenreaktion** (*polymerase chain reaction*, PCR) nicht wegzudenken. Mit dieser Technik kann man bestimmte DNA-Sequenzen dramatisch vermehren und deshalb Spuren von

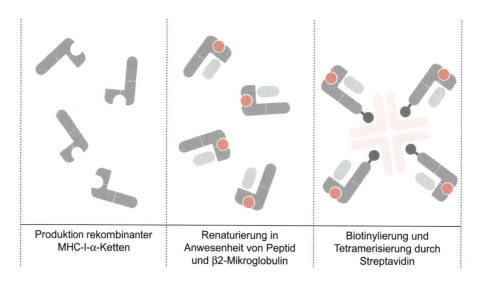

| Produktion rekombinanter MHC-I-α-Ketten | Renaturierung in Anwesenheit von Peptid und β2-Mikroglobulin | Biotinylierung und Tetramerisierung durch Streptavidin |

15.12 Herstellung tetramerer MHC-I-Peptid-Komplexe als Reagenzien für den Nachweis antigenspezifischer T-Zellen.

DNA im Ausgangsmaterial nachweisen. Mit der *single-cell* PCR gelingt es tatsächlich, die Genausstattung einzelner Zellen zu analysieren. Man benötigt für eine PCR 1. die zu prüfende DNA-Präparation, die möglicherweise die gesuchte Sequenz enthält (***template***), 2. zwei kurze synthetische DNA-Fragmente (***Primer***), deren Sequenzen so gewählt werden, dass sie spezifisch mit den beiden Enden des relevanten DNA-Abschnitts hybridisieren können, 3. eine **DNA-Polymerase** und 4. einzelne **Desoxyribonukleotide** (dNTP). Durch zyklische Variation der Reaktionstemperatur in einem so genannten Thermocycler induziert man nacheinander folgende Vorgänge:

1. **Dissoziation** (94 °C): Sämtliche DNA-Doppelstränge werden aufgeschmolzen, es entstehen DNA-Einzelstränge.
2. **Annealing** (ca. 40–60 °C, je nach Primereigenschaften): Die Primer hybridisieren mit ihren komplementären Sequenzen auf den DNA-Strängen.
3. **Elongation** (72 °C): Die Polymerase fügt die passenden Nukleotide an die 3′-Enden der Primer an. Man setzt praktischerweise DNA-Polymerasen von Bakterien ein, die in heißen Schwefelquellen gediehen und deshalb besonders hitzeresistente Enzyme entwickelt haben, z. B. Taq und Pfu, die Polymerasen von *Thermus aquaticus* bzw. von *Pyrococcus furiosus*.

Danach beginnt ein neuer Zyklus: Dissoziation, Annealing, Elongation … usw. (Abb. 15.13).

Unter optimalen Reaktionsbedingungen verdoppelt sich am Anfang die Zahl der DNA-Fragmente mit der gesuchten Sequenz bei jedem Zyklus. Wenn einzelne Reaktionsprodukte verbraucht werden, geht die PCR vom „exponentiellen Amplifikationsbereich" der Reaktion allmählich in eine Plateauphase über; die Reaktion kommt zum Ende. Nach Elektrophorese der PCR-Reaktionsprodukte in einem Agarosegel stellen sich die amplifizierten DNA-Fragmente nach Zugabe eines in die DNA intercalierenden Fluoreszenzfarbstoffs als scharfe Bande im Gel dar. Ihre Größe kann man durch Vergleich mit parallel aufgetrennten DNA-Standards bekannter Länge abschätzen.

Die Anwendungsmöglichkeiten der PCR erscheinen unbegrenzt. Beispiele sind der Nachweis bestimmter MHC-Allele bei der HLA-Typisierung, die Detektion geringster Bakterienkontaminationen in Nahrungsmitteln, die Amplifikation von Genen zur Klonierung in

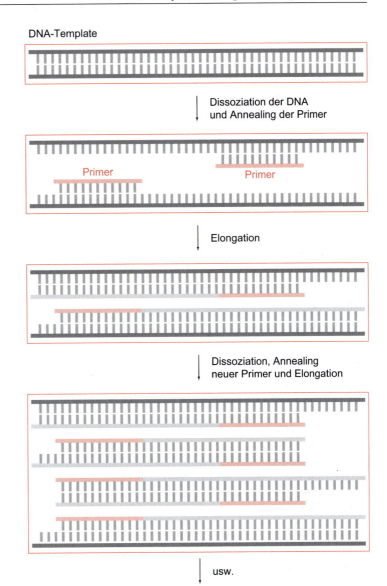

15.13 Polymerase-Kettenreaktion (PCR).

einen Expressionsvektor und die Erstellung eines genetischen Fingerabdrucks.

15.16.2 RT-PCR

Möchte man die PCR zur Analyse der Gentranskription, d.h. zum Nachweis bestimmter **RNA**-Sequenzen einsetzen, muss man die isolierte RNA zunächst in DNA umschreiben. Dies gelingt mit dem Enzym **Reverse Transkriptase** (**RT**) in Gegenwart von Primern. Reverse Transkriptasen sind Enzyme von Retroviren, die damit ihre RNA zur Integration in das Wirtsgenom in DNA umschreiben. Die bei der reversen Transkription entstehenden DNA-Fragmente sind zur RNA komplementär (*complementary DNA*, **cDNA**) und bilden jetzt das *template* für eine klassische PCR-Reaktion. Ein typisches Anwendungsbeispiel aus der Immunologie ist der Nachweis der Transkription von Zytokingenen in Zellen und Geweben. Die Krönung dieser Technik ist die *single-cell* RT-PCR, mit der es heute manchen Arbeitsgruppen gelingt, in einer einzelnen Zelle die Transkripte von bis zu 20 Genen gleichzeitig zu untersuchen.

15.16.3 Quantitative real-time PCR

Wenn man die Transkriptionsregulation von Genen analysieren möchte, lautet die wichtigste Frage: Wie viel spezifische mRNA befindet sich in meiner Probe? Leider eignet sich die RT-PCR nur schlecht zur Quantifizierung, da es kaum gelingt, die Bedingungen so einzustellen, dass man die PCR-Produkte nach einer bestimmten Zykluszahl stets im exponentiellen Amplifikationsbereich misst. Eine elegante Lösung dieses Problems ist die kontinuierliche Beobachtung der Vermehrung der Produkte während der gesamten PCR-Reaktion, die *real-time* PCR. Mit dieser Technik verpasst man den exponentiellen Bereich nicht, denn man kann verfolgen, in welchem PCR-Zyklus ein PCR-Produkt zum ersten Mal nachweisbar wird, wann seine Menge im Bereich des exponentiellen Anstiegs eine bestimmte Schwelle überschreitet und wann Sättigung eintritt. Durch Bestimmung dieser Parameter in parallelen PCR-Reaktionen lassen sich die *template*-Mengen in verschiedenen Proben miteinander vergleichen und damit endlich zuverlässig zum Beispiel folgende Fragen beantworten: Enthalten T-Zellen nach Stimulation mit ihrem Antigen mehr IL2-mRNA als vorher? Wie viel mehr?

Wie aber misst man die entstehenden PCR-Produkte in „*real-time*"? Eine bewährte Methode ist der Einsatz von kurzen DNA-Fragmenten (Sonden, *probes*), deren Sequenz so gewählt wird, dass sie zwischen den Primern mit der DNA

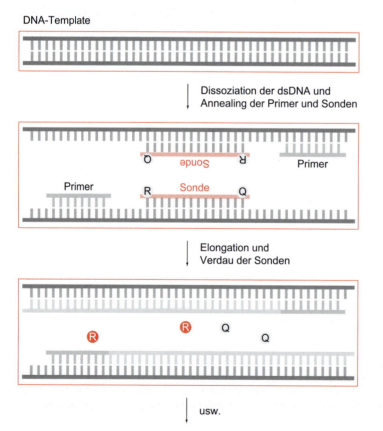

15.14 Quantitative real-time PCR. Die Fluoreszenz des *reporter* (R) wird durch den *quencher* (Q) unterdrückt, solange sich diese in räumlicher Nähe befinden. Dies ist der Fall, solange sie kovalent an die Sonde gebunden sind. Bei der Elongationsreaktion wird die Sonde durch die Polymerase verdaut, *reporter* und *quencher* können frei diffundieren und entfernen sich voneinander. Nun wird die Fluoreszenz des *reporter* messbar.

des PCR-Produkts hybridisieren. An die beiden Enden dieser Sonden werden verschiedene Fluoreszenzfarbstoffe kovalent gekoppelt, von denen einer (*quencher*) das emittierte Licht des anderen (*reporter*) absorbieren kann, wenn sich beide in enger räumlicher Nähe befinden. Dies ist nur der Fall, solange sie an die Enden der kurzen DNA-Sonden gebunden sind: Bei Anregung des *reporter* durch Laserlicht misst man dann keine Fluoreszenzemission. Die markierten Sonden binden wie die Primer in jeder Annealing-Phase an die DNA-Einzelstränge und „stören" dadurch die DNA-Polymerase bei der Elongation. Da das Enzym auch Nukleaseaktivität besitzt, zerlegt es die Sonde „im Vorbeigehen" kurzerhand in einzelne Nukleotide, während es seine Polymerasetätigkeit fortsetzt. So werden die beiden Fluoreszenzfarbstoffe voneinander getrennt und diffundieren auseinander. Nach Laseranregung wird die Fluoreszenzemission des *reporter* nun nicht mehr vom *quencher* absorbiert. Ihre Intensität ist also ein Maß für die Zahl der Elongationsreaktionen sowie die Menge des PCR-Produkts und wird von *real-time* PCR-Geräten kontinuierlich gemessen (Abb. 15.14).

15.16.4 Restriktionsanalyse und Southern-Blot

Zur Zerstörung fremder DNA besitzen viele Bakterienstämme so genannte **Restriktionsenzyme**, welche kurze DNA-Sequenzmotive (4–8 Basenpaare) spezifisch binden, um die DNA dann durchzuschneiden. Diese Enzyme werden experimentell genutzt, um DNA gezielt in Bruchstücke zu zerlegen. Die entstandenen Gemische aus DNA-Fragmenten lassen sich in einem Gel elektrophoretisch auftrennen, und ihre Länge kann durch Vergleich mit DNA-Größenstandards bestimmt werden. Interessiert man sich für ein bestimmtes Gen, kann man dessen Fragmente in dem entstehenden Bandenmuster mithilfe markierter cDNA-**Sonden** identifizieren. Damit diese Sonden effizient hybridisieren, müssen die DNA-Bruchstücke nach der Elektro-

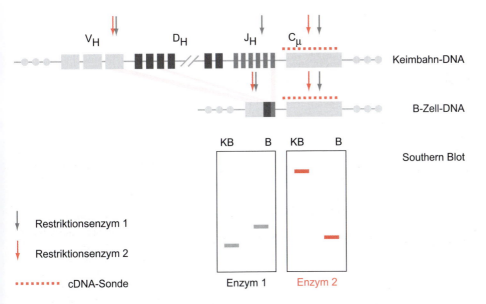

15.15 Darstellung der somatischen Rekombination durch Restriktionsanalyse auf dem Southern-Blot. Durch die Rekombination werden genetisches Material und damit auch Restriktionsschnittstellen deletiert. Dadurch ändern sich die Längen der Restriktionsfragmente. Dies kann man nach Gelelektrophorese der DNA-Fragmente und Southern-Blot durch Hybridisierung mit markierten cDNA-Sonden nachweisen. B: B-Zell-DNA; KB: Keimbahn-DNA.

phorese aus dem Gel auf eine Membran transferiert werden (**blotting**). Dieses Verfahren wurde 1975 von Edwin M. Southern beschrieben, und heißt deshalb Southern-Blot. Fantasievolle Wissenschaftler entwickelten die Nomenklatur weiter: Beim **Northern-Blot** transferiert man RNA auf eine Membran, beim **Western-Blot** Proteine und beim „Southwestern" geht es um DNA-bindende Proteine.

Die Sonden müssen markiert werden, damit man ihre Bindung auf dem Blot sichtbar machen kann. Dies erfolgt während ihrer Synthese z. B. durch den Einbau radioaktiver oder enzymgekoppelter Nukleotide. Die Hybridisierung radioaktiver Sonden wird durch die Schwärzung eines Röntgenfilms sichtbar gemacht; das an eine Sonde gekoppelte Enzym setzt z. B. ein Substrat zu einem Chemilumineszenzfarbstoff um, der Lichtblitze aussendet, welche Röntgenfilme schwärzen können.

Die beschriebene Technik hat für die Immunologie große historische Bedeutung. Durch Restriktionsverdau, Southern-Blot und Hybridisierung mit Sonden, welche spezifisch mit den konstanten Bereichen der TCR- bzw. BCR-Gene hybridisieren, wurde nämlich die somatische Rekombination entdeckt. Dabei werden große DNA-Abschnitte deletiert (Kap. 3), und dies verändert die DNA-Fragmentlängen, die nach dem Verdau mit bestimmten Restriktionsenzymen entstehen. Bandenmuster auf dem Southern-Blot sind charakteristisch für die Keimbahnkonfiguration (vor der Rekombination) sowie für individuelle T- bzw. B-Zell-Klone (Abb. 15.15).

Ein weiteres Anwendungsbeispiel: Bei der Erzeugung von Knock-out-Mäusen (Kap. 16.3) wird mithilfe von Southern-Blots überprüft, ob in den embryonalen Stammzellen die Gene tatsächlich wie geplant mutiert sind.

Randbemerkung: Aktuell kommen Röntgenfilme aus der Mode. Sie werden ersetzt durch elektronische Messgeräte für Fluoreszenz und Chemilumineszenz, welche die Blots abtasten und die Signale direkt in digitale Bilder bzw. Wertetabellen übersetzen, welche sich am Computer weiterverarbeiten lassen.

15.16.5 Northern-Blot

Der Northern-Blot dient dem Nachweis und der Quantifizierung einzelner mRNA-Spezies in Zellen und Geweben, d. h. der Transkriptionsanalyse einzelner Gene. Zunächst wird die RNA isoliert. Die einzelnen RNA-Spezies werden in einem Agarosegel nach ihrer Größe elektrophoretisch aufgetrennt und auf eine Membran übertragen. Dann wird die gesuchte RNA-Bande durch eine markierte *anti-sense* RNA-Sonde nachgewiesen, deren Sequenz komplementär zu der des gesuchten Gens bzw. dessen mRNA ist. Die Membran wird mit dieser Sonde unter genau definierten Bedingungen inkubiert, so dass die Sonde (im Idealfall) nur mit den Transkriptionsprodukten dieses Gens hybridisiert. Das Ergebnis eines Northern-Blot sind Banden, die zweierlei Information enthalten: Ihre Größe gibt Auskunft über die Länge der mRNA und damit z. B. über Spleißvarianten, die Intensität ist ein Maß für die mRNA-Menge im untersuchten Material.

15.16.6 *In situ*-Hybridisierung

Das Prinzip des Northern-Blots lässt sich auch auf Gewebsschnitte übertragen. Man nennt das Verfahren dann *in situ*-Hybridisierung. Die Technik wurde zur Beantwortung folgender Frage entwickelt: In welchen Zellen wird ein bestimmtes Gen transkribiert? Notwendig ist eine gute Fixierung der Gewebeschnitte, damit die mRNA während der Hybridisierung mit einer radioaktiven oder enzymmarkierten *anti-sense* Sonde für das gesuchte Gen nicht wegdiffundiert oder durch RNasen verdaut wird. Die Bindung der Sonde lässt sich sehr sensitiv und hochauflösend durch Aufbringen einer Fotoemulsion auf den Gewebeschnitt nachweisen, die durch die (sehr schwach) radioaktive Strahlung lokal geschwärzt wird. Eine Sonde, die enzymmarkiert ist, wird durch ein unlösliches Enzymsubstrat im Gewebeabschnitt direkt sichtbar gemacht. Durch „Gegenfärbung" mit zelltypspezifischen Antikörpern lassen sich die entsprechenden Zellen genauer charakterisieren.

15.16.7 Mikroarray-Technologie

Kaum lag die Sequenz des gesamten menschlichen Genoms vor – mit dem erstaunlichen Ergebnis, dass es nur etwa 30000 Gene enthält – entstanden neue Träume. Müsste es jetzt nicht möglich werden, die gesamte Transkriptionsregulation von Zellen und Geweben synchron zu analysieren? Man wollte die Scheuklappen abwerfen, die bisher die Aufmerksamkeit auf die Transkription weniger bekannter und für wichtig erachteter Gene begrenzt hatten, und statt dessen den Blick unvoreingenommen über alle Gene schweifen lassen, die unter bestimmten Bedingungen aktiv sind. Die Untersuchung des **Transkriptoms**, so nennt man die Gesamtheit aller transkribierten Gene, ist mithilfe von Mikroarrays heute tatsächlich möglich (*RNA-profiling*). Auf diesen Mikroarrays sind Tausende von Genen repräsentiert durch jeweils mehrere Oligonukleotide, welche in einer Anordnung (*array*) mikroskopisch kleiner Punkte an Glasobjektträger gekoppelt sind. Nach Extraktion der mRNA aus den Untersuchungsmaterialien wird diese umgeschrieben in cDNA-Gemische, von denen cRNA-Sonden abgeleitet werden. Diese werden durch den Einbau biotinylierter Nukleotide markiert. Nach Inkubation auf dem Mikroarray hybridisieren die verschiedenen cRNA-Spezies mit den passenden Oligonukleotiden. Inkubation mit Streptavidin, an das ein Fluoreszenzfarbstoff gekoppelt ist, macht diese Bindung sichtbar: Bestimmte Pünktchen beginnen zu fluoreszieren. Die Technik eignet sich besonders für vergleichende Transkriptomanalysen, z. B. von Zellen, welche verschieden behandelt wurden, oder von Tumoren und entsprechenden gesunden Geweben. Die zu vergleichenden RNA-Extrakte werden dazu bevorzugt in einem Experiment parallel analysiert und danach die Fluoreszenzintensität korrespondierender Pünktchen verglichen. Die Verarbeitung der riesigen Datenmengen, die auf diese Weise erzeugt werden, zu nützlichen Informationen wurde zur Herausforderung für die Wissenschaftler, besonders auch für die Biomathematiker, welche Algorithmen für die Analysen entwickeln.

15.16.8 Small interfering RNA (siRNA)

Zur Abwehr der Infektion mit doppelsträngigen RNA-Viren können eukaryote Zellen doppelsträngige RNA mit hoher Effizienz abbauen. Dieser Mechanismus lässt sich experimentell zur gezielten „Abschaltung" bzw. „Herunterschaltung" von Genen nutzen. Man bringt dazu kurze doppelsträngige siRNA-Sequenzen (*small interfering RNA*) in die Zelle ein. Diese binden an einen zellulären Endonukleasekomplex, RISC (*RNA-induced silencing complex*) genannt, und werden von diesem als Leitsequenzen genutzt. Wenn nämlich einer der beiden siRNA-Stränge mit einer mRNA-Sequenz hybridisieren kann, wird diese mRNA vom RISC gespalten. Dadurch sinken die mRNA-Spiegel und mit zeitlicher Verzögerung auch die Konzentrationen des entsprechenden Proteins drastisch.

15.17 Rekombinante DNA-Technologie

15.17.1 Gentransfer und Herstellung rekombinanter Proteine

Mithilfe von so genannten **Vektoren** lassen sich Fremd-Gene in prokaryote und eukaryote Zellen einschleusen. Viele gebräuchliche Vektoren sind Weiterentwicklungen bakterieller **Plasmide**. Dies sind doppelsträngige DNA-Zirkel, die eine bakterielle Replikationsstartsequenz besitzen, so dass sie in Bakterien vermehrt werden (*origin of replication*, ori). Bakterien nutzen solche Plasmide, um Gene für Antibiotikaresistenzen oder Virulenzfaktoren horizontal zu übertragen. Als Werkzeuge für die Gentechnik werden die Plasmide mit einer **Polyklonierungsstelle**, einem bakteriellen **Promotor** und einem **Resistenzgen** ausgestattet. Die Polyklonierungsstelle enthält Erkennungssequenzen für verschiedene Restriktionsenzyme (Abb. 15.16). Werden Plasmid und das interessierende Gen mit den gleichen Restriktionsenzymen geschnitten, passen die Bruchstücke an den Schnittstellen genau zusammen und das Gen kann durch eine DNA-Ligase in den Vektor eingefügt, man sagt auch „hineinkloniert", werden. Die Plasmide werden nun in Bakterien transfiziert. Häufig nutzt man avirulente *E. coli*-Stämme, die aufgrund von Enzymdefekten nur in speziellen Kulturmedien im Labor wachsen. Bakterien, welche ein Plasmid aufgenommen haben, erwerben die darauf kodierte Resistenz, z. B. gegen Ampicillin, und können durch Zugabe dieses Antibiotikums selektioniert werden. Ist der Promotor in den Bakterien aktiv, wird das neue Gen, auch Transgen genannt, transkribiert und in ein rekombinantes Protein translatiert. Da Bakterien sich leicht in Kultur vermehren, lassen sich auf diese Weise große Mengen des gewünschten Proteins gewinnen. So werden beispielsweise Zytokine für den Einsatz in Forschung und Therapie hergestellt.

Allerdings sind die Glykosylierungswege in Bakterien anders als in eukaryoten Zellen (deshalb können bakterielle Kohlenhydratstrukturen ja auch als PAMPs wirken). Verursacht die **„aberrante" Glykosylierung** in Bakterien Wirkungsverluste bei den rekombinanten Proteinen, kann deren Expression in tierischen Zellen eine Lösung sein. Hierfür nutzt man Zelllinien, welche sich dauerhaft in Kultur halten und vermehren lassen, z. B. CHO-Zellen (*Chinese hamster ovary cells*). Dafür muss das Gen in einen Expressionsvektor für eukaryote Zellen kloniert werden, der weitere Elemente enthält: eine eukaryote Replikationsstartsequenz, einen starken eukaryoten oder viralen Promotor – Viren können ja mit ihren Promotoren die Expression ihrer Gene in eukaryoten Zellen erzwingen –, Spleißsignale und ein Resistenzgen. Bewährt hat sich das Neomycinresistenzgen (*neo*), welches auch Resistenz gegen das Toxin G418 vermittelt (Abb. 15.16). Je nachdem, ob das Transgen in den eukaryoten Zellen auf dem Plasmid verbleibt oder (selten) in das Genom der Zellen integriert wird, spricht man von transienter oder stabiler Transfektion.

15.17.2 Gen-Knock-out

Um ein Gen in einer Zelllinie dauerhaft abzuschalten, sind zwei Schritte notwendig: Zuerst stellt man gentechnisch in einem Vektor eine funktionslose Genvariante her. Dies gelingt elegant durch Insertion eines *neo*-Gens, das die Gensequenz unterbricht und gleichzeitig eine Selektion erlaubt. Danach muss das Gen der Zelle gegen die funktionslose Variante ausgetauscht werden. Hierfür nutzt man den physiologischen Vorgang der homologen Genrekombination aus, der bei der Zellteilung stattfindet, allerdings sehr selten. Deshalb benötigt man wirkungsvolle Selektionsmechanismen: Vektoren für die homologe Rekombination enthalten in einem gewissen Abstand zum interessierenden Gen das herpesvirale Enzym Thymidinkinase (TK), so dass homologe Rekombinationen vor dem TK-Gen erfolgen, während bei einer zufälligen Rekombination von Vektorfragmen-

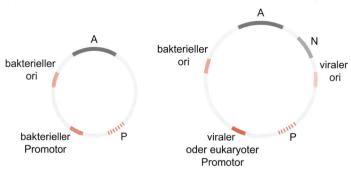

15.16 Schematische Darstellung essenzieller Elemente bakterieller und eukaryoter Expressionvektoren. A: Ampicillinresistenzgen; N: Neomycinresistenzgen; ori: *origin of replication*; P: Polyklonierungsstelle.

ten die TK meist in das Genom der Zelle mit eingebaut wird. TK setzt das Nukleosidanalogon Ganciclovir in seine pharmakologisch wirksame Form um. Zellen, welche das Enzym exprimieren, werden durch Ganciclovir getötet. In einem sequenziellen Selektionsprozess isoliert man durch Zugabe von Neomycin zunächst alle Zellen, welche das funktionslose Gen in das Genom integriert haben, und dann mithilfe von Ganciclovir die wenigen, die es durch homologe Rekombination gegen das zelleigene Gen ausgetauscht haben (Abb. 15.17). Mithilfe von Restriktionsverdau und Southern-Blot lässt sich der Erfolg überprüfen (Kap. 15.16.4).

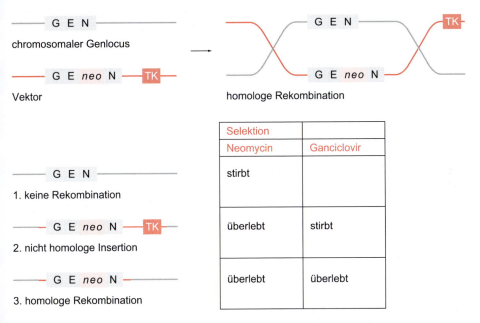

15.17 Gen-Knock-out durch homologe Rekombination. Oben links sind das chromosomale Gen (grau) gezeigt sowie der Vektor (rot), auf dem die Funktion des Gens durch Insertion eines Neomycinresistenzgens ausgeschaltet wurde. Außerdem enthält der Vektor ein Thymidinkinasegen, das Zellen suszeptibel für das toxische Nukleosidanalogon Ganciclovir macht. Durch homologe Rekombination beim *crossing-over* (oben rechts) wird das chromosomale Gen gegen das funktionslose ausgetauscht, während die Thymidinkinase auf dem Vektor verbleibt. Unten ist gezeigt, wie sich verschiedene Rekombinationsereignisse auf den chromosomalen Locus auswirken und welche Konsequenzen dies für das Überleben der Zellen in verschiedenen Selektionsmedien hat: Durch zwei aufeinander folgende Selektionsschritte können die Zellen angereichert werden, in denen eine homologe Rekombination erfolgt ist. neo: Neomycinresistenzgen; TK: Thymidinkinasegen.

16 In vivo-Methoden

16.1 Hauttests

„Überempfindlichkeitsreaktionen" vom Typ I, III und IV (Kap. 18, 19) können mit einem **intradermalen Hauttest** antigenspezifisch geprüft werden (Abb. 16.1). Typ-II-Reaktionen können nicht in einem Hauttest untersucht werden.

Diese Feststellung trifft für **Allergien** (Typ I) und **immunkomplexvermittelte** pathogene Immunreaktionen (Typ III) zu. Pathogene Immunreaktionen von Typ IV aber sind **nicht** im intradermalen Hauttest prüfbar. Dieser Test wird nur benutzt, um die normale T-Zell-Reaktionsfähigkeit (die Memoryantwort) der Testperson gegenüber weit verbreiteten Infektionserregern zu prüfen bzw. den Erfolg einer Impfung (z. B. Tuberkulintest) zu dokumentieren. Als Antigene werden so genannte **recall**-Antigene, z. B. Streptolysin O, *Candida albicans*-Antigene, Tetanustoxoid oder Mumps-Antigen verwendet.

Alle intradermalen Hauttests führen im Positivfalle zur gleichen lokalen Reaktion. Sie werden aber zu unterschiedlichen Zeitpunkten positiv (Abb. 16.1). Das erst macht eine Unterscheidung möglich. Der **Hauttest vom Soforttyp** (Typ I)

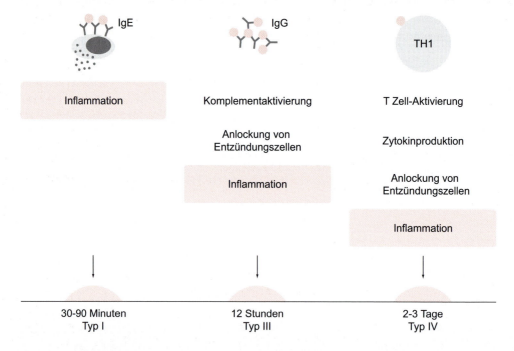

16.1 IgE-, immunkomplex- und TH1-vermittelte **spezifische** Immunreaktionen können im intradermalen Hauttest nachgewiesen werden.

wird nach **30–90 min** positiv. Dieser Test wird auch **Prick-Test** genannt, weil das Antigen auf die Haut aufgetragen und danach die Haut mit einer Nadel leicht angeritzt wird. Die sensibilisierten Mastzellen der Haut degranulieren sofort nach Antigenkontakt (Kap. 18.1). Man misst an der Einstichstelle der Allergene, die eine Allergie im Patienten hervorrufen, eine Rötung, Schwellung und Induration.

Der Hauttest vom **halbverzögerten Typ (Typ III)** wird nach Antigengabe durch die Formation löslicher Immunkomplexe (Abb. 5.13, Kap. 18.3) eingeleitet. Nach Komplementaktivierung werden Entzündungszellen angelockt, die vor Ort aktiviert werden. Diese Reaktion benötigt **zwölf Stunden**. Im Hauttest **vom verzögerten Typ (Typ IV)** werden spezifische TH1-Zellen aktiviert. Sie produzieren IFNγ, welches Epithelzellen zur Produktion von proinflammatorischen Zytokinen und Chemokinen stimuliert. Erst dann werden Entzündungszellen angelockt, die vor Ort wieder Rötung, Schwellung und Induration erzeugen. Ein Tuberkulintest wird nach **2–3 Tagen** positiv (*delayed type hypersensitivity*, **DTH**), wenn der Proband eine zellvermittelte (TH1) Immunität gegen Tuberkulose besitzt, zum Beispiel nach BCG-Vakzinierung mit attenuierten *Mycobacterium tuberculosis*. Tuberkulin ist eine Mixtur von Peptiden und Kohlehydraten und DNA aus *M. tuberculosis*.

Mit einem **Prick-Test** testet man ebenfalls Typ-IV-Reaktionen, diesmal tatsächlich pathogene Reaktionen, z. B. Kontaktallergien.

Auch ein **Patch-Test** kann zur Testung der Typ-IV-Überempfindlichkeit benutzt werden. Dabei werden Teststreifen auf die Haut gelegt, die mit den Irritantien getränkt wurden. Nach 48–72 Stunden ergibt sich im Positivfalle eine Rötung, Schwellung evtl. Bläschenbildung mit Schmerzhaftigkeit.

16.2 Adoptiver Zelltransfer

Hat man in der experimentellen Forschung die Vermutung, dass in einem Organismus eine Leistung durch Zellen des Immunsystems erbracht wird, zum Beispiel der Schutz vor einem bestimmten Infektionserreger oder die Toleranz gegenüber Transplantationsantigenen, kann man den Verdacht erhärten, indem man diese Zellen in einen anderen Organismus überträgt und prüft, ob dieser nun ebenfalls geschützt bzw. tolerant ist. Da homöostatische Mechanismen die Nischen für die Ansiedlung der transferierten Zellen strikt begrenzen, muss man in der Regel die Immunzellen des Empfängers vor dem Zelltransfer depletieren, zum Beispiel durch Bestrahlung. Wenn man nur bestimmte Zelltypen überträgt, lässt sich genauer charakterisieren, welche Zellen für die Leistung verantwortlich sind. Dann möchte man natürlich auch wissen, wie lange die übertragenen Zellen im Organismus überleben, wohin sie wandern und welche Effektorfunktionen sie dort ausüben. Dafür muss man die übertragenen Zellen wiederfinden. Man kann sie vor dem Transfer mit einem Vitalfarbstoff wie CFSE (Kap. 15.14) färben. Es gibt sogar einen transgenen Mausstamm, dessen Zellen von selbst grün leuchten, da sie das Protein GFP (*green fluorescent protein*) exprimieren.

In der Humanmedizin kommt adoptiver Zelltransfer im Spezialfall sogar therapeutisch zum Einsatz (Kap. 23.2.1, 24.2 und 26.4)

Frage: Warum muss der adoptive Zelltransfer bei einem Tierexperiment im syngenen System erfolgen? Antwort in Kapitel 2.5, Abbildung 23.1

16.3 Transgene und gendefiziente Tiere

Transgene Tiere

Die Stärke des adaptiven Immunsystems, die große Vielfalt seiner BCRs und TCRs, erschwert die Untersuchung der Regeln, die bei der Entwicklung und Aktivierung der T- und B-Zellen gelten. Viele Erkenntnisse, wie zum Beispiel die über zentrale Toleranzmechanismen (Kap. 11.1), wurden erst nach einer radikalen Vereinfachung des Systems gewonnen: Man erzeugte Mäuse, in denen (fast) alle B- bzw. T-Zellen den gleichen definierten Antigenrezeptor exprimieren. Dies gelang für B-Zellen zum Beispiel dadurch, dass man mit einer feinen Glaspipette bereits rearrangierte Gene für die schwere und leichte Ig-Kette in den männlichen Vorkern einer *in vitro*-befruchteten Mauseizelle einbrachte. Diese Gene integrierten in das Genom der Zelle, wurden später in B-Zellen abgelesen und die BCRs auf der Zelloberfläche exprimiert. Man spricht von einer BCR-transgenen Maus. Die Expression eines funktionellen BCR unterdrückt durch allele Exklusion (Kap. 3.3) weitgehend das Rearrangement anderer Ig-Gene, so dass die meisten B-Zellen dieser Tiere tatsächlich den definierten transgenen BCR nutzen. Dessen Einfluss auf B-Zell-Entwicklung und -Aktivierung kann jetzt unter verschiedenen Bedingungen untersucht werden. Kreuzt man BCR-transgene Tiere mit solchen, deren Rag-Gene defekt sind (Kap. 3.3), werden in den Nachkommen praktisch alle BCRs von den Transgenen kodiert, da diese Tiere ihre eigenen BCR- und TCR-Gene nicht rearrangieren können. Das beschriebene Prinzip lässt sich auch mit TCR- und anderen Genen durchführen.

Knock-out-Mäuse

Die permanente Ausschaltung eines Gens ist eine Möglichkeit, dessen Funktion in einem Gesamtorganismus zu untersuchen. Heute ist man dafür nicht mehr auf zufällige Mutationen angewiesen, sondern kann ein Gen gerichtet zerstören, indem man es durch **homologe Rekombination** gegen eine funktionslose Variante austauscht. Diese Technologie wurde 2007 mit einem Nobelpreis gewürdigt (Tab. 1). Das Gen wird zunächst in Zellkultur in **embryonalen Stamm(ES)-Zellen** der Maus ausgeschaltet (Kap. 15.17.2). So erhält man Linien embryonaler Stammzellen, welche heterozygot für den Gen-Knock-out sind, was sich im Southern-Blot überprüfen lässt (Kap. 15.16.4). Einige dieser Zellen werden nun in murine Blastozysten injiziert. Wenn sie zur Embryonalentwicklung beitragen, ist die entstehende Maus eine genetische Chimäre. Beteiligen sich die Nachkommen der mutierten Zellen auch an der Bildung von Keimbahnzellen (Oozyten bzw. Spermien), kann die Maus das funktionslose Gen an einige Nachkommen vererben. Diese Mäuse der F1-Generation sind dann heterozygot für den Gen-Knock-out und werden als *founder* bezeichnet, da sie neue Mausstämme begründen. Durch Kreuzung ihrer Nachkommen erhält man auch homozygote Tiere, welche – sofern sie lebensfähig sind – kein funktionelles Genprodukt mehr exprimieren. Danach beginnt die Suche nach einer Veränderung im Phänotyp dieser Maus, um eine nicht redundante Funktion des Genprodukts zu identifizieren.

Konditionaler Gen-Knock-out

Um ein Gen erst zu einem definierten Zeitpunkt und/oder nur in bestimmten Zellen auszuschalten, wird häufig eine „Technologie" des Bakteriophagen P1 eingesetzt, die diesem dazu dient, sein Genom nach Integration aus dem Wirtschromosom wieder herauszuschneiden. Das Phagengenom ist von kurzen Erkennungssequenzen (**loxP**-Motive, *locus of X-ing-[crossing-]over in phage P1*) flankiert, an die eine virale Rekombinase, **Cre** (*causing recombination*), spezifisch bindet. Diese schneidet die virale Gensequenz zwischen den beiden loxP-Motiven heraus und fügt sie zu einem DNA-Zirkel zusammen. (Abb. 16.2).

Um mit diesen Mitteln ein Gen gezielt auszuschalten, werden zuerst durch homologe Re-

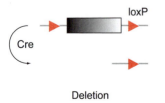
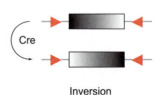

16.2 Konditionaler Gen-Knock-out bzw. Geninversion durch das Cre-lox-System. Erläuterung siehe Text.

kombination in ES-Zellen loxP-Motive an beide Enden des *gene of interest* angefügt. Dann muss überprüft werden, ob die Funktion des Gens erhalten ist, bevor diese Zellen zur Erzeugung einer transgenen Maus eingesetzt werden. Es gibt bereits verschiedene Cre-transgene Mausstämme, bei denen das Cre-Gen durch einen induzierbaren Promotor reguliert und/oder nur in bestimmten Zelltypen exprimiert wird. Kreuzt man nun ein Tier mit einem loxP-flankierten Gen mit einem Cre-transgenen Tier, wird in der Nachkommenschaft das Gen in den Zellen ausgeschaltet, welche Cre exprimieren. Bei einem induzierbaren Cre-Promotor kann der Experimentator selbst das Signal dazu geben.

DAS DEFEKTE IMMUNSYMSTEM

17 Immunpathologische Krankheitszustände in der Übersicht

Immer, wenn das Immunsystem auffällig wird, handelt es sich um überschießende oder insuffiziente Effektorfunktionen. Fast immer ist dabei die Regulation der Immunantwort gestört, selten liegen genetische Defekte zugrunde. **Pathogene Immunreaktionen basieren grundsätzlich auf Mechanismen, die ansonsten physiologische Immunfunktionen ausmachen** (Tab. 17.1). Für das Verständnis der komplizierten, krankmachenden Immuneffekte ist deshalb anwendungsbereites Wissen über die Vielfalt physiologischer Immunantworten (Kap. 1–14) außerordentlich vorteilhaft.

Schon seit über 40 Jahren werden Überempfindlichkeitsreaktionen in vier Typen eingeteilt (Tab. 17.2). Trotzdem haben wir bis heute keineswegs Klarheit über die Ätiopathogenese so wichtiger Volkskrankheiten wie des insulinabhängigen Diabetes mellitus oder der Rheumatoidarthritis.

Tabelle 17.1 Erkrankungen mit Immunpathogenese.

überschießende Immunreaktionen	Immundefizienzen
Allergien	angeborene Immundefekte
Autoimmunerkrankungen	erworbenes Immunmangelsyndrom (AIDS)
septischer Schock	Tumorerkrankungen
habitueller Abort	chronische Infektionen
Transplantatabstoßung	Immunparalyse
Transfusionszwischenfälle	(endogene Immunsuppression)
periodische Fieberschübe	

Wir werden sehen, dass **Überempfindlichkeitsreaktionen** sowohl Typ-I- als auch Typ-III- und Typ-IV-Reaktionen sein können. **Autoimmunreaktionen** hingegen können durch Typ-II-, Typ-III- und Typ-IV-Reaktionen verursacht sein (Tab. 17.2, Abb. 17.1).

Tabelle 17.2 Pathogene Immunreaktionen.

Klassifikation	Effektoren	Folgen	Beispiele
Typ I	IgE, Mastzellen, TH2 (IL4)	Allergie	Bienengiftallergie, Asthma bronchiale
Typ II	IgG, ADCC, Komplement	Autoimmunität Infektanfälligkeit, Blutungsneigung	Morbus Basedow, postinfektiöse Myocarditis, Medikamentenunverträglichkeit
Typ III	lösliche Immunkomplexe, Komplement, FcγR-tragende Zellen	Überempfindlichkeit Autoimmunität	Serumkrankheit, Farmerlunge, Kollagenosen, Glomerulonephritis
Typ IV	Makrophagenaktivierung durch TH1 (IFNγ), CTLs, Eosinophilenaktivierung durch TH2 (IL4)	Autoimmunität Überempfindlichkeit	Rheumatoidarthritis, Multiple Sklerose, Diabetes mellitus, Kontaktdermatitis, glutensensitive Enteropathie, Asthma-Spätphasenreaktion

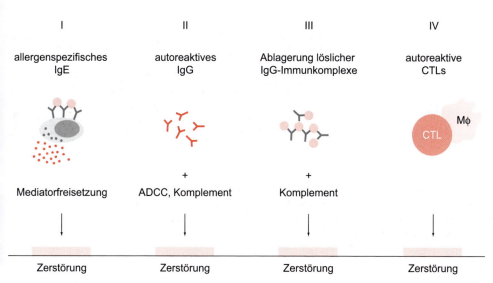

17.1 Gewebezerstörungen durch pathogene Immunreaktionen.

18 Wann können körpereigene Antikörper krank machen?

Antikörper als Produkte einer spezifischen Immunantwort können unter bestimmten Umständen auch krankmachende oder lebensbedrohliche Effekte hervorrufen.

1957 wurden die ersten Autoantikörper im Patientenserum entdeckt und für Autoimmunerkrankungen verantwortlich gemacht. Heute wissen wir, dass der *in vitro*-Nachweis organspezifischer Autoantikörper noch keineswegs gleichzusetzen ist mit einer kausalen Rolle in der Autoimmunerkrankung (vgl. Abb. 5.2 und 5.5). Aber auch Antikörper gegen Fremd-Antigene können immunpathologische Bedeutung erlangen (Kap. 23.1). Die Umstände, die entscheiden, ob eine Immunpathologie entsteht, sind sehr heterogen und werden im Folgenden erörtert.

18.1 IgE-vermittelte Allergien

Parasiten oder Pilzinfektionen werden optimal bekämpft, wenn ihre Hüllen durch toxische Mastzell- oder Eosinophilenprodukte (Abb. 5.21, 5.22) zerstört werden. Dazu muss die Immunantwort TH2-dominiert sein (Abb. 7.3), um einen Klassenwechsel zum IgE zu erreichen. Die durch Bindung von IgE an ihre IgE-Rezeptoren sensibilisierten Mastzellen im Gewebe spiegeln das gesamte Repertoire der Antigenspezifitäten wider. Sie werden durch die großen Erreger über den so genannten antigenen Brückenschlag „vor Ort" degranuliert. Würmer sind bis zu 10^3 mm, Protozoen bis 10^{-1} mm und Pilze bis zu 10^{-2} mm groß. Soweit die Physiologie der IgE-Antwort.

IgE-vermittelte **Allergien** gegen kleine Moleküle, z. B. Pollenallergene, kommen nur dadurch zustande, dass **vermehrt** IgE der gleichen Spezifität produziert wird. Die IgE-Moleküle mit gleicher Antigenspezifität sitzen u. U. in benachbarten Fcε-Rezeptoren. Jetzt können plötzlich **harmlose** winzige **Antigene**, wie z. B. Blütenpollenantigene, diese Fcε-Rezeptoren kreuzvernetzen und eine Abwehrschiene anschalten, die – überflüssig und völlig fehl am Platze – toxische Moleküle generiert. Die Ursache für die vermehrte IgE-Produktion ist eine **erhöhte IL4-Produktion** bei bestimmten adaptiven Immunantworten (Abb. 7.3). Häufig erhöht sich bei Allergikern die Zahl der allergieauslösenden Antigene (Allergene) mit der Zeit.

Die Identifizierung der auslösenden Allergene gelingt mit dem Hauttest vom Soforttyp (Abb. 16.1) oder mit der Suche nach allergenspezifischem IgE im Serum unter Nutzung eines ELISA-Tests mit einer großen Palette verschiedener Allergene. Nicht immer ist der Gesamt-IgE-Spiegel bei Allergiepatienten erhöht.

Frage: Benötigen Sie zum Nachweis einer Blütenpollenallergie in vitro-Anti-Human-IgE-Antikörper? Antwort in Kapitel 15.5

Wieso nimmt die Frequenz der Allergien in der zivilisierten Welt rapide zu?

Diese Frage ist nicht eindeutig beantwortbar. Ein Erklärungsversuch ist die so genannte **Hygienehypothese**: Unter Zuhilfenahme der Abbildung 7.3 wird ersichtlich, dass der Gegenspieler einer TH2-gebahnten Immunantwort die TH1-Schiene ist. Bakterielle Expositionen, die eine TH1-dominierte Reaktionslage erzeugen, sind in einer hygienischen Großstadtatmosphäre reduziert, nicht aber auf dem Lande. Kleinkinder sollten naturverbundener und nicht fernsehgesteuert aufwachsen. Selbst wenn diese Hypothese nicht richtig wäre, bleibt die daraus abgeleitete Konsequenz erstrebenswert. Eine **modifizierte** Hygienehypothese geht davon aus, dass bei verminderter bakterieller Exposition in den ersten Lebensjahren eines Kindes die Entwicklung von Toleranzmechanismen gestört ist.

Die molekularen Mechanismen einer Typ-I-Allergie

Hoch affine FcεRI werden nur von Mastzellen, Basophilen und aktivierten Eosinophilen exprimiert. Sie binden IgE und akquirieren dadurch dessen Spezifität. Ein antigener Brückenschlag hat zwei Konsequenzen: Zum einen wird eine Fusion der Granula mit der Zellmembran ausgelöst, die innerhalb von Sekunden zur Ausschüttung vorgefertigter Mediatoren (Tab.18.1) führt. Außerdem kommt es durch Phospholipase A2 zur Abspaltung von Fettsäuren aus den Triglyceriden der Zellmembran. In großer Menge wird dabei **Arachidonsäure** freigesetzt, da diese 15–20 % der Phospholipide humaner mononukleärer Zellen ausmacht. Sie wird sofort abgebaut, und auf dem **Lipoxygenaseweg** entstehen Leukotriene, während auf dem **Cyclooxygenaseweg** Prostaglandine und Thromboxan gebildet werden. Diese neu generierten Mediatoren werden ebenfalls sofort freigesetzt. Sie sind sehr kurzlebig und wirken in extrem niedrigen Konzentrationen: Histamin bei 10^{-11} M, Leukotrien B4 sogar bei 10^{-14} M. Vasodilatation, Bronchokonstriktion, Eosinophilenaktivierung, Endothelzellaktivierung, Verstärkung der TH2-Antwort, Anlockung von Entzündungszellen sind die Konsequenzen (Tab. 18.1). In den beiden nächsten Abschnitten folgen einige Beispiele.

18.1.1 Systemische Anaphylaxie

Der lebensbedrohliche Zustand einer systemischen Anaphylaxie entsteht u. U. nach einem Bienenstich bei Personen mit einer Bienengiftallergie. Gelangt das Toxin in die Zirkulation, folgt eine disseminierte Aktivierung aller Mastzellen im Bindegewebe nahe den Blutgefäßen. Die durch die Mastzellmediatoren ausgelöste generalisierte Erhöhung der Gefäßpermeabilität führt zum drastischen Blutdruckabfall und in der Lunge zu einer Bronchokonstriktion. Der Blutdruckabfall kann zum **anaphylaktischen Schock** führen. Auch die schnelle Resorption von Nahrungsmittelallergenen hat systemische Konsequenzen, z. B. bei einer IgE-vermittelten Erdnussallergie.

Sofortige Adrenalininjektionen zur Relaxation der glatten Muskulatur der Luftwege und die Verhinderung der vasoaktiven Wirkung der Anaphylatoxine sind beim anaphylaktischen Schock lebensrettend. Andere Therapieansätze finden sich in Kapitel 25.

Tabelle 18.1 Mastzellfunktionen.

Kategorie	Mediator	Wirkung
präformiert in Granula gelagert	Histamin Tryptase Kathepsin B saure Hydrolasen	Gefäßpermeabilität ↑, Kontraktion glatter Muskulatur, Zerstörung mikrobieller Strukturen, Gewebezerstörung
bei Aktivierung neu generierte Mediatoren	PAF Prostaglandine Leukotriene	Vasodilatation, Bronchokonstriktion, Neutrophilenchemotaxis, Mukussekretion, Gefäßpermeabilität ↑
Zytokinproduktion nach Aktivierung	IL3 TNFα MIP1α IL4, IL13 IL5	Mastzellproliferation, Entzündung, Spätphasenreaktion, TH2-Differenzierung, Aktivierung von Eosinophilen

18.1.2 Asthma bronchiale, Urtikaria, atopisches Ekzem, Nahrungsmittelallergien

Das klinische Bild einer allergischen Reaktion hängt davon ab, wo sich die Mastzelldegranulationen ereignen, d. h. wo das Allergen in den Körper gelangt. Viele Allergene kommen über die Atemwege. Konjunktivitis (Entzündung der Augenbindehaut) oder Rhinitis (allergischer Schnupfen) sind klinische Manifestationen einer Reaktion gegen Inhalationsallergene – ebenso wie das allergische Asthma bronchiale. Ein Asthmaanfall kann akut lebensbedrohlich sein. Innerhalb von Sekunden verursachen Mastzelldegranulationen in der bronchialen Submukosa einen Spasmus der glatten Bronchialmuskulatur, später ein Ödem der Schleimhäute, Entzündung und sogar eine erhöhte Viskosität des produzierten Schleims. Das Resultat sind akut verengte Luftwege, oft **Lebensgefahr**. Der Schweregrad einer Inhalationsallergie nimmt im Laufe der Erkrankung oft zu, da es durch die Entzündung zu Zerstörungen der Schleimhäute und damit fortan zu massiveren Übertritten von Allergenen kommen kann – ein Teufelskreis.

Gelangen die Allergene über den Magen-Darm-Trakt in den Organismus, können sie eine **akute Urtikaria** der Haut (von lat. *urtica*: Brennnessel) erzeugen. Es kommt zur flecken- oder flächenhaften Rötung und Schwellung, die u. U. über den ganzen Körper verteilt sein kann und ebenfalls IgE- und mastzellvermittelt abläuft. Erdnussallergie und Penicillinallergie sind dafür prominente Beispiele. Handelt es sich um Nahrungsmittelunverträglichkeiten vom Soforttyp, werden aber vorrangig Mastzellen am Darm aktiviert. Es kommt zur Kontraktion der glatten Muskulatur, zum Flüssigkeitsverlust und zum Durchfall. Eine **chronische Urtikaria** ist oft nicht IgE-vermittelt, sondern eine Autoimmunerkrankung, die durch Autoantikörper gegen den FcεR verursacht wird (Kap. 18.2.3) und somit zum Typ-II gehört. Selbst Typ-III-Reaktionen (Kap. 18.3) können medikamenteninduziert als Serumkrankheit (Kap. 23.1) ebenfalls zu einer u. U. lebensbedrohlichen Urtikaria führen.

Die so genannte Spätphasenreaktion

Nachdem die IgE-vermittelte Mastzelldegranulation nach Allergenkontakt zur Ausschüttung von Mediatoren (Tab. 18.1) geführt hat, werden 4–20 Stunden später die dadurch angelockten Entzündungszellen, vor allem **Eosinophile**, lokale Gewebeschäden setzen. Sie verfügen über ein Arsenal hoch toxischer Moleküle (Tab. 18.2). Das chronische Asthma führt zu einer allgemeinen Hyperreagibilität der entzündeten Schleimhäute (Kap. 19.3). Gelangen Allergene in die Haut, verursachen sie dort eine lokale Mastzelldegranulation. Rötung (Vasodilatation), Schwellung (Ödem), Schmerzen (Kininwirkung) sind die Folge. Auch hierbei gibt es eine Spätreaktion, die lange persistiert und noch nicht endgültig erforscht ist.

Tabelle 18.2 Funktionen eosinophiler Granulozyten.

Kategorie	Mediator	Wirkung
präformiert in Granula gelagert	major basic protein (MBP) eosinophil cationic protein (ECP) Peroxidase, lysosomale Hydrolase Lysophospholipase	toxisch für Würmer, Protozoen, Bakterien und Wirtszellen
bei Aktivierung neu generierte Mediatoren	Leukotriene PAF Lipoxine	Bronchokonstriktion, Mukussekretion, Gefäßpermeabilität ↑, Inflammation
Zytokinproduktion nach Aktivierung	IL3, IL5, GM-CSF IL8, IL10, RANTES MIP1α, Eotaxin	Eosinophilenproduktion, Eosinophilenaktivierung, Leukozytenchemotaxis

Alternative Mastzellaktivierung

Es soll an dieser Stelle nicht unerwähnt bleiben, dass es auch ein **nicht allergisches Asthma** gibt, das **IgE-unabhängig** ähnliche klinische Bilder erzeugt. Wir erinnern uns an die anaphylatoxischen Komplementspaltprodukte C3a, **C5a** (Kap. 1.3.5). Diese verursachen über Mastzellaktivierung (Abb. 5.21) ebenfalls eine Erhöhung der Gefäßpermeabilität oder eine Kontraktion der glatten Muskulatur. Auch **LPS** ist als Mastzellaktivator bei der chronisch-obstruktiven Bronchitis beschrieben. Diese klinischen Zustandsformen verkomplizieren die Allergiediagnostik. Sie bleiben im Hauttest vom Soforttyp (Abb. 16.1) negativ und können nicht durch Allergenkarenz gemildert werden.

Proteaseaktivierbare Rezeptoren (PARs)

Unter den Mastzellmediatoren (Tab. 18.1) findet sich auch das Enzym Tryptase. Diese Protease hat eine ganz spezielle Fähigkeit: Sie verursacht durch proteolytische Spaltung extrazellulärer Bereiche von Rezeptormolekülen eine Signaltransduktion in Zellen. Das Prinzip der proteaseaktivierbaren Rezeptoren war entdeckt. Neben **Tryptase** sind Thrombin, Kathepsin G oder der Gerinnungsfaktor Xa zur zellulären Aktivierung über proteaseaktivierbare Rezeptoren fähig. Solche PARs sind auf **Keratinozyten**, **Endothelzellen** und auch **Nervenzellen** exprimiert. Die Folgen einer Tryptasewirkung sind deshalb Keratinozytenproliferation, Vasodilatation, Extravasation und Schmerzen.

Ob IgE-vermittelt oder alternativ induziert, die Mastzellaktivierung ist ein zentrales Geschehen in verschiedensten Geweben. Jedoch ist die Aufklärung der molekularen Zusammenhänge längst nicht abgeschlossen. Insbesondere die Wechselwirkungen mit dem autonomen Nervensystem harren einer Aufklärung. Da die Neurotransmitter Substanz P und CRF (Kap. 7.5) ebenfalls alternative Mastzellaktivatoren sind und 80 % aller Mastzellen in Darmnähe sitzen, wird verständlich, weshalb zum Beispiel Prüfungsstress bei manchen Menschen durchschlagende Wirkung hat. Das klinische Bild der intestinalen Hypermotilität nennt man „irritables Kolon".

Das immunologische Sorgenkind: Die atopische Dermatitis

Sehr häufig sind die Patienten mit atopischer Dermatitis Kleinkinder. Sie haben ein chronisches Ekzem (Hautausschlag) mit Juckreiz, Keratinozytenhyperproliferation und Superinfektionen. Allergien vom Soforttyp sind häufig vorhanden, doch die Ätiologie der Hauterscheinungen bleibt unklar. Beim atopischen Ekzem findet sich oft eine vermehrte PAR2-Expression. Das könnte bedeuten, dass Tryptase, von aktivierten Mastzellen der Haut freigesetzt, Schmerzen, Juckreiz (Wirkung auf afferente Nervenfasern), Dermatitis (Wirkung auf Keratinozyten) und Extravasation (Wirkung auf Endothelzellen) verursacht. Wenn Tryptase eine zentrale Rolle bei der atopischen Dermatitis spielt, würde dies erklären, warum Antihistaminika ohne Therapieerfolg bleiben. Neuerdings werden auch agonistische Autoantikörper gegen PARs (Kap. 18.2.3) in einen Kausalzusammenhang mit der atopischen Dermatitis gebracht.

Erstaunlicherweise kommt es im späteren Leben oft zu **Spontanheilungen**. Dies könnte bedeuten, dass eine zunächst noch unterentwickelte Funktion von Suppressor-(Toleranz-)Mechanismen für die atopische Dermatitis bei Kindern verantwortlich ist (Kap. 7.2 und 11).

18.2 Autoreaktive IgG-Antikörper

Autoantikörper können pathogene Immunreaktionen vom Typ II verursachen (Tab. 17.2). Andere IgG-vermittelte Typ-II-Reaktionen wie Arzneimittelallergien oder Transfusionsreaktionen werden in Kapitel 23 erörtert. Typ-II-Reaktionen können **nicht** im Hauttest geprüft werden (Abb. 16.1).

Wie kommt es zur Produktion von Autoantikörpern?

Autoreaktive B-Zell-Klone unterliegen peripheren Toleranzmechanismen (Kap. 11.2.6). Wir wissen inzwischen, dass die Immuntoleranz durch Entzündung und proinflammatorische Zytokine durchbrochen werden kann (Abb. 18.1). Wir wissen aber auch, dass es kreuzreagierende Antikörper gibt, die über ein molekulares *mimicry* (Kap. 18.2.1) zu pathologischer Bedeutung gelangen können. Eine Unterscheidung dieser Mechanismen ist nur im Einzelfall möglich und für den Patienten unerheblich.

18.2.1 Kreuzreagierende, pathogenspezifische Antikörper

Selbst eine effektive Immunantwort gegenüber Infektionserregern kann manchmal zu Ungunsten des Wirtes ausgehen, obwohl die Erreger erfolgreich eliminiert wurden:

Beispiel 1: Akutes rheumatisches Fieber

Nach einer durch Streptokokken verursachten Mittelohrentzündung treten bei manchen Kindern Herzprobleme auf, weil kreuzreagierende B-Zell-Klone expandiert sind, deren sezernierte Antikörper neben Streptokokkenantigenen zufällig auch Myokardepitope binden (***molecular mimicry***). Diese Komplikation ist im Einzelfall nicht vorhersehbar und hängt neben der Spezifität der Antikörper ganz entscheidend von deren Konzentration ab. Die Antikörper aktivieren vor Ort die Komplementkaskade, die über C3a zur Entzündung, wegen der Komplementschutzproteine (Tab. 1.4) aber nicht zur Porenbildung führt. Zytotoxische Antikörper wirken über eine ADCC und führen zu Gewebeuntergängen.

Beispiel 2: Autoimmunerkrankungen nach Virusinfektionen

Wenn antivirale Antikörper die Generierung **antiidiotypischer** Antikörper (Abb. 5.4) nach sich ziehen, wird folgender Umstand relevant: Anti-Idiotypen ähneln strukturell dem Virusantigen, also könnten sie ähnlich dem viralen Epitop an dessen zellulären Eintrittspforten (in der Regel Rezeptoren) binden. Die Zellen werden so plötzlich zu Zielzellen für körpereigene, antiidiotypische Antikörper. ADCC und agonistische bzw. antagonistische Anti-Rezeptor-Antikörperwirkungen (Abb. 5.2, 5.9, 5.10) würden möglich. Dieser Pathomechanismus wird für progressive Muskelschwäche (Myasthenia gravis) und Coxsackie-B-Virusinfektionen diskutiert (Kap. 18.2.4); es ist aber extrem schwierig, die postulierten Kausalzusammenhänge zu beweisen.

18.2.2 Autoreaktive zytotoxische Antikörper

Primär autoreaktive B-Zell-Klone sind in der Regel nicht klonal expandiert (Kap. 11.2.6). Wenn diese jedoch während einer Immunantwort gegen Fremd-Antigene proliferieren, weil sie aufgrund einer Kreuzreaktivität zum Repertoire der epitopspezifischen, polyklonalen Antwort gehören (*molecular mimicry*), können sie plötzlich pathologische Relevanz erlangen.

Blasenbildende Dermatosen zum Beispiel können irgendwann im Erwachsenenalter auf-

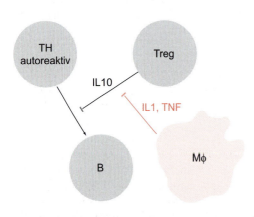

18.1 Entzündungen überrollen periphere Toleranzmechanismen.

treten. Ihre Ursache sind IgG-Antikörper mit Spezifität für Cadherine, die den Zusammenhalt der mehrlagigen Keratinozytenschichten garantieren. Sind solche Autoantikörper gegen die Strukturen gerichtet, die die basale Keratinozytenschicht an der Basalmembran verankern (Anti-BP130-Antikörper), verursachen sie eine Epidermolyse (Hautablösung) und großflächige Blasenbildung der Haut. Die Bewegungsfreiheit der Patienten ist erheblich eingeschränkt. Solche schmerzhaften Läsionen können auch die Mundschleimhaut betreffen. Bei Verletzung der Blasen kommt es mit der extrazellulären Flüssigkeit zu erheblichen Proteinverlusten.

Als auslösende Ursache könnte eine Immunantwort gegen Medikamente, zum Beispiel D-Penicillamin, mit entsprechenden kreuzreagierenden Antikörpern bei den behandelten Patienten in Frage kommen (Kap. 23.1).

18.2.3 Agonistische Anti-Rezeptor-Antikörper

Auch im Zeitalter von Genomics, Proteomics und Transcriptomics sind viele Krankheitsbilder oder klinischen Syndrome in ihrer Ätiologie schlicht unbekannt. Die immunologische Überraschung zu Anfang des 21. Jahrhunderts könnte die Entdeckung der agonistischen Anti-Rezeptor-Antikörperwirkung als allgemeines pathogenetisches Prinzip werden.

Seit langem weiß man, dass die Schilddrüsenhyperfunktion bei **Morbus Basedow** (die Engländer sprechen von *Graves' disease*) auf **Autoantikörper** gegen Rezeptoren für das thyreoideastimulierende Hormon (TSH) zurückzuführen ist. Die Autoantikörper gegen den TSH-Rezeptor (**TSHR**) binden offenbar so, dass sie die Wirkung des physiologischen Liganden (TSH) imitieren. Die Folge ist eine Freisetzung von Schilddrüsenhormonen. Diese führt zwar zu einer negativen Feedback-Regulation in der Hypophyse und supprimiert die TSH-Freisetzung. Das ändert aber nichts am Hyperthyreoidismus (Schilddrüsenüberfunktion), denn die autoreaktiven B-Zell-Klone sind für diesen Feedback-Mechanismus nicht responsiv. Wird das Serum von Patienten mit Morbus Basedow in eine gesunde Maus transferiert, verursacht es einen Anstieg der Schilddrüsenhormonspiegel. Damit ist die kausale Wirkung der Antikörper belegt.

Die stimulierenden Autoantikörper bei Hyperthyreoidismus schienen lange Zeit eine Ausnahme, ein ätiopathogenetisches Unikat zu sein. Inzwischen aber ist dieser Mechanismus als genereller Pathomechanismus entlarvt: Autoantikörper gegen verschiedene Rezeptorstrukturen (vor allem **G-Protein-gekoppelte Rezeptoren**) können – müssen aber nicht! – aktivierende Funktionen übernehmen. Es leuchtet sofort ein, dass der Nachweis der Rezeptorspezifität der Antikörper allein nichts über ihre pathophysiologische Relevanz aussagt. Wahrscheinlich würden sich auch bei Gesunden viele Autoantikörperspezifitäten (ohne pathologische Relevanz) nachweisen lassen, würde man danach suchen. Für eine agonistische Wirkung ist die Rezeptordichte auf den Zielzellen von entscheidender Bedeutung (Abb. 18.2). Nur bei hoher Rezeptordichte kann ein Autoantikörper durch Kreuzvernetzung agonistisch wirken.

Im Folgenden soll an einem Beispiel die Rolle agonistischer Autoantikörper erörtert werden:

Dilatative Kardiomyopathie (DCM)

Eine progrediente Herzvergrößerung und Erweiterung mit schwerwiegender Insuffizienz ohne bislang erklärbare Ursache, brachte die Patienten mit dem Krankheitsbild der dilatativen

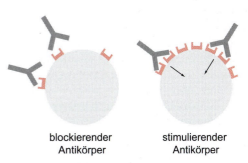

18.2 Autoantikörper gegen G-Protein-gekoppelte Rezeptoren. Ob sie agonistische oder antagonische Wirkungen entfalten, hängt von der Rezeptordichte auf den Zielzellen ab.

Kardiomyopathie auf die Warteliste für eine Herztransplantation.

In Südamerika entwickelt sich nach Trypanosomeninfektion häufig eine Sonderform der DCM, eine arrhythmogene Kardiomyopathie mit dilatiertem Herzen, die jährlich 6000 Opfer fordert (*Chagas' disease*). Regelmäßig findet man im Patientenserum Antikörper mit Spezifität gegen das ribosomale Antigen P von *Trypanosoma cruzi*. Werden Mäuse mit diesem Antigen immunisiert, bleiben einige gesund, andere sterben an einer supraventrikulären Tachykardie (Herzrasen). Vergleichbare Symptome können auch über die Stimulation von β_1-adrenergen Rezeptoren am Herzen erzeugt werden. Da die erkrankten Tiere nachweisbare Anti-P-Antikörper besaßen, wurde ein Kausalzusammenhang gesucht. In solchen Fällen nutzt man oft transfizierte Zelllinien (Kap. 15.17.1). Diese wurden in diesem Falle mit den Sequenzen für β_1-adrenerge Rezeptoren transfiziert, die Kontrollzellen nur mit einem „leeren" Vektor. Exprimieren die transfizierten Zellen β_1-adrenerge Rezeptoren auf ihrer Oberfläche, die nur mit dem Vektor transfizierten jedoch nicht, kann man die selektive Wirkung der Mausseren auf beide Transfektanten prüfen. Als Analysesystem kann man zum Beispiel die cAMP-Erhöhung, die nach Aktivierung G-Protein-gekoppelter Rezeptoren stattfindet, nutzen. Die IgG-Fraktion der Anti-P-Antikörper enthaltenden Mausseren war in der Lage, einen cAMP-Anstieg in den Transfektanten zu induzieren, nicht aber in den Kontrollzelllinien. Die agonistische Wirkung blieb jedoch aus, wenn die Transfektanten nur eine geringe Rezeptordichte exprimierten (Abb. 18.2).

Schnell waren nun auch agonistische Antikörper bei DCM anderer Ursache identifiziert: Sie sind gegen muscarine Acetylcholin-(**AchM2**-) Rezeptoren oder β_1-**adrenerge** Rezeptoren gerichtet. 80 % der DCM-Patienten besitzen solche Autoantikörper. In Kenntnis dieses Zusammenhanges wurde eine neue Therapieform (Kap. 25.6) entwickelt, die in vielen Fällen eine Herztransplantation überflüssig macht. Ein entscheidender Fortschritt.

Inzwischen kennt man weitere agonistische Antikörper, z. B. gegen Serotonin-($5HT_4$-) Rezeptoren, Angiotensin-(**AT1**-) Rezeptoren, proteaseaktivierbare Rezeptoren (**PAR2**) oder auch gegen den IgE-Rezeptor (**FcεRI**). Dabei sind z. T. sehr überraschende Erkenntnisse gewonnen worden: Transplantatempfänger mit einer hyperakuten vaskulären Rejektion ohne immunologisches Risiko (Kap. 23.2) besitzen Antikörper gegen Angiotensin-II-Typ-1-Rezeptoren. Solche Antikörper wirken auch bei einer seltenen Schwangerschaftserkrankung, der Eklampsie, die durch Gefäßschädigung in der Plazenta die Schwangerschaft gefährdet. Antikörper gegen PAR2 agieren u. U. bei atopischer Dermatitis. Weitere Erkrankungen stehen auf der „Kandidatenliste": Glaukom (Augeninnenüberdruck), primäre pulmonale Hypertension, therapierefraktäre Hypertonie und M. Raynaud (schwere Durchblutungsstörungen). Selbst die Urtikaria (Kap. 18.1.2) rückt durch die Entdeckung agonistischer IgG-Antikörper gegen den hoch affinen IgE-Rezeptor in ein neues Licht.

18.2.4 Antagonistische Anti-Rezeptor-Antikörper

Anti-Rezeptor-Autoantikörper mit antagonistischer Wirkung blockieren entweder die Ligandenbindung, oder sie induzieren eine Rezeptorinternalisierung, so dass der physiologische Ligand ebenfalls „ins Leere läuft". Das berühmteste klinische Beispiel ist die progressive Muskelschwäche **Myasthenia gravis**. An der neuromuskulären Endplatte werden die neuronalen Impulse für eine Muskelkontraktion durch Acetylcholin (Ligand) auf die Acetylcholinrezeptor tragenden Muskelzellen übertragen. Der nach Ligation induzierte Na^+-Einstrom triggert die Muskelkontraktion. Bei Myasthenia gravis verursachen **Autoantikörper** gegen die α-Kette des **Acetylcholinrezeptors** dessen Internalisierung und Degradation, so dass Acetylcholin nicht mehr wirken kann und eine Muskelschwäche resultiert. Selbstverständlich sind auch hier für die Autoantikörperproduktion T-Helferzellen nötig. Eine Hypothese zur Entstehung solcher Autoantikörper findet sich in Kapitel 18.2.1.

Frage: Müssen T-Helferzellen, die zur Antikörperproduktion nötig sind, gleiche Antigenstrukturen erkennen wie die B-Zellen? Antwort in Kapitel 6.2

18.3 Immunkomplexvermittelte Erkrankungen

Durch Immunkomplexe verursachte Erkrankungen gehören zu den pathogenen Immunreaktionen vom **Typ III** (Tab. 17.2). Solche Reaktionen können im Hauttest vom halbverzögerten Typ getestet werden (Abb. 16.1).

Immunglobuline der Klasse G sind präzipitierende Antikörper (Abb. 15.13). Die Vorstufe einer Präzipitation *in vitro* ist die Formation kleiner, löslicher Immunkomplexe. *In vivo* werden solche löslichen Immunkomplexe zum Beispiel bei einer Grippe vorübergehend auch gebildet, nämlich dann, wenn die Antikörpertiter steigen und das lösliche Antigen noch in hohen Konzentrationen präsent ist. Das ist der Moment, wo wir uns schlecht fühlen, Muskel- und Gliederschmerzen haben. Die löslichen Immunkomplexe binden C1q, aktivieren Komplement, binden C3b kovalent und werden in der Regel schnell durch CR1-tragende Phagozyten abgeräumt (Abb. 5.3). Werden lösliche Immunkomplexe **vermehrt gebildet** oder **unzureichend phagozytiert**, können sie aber pathologische Zustände auslösen. Bereits präformierte IgG-Antikörper lösen bei jeder weiteren Antigenkonfrontation innerhalb von Stunden Beschwerden aus. Die löslichen Immunkomplexe aktivieren Komplement auf Endothelzelloberflächen kleiner Gefäße, in den Nierenglomeruli oder in Gelenken. Dies führt zur Anlockung von Entzündungszellen (Abb. 18.3). FcR- und komplementrezeptortragende Zellen wie Neutrophile, Mastzellen, Makrophagen werden aktiviert. Die Folge sind Gewebeuntergänge.

Wir unterscheiden lokale und systemische Immunkomplexerkrankungen.

Die so genannte **Serumkrankheit** wird in Kapitel 23 erläutert. Systemische **Autoimmunerkrankungen**, die durch Immunkomplexe verursacht werden, z.B. systemischer Lupus erythematosus (SLE) oder Wegener'sche Granulomatose, sollen hier nicht vorgestellt werden. Im Prinzip handelt es sich um die Formation von Antikörpern gegen zelluläre Bestandteile, die nach Gewebeuntergängen permanent freigesetzt werden.

Häufig bleiben durch Immunkomplexe verursachte Krankheitszustände jedoch lokal. Viele **Berufskrankheiten** basieren auf verstärkter spezifischer IgG-Synthese gegenüber Inhalationsantigenen, z.B. Actinomyceten (Farmerlunge), Mehl (Bäckerlunge), *Botrytis* (Winzerlunge) oder Vogelexkrementen (Taubenzüchterkrankheit). Die daraus folgende **allergische Alveolitis** führt durch immunkomplexvermittelte Komplementaktivierung, Chemotaxis und Entzündung letztendlich zur Fibrosierung der Lunge (Kap. 21.3), die sich bei jeder Exposition verschlimmert und irreversibel ist. Sie darf nicht mit dem allergischen Asthma verwechselt werden.

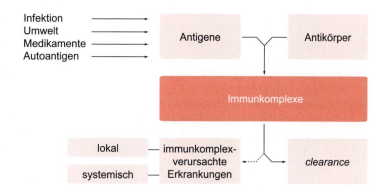

18.3 Die Persistenz löslicher Immunkomplexe verursacht Entzündung und nachfolgende Gewebezerstörung.

> **MEMO-BOX** — **Pathologische Antikörperwirkungen**

1. Krankmachende Antikörperwirkungen können Typ-I-, Typ-II- oder Typ-III-Reaktionen sein.
2. Eine überschießende, spezifische IgE-Produktion führt zu sehr dichter FcεR-Besetzung auf Mastzellen, so dass auch kleine Proteinantigene, z. B. Pollenallergene, einen antigenen Brückenschlag und damit Mastzellmediatorfreisetzung auslösen.
3. IgG-Antikörper aus Immunantworten gegen Pathogene oder Medikamente können mit körpereigenen Zellen u. U. kreuzreagieren und über ADCC zytotoxische Effekte verursachen bzw. über Komplementaktivierung Entzündungen hervorrufen.
4. Kreuzreagierende IgG-Antikörper gegen zelluläre Rezeptorstrukturen können agonistische oder antagonistische Wirkungen entfalten.
5. Die Formation löslicher Immunkomplexe induziert nach Ablagerung in Geweben oder im Gefäßsystem über Komplementaktivierung Entzündung

Wann können Immunzellen körpereigene Zellen zerstören? 19

Die in Tabelle 17.2 aufgelisteten Reaktionen vom Typ IV der pathogenen Immunreaktionen werden durch T-Zellen verursacht und durch Entzündungszellen der unspezifischen Abwehr verstärkt.

19.1 Autoreaktive CTLs

Obwohl man die Autoantigene bis heute **nicht** identifizieren konnte, zählen insulinabhängiger Diabetes mellitus (IDDM), Rheumatoidarthritis, Multiple Sklerose u.a. zu den Erkrankungen, bei denen T-Zell-Zytotoxizität durch spezifische CD8$^+$-**CTLs** und **TH1**-Helferzellaktivierung mit nachfolgender lokaler Aktivierung von Makrophagen durch **IFN**γ krankheitsverursachend sein sollen. Die Aufklärung der Pathophysiologie autoimmuner Erkrankungen ist aus zwei Gründen problematisch: Der erste Grund betrifft die Tiermodelle. Die spontandiabetische NOD-Maus, die Adjuvans-Arthritis oder die experimentelle allergische Enzephalomyelitis der Ratte stellen nur annähernd Tiermodelle für den IDDM, die Rheumatoidarthritis oder die Multiple Sklerose dar. Zweitens ist es bei Untersuchungen am Menschen extrem schwierig, allein mit Informationen aus dem peripheren Blut Kausalzusammenhänge aufzudecken, da Gewebematerial meist fehlt oder zum Beispiel Synoviabiopsien (Gewebeproben aus der Gelenkinnenhaut) nicht kontinuierlich über den Krankheitsverlauf hinweg verfügbar sind.

Für die zytotoxische Effektorfunktion eines T-Lymphozyten (Abb. 5.15) müssen die Zielzellen Fas (CD95) exprimieren. Die insulinproduzierenden β-Zellen des endokrinen Pankreas tun dies jedoch normalerweise nicht. Allerdings können IL1 und NO nach Aktivierung von Makrophagen diese **Fas-Expression** selektiv in β-Zellen induzieren. Damit wären sie für spezifische CTLs angreifbar. Die Patienten werden erst dann insulinabhängig und damit diabetisch, wenn mehr als 80 % ihrer β-Zellen zerstört sind. Bis dahin fühlen sie sich gesund.

Viele Gewebe sind **immunologisch privilegiert**, d.h. sie exprimieren z.B. konstitutiv **FasL** statt Fas (Abb. 19.1). Da CTLs, wie die meisten anderen Zellen auch, Fas konstitutiv exprimieren, dreht sich jetzt der Spieß um: Autoreaktive Klone treffen – noch unbewaffnet – auf bewaffnete FasL$^+$-Zielzellen. Vergleichen Sie Abbildung 5.15 mit Abbildung 19.1.

Thyrozyten der Schilddrüse exprimieren FasL, aber kein Fas. Allerdings können Entzündungen unspezifisch über IL1 eine Fas-Expression der Thyrozyten verursachen. Plötzlich kommt es parakrin zu massiven Apoptosen in der Schilddrüse. Die autoimmune **Hashimoto-Thy-**

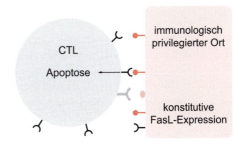

FasL CD95L   Fas CD95

19.1 Immunologisch privilegierte Gewebe exprimieren konstitutiv FasL (CD95L). Das führt zur Auslöschung autoreaktiver Klone.

reoiditis ist somit einfach durch Entzündung erklärbar, ohne dass spezifische FasL-exprimierende CTLs notwendig wären, da der immunologisch privilegierte Ort selbst über FasL verfügt. Es finden sich keine Anti-TSH-Rezeptor-Antikörper (Kap. 18.2.3), wohl aber Autoantikörper gegen mikrosomale Strukturen. Vermutlich sind diese eine Konsequenz der Zellzerstörung – nicht das kausale Agens. Ähnlich wie den β-Zellen des Pankreas bei IDDM könnte es den Oligodendrozyten im Gehirn gehen: Die weiße Matrix des Gehirns exprimiert weder Fas noch FasL. Werden Fas-Moleküle auf ihrer Oberfläche hochreguliert, könnten aktivierte spezifische CTLs oder aktivierte Mikrogliazellen über FasL-Expression zu **Multipler Sklerose** führen. Auch die Expression von IDO schafft einen immunologisch privilegierten Ort (Kap. 4.4, 9.7 und 20.2.2).

19.2 TH1/TH17-vermittelte, proinflammatorische Zellaktivierung

T-Helferzellen sind nicht nur für die Induktion zytotoxischer Effektorfunktionen essenziell. Sie können über ihre Zytokinproduktion auch selbst biologische Effekte setzen (Abb. 7.4). Wenn im Pankreas, in der Schilddrüse oder im Gehirn Entzündungen zu Fas-vermittelten Apoptosen führen können und damit ein entscheidendes Prärequisit für Autoimmunität darstellen, könnten lokal auch spezifische T-Helferzellaktivierungen bedeutsam sein, da diese Entzündungen fördern können. Es konnte gezeigt werden, dass T-Helferzellen aus dem peripheren Blut von Diabetikern nach *ex vivo*-Aktivierung mit einem Gemisch aus β-Zellantigenen (Multi-Epitop-Panel) im ELISPOT-Assay (Kap. 15.11) bei 72 % der IDDM-Patienten mit IFNγ-Synthese reagierten, bei nicht diabetischen Kontrollpersonen dagegen nur 7 %. Bezüglich der IL10-Induzierbarkeit war das Verhältnis umgekehrt: 29 % der IDDM-Patienten und 64 % der Kontrollen boten eine antiinflammatorische Reaktionslage.

Damit wird deutlich, dass autoreaktive Klone in der Regel einer peripheren Toleranz (Kap. 11.2) unterliegen, die bei Autoimmunität durchbrochen wird. Die Lehrmeinung ist, dass Autoimmunität eine DC1-getriebene, TH1-vermittelte Immunaktivierung ist und das Leitzytokin INFγ für eine proinflammatorische **Makrophagenaktivierung** verantwortlich ist (Abb. 7.3). Mittlerweile wird auch **TH17**-Zellen eine wesentliche Rolle zugeschrieben (Kap. 7.3.1).

Auch T-Zell-Reaktionen auf Fremd-Antigene können zu Entzündungen führen. Chemikalien oder Nickel und Chrom können bei Hautkontakt eine **Kontaktdermatitis** erzeugen. Die genannten Agenzien reagieren chemisch mit körpereigenen Proteinen, und die modifizierten Peptide werden von T-Zellen als Antigen erkannt. T-Memoryzellen reagieren bei Kontakt auf der Haut (oder im Darm) nach Präsentation von Selbst-Peptiden, die die Haptene gebunden haben, mit **IFNγ** und **IL17**. Die Epithelzellen reagieren darauf mit IL1, IL6, TNF, Chemokinen wie IL8, Mig, IP10 und locken Entzündungszellen an. Die Reaktionen treten nach Antigenkontakt mit zeitlicher Verzögerung auf. Auch Nahrungsmittelbestandteile scheinen bei einigen Patienten statt oder neben einer Typ-I-Überempfindlichkeit auch Typ-IV-Reaktionen am Darm hervorzurufen. Biopsien nach Provokationstests können die lokale Hyperreaktivierbarkeit verifizieren ohne die antigene Spezifität zu identifizieren. Patienten mit Zöliakie (**glutensensitiver Enteropathie**) haben eine Typ-IV-Reaktion gegen das Weizenmehlprotein Gliadin. Nur eine strikte Meidung aller Weizenprodukte schafft Abhilfe.

Eine andere chronisch-entzündliche Darmerkrankung, der **Morbus Crohn**, scheint auf exzessive proinflammatorische Makrophagenaktivierung zurückzuführen zu sein. Hier hat diese Erkenntnis zum erfolgreichen therapeutischen Einsatz von Anti-TNF-Antikörpern geführt (Kap. 25.5). Die Erkrankung wird mittlerweile als „**autoinflammatorisch**" statt autoimmun definiert: Chronische Entzündung führt zu fibrotischem Gewebeumbau ähnlich einem tuberkulösen Granulom (Kap 9.1 und 9.9, Abb. 9.3). Bei M. Crohn sezernieren die Enterozyten kein TSLP, das ansonsten die mukosalen

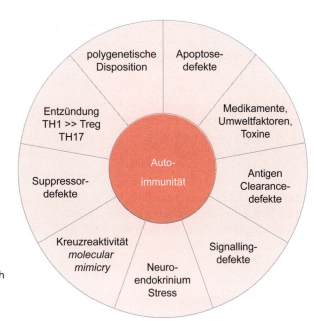

19.2 Autoimmunerkrankungen sind multifaktoriell verursacht. Nicht immer finden sich relevante Autoantigene, was die kausale Rolle autoreaktiver Lymphozytenklone in manchen Fällen in Frage stellt.

DCs auf Antiinflammation konditioniert (Kap. 12.4). Auch eine Mutation des zytoplasmatischen PRR NOD2 wurde bei M. Crohn aufgedeckt.

Bei einer anderen Erkrankung, der **Rheumatoidarthritis**, kommt es zu entzündlichen Gelenkzerstörungen mit progredientem Verlauf. Sie ist gekennzeichnet durch Synoviaschwellungen, Schmerzen, Bewegungseinschränkungen, Knorpel- und Knochenzerstörungen bis zum völligen Funktionsverlust der Gelenke. Es ist bis heute unklar, wie dieses Krankheitsbild zustande kommt. Als Erstes fand man im Serum der Patienten so genannte **Rheumafaktoren**, d. h. IgM-Antikörper mit Spezifität für IgG. Die IgG-Moleküle liegen als lösliche Immunkomplexe mit bislang nicht identifizierten Antigenen vor. Die entzündeten Gelenkknorpel sind von Makrophagen, Neutrophilen und T-Zellen infiltriert. In den letzten zwei Jahrzehnten des vorigen Jahrhunderts postulierte man aufgrund experimenteller Daten T-Zell-abhängige Pathomechanismen, was jedoch nicht zu Therapieansätzen führte. In der Gelenkflüssigkeit lassen sich IL1, **TNF**, IL6, IL8, **IL17** und MCP1 nachweisen. Diese Mediatoren aktivieren **Chondroklasten** und **Osteoklasten**, die Knorpel- und Knochenabbau und Fibroblastenproliferation verursachen. Ganz offenbar perpetuiert Entzündung diese Prozesse. Da sich in der Synovia lymphoide Ansammlungen finden, die wie kleine aberrante Keimzentren aussehen und **proliferierende B-Zellen** beherbergen, fragte man sich, ob nicht doch B-Zellen und Rheumafaktoren am Geschehen ursächlich beteiligt sind. Die Formation jener **synovialen Keimzentren** ist bemerkenswerterweise von TNFα abhängig. Selbstperpetuierende B-Zellen, durch Immunkomplexe über Fcγ-Rezeptor III permanent aktiviert, könnten die chronische Entzündung unterhalten. Der Leser ahnt, dass es sich bei dieser Abhandlung jahrzehntelanger Forschung zur Rheumatoidarthritis um einen „Zwischenbericht" handelt. Immerhin aber ist mittlerweile zu vermerken, dass zwei Therapieansätze mit monoklonalen Antikörpern klinische Erfolge bringen: Anti-TNF-Antikörper und Anti-CD20-Antikörper (Kap. 25.5). Das heißt, dass B-Zellen doch eine kausale Rolle spielen. Autoimmunität ist ein multifaktorielles Geschehen, das auch von Umwelteinflüssen und sogar psychischen und neuroendokrinen Faktoren (Kap. 7.5) initiiert, getriggert oder perpetuiert wird (Abb. 19.2). Es ist bis heute unklar, ob Rheumatoidarthritis eine Autoimmunerkrankung vom Typ III und/oder Typ IV ist, oder ob sie überhaupt eine antigenspezifische autoimmune Komponente hat.

Frage: Was unterscheidet den Fcγ-Rezeptor III (CD16) vom Fcγ-Rezeptor IIB (CD32), dessen Funktion auf B-Zellen in Abb. 5.11 dargestellt ist? Antwort in Kapitel 7.3.2

19.3 TH2-vermittelte Eosinophilenaktivierung

Eosinophile sind schwer bewaffnete Zellen (Tab. 18.2), deren Ausdifferenzierung und Aktivierung streng kontrolliert ist. Bei einer **TH2**-dominierten Reaktionslage sorgen IL4, IL5 und IL13 aber für eine Eosinophilie im Blut, **Eotaxin** (F&Z 6) lockt die Eosinophilen, ebenso wie TH2-Zellen, ins Gewebe und aktiviert sie.

Auch wenn bei einem allergischen Asthma anfangs spezifische Allergene notwendig sind, um die **CCR3**-exprimierenden TH2-Zellen und Eosinophilen in die Lunge zu locken (Abb. 7.9), kann sich die Entzündung verselbständigen und chronisch werden, da die Hemmschwelle für die Degranulation der Eosinophilen stark abgesenkt wird. Sie sind jetzt auch **hyperreaktiv** gegenüber LPS, Schwefeldioxid und anderen chemischen Noxen. Die Schleimhäute sind zerstört, das Gewebe wird IL13-vermittelt **fibrotisch** umorganisiert (Abb. 9.3).

MEMO-BOX — **Pathologische Effektorzellwirkungen**

1. Durch Immunzellen verursachte krankmachende Zustände gehören zu den Typ-IV-Reaktionen.
2. Autoreaktive T-Zellen können bei fehlender Supprimierung klonal expandieren und Fas-exprimierende, körpereigene Zellen in Apoptose schicken.
3. Überschießende TH1-Reaktionen können Makrophagen aktivieren und zu lokalen autoinflammatorischen Gewebeuntergängen führen. Auch TH17-Zellen und B-Zellen können chronische Entzündungen aufrecht erhalten.
4. Überschießende TH2-Aktivierungen können Eosinophile anlocken und aktivieren und dadurch zu Gewebeschäden führen und einen fibrotischen Gewebeumbau initiieren.

Kann das Immunsystem unterwandert werden? 20

20.1 Infektionserreger

Infektionserreger haben sich in ihrer Evolution darauf spezialisiert, in einem immunkompetenten Wirt zu leben und ein breites Repertoire origineller Tricks entwickelt, das Immunsystem zu unterwandern. Die Tabelle 20.1 zeigt Beispiele.

20.1.1 Immunzellen als Habitat

Manche Erreger bewohnen die Höhle des Löwen und nutzen Immunzellen als Habitat. So haben Leishmanien und Mykobakterien Mechanismen entwickelt, die es ihnen erlauben, nach der Phagozytose in Makrophagen zu überleben und sich dort sogar zu vermehren. Wie im Trojanischen Pferd verstecken sich Leishmanien in Langerhans-Zellen und lassen sich von ihnen in die Lymphknoten schleppen, wo sie dann Makrophagen befallen. Auch Granulozyten nutzen sie auf ähnliche Weise aus. Pathogene Darmkeime, wie Salmonellen und Shigellen, dringen nach oraler Aufnahme bevorzugt in M-Zellen ein und überwinden so die Schleimhautbarriere. Der Komplementrezeptor 2 (CD21), ist die Eintrittspforte für Epstein-Barr-Virus, das B-Zellen infiziert. Über Bindung an CD4 und CXCR4 gelangt HIV in $CD4^+$-T-Zellen (Kap. 22.2). Jede T-Zell-Aktivierung, z. B. im Rahmen der Abwehrreaktion gegen HIV, führt nun zu einer verstärkten Freisetzung infektiöser HI-Viruspartikel. HIV kann aber auch Makrophagen infizieren; CD4 und CCR5 sind dafür erforderlich.

20.1.2 Unterwanderung der angeborenen Abwehrmechanismen

Um dem angeborenen Immunsystem zu entgehen, haben manche Bakterien ihr Lipid A verändert, so dass ihr LPS TLR4 nur wenig stimuliert. Manche LPS-Varianten wirken gar als TLR4-Antagonisten. Es wird vermutet, dass diese Lipid-A-Veränderungen auch eine erhöhte Resistenz der Bakterienzellwand gegen Defensine (kationische antimikrobielle Peptide, Kap. 1.3) vermitteln. Salmonellen mutieren ihr Flagellin, um der Erkennung mittels TLR5 zu entgehen, obwohl sie mit Bewegungslosigkeit einen hohen Preis dafür zahlen müssen. Vaccinia-Virus dagegen kodiert ein Protein, welches allgemein die Signaltransduktion von den TLRs zum Kern hemmt.

Eine Verschiebung der Balance zwischen Inflammation und Antiinflammation (Kap. 7.3.1) zu ihren Gunsten gelingt Mikroorganismen auf verschiedene Weise: Mykobakterien können die inflammatorische Zytokinantwort der Makrophagen auf LPS oder IFNγ unterdrücken und dagegen die Sekretion des antiinflammatorischen Zytokins IL10 anregen. Neutralisierende lösliche Rezeptoren für inflammatorische Zytokine (TNF, IL1 oder IFNγ) befinden sich im Genrepertoire des Vaccinia-Virus. Das Epstein-Barr-Virus kodiert gleich selbst ein IL10-Homolog.

Das Wissen über bakterielle und virale Mechanismen, welche NK-Zellen hemmen, ist begrenzt, kennt man doch deren Aktivierungsmechanismen erst seit relativ kurzer Zeit. Yersinien können durch das Protein YopM, das in den Kern der Wirtszelle eingeschleust wird, NK-Zellen stark depletieren. HIV-Partikel re-

Tabelle 20.1 Abwehr von Infektionserregern und Beispiele für ihre Unterwanderung.

Abwehrmechanismus	Mechanismus der Subversion
Bindung von PAMPs durch PRR • LPS durch TLR4 • Flagellin durch TLR5	• Veränderungen des Lipid A zur Reduktion der Aktivierung von TLR4 (*Pyromonas gingivalis*, *Helicobacter pylori*, *Chlamydia trachomatis*, Salmonellen, *Yersinia pestis*, *Fancisella tularensis*) • Mutation von Flagellin, so dass es nicht mehr an TLR5 bindet (Salmonellen) • Stopp der Flagellensynthese bei 37 °C (*Listeria monocytogenes*)
inflammatorische Signale durch PRR	Interferenz mit TLR-Signalen (A52R von Vaccinia-Virus)
Sekretion kationischer, antimikrobieller Peptide	Veränderungen des Lipid A zur Erhöhung der Resistenz gegen diese Peptide
Entzündung	• Hemmung der LPS-induzierten IL12-Sekretion in Makrophagen (*Mycobacterium tuberculosis*) • Hemmung der inflammatorischen Zytokinantwort auf IFNγ in Makrophagen (*Mycobacterium tuberculosis*) • Neutralisierung inflammatorischer Zytokine durch virale lösliche Rezeptorhomologe für TNF, IL1 oder IFNγ (Vaccinia-Virus) • Induktion der Sekretion von IL10, z. B via TLR2 oder DC-SIGN (V-Antigen von Yersinia enterocolitica und Yersinia pestis, mannosyliertes Lipoarabinomannan von Mycobacterium tuberculosis) • virales IL10 (Epstein-Barr-Virus) • virale MIPs (Kaposi-Sarkom-Virus)
Aufnahme und Elimination in Phagolysosomen	Arrest der Phagosomenreifung (*Mycobacterium tuberculosis*)
Erkennung infizierter Zellen durch NK-Zellen	• NK-Zell-Depletion (*YopM* von *Yersinia pestis*) • Modulation aktivierender NK-Zell-Rezeptoren (HIV bei Virämie) • Intrazelluläre Retention von Liganden der aktivierenden NK-Zell-Rezeptoren ULBP1, ULBP2 und MIC-B (UL16 von HCMV) • Inhibition der NK-Zellen durch Bindung an CD81 (E2 von Hepatitis-C-Virus)
Komplementaktivierung	• Hemmung der Komplementlyse (SSL7 von *Staphylococcus aureus*) • Viraler Komplementrezeptor blockiert Komplementeffektormechanismen (Herpes-simplex-Virus) • Virales Komplementkontrollprotein (Vaccinia-Virus)
Antikörperbindung	• intrazelluläres Habitat (viele Bakterien, Parasiten und alle Viren) • Veränderung der Antigene durch hohe Mutationsrate, Antigendrift oder durch Rekombination (z. B. HIV, Influenzaviren, Malariaerreger, *Trypanosoma brucei*) • Blockade der dominanten B-Zell-Epitope durch starke Glykosilierung oder sterische Hemmung (HIV)
Antikörpereffektorfunktionen	• viraler löslicher Fc Rezeptor (Herpes-simplex-Virus, HCMV) • IgG-Fc-bindende Proteine (Protein A von *Staphylococcus aureus*; Protein G von *Streptococcus pyogenes*) • Blockade der IgA-Bindung an FcαRI (SSL7 von *Staphylococcus aureus*) • IgA1-Proteasen (z. B. *Neisseria gonorrhoeae*, *Haemophilus influenzae*)

Tabelle 20.1 Abwehr von Infektionserregern und Beispiele für ihre Unterwanderung. (Forts.)

Abwehrmechanismus	Mechanismus der Subversion
Erkennung infizierter Zellen durch T-Zellen • Antigenpräsentation auf MHC-I • Antigenpräsentation auf MHC-II	• Schnelle Mutation von Epitopen, die von T-Zellen erkannt werden (HIV, Malariaerreger) • Inhibition des TAP-Transporters (ICP47 des Herpes-simplex-Virus, US6 von HCMV) • Ubiquitinierung und lysosomale Degradation der α-Kette von MHC-I (mK3 des Kaposi-Sarkom-Virus, Poxviridae) • Ausschleusung der α-Kette von MHC-I aus dem endoplasmatischen Retikulum zur Degradation im Proteasom (US2 und US11 von HCMV) • Modulation der Expression einiger MHC-I-Moleküle (Nef von HIV-1) • Interferenz mit der MHC-II-Prozessierung (Rv3763 von *Mycobacterium tuberculosis*)
Eliminierung infizierter Zellen durch T-Zellen und/oder NK-Zellen	• Interferenz mit Apoptosemechanismen (vFLIP des Kaposi-Sarkom-Virus)

gulieren aktivierende NK-Zell-Rezeptoren herunter, während HCMV ein Protein kodiert, welches deren Liganden in der infizierten Zelle zurückhält.

Es ist eine Vielzahl bakterieller Kapselpolysaccharide, Oberflächenproteine und sezernierter Faktoren bei bakteriellen Pathogenen (u. a. *Staphylococcus aureus*, *Neisseria meningitidis*) identifziert worden, die in der Lage sind, die Komplementaktivierung zu hemmen. Auch Herpes-simplex- und Vaccinia-Virus kodieren Proteine, die mit der Komplementkaskade interferieren.

20.1.3 Unterwanderung des adaptiven Immunsystems

Die hoch spezifische Reaktion auf Antigenvariationen ist die Kernkompetenz des adaptiven Immunsystems. Auf die kurze Generationszeit vieler Mikroorganismen und ihre entsprechend hohe Mutationsrate reagiert es mit einem vorbereiteten breiten Repertoire von Antigenrezeptoren, einer relativ kurzen Generationszeit bei der Proliferation antigenspezifischer Klone und einer sehr effizienten Memoryantwort (Kap. 3, 6, 10). Manche Mikroorganismen antworten darauf mit noch mehr Variabilität oder mit noch höheren Mutationsraten.

Oberflächenproteine und -polysaccharide kommen bei Streptokokken und Staphylokokken in sehr vielen **Varianten** (Serotypen) vor. Influenzaviren sind dafür berüchtigt, ihr Genom immer wieder neu zu mischen (**Antigendrift**) und so immer wieder neue Varianten des Hämagglutinin und der Neuraminidase zu generieren. So wird bei wiederholter Infektion die Memoryantwort des Immunsystems ausgehebelt, insofern diese spezifisch für den Erregertyp ist, mit dem das Immunsystem vorher Kontakt hatte. Die Impfstoffe gegen Influenza müssen in jeder Grippesaison an den jeweiligen Epidemiestamm angepasst werden. Darüber hinaus produzieren pathogene Bakterien auch antigene Varianten von Toxinen, wie zum Beispiel die unterschiedlichen Formen des erythrogenen Toxins von *Streptococcus pyogenes*, was dazu führt, dass Menschen mehrmals Scharlach bekommen können.

HIV, *Plasmodium falciparum*, der Erreger der Malaria tropica, und *Trypanosoma brucei*, der Erreger der Schlafkrankheit, induzieren starke neutralisierende Antikörperantworten. Durch **Punktmutationen** bzw. durch **Genrekombinationen** verändern sie jedoch ihre Oberflächenproteine sehr schnell, so dass bereits im Verlauf der Infektion regelmäßig **Escapevarianten** entstehen, an die die vorhandenen Antikörper nicht binden können. Diese Varianten vermehren sich nun solange stark, bis eine angepasste, antigenspezifische Immunantwort wirksam wird. In der Vermehrungsphase haben sich jedoch bereits weitere Escapevarianten herausgebildet, die eine erneute Adaptation der Immunreaktion erfordern. Dieser Wettlauf zwischen Erreger und adaptivem Immunsystem führt zu einer chronischen Infektion und kann verschieden ausgehen. Während er bei der Malaria in den meisten Fällen zur klinischen Immunität, d. h. zu einer allmählichen Abnahme der Parasitenlast und schließlich zur Symptomfreiheit führt, enden die chronischen Infektionen mit HIV und *Trypanosoma brucei* leider meist tödlich.

Antikörpervermittelte Abwehrmechanismen wirken in erster Linie extrazellulär. Die Infektion neuer Zellen erfordert meist einen Transit durch den Extrazellulärraum bzw. durch das Blut, wo die Erreger den Erkennungs- und Effektormechanismen des humoralen Immunsystems wieder ausgesetzt sind. Einige Bakterien wie z. B. *Listeria monozytogenes, Shigella spp.* und *Burkholderia pseudomallei* können sich diesen extrazellulären Immunmechanismen entziehen, in dem sie sich intrazellulär durch die Induktion einer gerichteten Aktinpolymerisation („Kometenschweif") fortbewegen, sich anschließend durch die Membranen benachbarter Epithelzellen „bohren" und sich so direkt von Zelle zu Zelle verbreiten.

Gelangen die Erreger ins Zytoplasma der Wirtszellen, helfen nur noch CTLs, welche die infizierten Zellen töten. Die große Bedeutung der $CD8^+$-CTLs für die Abwehr von Viren lässt sich indirekt am schillernden Spektrum viraler Faktoren messen, welche die **Antigenerkennung** durch $CD8^+$-T-Zellen **behindern**. Die schnelle Mutation von T-Zell-Epitopen generiert bei HIV immer wieder CTL-Escapevarianten. Herpes-simplex-Viren und HCMV können auf verschiedene Weise den TAP-Transporter blockieren und damit die Beladung von MHC-I-Molekülen mit Peptiden reduzieren (Kap. 2.5.3). Eine schnelle Degradation von MHC-I-α-Ketten soll die Dichte spezifischer MHC/Peptid-Komplexe auf der Zelloberfläche unter die Aktivierungsschwelle von $CD8^+$-T-Zellen drücken. Auch dafür haben Viren verschiedene Mechanismen entwickelt. Das Kaposi-Sarkom-Virus „kennt" noch einen weiteren Trick: In seinem Genom ist ein katalytisch inaktives Homolog der Caspase 8 kodiert (vFLIP), welches intrazellulär die proteolytische, apoptotische Kaskade blockiert (Kap. 4.5, Tab. 20.1).

Dies sind nur einige Beispiele für die Anpassung von Infektionserregern an ihren Wirt, die in evolutionären Zeiträumen bei jedem pathogenen oder kolonisierenden Mikroorganismus zu einem einzigartigen Spektrum von Interaktionsmechanismen geführt hat, das sich kontinuierlich weiterentwickelt. Wenn wir uns z. B. AIDS, SARS (*severe acute respiratory syndrome*), sowie die Entstehung und schnelle Verbreitung von *Staphylococcus aureus* oder *Plasmodium falciparum* mit Resistenzen gegen (fast) alle Antibiotika vor Augen führen, stellen wir fest, dass es hierbei nicht immer um Jahrmillionen geht, sondern, dass sich in der Interaktion von Erreger und Wirt evolutionäre Vorgänge bereits innerhalb eines Menschenalters beobachten lassen. Zwar ist die Kenntnis der Grundprinzipien der antimikrobiellen Immunabwehr für das Verständnis sehr hilfreich; will man aber wirksam eingreifen, muss man auch die Details kennen. So bleibt die Infektionsimmunologie, die Erforschung der Vielfalt auf der Schnittstelle zwischen Erreger und Wirt, eine ständige Herausforderung für die interdisziplinäre Zusammenarbeit von Mikrobiologen und Immunologen.

20.2 Tumoren

Im Kapitel 9.8 wurde die Frage gestellt, warum Tumoren in immunkompetenten Organismen wachsen können. Zwar wissen wir nicht, wie viele Tumoren bereits vor einer klinischen Diagnose vom Immunsystem abgestoßen wurden, klar ist aber, dass Tumoren, die eine gewisse Größe erreicht haben, kaum noch eliminiert werden können. Seitdem bekannt ist, dass viele Tumoren so genannte Tumorantigene exprimieren, welche von autologen T-Lymphozyten prinzipiell erkannt werden können, stellt sich das Problem mit besonderer Schärfe.

Tumorzellen können als körpereigene Zellen von den **physiologischen Toleranzmechanismen** profitieren, die auch andere Gewebe vor

Angriffen des Immunsystems schützen (Kap. 11). Solange sie nicht nekrotisch werden oder bei ihrer Invasion Gewebe zerstören, senden sie dem Immunsystem meist keine Gefahrensignale. Tumorzellen exprimieren in der Regel weder MHC-II- noch kostimulatorische Moleküle, so dass sie selbst nicht als professionelle APCs wirken und keine primäre Immunantwort anstoßen können. Dies könnten im Prinzip DCs leisten, welche abgestorbene Tumorzellen aufgenommen haben (Kreuzpräsentation, Kap. 2.5.3). Aber werden diese durch den Tumor überhaupt aktiviert, so dass sie die notwendigen kostimulatorischen Signale geben können (Kap. 6.1.4 und 11.2.4)? In diesen Überlegungen deutet sich eine therapeutische Interventionsstrategie an, die Tumorvakzinierung: Sie zielt darauf, die tolerogene Situation einer Tumorerkrankung in eine immunogene umzuwandeln (Kap. 24.2).

Tumorzellen unterscheiden sich vom gesunden Gewebe durch ihre außerordentlich hohen **Mutationsraten**. In großen Tumoren finden sich deshalb stets mehrere Tumorzellpopulationen mit verschiedenen Eigenschaften. Die seltenen Varianten, die durch ihre Mutationen einen Wachstums- oder Überlebensvorteil erlangt haben, setzen sich im Verlauf einer Tumorerkrankung durch und werden dominant. Dies sind

Tabelle 20.2 Tumorabwehr durch T-Zellen und ihre Unterwanderung.

Tumorabwehr	Tumorescape
Erkennung von Tumorantigenen • mutierte zelluläre Proteine • aberrant exprimierte (embryonale) Antigene • überexprimierte Differenzierungsantigene • abnormale posttranslationale Modifikation • onkovirale Proteine	**Verlust der Tumorantigene**
Präsentation von Tumorantigenen • direkt • indirekt (*cross-presentation*)	**Verhinderung der Präsentation** • Modulation von MHC-Molekülen • Modulation von TAP-Transportern • Ausbildung eines „immunprivilegierten Ortes"
Aktivierung zytotoxischer T-Zellen	**passive Toleranzmechanismen** • keine kostimulatorischen Signale • keine Entzündung • keine Hilfe für die Killer ($CD4^+$-T-Zellen werden nicht aktiviert) **aktive Toleranzmechanismen** • Sekretion von IL10, TGFβ • Induktion regulatorischer T-Zellen **Eliminierung von T-Zellen** • FasL (CD95L) • B7H1 • IDO
Zytolytische Reaktion • FasL • Perforin • Granzyme • IFNγ	**Apoptoseresistenz** • *loss of function*-Mutationen proapoptotischer Gene • *gene silencing* (Transkriptionsebene) proapoptotischer Gene • Induktion antiapoptotischer Proteine • IFNγ-Resistenz

TAP: *transporter associated with antigen processing;* IDO: Indolamin 2,3-dioxygenase

Tabelle 20.3 Tumorabwehr durch NK-Zellen und ihre Unterwanderung.

Tumorabwehr	Tumorescape
Erkennung von MHC-I-Verlusten *missing self*	Induktion von MHC-I
Erkennung von Stressproteinen • MIC-A, MIC-B • Rae (Maus)	Sekretion von löslichem MIC-A, MIC-B
zytolytische Reaktion • TRAIL • Perforin • Granzyme • IFNγ	Apoptoseresistenz • *loss of function* Mutationen proapoptotischer Gene • *gene silencing* (Transkriptionsebene) proapoptotischer Gene • Induktion antiapoptotischer Proteine • IFNγ-Resistenz

z. B. solche Tumoren, welche **angiogenesefördernde Faktoren** (z. B. VEGF) produzieren können. Denn ab einer gewissen Größe müssen solide Tumoren eine eigene Blutgefäßversorgung aufbauen, da Diffusionsvorgänge für Tumorzellatmung und -ernährung nicht mehr ausreichen.

20.2.1 Passive Mechanismen der Tumortoleranz

Viele Tumorzellen sind so verändert, dass ihre **Erkennung** durch das Immunsystem **erschwert** ist (Ignoranz). So findet man in mehr als 80 % metastasierender Tumoren Zellen, welche kein MHC-I mehr exprimieren. Verlust von Tumorantigenen oder Modulation von TAP-Transportern werden ebenfalls beobachtet. *Missing self*, der Verlust von MHC-I-Allelen, enthemmt jedoch NK-Zellen (Kap. 2.3 und 5.3). Diese können Tumorzellen lysieren, wenn sie auf deren Oberfläche Liganden für ihre aktivierenden NK-Zell-Rezeptoren finden. Es ist deshalb nicht verwunderlich, dass Tumoren mit MHC-Klasse-I-Expression einen Wachstumsvorteil haben können. Manche Tumoren sezernieren lösliche NK-Liganden – gezeigt wurde dies für MIC-B (Kap. 2.2.4) – wodurch sie die aktivierenden NK-Zell-Rezeptoren blockieren.

Noch charakteristischer als ungebremstes Wachstum ist für viele Tumorzellen ihre Unfähigkeit zu sterben. Wir wissen, dass der physiologische Zelltod, die Apoptose, eine aktive Zellleistung ist (Kap. 4.5). Die Ausschaltung proapoptotischer Gene durch Mutation oder durch epigenetische Mechanismen der Chromatinkondensation und/oder die Überexpression antiapoptotischer Faktoren wie z. B. Bcl2 machen manche Tumorzellen resistent gegen die zytolytischen Signale von NK- und T-Zellen (Kap. 5.2, 5.3). Die Tabellen 20.2 und 20.3 fassen die Tumorescapemechanismen zusammen.

20.2.2 Aktive Toleranzinduktion durch Tumoren

Es gibt auch Tumoren, welche aktiv Toleranz induzieren können. Sie sezernieren immunsuppressive Zytokine wie **TGFβ** und **IL10** oder exprimieren das tryptophankatabolisierende Enzym **IDO**. IDO depletiert Tryptophan, welches T-Zellen zu ihrer Aktivierung benötigen, im Mikromilieu des Tumors. Es entstehen auch Abbauprodukte des Tryptophans, die für T-Zellen (vor allem TH1-Zellen) toxisch sind. Nicht selten exprimieren Tumoren **Liganden für Todesrezeptoren** (FasL, B7H1, vgl. Tab. 4.1 und 6.1), so dass zytolytische Zellen, die mit ihnen todbringenden Zellkontakt suchen, selbst in die Apoptose geschickt werden.

20.2.3 Förderung von Tumorwachstum durch das Immunsystem (Tumorenhancement)

Tumorinfiltrierende Makrophagen werden zum Beispiel durch IL10-sezernierende Tumoren auf ein antiinflammatorisches Repertoire umgeschaltet, statt die Tumoren extrazellulär zu killen. Sie produzieren jetzt ihrerseits IL10 oder TGFβ und fördern damit ungehindertes Tumorwachstum. CTLs und NK-Zellen werden inhibiert und stattdessen regulatorische T-Zellen induziert. Die Makrophagen sezernieren Wachstumsfaktoren und VEGF, so dass solide Tumoren sogar mit Gefäßeinsprossungen versorgt werden.

Auch chronische Entzündungen sind mit einem erhöhten Tumorrisiko assoziiert. Als Ursachen werden Mutationen durch die DNA-schädigende Wirkung reaktiver Sauerstoff- und Stickoxidintermediate diskutiert, welche z. B. von aktivierten Makrophagen freigesetzt werden (Kap. 5.8). Außerdem können Tumoren von Wachstums- und Angiogenesefaktoren (z. B. VEGF) profitieren, die von Entzündungszellen sezerniert werden (Kap. 9.9). Das macht man sich mittlerweile therapeutisch zunutze (Tab. 25.1). Schließlich begünstigt eine Aggregatbildung von Thrombozyten oder Monozyten mit Tumorzellen möglicherweise deren Metastasierung, wenn die Blutzellen mit ihren Adhärenzmolekülen die Haftung der Tumorzellen am Endothel kleiner Blutgefäße vermitteln (Kap. 13.2).

21 Gefährliche Dysregulationen

21.1 Sepsis

Die im Volksmund als **Blutvergiftung** bezeichnete Komplikation einer bakteriellen Infektion ist bis heute eine lebensbedrohliche Situation, weil bei diesem Geschehen in kurzer zeitlicher Abfolge gegenläufige Dysregulationen des Immunsystems erfolgen, die schwer beherrschbar sind. Zunächst beginnt alles ganz harmlos mit Fieber, Leukozytose, Erhöhung der Atemfrequenz. Am Ende können Immunparalyse, Stoffwechselentgleisungen, Multiorganversagen, Bewusstseinsverlust und intravasale, disseminierte Gerinnung zum Tode führen.

In einem zunächst Gesunden werden eingedrungene Erreger über PRRs auf dendritischen Zellen oder Makrophagen schnell erkannt. Bei einer generalisierten Infektion mit Erregern im Blutkreislauf kann die initiale, **proinflammatorische** Immunantwort entgleisen und durch eine überschießende systemische Zytokinausschüttung (IL1, IL6, IL8, TNF) zum **septischen Schock** mit Todesfolge führen.

Die proinflammatorischen Zytokine aktivieren das Endothel, verursachen Flüssigkeitsaustritte ins Gewebe (Extravasation), damit Blutdruckabfall und Minderdurchblutung peripherer Gewebe (Kreislaufzentralisation) und schließlich einen Schockzustand mit Bewusstseinsverlust und Versagen anderer Organe, wie Niere, Leber und Lunge. Die systemische Entzündung kann jedoch durch immunologische und neuroendokrine Gegenregulation (Abb. 7.10) auch in das andere Extrem umkippen: in eine profunde **antiinflammatorische** Reaktionslage. IL10 und TGFβ sind jetzt die Leitzytokine. In einer solchen **Immunparalyse** hat der Patient keine Chance, mit einer bakteriellen Infektion fertig zu werden und stirbt u. U. an den Keimen, die aus dem Darm bei Durchblutungsstörungen (Ischämien) in den Körper übertreten (**Translokation**). Hier kann die eigene Darmflora zum Verhängnis werden. Es muss nicht immer ein Krankenhauskeim als Ursache vermutet werden. In Abbildung 21.1 sind beide Extreme der Dysregulation dargestellt.

Zunächst zielte man mit monokausalen Therapienstrategien (Anti-TNF-, Anti-Endotoxin-Antikörper, IL1-Rezeptorantagonisten) auf die Verhinderung der Hyperinflammation. Dies war nicht erfolgreich. Der schnelle zeitliche Wechsel der klinischen Situation machte es nahezu chancenlos, bei den Patienten das richtige Zeitfenster für die antiinflammatorische Intervention zu treffen. Denn in der Immunparalyse würde zum Beispiel eine Anti-TNF-Therapie sogar lebensverkürzend wirken, weil TNF für die Abwehr von Infektionen essenziell ist. In Kenntnis der immunologischen Regelkreise (Kap. 7.3.1, Abb. 7.3, 7.6) versteht man auch, weshalb

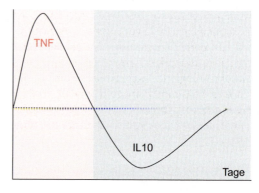

21.1 Systemische Hyper- und Hyporeaktivität: Lebensgefährliche Dysregulationen bei Sepsis.

Immunstimulation in der temporären Immunparalyse (z. B. mit INFγ) zu gefährlich wäre: Der Patient könnte in einen hyperinflammatorischen septischen Schock getrieben werden. In Zukunft könnten die neuen Erkenntnisse über neuroimmunoendokrine Regelkreise (Kap. 7.5) Therapieansätze eröffnen, die übergeordnete Regulationen betreffen, z. B. nikotinerge Stimulation bei Hyperinflammation oder Sympathikolyse (β-Rezeptorblocker) bei Immunparalyse. Die Kurzfristigkeit der therapeutischen Einflüsse böten entscheidende Vorteile im Vergleich zu Anti-Zytokin-Strategien.

Erfolgreich in der Therapie der schweren Sepsis ist nach wie vor die supportive intensivmedizinische Behandlung. Neu hinzugekommen ist eine Substitutionstherapie mit rekombinantem aktiviertem Protein C, einem Koagulationsinhibitor, der bei der tödlichen intravasalen Gerinnung bei schwerer Sepsis verbraucht wird.

21.3 Fibrosierung

Fibrotische Erkrankungen sind die Konsequenz eines progressiven Gewebeumbaus mit Verlust der normalen Gewebearchitektur, der bei persistierendem inflammatorischen Stimulus oft irreparable Schäden und z. T. lebensbedrohliche Funktionsverluste verursacht. Beispiele sind Leberzirrhose bei Alkoholismus, Infektionen oder Vergiftungen (Tetrachlorkohlenstoff), Lungenfibrose (Asbestose, Aspergillose, Vinylchloridexposition), Narben nach Verbrennungen, Sklerose der Niere bei immunkomplexvermittelten Erkrankungen (Kap. 18.3) oder andere Autoimmunerkrankungen, wie z. B. Sklerodermie, bei der Kollagenablagerungen die Haut zu einem „Panzer" verdicken. Als Ursache der Fibrosierung ist eine unkontrollierte IL13-Produktion identifiziert (Abb. 9.3, 21.2).

21.2 Schlaganfall

Ein Schlaganfall führt durch die plötzliche Verstopfung eines Gefäßes im Gehirn durch einen Thrombus zu unterschiedlichen Ausfällen motorischer Leistungen, Lähmungen oder Bewusstseinsverlust. Es blieb aber bis ins 21. Jahrhundert unbemerkt, dass eine Läsion von Hirngewebe in der Peripherie zu einer **Immundepression** führt. Die Patienten haben ein hohes Mortalitätsrisiko, wenn ihre Immunabwehr zusammenbricht (wie bei Patienten mit septischer Immunparalyse). Viele versterben nach Schlaganfall an einer Pneumonie (Lungenentzündung). Erst die Erkenntnis über neuroimmunoendokrinologische Regelkreise brachte die Erklärung. Es kommt beim Schlaganfall zu einer Aktivierung des **sympathischen** Nervensystems mit enormem Anstieg von **IL10** in der Peripherie (Kap. 7.5).

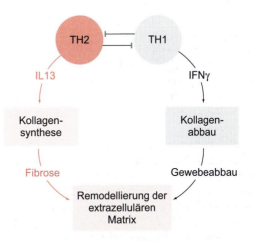

21.2 Bei fehlender Gegenregulation führt IL13 zur gesteigerten Kollagensynthese durch Fibroblasten (Abb. 9.3), die Fibrosierung von Gewebe und damit Funktionsverlust zur Folge hat.

22 Immundefekte

Wir unterscheiden angeborene und erworbene Immundefekte. Da viele Immunmediatoren oder zum Beispiel Chemokinrezeptoren redundante Wirkungen entfalten, manifestieren sich nur solche angeborenen Defekte, die einerseits nicht redundante Funktionen betreffen und im Patienten krankmachende Konsequenzen haben, die aber andererseits nicht bereits zum Tod des Embryos führen.

22.1 Angeborene Immundefekte

Es wurden bislang mehr als 140 Immundefizienzen diagnostiziert, die zu 50 % X-Chromosom-gekoppelt sind und die alle Funktionen des Immunsystems betreffen können (Tab. 22.1). Wenn die Defekte monogenetische Ursachen haben, ist ihre Aufklärung noch relativ einfach.

Tabelle 22.1 Angeborene Immundefekte können alle Funktionen des Immunsystems betreffen.

B-Zell-Reifung und -Funktionen
T-Zell-Reifung und -Funktionen
Kooperation von Immunzellen
Antigenpräsentation
Phagozytose
intrazelluläres Killing
Komplementfunktionen
Migration und *homing*
Apoptose

Im Anhang finden sich unter F&Z 9 wenige Beispiele solcher Defekte mit Hinweis auf relevante Kapitel dieses Buches.

22.2 Erworbene Immundefekte

Die sekundären Immundefizienzen können durch Infektionen, Tumoren, Medikamente, Stress, Ernährung oder Alternsprozesse hervorgerufen werden. Auch dazu finden sich in verschiedenen Kapiteln zahlreiche Beispiele. Hier soll nur ein herausragendes Beispiel erwähnt werden:

Acquired Immune Deficiency Syndrome (AIDS)

Das **human immune deficiency virus** (HIV) gehört zu den Retroviren, die ihre RNA in infizierten Zellen mit eigener („mitgebrachter") Reverser Transkriptase in cDNA umschreiben und mit viraler Integrase ins Wirtsgenom einfügen (HIV-Provirus). Jede Spezies besitzt einen Pool an endogenen Retroviren, die sich im Laufe der Evolution mit dem Wirt „arrangiert" haben, d.h. nahezu apathogen wurden. Als Beispiel sind das *simian immune deficiency virus* (SIV) für Grüne Meerkatzen und Schimpansen, oder das *porcine endogenous retrovirus* (PERV) für Schweine zu nennen. Das trifft für HIV und den Menschen nicht zu. AIDS hat bislang mehr als 25 Millionen Todesopfer gefordert, mehr als 30 Millionen Menschen sind infiziert. Die Todesursache ist ein drastischer Verlust von

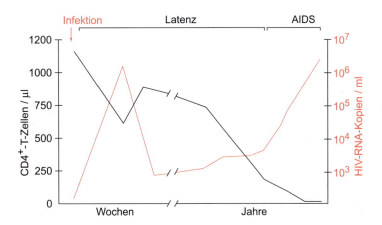

22.1 Zeitlicher Verlauf nach HIV-Infektion. Erst ein drastischer Verlust von T-Helferzellen (schwarz) führt zu ersten Krankheitssymptomen. Gleichzeitig steigt die Viruslast (rot) stetig an. Die Dauer der Latenzphase ist sehr unterschiedlich.

T-Helferzellen. Die infizierten T-Helferzellen werden in Apoptose geschickt. Wenn die Zahl der Helferzellen im Blut unter 200 μl^{-1} absinkt (Tab. 15.1), steigt das Infektionsrisiko drastisch an. Offensichtlich ist die erforderliche Vielfalt verschiedener Antigenspezifitäten auch in den Lymphknoten nicht mehr vorhanden, wenn die Helferzellen so stark dezimiert werden. Selbst ansonsten harmlose Keime breiten sich dann aus (**opportunistische Infektionen**). Am Anfang der HIV-Infektion steht eine oft lange **Latenzphase**, in der die Infizierten symptomfrei sind. Treten die ersten klinischen Zeichen auf, spricht man vom Ausbruch der Krankheit AIDS. Die Patienten sterben, wenn der Abfall der T-Helferzellen nicht gestoppt werden kann. Die Kinetik der Absolutzahl der CD4-positiven Helferzellen nach HIV-Infektion verhält sich umgekehrt proportional zur so genannten Viruslast (HIV-RNA-Kopien pro ml Blut). Es gibt Infizierte, die mehr als 15 Jahre in der Latenzphase (Abb. 22.1) sind. HIV-spezifische Antikörper sind im Verlauf der Infektion immer nachweisbar, haben aber kaum protektive Bedeutung.

Wie kommt es zu dieser neuen Erkrankung?

AIDS hätte wahrscheinlich keine solche Beachtung gefunden, wären nicht anfangs in Los Angeles und San Francisco plötzlich auffällig viele männliche Homosexuelle mit hoher Promiskuität gestorben. Ohne den Einbruch in die damalige Hochrisikogruppe hätte sich AIDS wahrscheinlich auch nicht so schnell ausgebreitet. Es war nachweisbar, dass die Erkrankung aus Zaire über Haiti in die USA gelangte.

Bei einer groß angelegten Poliomyelitis-Impfkampagne in den Jahren 1957–60 wurden ca. 1 Million Menschen in Ruanda, Burundi und Kongo immunisiert und von allen Geimpften die Seren asserviert. Darunter fand man später die bisher älteste Serumprobe, in der zweifelsfrei Anti-HIV-Antikörper nachgewiesen werden konnten. Sie stammte von einem Mann, der 1959 in Kinshasa lebte. Markiert dieser Fund den Beginn der AIDS-Epidemie? Die Poliovakzine wurde, dem damaligen Stand der Technik entsprechend, in einer Schimpansenkolonie hergestellt. Man vermutet heute, dass die Tiere wahrscheinlich mit dem – damals unbekannten – SIV-1 infiziert waren. War der Impfstoff mit Viren kontaminiert? Entwickelte sich HIV zu diesem Zeitpunkt aus seinem nahen Verwandten SIV? Oder ist HIV viel älter und man verdankt den Fund dieses HIV-positiven Serums einfach der Tatsache, dass damals im Rahmen der Impfkampagne so viele Seren aufbewahrt wurden? Von 1960–80 ließen sich retrospektiv nur 28 HIV-Fälle in Zentralafrika belegen, bevor 1978/79 die explosionsartige Verbreitung in den USA begann.

Welche Eintrittspforte nutzt das Virus?

Das Virus gelangt über die Schleimhaut oder Hautläsionen in den Organismus. Vor allem infizierte Zellen mit Provirus können beim

Geschlechtsverkehr oder versehentlichen Blutkontakten bei medizinischen Manipulationen gefährlich werden. Freie Viruspartikel in zellfreien Flüssigkeiten spielen eine untergeordnete Rolle. In blutsaugenden Insekten überleben die Blutzellen nicht bis zum Stich eines nächsten Opfers, da sie enzymatisch verdaut werden. Direkter Blut-Blut- oder Blut-Gewebe-Kontakt ist für eine Infektion essenziell. Husten oder Niesen sind nicht gefährlich, Beißen hingegen schon. Gelangen also allogene infizierte Zellen in einen neuen Wirt, werden sie sofort aktiviert (Kap. 23.2.2) und produzieren neue Viruspartikel.

Das HI-Virus kann an **CD4**-Moleküle binden und damit T-Helferzellen, aber auch Makrophagen und dendritische Zellen infizieren, da diese – wenn auch in wesentlich geringerer Dichte – ebenfalls CD4-positiv sind. Später stellte sich heraus, dass HIV auf T-Zellen den Chemokinrezeptor **CXCR4**, auf Makrophagen das **CCR5**-Molekül als Korezeptor benutzt.

Wie entsteht die Immundefizienz?

Infizierte T-Zellen werden zur FasL-(CD95L-) Expression getrieben. Da Metalloproteasen **FasL** abspalten können, wirkt löslicher FasL im Mikromilieu der infizierten Zellen sowohl apoptoseinduzierend für die infizierte Zelle (Suizid) als auch für nicht infizierte benachbarte Zellen, da alle Lymphozyten konstitutiv Fas exprimieren (Abb. 22.2).

Welche Abwehrmechanismen wirken bei HIV-Infektionen?

Die Virusreplikation hängt von Transkriptionsfaktoren der Wirtszelle ab, z. B. von NFκB. Nur in **aktivierten** T-Zellen wird das HI-Provirus repliziert. Ein aktiviertes Immunsystem, das parallel andere Infektionen in Schach halten muss, stellt somit einen Risikofaktor für die Verkürzung der Latenzzeit dar. Selbst in dieser symptomfreien Zeit werden aber ca. 7×10^{10} Viruspartikel pro Tag produziert. Diese infizieren sofort benachbarte Zellen. Dagegen schützen die Patientenantikörper gegen Virusoberflächenmoleküle nicht.

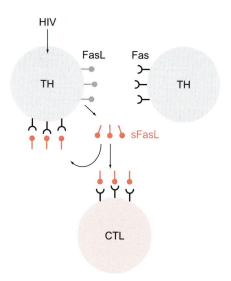

22.2 Apoptotischer Verlust infizierter und nicht infizierter Zellen nach HIV-Infektion. Die HIV-Infektion induziert FasL, der Nachbarzellen in Apoptose schickt. Löslicher FasL (sFasL) tötet die infizierte Zelle, was letztlich zur T-Helferzelldepletion führt. Allerdings werden auch HIV-spezifische CTLs klonal deletiert, wenn sie vor ihrer eigenen Aktivierung bei Erkennung der infizierten Zelle auf deren lösliche Fas-Liganden treffen.

Der zeitliche Verlauf der Erkrankung bietet eine Besonderheit (Abb. 22.1): In der Frühphase der Infektion ist häufig eine temporäre Verbesserung zu beobachten, die Zahl der CD4⁺-Zellen steigt wieder an, die Viruslast sinkt zeitgleich. Dahinter verbirgt sich die vorübergehende Wirkung HIV-spezifischer CTLs. Eine infizierte Zelle präsentiert virale Peptide über MHC-Klasse-I-Moleküle und wird von **HIV-spezifischen CTLs** in Apoptose geschickt.

Warum bleibt diese Verbesserung eine Episode?

Nachdem die HIV-spezifischen CTL-Klone expandiert sind, kommen sie zur Erfüllung ihrer Mission in unmittelbare Nähe ihrer Zielzellen. Da diese FasL exprimieren, werden die Abwehrzellen, die zu diesem Zeitpunkt Fas, aber noch keinen FasL exprimieren, getötet (Abb. 22.2, vergleiche auch Abb. 19.1).

Wie lange dauert die Latenzzeit?

Häufige Infektionen verkürzen, wie oben beschrieben, die symptomfreie Latenzzeit. Je länger HIV-spezifische CTLs verfügbar bleiben, desto länger kann die Latenzzeit werden. Zwei weitere Faktoren kommen im Folgenden zur Sprache.

Welche Therapiemöglichkeiten gibt es?

Medikamente zur Blockade der viralen Reversen Transkriptase in Kombination mit Hemmern einer viralen Protease werden sehr erfolgreich als *highly active antiretroviral therapy* (**HAART**) zur Reduzierung der Viruslast und Stabilisierung der T-Zell-Zahlen eingesetzt.

Aktuell wird fieberhaft an einer Impfstrategie gearbeitet. Das Ziel ist die Abwendung der Krankheit AIDS, nicht die Verhinderung der Infektion. Eine starke TH1-unterstützte (Abb. 7.3) klonale Expansion HIV-spezifischer CTLs könnte mit einer DNA-Vakzine, die neben geeigneten Virusantigenen z. B. ein IL2-Fusionsprotein kodiert, erreicht werden (Kap. 24.1).

Frage: Warum reicht es nicht aus, einfach die Sequenz von IL2 in die DNA-Vakzine zu integrieren, um praktischerweise vor Ort gleich durch IL2 die klonale Expansion zu forcieren? Antwort in Kapitel 7.1 und 25.5

Gibt es Langzeitüberlebende?

Eine progrediente HIV-Infektion geht mit verstärkten Apoptosen der $CD4^+$- und $CD8^+$-T-Zellen einher. $CD8^+$-Zellen produzieren **CC-Chemokine** wie RANTES und MIP1β, die die virale Replikation reduzieren. Wenn Sie in F&Z 6 nachschauen, welche Rezeptoren diese als Liganden binden, werden Sie **CCR5** identifizieren, den HIV-Korezeptor. Wenn $CD8^+$-Zellen der Infizierten besonders viel **IL16** produzieren, gehören auch diese oft zu den Langzeitüberlebenden. In F&Z 5 entdecken Sie auch, dass IL16 ein Ligand von CD4 ist. Es kann nicht nur CD4 für HIV blockieren, sondern auch antiapoptotische Effekte setzen. Auch bei SIV-positiven Grünen Meerkatzen (die grundsätzlich gesund bleiben) findet sich eine „Zytokinsuppressoraktivität" im Serum.

Und dann gab es eine Überraschung: Menschen mit non-progredienter HIV-Infektion besitzen häufig eine **Mutation** im **CCR5-Gen**. Diese Mutation wäre unentdeckt geblieben, da sie wegen der Redundanz der Chemokinrezeptoren (Kap. 7.4) symptomlos bleibt. Plötzlich aber bietet sie einen Selektionsvorteil: eine Resistenz gegenüber HIV. Die zweite Überraschung war die Häufigkeit: In der kaukasischen Bevölkerung findet man den homozygoten Defekt bei einem von 100 Individuen. Wir ahnen, wie „friedliche Koexistenz" zwischen Wirt und Virus entstehen könnte. Die afrikanischen Meerkatzen zum Beispiel scheinen sich über Jahrtausende an SIV adaptiert zu haben. In asiatischen Affenarten jedoch ruft SIV eine AIDS-ähnliche Erkrankung hervor. Nicht nur MHC-Polymorphismen sind wichtig für die Krankheitsresistenz sondern letztlich auch die enorme Zahl von Mutationen in unserem Genom, von denen wir, wenn sie mit Leben und Gesundheit vereinbar sind, oft gar nichts wissen. Die Knock-out-Technologie (Kap. 16.3) lieferte dafür längst Argumente: Wird ein einzelnes Gen *in vivo* ausgeschaltet, hängt es sehr entscheidend vom Mausstamm ab, welche biologischen Konsequenzen daraus erwachsen. Der genetische Hintergrund eines Menschen mit der Summe der genetischen Varianten definiert in Kombination mit epigenetischen Einflüssen die „Schwachstellen" eines Individuums.

Die Lektion, die wir gelernt haben

AIDS ist ein Beispiel dafür, dass Technologien zum Fortschritt der Menschheit trotz ihrer großartigen Erfolge beim Ausrotten von Infektionskrankheiten, wie zum Beispiel der Poliomyelitis (Kap. 12.3), **permanent** kritisch auf Gefahrenpotenziale geprüft werden müssen. Die Herstellung von Impfstoffen aus tierischen Geweben wurde retrospektiv als gefährlich eingestuft, da es zu Übertragungen endogener Retroviren aus einer anderen Spezies auf den Menschen kommen kann. Die Nutzung von Xenotransplantaten, z. B. aus dem Schwein, birgt ähnliche Gefahren (PERV). BSE ist ein anderes Beispiel.

Hier fürchtet man die Übertragung pathogener Proteine, der Prionen.

AIDS ist weiterhin ein Beispiel dafür, dass Aufklärung und daraus abzuleitende präventive Maßnahmen enorm wichtig sind zur erfolgreichen Eindämmung einer Infektion.

Jeder aufgeklärte Laie weiß, dass fremde Partner beim Geschlechtsverkehr als potenziell infektiös einzustufen sind und die Verwendung von Kondomen Schutz bietet.

Der Leser dieses Buches wird aber auch folgende Konsequenzen erklären können:

1. Bei jeder Blutspende wird nach HIV-spezifischen Antikörpern gesucht. Dennoch bleibt ein minimales Restrisiko (etwa 1:10 Mio) bei der Behandlung mit Erythrozytenkonzentraten, die nur 20 Tage lagerbar sind (Kap. 6.1).
2. Medizinisches Personal trägt bei Blutabnahmen Handschuhe, bei Zahnbehandlungen auch Mundschutz (Kap. 22.2).

Therapiebedingte Immunopathien

23

Bestrahlungen oder Chemotherapeutika, die zur Behandlung von Tumoren eingesetzt werden, haben Nebenwirkungen auf das Immunsystem. Ähnliches trifft für viele andere Medikamente und Behandlungsstrategien zu (Tab. 23.1).

23.1 Arzneimittelnebenwirkungen

Eine Vielzahl von Medikamenten (lesen Sie die Packungsbeilage und fragen Sie Ihren Apotheker) hat unerwünschte Auswirkungen auf das Immunsystem. Sie sind schwer zu katalogisieren, da sie selten auftreten und Patienten auch verschieden reagieren. So sind zum Beispiel die in Kapitel 18.2.2 erwähnten D-Penicillamin-induzierten Autoimmunopathien extrem selten. Es entstehen auch in seltenen Fällen kreuzreagierende IgG-Antikörper gegen Basalmembranen der Niere oder der Haut, die plötzlich zu lebensbedrohlichen Blutungen in die Lunge und zu Nierenversagen führen (Goodpasture-Syndrom).

Medikamente, die gegen Bluthochdruck oder Herzrhythmusstörungen eingesetzt werden, wie z. B. Methyldopa oder Chinidin, binden u. U. als Haptene an Oberflächenproteine von Blutzellen. Auch Penicilline oder Sulfonamide sind dafür bekannt. Aber auch lösliche Medikament-Antikörper-Komplexe können sich unspezifisch auf Blutzellen ablagern. In beiden Fällen ermöglicht die Konformationsänderung der Antikörper nach Antigenbindung entweder eine komplementvermittelte Lyse oder eine ADCC.

Tabelle 23.1 Therapiebedingte Immunopathien.

Bestrahlung	Immunsuppression, Lymphozytenapoptosen
Zytostatika	Immunsuppression, Apoptosen
Antibiotika	Zerstörung der Darmflora
andere Medikamente	Typ-I-, Typ-II-, Typ-III-Überempfindlichkeit (anaphylaktischer Schock, Serumkrankheit) Autoimmunität, Zytopenien
Hormone	diverse Immundysregulationen, Apoptosen
Impfungen	Zwischenfälle durch Kontaminationen
größere Operationen	periphere Immunsuppression
Organtransplantation	Abstoßungskrisen, *graft versus host*-Reaktionen
Bluttransfusion	Zwischenfälle durch Verwechslung, HLA-Sensibilisierung

Je nachdem, welche Blutzellen betroffen sind, entwickeln die Patienten eine Anämie (Erythrozytenmangel), eine Blutungsneigung (Thrombozytenverlust) oder eine Infektneigung, hinter der sich eine Granulozytopenie verbirgt. Eine solche **Typ-II-Medikamentenüberempfindlichkeit** (Tab. 17.2) ist schwer diagnostizierbar. Bei Verdacht ist ein Wechsel des Medikaments indiziert.

Frage: Basieren Medikamenten-bedingte Anämie, Thrombozytopenie oder Granulozytopenie auf dem gleichen Mechanismus? Antwort in Kapitel 5

Am Beispiel von **Penicillin** sollen hier die Komplexität der Medikamentennebenwirkungen und die Wichtigkeit ihrer Kenntnis für die **Notfallmedizin** erörtert werden. Penicillin bindet als Hapten ebenfalls an körpereigene Proteine und induziert in manchen Personen Immunantworten von klinischer Relevanz. Eine **Typ-I-Penicillinallergie** kann zu lebensbedrohlicher **systemischer Anaphylaxie** führen (Kap. 18.1). Manche Patienten haben nachweislich keine Penicillinallergie (Immundiagnostik Kap. 15.5) und entwickeln dennoch nach Penicillintherapie mit zeitlicher Verzögerung von 3–5 Tagen schwerste Krankheitsbilder. Sie erleiden eine **Serumkrankheit** (Typ-III-Überempfindlichkeit, Kap. 18.3). Lösliche IgG-Hapten/Carrier-Komplexe verursachen Ödeme, Urtikaria, Gelenkschwellungen, Hauteinblutungen (Petechien) und Desorientierung.

Frage: Wie lange würde es dauern, bis die Symptome der Serumkrankheit bei einer versehentlichen späteren Penicillintherapie des Patienten auftreten (falls der Patient einen neuen Arzt nicht informiert)? Antwort in Kapitel 18.3

Je nachdem, ob Penicillin als Hapten eine Typ-I-, Typ-II- oder Typ-III-Überempfindlichkeit auslöst, werden sehr unterschiedliche Krankheitszustände induziert. Für Ärzte ist es wichtig zu wissen, dass viele der induzierten Immunantworten gegen Penicillin zu kreuzreagierenden Antikörpern führen, die mit anderen β-Lactamen (z. B. Cephalosporinen und Carbapenemen) ebenfalls reagieren könnten.

23.2 Transplantatabstoßung/GvHD

23.2.1 Transfusionszwischenfälle

Eine Bluttransfusion ist eine Transplantation, d. h. eine Substitutionstherapie durch adoptiven Zelltransfer. Dabei spielen Blutgruppenantigene des AB0-Systems eine Rolle. Sie haben ähnliche oder identische Kohlenhydratstrukturen wie bakterielle Zellwandbestandteile, die früh im Leben eines Menschen Immunantworten erzeugen. Das hat zur Folge, dass jeder Gesunde im Repertoire seiner antibakteriellen Antikörperantworten kreuzreagierende Antikörper gegen **die** Blutgruppenantigene besitzt, die er selbst nicht exprimiert. Gegen die eigenen wird Toleranz erzeugt (Kap. 6.2.2 und 11). Wegen dieser präformierten **Isohämagglutinine** müssen Bluttransfusionen AB0-kompatibel durchgeführt werden. Die Bezeichnung Isohämagglutinin erscheint unverständlich. „Iso" ist eine alte Bezeichnung für „Allo" (Abb. 23.1). Eine Kreuzprobe sichert jede Transfusion. Sie ist in Abbildung 15.1 dargestellt. Bei einer falschen Transfusion käme es innerhalb von Minuten zur massiven Erythrozytenagglutination durch die Isohämagglutinine und zur intravasalen Komplementaktivierung (Abb. 5.1, 5.14) mit Freisetzung von Anaphylatoxinen (Kap. 1.3.5) und Kreislaufschock. Der Spezialfall einer Rh-Inkompatibilität zwischen Mutter und Fötus wird in Kapitel 25 in Zusammenhang mit der Rh-Prophylaxe erläutert.

Frage: Warum sind Isohämagglutinine ausschließlich IgM-Antikörper? Antwort in Kapitel 6.2.2 und 7.2.2

23.2.2 Transplantatabstoßung

In den 60er-Jahren des vorigen Jahrhunderts wurden die ersten **allogenen** Organtransplantationen am Patienten durchgeführt, nur ein paar Jahre zuvor waren die MHC-Moleküle entdeckt worden (Tab. 1). Der Polymorphismus der MHC-Moleküle (Kap. 2.2) hat zur Folge, dass jedes Individuum mit seinen zwölf HLA-Antigenen auf (fast) allen Zellen eine nahezu einmalige Kombination exprimiert. Bei vielen Geschwistern ist die Wahrscheinlichkeit aber sehr groß, dass unter ihnen MHC-Identität vorkommt. Diese Geschwister haben dann jeweils den gleichen Haplotyp (Abb. 2.3) von Vater und Mutter geerbt; die Wahrscheinlichkeit dafür ist bei jedem Geschwisterpaar etwa 25 %. Erkrankt ein Kind an Leukämie, könnte ein HLA-identisches Geschwisterkind lebensrettend sein.

Da Lymphozyten allogene Zellen mit fremdem HLA-Besatz erkennen und zytotoxisch eliminieren oder zytotoxische HLA-Antikörper produzieren, wird klar, weshalb HLA-Antigene auch Histokompatibilitätsantigene genannt werden. Wie diese Erkennung funktioniert, ist nicht restlos aufgeklärt (Kap. 2.5). Immerhin erkennen 1–10 % aller T-Zellen fremde Zellen. Im Zusammenhang mit Organtransplantationen ist der Grad der Körperfremdheit definiert (Abb. 23.1).

23.1 Histokompatibilitätsunterschiede. Autologe Transplantate sind zum Beispiel Hautverpflanzungen auf andere Körperregionen desselben Patienten, um Wunden zu schließen. Ebenfalls genetisch identisch, d. h. syngen, sind Gewebe von eineiigen Zwillingen oder Mäusen eines Inzuchtstammes. Allogene Transplantate stammen von einem anderen Individuum derselben Spezies. Speziesgrenzen werden bei Xenotransplantationen überschritten.

Für geplante Transplantationen muss deshalb ein passender Spender gefunden werden. Das *cross-match* wird durch HLA-Typisierung realisiert (Kap. 15.10). Selbst bei AB0- und HLA-Identität kann es aber zu Abstoßungskrisen kommen. Sie werden auf individualspezifische Polymorphismen anderer Gene zurückgeführt, die zur Präsentation fremder Peptide führen können (*minor histocompatibility antigens*, Kap. 2.5.4). Aus diesem Grunde werden Transplantatempfänger in der Regel mit immunsuppressiv wirkenden Medikamenten behandelt (Kap. 25.4).

Wegen der langen Wartelisten, z. B. für eine Herztransplantation, wird auch die Möglichkeit von **Xenotransplantationen** erforscht. Diese werfen nicht nur ethische Fragen auf, sondern bergen auch die Gefahr der Einführung endogener Retroviren einer anderen Spezies in die menschliche Population (Kap. 22.2). Technisch erfordern sie neben der Lösung funktioneller Probleme auch die Überwindung von Histoinkompatibilitäten. Diese betreffen – ähnlich der Situation bei den Isohämagglutininen – eine reziproke Verteilung von Galactosylresten auf Proteinen und Anti-Gal-Antikörpern bei verschiedenen Säugetierspezies. Alle Nichtprimaten unter den Säugetieren exprimieren Gal-Epitope, Menschen und Menschenaffen dagegen nicht. Menschen besitzen deshalb natürliche Antikörper gegen Gal-Epitope (die auch auf Bakterien exprimiert werden). Ein so genanntes **nicht konkordantes** Schweinetransplantat würde durch die präformierten Anti-Gal-Antikörper sofort (hyperakut) abgestoßen werden. Wir erinnern uns, dass die Komplementschutzproteine, wie z. B. DAF (Tab. 1.4), speziesspezifisch wirken. Ein Schweineherz würde deshalb sogar einem Komplement-Membran-Attacke-Komplex anheim fallen (Abb. 1.8). Es gibt mittlerweile transgene Schweine, die menschlichen DAF exprimieren, sowie galactosyltransferasedefiziente Schweine, die keine Gal-Epitope mehr besitzen. Aber die rasanten Entwicklungen der Stammzellforschung und des *tissue engineering* werden Xenotransplantationen wahrscheinlich überflüssig machen.

23.2 Immunologische Mechanismen der Transplantatabstoßung treffen vorzugsweise Gefäße. Alloantigenspezifische Antikörper vermitteln eine ADCC und aktivieren im Transplantat außerdem Komplement. Entzündung und Thrombosen führen zusätzlich zur Gefäßzerstörung im Transplantat. Alloreaktive CTLs zerstören Gefäßendothel. Alloreaktive TH1-Zellen und Makrophagen verursachen Gefäßwandproliferationen.

Abstoßungskrisen

Die Nichttoleranz eines allogenen Transplantats kann **trotz immunsuppressiver** Therapieregime vorkommen und folgende Ursachen haben (Abb. 23.2): Bei einer **hyperakuten Rejektion** zerstören bereits existierende Anti-HLA-Antikörper innerhalb von 24 Stunden die Endothelzellen des Transplantats. Komplementaktivierung führt zu Entzündungen und Gefäßverschlüssen (Thrombosen). Dies kann durch Screening nach Anti-HLA-Antikörpern vor Transplantationen so gut wie ausgeschlossen werden. Dennoch gibt es seltene hyperakute Rejektionskrisen, die lange unerklärlich waren, bis bei einigen Patienten vor kurzem Autoantikörper gegen Angiotensin-II-Rezeptoren gefunden wurden (Kap. 18.2.3). Nach solchen Antikörperspezifitäten wurde vor Transplantationen bislang nicht gefahndet. Bei einer **akuten Rejektion** wirken neu gegen die Histokompatibilitätsantigene des Transplantats generierte Antikörper (Alloantikörper) oder $CD8^+$-alloreaktive CTLs und sorgen nach 5–90 Tagen für Parenchymschäden und interstitielle Entzündung. Monate oder auch Jahre später kann eine **chronische Rejektion** einsetzen, bei der alloantigenspezifische $CD4^+$-TH1-Zellen und proinflammatorische Makrophagen einwandern, eine Proliferation glatter Muskelzellen in der Gefäßwand induzieren und damit langsam zu Gefäßverschlüssen führen.

Je nach Organ ist die Gefahr einer Abstoßung unterschiedlich groß. Lebertransplantationen haben die geringsten immunologischen Risiken, weil die Leber selbst über Mechanismen der Toleranzinduktion verfügt (Kap. 12.2).

23.2.3 Graft-versus-host disease (GvHD)

Wenn im Transplantat reife T-Zellen des Spenders als blinde Passagiere „mitreisen" und den Empfängerorganismus entern, kann es zu „Transplantat gegen den Wirt"-Reaktionen (GvHD) kommen. In der Regel wird durch Vorbehandlung des Transplantats verhindert, dass *passenger leukocytes* in den Rezipienten gelangen.

Bedeutsam wird dieses Problem aber, wenn das Immunsystem selbst transplantiert wird. Bei Immundefekten, Defekten des erythroiden Systems oder bei Leukämien wird das defekte oder entartete blutbildende System durch eine Transplantation von Stammzellen des Knochenmarks ersetzt (Kap. 26.4). Bei Leukämien muss das „alte" Immunsystem vorher möglichst total durch Hochdosischemotherapie und Bestrahlung eliminiert werden. Komplikationen nach Stammzelltransplantation können sich auch bei HLA-Übereinstimmung von Spender und Empfänger aus zusätzlichen Alloantigendifferenzen ergeben (Kap. 2.5.4). Deren Wahrscheinlichkeit wird minimiert, wenn ein HLA-identisches Geschwisterkind als Spender – die Spende ist auch Kleinkindern zumutbar – verfügbar ist. Das Risiko ist bei nicht verwandten Spendern eines Allotransplantats größer. Bei Stammzelltransplantationen können reife T-Zellen des Spenders im Transplantat enthalten sein, die im Empfängerorganismus *minor histocompatibility antigens* als fremd erkennen und vor allem Haut und Darm attackieren. Die Entfernung aller reifen T-Zellen aus dem Transplantat ist allerdings bei Leukämiepatienten kontraproduktiv, da diese Zellen versprengte Leukämiezellen aufspüren können und entscheidend zur Heilung oder Verlängerung der Remission beitragen. Eine GvLR (*graft-versus-leukaemia reaction*) ist deshalb eine erwünschte Reaktion.

INTERVENTIONSMÖGLICHKEITEN

In den letzten 100 Jahren haben die Erkenntnisse über das Funktionieren des Immunsystems eine rasante Entwicklung genommen. Für die Meilensteine immunologischer Forschung (Tab. 1) wurden 27 Nobelpreise verliehen. Trotz des explosionsartigen Wissenszuwachses aber sind die klinischen Erfolge, die daraus erwuchsen, eher bescheiden, denn viele Erkrankungen sind bis heute unaufgeklärt geblieben oder können nicht geheilt werden.

In diesem letzten Abschnitt soll in aller Kürze dargestellt werden, welche Möglichkeiten der therapeutischen Einflussnahme auf das Immunsystem entwickelt wurden und welche Trends zu weiteren Hoffnungen ermutigen. Wir begegnen den in diesem Kompendium angeschnittenen Problemen jetzt unter einem anderen Blickwinkel wieder (Tab. 24.1). Auch hier gilt, dass ein anwendungsbereites Wissen aus den beiden vorigen Teilen sehr vorteilhaft für das Verständnis ist.

24 Immunstimulation

Es ist unstrittig, dass gesunde Ernährung, Fitness und eine optimistische Lebenseinstellung einen positiven Effekt auf die Immunkompetenz haben. Daraus darf man auch ableiten, dass gegenteilige Einflüsse schädlich sind. Die so genannten Immunstimulanzien und Nahrungsergänzungsstoffe aber helfen in aller Regel nur dem Hersteller. Hier werden deshalb nur Immunstimulationen im antigenspezifischen System abgehandelt.

24.1 Aktive Immunisierung gegen Infektionserreger

Impfungen gegen Infektionskrankheiten sind keineswegs gelöste Probleme. Jährlich erkranken 300–400 Millionen Menschen an Malaria, mehr als eine Million von ihnen stirbt. Einen Impfstoff gibt es noch nicht. Aber auch Krankheiten, gegen die geimpft werden kann, wie z. B. Masern, fordern mehr als 800 000 Todesopfer pro Jahr, weil die Impfung nicht allen Kindern zugänglich gemacht wird. Das Problem der Impfstoffherstellung in tierischem Gewebe (Kap. 22.2) oder die Herstellung abgeschwächter (attenuierter) Lebendimpfstoffe soll hier nicht besprochen werden.

Bei der aktiven Immunisierung wird Antigen in möglichst immunogener Form (Kap. 6) appliziert, damit ein **Immungedächtnis** aufgebaut wird, das bei einer späteren Infektion mit **Effektorfunktionen** vor dem virulenten Erreger schützt (Kap. 10). Für den Impferfolg sind das Antigen, die Applikationsroute (Kap. 6.3), die Dosis (Kap. 6.1 und 11), die Zahl der Wieder-

Tabelle 24.1 Therapeutische Manipulationen am Immunsystem.

Immunstimulation	Immunsuppression	Substitution
aktive Immunisierung mit Ag aus Infektionserregern	Toleranzinduktion mit Ag	passive Immunisierung mit Hyperimmunseren
Tumorvakzinierung	Rh-Prophylaxe mit Hyperimmunserum	Immunglobulinsubstitution mit IVIG
Adoptiver Zelltransfer	selektive Immunsupressiva	Einsatz rekombinanter Proteine
	selektive Elimination unerwünschter Zellen mit moAK	Organtransplantation
	Blockade biologischer Mediatoren mit moAK	Transplantation von Stammzellen des Knochenmarks
	extrakorporale Immunadsorption	Gewebereparatur mit autologen Stammzellen

Tabelle 24.2 Antigene in für Anwendung am Menschen zugelassenen Impfstoffen.

Erreger	Impfstoff
Corynebacterium diphtheriae (Diphtherie)	Toxoid (gereinigt und inaktiviert)
Clostridium tetani (Wundstarrkrampf)	Toxoid (gereinigt und inaktiviert)
Bordetella pertussis (Keuchhusten)	zwei gereinigte bakterielle Antigene
Poliomyelitisvirus (Kinderlähmung)	inaktivierte Viren, drei Serotypen
Haemophilus influenzae B (Hirnhautentzündung)	Kapselpolysaccharide konjugiert an Tetanustoxoid
Masernvirus	lebende attenuierte Viren
Mumpsvirus	lebende attenuierte Viren
Rötelnvirus	lebende attenuierte Viren
Varicella-zoster-Virus (Windpocken)	lebende attenuierte Viren
Hepatitis-B-Virus	rekombinantes Oberflächenantigen (HBsAg)
Influenzavirus (echte Virusgrippe)	gereinigte Antigene der jeweils epidemischen Virusstämme (Hämagglutinine und Neuraminidasen)
Pneumococcus pneumoniae (Lungenentzündung)	Polysaccharide von 23 Serotypen
Humanes Papillomvirus	virusähnliche Partikel aus Kapsidproteinen (Li) der Papillomviren vom Typ 6, 11, 16 und 18

holungsimpfungen (*boost*) sowie die zugesetzten Hilfsmittel (**Adjuvanzien**), die eine TH1-getriebene, protektive Effektorantwort bahnen, ausschlaggebend. Aus Abbildung 7.3 ist ersichtlich, dass vor allem bakterielle Komponenten als TLR-Liganden in DCs eine solche Hilfsfunktion übernehmen können. Potente Adjuvanzien enthalten bakterielle Zellwandbestandteile (PAMPs), um ***danger signals*** zu simulieren, und Emulgatoren, die eine langsame Freisetzung des Antigens garantieren. Unmethylierte bakterielle DNA zum Beispiel bindet über TLR9 und ist für DCs ein *danger signal*. Synthetische Oligonukleotide, die Cytosin-phospho-Guanin (sog. **CpG-Motive**) enthalten, werden nicht nur als Adjuvans bei Hepatitis-B-Impfung, sondern als adjuvante Therapie bei Asthma oder Lymphomen in klinischen Studien getestet. Auch die Wirkkomponente im BCG-Adjuvans (Kap. 24.2) ist bakterielle DNA (CpG). Konventionelle Impfstoffe für den Menschen (Tab. 24.2) enthalten Aluminiumhydroxid als Adjuvans. Der in Deutschland empfohlene Impfkalender ist in Tabelle 24.3 dargestellt.

Die Prävention von Infektionskrankheiten muss global erfolgen. Eine virussichere neue, noch dazu viel kostengünstigere Methode als die Impfung mit gereinigten oder rekombinanten Antigenen ist die **DNA-Vakzinierung**. Entsprechende Erreger-DNA-Sequenzen werden in ein Plasmid (Kap. 15.17.1) gebracht und intra-

Tabelle 24.3 Impfkalender.

Alter in Monaten					Alter in Jahren			
2	3	4	11–14	15–23	5–6	9–17	ab 18	ab 60
Diphtherie Tetanus Pertussis Polio HIB Hepatitis B	Diphtherie Tetanus Pertussis Polio HIB Hepatitis B	Diphtherie Tetanus Pertussis Polio HIB Hepatitis B	Diphtherie Tetanus Pertussis Polio HIB Hepatitis B	Hepatitis B	Diphtherie Tetanus	Diphtherie Tetanus	Diphtherie Tetanus alle zehn Jahre	
			Masern Mumps Röteln	Masern Mumps Röteln				
			Varizellen			Varizellen		
						HPV[a]		
								Influenza jährlich
								Pneumokokken alle sechs Jahre

Nach den Empfehlungen der Ständigen Impfkommission (STIKO) am Robert-Koch-Institut in Berlin (Stand 07/07), Infektiologisches Bulletin 2007, Nr. 30 und 31, http://www.rki.de/.
a) HPV-Impfung für Mädchen im Alter von 12-17 Jahren empfohlen.

muskulär appliziert. Die Plasmid-DNA wird von einigen Zellen exprimiert und die translatierten Proteine rufen eine Immunantwort hervor. Eleganterweise lassen sich in die Plasmide auch kodierende Sequenzen proinflammatorischer Zytokine wie z. B. IL2 oder GM-CSF einbauen, die dann ebenfalls vor Ort produziert werden.

Selbst nadelfreie Injektionssysteme wurden für die DNA-Vakzinierung entwickelt. Die DNA wird an Goldpartikel gebunden, die mit einer „Pistole" in den Muskel geschossen werden. Schnelle, preiswerte und virussichere Massenimpfungen werden damit in Zukunft möglich. Es wird an DNA-Vakzinen gegen Malaria und HIV (Kap. 22.2) gearbeitet.

Auch orale Verabreichung von Antigenen kann unter bestimmten Bedingungen zum Schutz gegen Virusinfektionen führen (Kap. 25).

24.2 Tumorvakzinierung

Die Entdeckung des Tumorenhancements (Kap. 9.8 und 20.2) machte in aller Deutlichkeit klar, dass nur eine Umschaltung des Immunsystems von verhängnisvoller Tumorwachstumsförderung auf Tumorabwehr einen therapeutischen Durchbruch versprechen könnte. Bislang werden Tumoren operativ entfernt und postoperativ durch Chemotherapeutika und Bestrahlung (mit entsprechenden limitierenden Nebenwirkungen) bekämpft. Erste Erfolge bei der Umschaltung von Tumorenhancement auf Tumorabwehr waren beim malignen Melanom (Hautkrebs) zu verzeichnen. Durch Kultivierung mit IL4 und GM-CSF gelang die Ausdifferenzierung sowie Expansion dendritischer Vorläuferzellen aus dem peripheren Blut der Patienten. Eine *ex vivo*-Stimulation der DCs mit Tumorantigenen verursachte deren Umschaltung auf DC1-Zellen (Abb. 7.3). Der **adoptive Zelltransfer** dieser geprimten DCs führte zu therapeutischen Erfolgen, die bei Hautkrebs gut zu verifizieren sind.

Der klassische Weg, eine TH1-dominierte Immunantwort zu induzieren, ist die Impfung mit dem Antigen. Bei dem Versuch, Tumorvakzinen zu entwickeln, geht man heutzutage folgendermaßen vor: Nach Tumorresektion, z. B. bei Kolonkarzinom (Dickdarmkrebs), werden die Tumorzellen des Patienten kryokonserviert. Nach dem Auftauen werden sie mit einem Adjuvans, z. B. BCG, ergänzt und für eine somatische Zelltherapie dem Patienten einmal wöchentlich als autologe Vakzine intradermal appliziert. Die ersten klinischen Ergebnisse waren sehr ermutigend. Die klonale Expansion **tumorspezifischer CTLs** durch die Immunisierung verstärkte die immunologische Attacke gegen restliche Tumorzellen (*minimal residual disease*). Ein Durchbruch in der Tumortherapie ist jedoch bislang noch nicht gelungen.

Dagegen wird seit 2007 von der ständigen Impfkommission eine Vakzine zur **Tumorprävention** empfohlen: Vakzinierung gegen die sexuell übertragenen humanen Papillomviren soll Infektionen und damit auch die Entstehung von Gebärmutterhalskrebs verhindern, die diese Viren bei chronischem Infektionsverlauf im Verlauf vieler Jahre induzieren können (Tab. 24.3). Für dieses bahnbrechende Therapiekonzept erhielt Harald zur Hausen 2008 den Nobelbreis (Tab. 1).

Die *ex vivo*-Expansion patienteneigener tumorspezifischer CTLs ist ein weiterer Therapieansatz. Die CTLs werden nach einer Konditionierung des Patienten (Reduktion des Tumorenhancements durch Depletion seiner Lymphozyten) infundiert.

Fragen: Warum wird einer Vakzine z. B. BCG zugesetzt? Antwort in Kapitel 7.2, Abbildung 7.3, 7.4 Wann kommt BCG ansonsten zur Anwendung? Antwort in Kapitel 16.1

25 Immunsuppression

Wenn man von Immunsuppression spricht, muss man immer dazu sagen, was supprimiert werden soll, zum Beispiel eine überschießende, antibakterielle Abwehr bei Sepsis, eine Transplantatabstoßung oder eine Autoimmunerkrankung. Ein Beispiel: Niedrige Dosen des Zytostatikums Cyclophosphamid supprimieren selektiv regulatorische T-Zellen (Treg). Das Medikament supprimiert eine Suppressorzelle. Was das heißt, ist aus Abbildung 7.4 abzuleiten.

25.1 Toleranzinduktion

Toleranz ist eine aktive Leistung des Immunsystems. Sie ist antigenspezifisch. Zur Induktion müssen deshalb ebenfalls Antigene benutzt werden. Was ist anders als bei der Immunisierung? Das werden wir in diesem Kapitel beantworten. Allergien, manche Autoimmunerkrankungen sowie Transplantatabstoßungen könnten durch erfolgreiche spezifische Toleranzinduktion therapiert werden.

Hyposensibilisierung

Seit 1911 praktiziert man bei Allergikern nach Identifizierung der auslösenden Allergene eine so genannte Desensibilisierung. Wiederholte Injektionen kleinster Dosen des Antigens verschaffen dem Patienten oft für längere Zeit Linderung oder Symptomfreiheit. Drei Mechanismen werden als Wirkprinzipien diskutiert. Wenn die Desensibilisierung zur vermehrten Synthese von IgG führt, könnten Immunkomplexe erstens an FcγRIIB auf Mastzellen binden und eine Mastzellaktivierung über FcεRI inhibieren und zweitens, wie in Abbildung 5.11 dargestellt, ebenfalls über Wirkung durch FcγRIIb die allergenspezifischen B-Zellen inhibieren oder eliminieren. Drittens wird die Induktion allergenspezifischer Treg diskutiert. Neuerdings wird eine sublinguale Allergenverabreichung praktiziert, die im folgenden Abschnitt erläutert wird.

Der Trend geht zur molekularen Identifizierung von allergieauslösenden Proteinen, wie z. B. Betv1 bei Birkenpollenallergie. Durch Mutationen des Gens soll erreicht werden, dass bei Hyposensibilisierung präferenziell IgG induziert wird. DNA-Vakzinierungen erlauben höhere Dosierung ohne Nebenwirkungen.

Orale Toleranzinduktion

Eine orale Toleranzinduktion (Kap. 12.2) ist eine bislang nicht erreichte Zielstellung, um Autoimmunität, Nahrungsmittelallergien oder Transplantatabstoßung therapeutisch oder prophylaktisch zu behandeln. Orale Toleranz kann im Tierexperiment entweder durch orale Verabreichung hoher Dosen Antigen (**high dose tolerance**) oder mit niedrigen Dosen (**low dose tolerance**) erzeugt werden. Erstere wird durch Anergie oder Deletion spezifischer T-Zell-Klone verursacht, während niedrige Antigendosen regulatorische Zellen induzieren (Kap. 11). Diese Tregs supprimieren nicht nur über die Expression von CTLA4 und Zell-Zell-Kontakte, sondern auch unspezifisch über lösliches IL10 im Mikromilieu (**bystander suppression**).

Die Ergebnisse der ersten klinischen Studien zur oralen Toleranzinduktion rangieren von „no benefit" (z. B bei Diabetes mellitus durch prophylaktische und therapeutische orale Gabe von

Insulin oder bei Multipler Sklerose mit Myelin), über kleine bis zu signifikanten klinischen Therapieeffekten oder sogar kompletter Remission bei Rheumatoidarthritis. Der unterschiedliche Ausgang der Arthritisstudien wird mit der Quelle des als Tolerogen verwendeten Typ-II-Kollagens, der Dosis und dem Therapieregime erklärt. Bei Studien zu Nahrungsmittelallergien wurden über Monate steigende Allergendosen (beginnend im Nanogrammbereich) verabreicht und damit erste Erfolge erzielt. Auch bei Typ-I-Allergien nutzt man inzwischen neben der Desensibilisierung mit der Spritze auch sublinguale Allergenapplikationen. Die Schleimhaut unter der Zunge ist sehr resorptiv. Dort sitzen dendritische Zellen, die Tregs induzieren (Abb. 7.3). Die Schleimhaut hat ein tolerogenes Milieu (Kap. 12).

Orale Toleranz versus orale Immunisierung?

Die Schluckimpfung gegen Polimyelitis schützte ebenso wie die Impfung mit der Nadel gegen Kinderlähmung. Dies steht nicht im Widerspruch zum vorigen Absatz oder zum Inhalt der Tabelle 6.3, weil in diesem Fall die Induktion der Schleimhautimmunität auch zur Produktion von spezifischen sIgA führt (Kap. 12.1.2).

Frage: Warum ist gerade bei Poliomyelitis eine effektive sIgA-getragene, spezifische Immunantwort vorteilhaft? Antwort in Kapitel 5.1.7 und 12.3

25.2 Immunsuppression mit Immunglobulinen

Intravenös verabreichbare humane IgG-Präparationen (IVIG) sind polyklonale Immunglobuline verschiedenster Spezifitäten, die aus einem Plasmapool von mehreren hundert gesunden Spendern hergestellt werden. In hohen Dosen appliziert, werden sie zur Therapie von Autoimmunopathien und systemischen Entzündungen eingesetzt. Das Wirkprinzip ist die Kreuzvernetzung von inhibitorischen FcγRIIB auf B-Zellen (Abb. 5.11). Die IVIG enthalten selbstaggregiertes IgG oder reagieren im Empfänger mit löslichen Antigenen, so dass kleine lösliche Immunkomplexe entstehen. Diese binden an FcγRIIB und erzeugen eine unspezifische Suppression (Kap. 7.3.2), von der man erhofft, dass sie auch die unerwünschten aktivierten B-Zell-Klone trifft.

25.3 Rh-Prophylaxe

Sogenannte Rhesus-Blutgruppenantigene (RhD) werden auf Erythrozyten mancher Menschen exprimiert, bei anderen nicht. RhD$^-$-Personen werden nach Kontakt mit RhD$^+$-Erythrozyten deshalb Antikörper gegen das fremde Antigen produzieren. Das ist insofern von Bedeutung, als dass einmal etablierte Anti-RhD-IgG-Antikörper bei neuerlichem Kontakt mit RhD-positiven Erythrozyten zu einem bedrohlichen Transfusionszwischenfall (Kap. 23.2.1) führen würden. Dem beugt man durch AB0- und RhD-kompatible Bluttransfusionen vor.

Präformierte Anti-RhD-Antikörper der Klasse IgG haben, da sie plazentagängig sind, aber auch fatale Folgen für RhD$^+$-Föten in RhD$^-$-Müttern. Ohne diese Antikörper wird eine Schwangerschaft in einer solchen Konstellation in der Regel komplikationslos verlaufen. Unter der Geburt kommt es aber zu Übertritten kindlicher RhD$^+$-Erythrozyten in den mütterlichen Kreislauf, so dass die Mutter jetzt sensibilisiert wird und fortan Anti-RhD-Antikörper besitzt. Das wird für alle folgenden Schwangerschaften mit RhD$^+$-Föten ein großes Problem, denn die IgG-Moleküle wirken von Anfang an und zerstören fötale Erythrozyten, so dass die Schwangerschaft nicht erfolgreich ausgetragen wird, oder Kinder mit schwerem **Morbus hämolyticus neonatorum** geboren werden. Eine einfache Gabe von Hyperimmunserum gegen RhD (erzeugt in männlichen Freiwilligen) kurz nach der Geburt soll die Induktion einer spezifischen Immunantwort der Mutter verhindern, so dass sie keine Anti-RhD-Antikörper entwickelt. Diese Prophylaxe wird seit 1945 genutzt, ihr molekularer Wirkmechanismus ist bis heute unklar. Ein Mechanismus wie in Abbildung 5.11 dargestellt wird diskutiert.

25.4 Selektive Immunsuppression

Zu den Medikamenten mit immunsuppressiver Wirkung gehören nicht-steroidale, antiinflammatorische Wirkstoffe (NSAID), wie z. B. Indomethazin und Aspirin, Glukokortikoide, wie z. B. Prednison, Zytostatika, wie z. B. Methotrexat, Azathioprin oder Cyclophosphamid, und so genannte selektive Immunsuppressiva. Glukokortikoide beeinflussen physiologischerweise fast 1 % aller Gene. In der Summe resultiert daraus u. a. eine antiinflammatorische Wirkung durch Reduktion proinflammatorischer Zytokine, Induktion von Apoptosen in Lymphozyten und Eosinophilen, Reduktion der Emigration von Immunzellen aus der Zirkulation ins Gewebe, Hemmung der Stickoxidbildung durch Makrophagen und Hemmung der Prostaglandin- und Leukotriensynthese. Pharmakologische Effekte von Prednison werden zur Unterdrückung von Entzündungen genutzt. Wegen der erheblichen Nebenwirkungen werden Glukokortikoide bei inflammatorischen, autoimmunen und allergischen Erkrankungen und bei Transplantatabstoßung mit anderen Medikamenten kombiniert, die ihrerseits ebenfalls – wenn auch andere – Nebenwirkungen haben.

Zytostatika zielen auf die Blockade der DNA-Synthese und treffen damit alle sich teilenden Zellen. Damit wirken auch sie generell immunsuppressiv. Hier sollen jedoch nur selektive Immunsuppressiva vorgestellt werden, die nicht alle proliferierenden Gewebe treffen. Sie wurden über ein Naturstoffscreening entdeckt:

Cyclosporin A, Tacrolimus und Sirolimus

Die immunsuppressiven Pharmaka Cyclosporin A (CsA), Tacrolimus (TRL) und Sirolimus (SRL) penetrieren die Zellmembran und binden im Zytoplasma von T-Zellen an **Immunophiline**. Diese Komplexe interferieren mit Signaltransduktionskaskaden in T-Zellen, die entweder nach Aktivierung über den TCR oder nach Ligation des IL2-Rezeptors angeschaltet werden (Abb. 25.1).

Wenn T-Zellen über den TCR aktiviert werden, steigt die intrazelluläre Ca^{2+}-Konzentration, Ca^{2+} bindet und aktiviert Calcineurin, eine Phosphatase, die den nukleären Faktor aktivierter T-Zellen im Zytoplasma (NF-ATc) aktiviert (Kap. 4.2.3). Dieser kann dadurch in den Nukleus migrieren und an AT1 binden, wodurch der aktive nukleäre Transkriptionsfaktor NF-ATn gebildet wird. Komplexe aus Immunophilinen und CsA oder TRL (auch FK506 genannt) hemmen die Phosphataseaktivität von Calcineurin und damit die Zytokinproduktion und Proliferation. Sirolimus (auch Rapamycin genannt) hemmt die IL2-induzierte T-Zell-Proliferation. Die Medikamente werden bei Rejektionskrisen (Kap. 23.2) und Autoimmunerkrankungen eingesetzt.

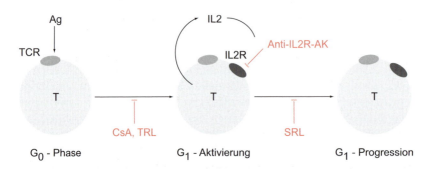

25.1 Cyclosporin A (CsA), Tacrolimus (TRL) und Sirolimus (SRL) inhibieren selektiv die T-Zell-Aktivierung (z. B. die IL2-Synthese) oder IL2-induzierte T-Zell-Proliferation. Auch blockierende Anti-IL2R-Antikörper (Tab. 25.1) gehören zu den selektiv wirkenden T-Zell-Immunsuppressiva (Kap. 25.5).

25.5 Therapie mit monoklonalen Antikörpern

Da monoklonale Antikörper (moAK) gegen fast jedes beliebige Antigen hergestellt werden können und Antikörper zum Beispiel eine ADCC vermitteln (Abb. 5.2) oder blockierend wirken können (Abb. 5.5), entstand schnell das Konzept, sie gezielt gegen unerwünschte Zellklone, Tumorzellen oder Mediatoren einzusetzen. 1986 wurde der erste Therapieversuch gestartet, der allerdings nicht erfolgreich war. Bis heute profitierten bereits mehrere hunderttausend Patienten von der Therapie mit solchen **Biologicals**.

Da Mausantikörper im Humansystem immunogen sind und eine spezifische Anti-Maus-IgG-Antikörperantwort im Patienten bei wiederholter Applikation die therapeutische Wirkung der Antikörper verhindert (schnelle Phagozytose der sich formenden Immunkomplexe) oder sogar eine Serumkrankheit (Kap. 18.3) provoziert, wurden Antikörper für den therapeutischen Einsatz „humanisiert". **Humanisierte Antikörper** werden rekombinant hergestellt, indem man die CDR-Sequenzen der murinen monoklonalen Antikörper (d.h. die Antigenbindungsstelle, Kap. 1.2.1) in humane Antikörpersequenzen (meist IgG1) einfügt. Die meisten jetzt für klinische Zulassungen entwickelten Antikörper sind komplette humane monoklonale Antikörper, die in Mäusen (Kap. 16.3) hergestellt werden, die transgen für humane Immunglobulingene sind und gleichzeitig funktionslose („ausgeknockte") Mausimmunglobuline besitzen.

In Tabelle 25.1 finden sich einige Beispiele klinisch zugelassener moAK. Um Tumorzellen, z. B. bei einer Leukämie, selektiv zu eliminieren, müsste man klonotypische Antikörper verwenden, d. h. für jeden Patienten andere Antikörper herstellen. Dieses Problem wird dadurch umgangen, dass man Antikörper gegen solche CD-Moleküle verwendet, die auf den Tumorzellen exprimiert werden. Bei der Behandlung bestimmter B-Zell-Lymphome mit einem moAK gegen CD20 muss man dann aber in Kauf nehmen, dass nicht nur die Tumorzellen eliminiert werden, sondern auch gesunde B-Zellen, die CD20$^+$ sind. Der Vorteil ist, dass man den gleichen **Anti-CD20-Antikörper** (Tab. 25.1) bei allen Patienten einsetzen kann, bei denen die Leukämiephänotypisierung (Kap. 15.7) CD20-positive Tumorzellen identifizierte. Der Anti-CD20 Antikörper **Rituximab** wurde auch bei Patienten mit Rheumatoidarthritis (Kap. 19.2) erfolgreich eingesetzt. Um lokale B-Zellwirkun-

Tabelle 25.1 Beispiele für monoklonale Antikörper in der Therapie.

Antikörper	Medikament	Spezifität	Indikation
Rituximab	Mabthera	Anti-CD20-AK	Lymphom, Rheumatoidarthritis
Daclizumab	Zenapax	Anti-CD25(α-Kette)-AK	Abstoßungskrise nach Nierentransplantation
Infliximab	Remicade	Anti-TNF-AK	Rheumatoidarthritis, M. Crohn
Etanercept	Enbrel	TNFR-II-Fc-Fusionsprotein (humaner TNFRp75-humanes IgG1)	Rheumatoidarthritis, M. Crohn
Trastuzumab	Herceptin	Anti-huEGFR-(Her2)-AK	metastasierendes Mammakarzinom
Endrecolomab	Panorex	Anti-17-1A-AK gegen Antigen auf Kolonkarzinomzellen	metastasierendes Kolonkarzinom
Bevacizumab	Avastin	Anti-VEGF-AK	metastasierende Karzinome

gen in der Synovia oder Rheumafaktorproduktion zu stoppen, wurde der bereits für die Tumorbehandlung (Tab. 25.1) zugelassene Antikörper getestet. Er depletiert über ADCC nahezu alle B-Zellen (CD20 wird von Prä-B-Zellen, B-Zellen und Prä-Plasmazellen exprimiert), senkt den Rheumafaktor-Titer und die Plasmakonzentrationen von Akute-Phase-Proteinen. Die klinische Besserung hielt im Extremfall bis zu 42 Monate im behandlungsfreien Intervall. Das ist anders als bei der Anti-TNF-Therapie. Die lange Dauer des Therapieerfolges ist zur Zeit ebensowenig zu erklären wie die der im folgenden Kapitel vorgestellten Behandlungsstrategie.

Andere Therapiekonzepte basieren auf der Erkenntnis, dass bestimmte Tumorentitäten mit großer Regelmäßigkeit die gleichen Tumorantigene exprimieren, zum Beispiel bestimmte Mammakarzinome Her2 oder bestimmte Dickdarmkarzinome 17-1A. In solchen Fällen werden nach operativer Entfernung der soliden Tumoren spezifische Antikörper (Endrecolomab bzw. Trastuzumab) eingesetzt, um in der postoperativen Nachbehandlung – ähnlich einer Chemotherapie, aber ohne deren Nebenwirkungen – metastasierende Tumorzellen aufzuspüren. Die Antikörper wirken über eine ADCC.

Alloreaktive T-Zell-Klone sind bei der Nierentransplantation höchst unerwünscht. Eine antigenspezifische Toleranzinduktion, die eine immunsuppressive Nachbehandlung dauerhaft überflüssig machen würde, gehört noch zu den unerreichten Zielen. Deshalb wird momentan u. a. folgende Strategie verfolgt: Wie in Abbildung 25.1 bereits gezeigt, kann ein **Anti-CD25-Antikörper** die klonale Expansion von T-Zellen durch Blockade des IL2-Rezeptors (CD25) verhindern. Ein solcher antagonistisch wirkender Antikörper (Abb. 5.10, Kap. 5.1.9) wird erfolgreich zur Abwendung von Rejektionskrisen eingesetzt, weil sich die alloreaktiven T-Zell-Klone, die die Abstoßungsreaktion initiieren, in der Krisenphase IL2-abhängig teilen. Die Anti-IL2-Rezeptor-Antikörper wirken unabhängig von der jeweiligen Spezifität der alloreaktiven Klone, weil das kritische Moment hierbei ausschließlich der richtige Zeitpunkt der Anwendung ist. Natürlich werden mit dieser Therapie auch u. U. Klone getroffen, deren Proliferation zur Abwehr einer zeitgleich ablaufenden Virusreaktivierung notwendig wäre. Der Erhalt des Transplantats hat in diesem Falle jedoch Priorität.

Ein anderes erfolgreiches Wirkprinzip ist die neutralisierende Wirkung therapeutischer monoklonaler Antikörper auf überschießende Mediatorwirkungen. Als Beispiel finden sich dafür in Tabelle 25.1 zwei **Biologicals gegen TNF**. Neben humanisierten Antikörpern kommen auch so genannte **Fusionsproteine** zum Einsatz, die aus einem humanen IgG-Gerüst und löslichen Rezeptormolekülen zusammengesetzt sind (Etanercept). Dadurch verleiht man den neutralisierenden löslichen TNF-Rezeptoren die Halbwertszeit von IgG. Nachdem man mit diesen Biologicals bei Therapieversuchen bei Sepsis (Kap. 21.1) gescheitert war, war es überraschend, dass eine monokausale Therapie gegen ein einzelnes Zytokin bei Rheumatoidarthritis und Morbus Crohn (Kap. 19.2) wirksam ist. Der Nachteil dieser erfolgreichen, aber teuren Therapie ist die Notwendigkeit, kontinuierlich zu behandeln, da die passive Immunisierung nur temporär wirkt und der Effekt auf der Blockade von TNF, nicht aber der Verhinderung seiner Produktion basiert.

Frage: Welche Nebenwirkungen würden Sie bei einer Dauertherapie mit Anti-TNF-Antikörpern erwarten? Antwort in Kapitel 9.1

25.6 Extrakorporale Immunadsorption

Das Prinzip der Immunadsorption (Kap. 15.8) kommt zur klinischen Anwendung, wenn unerwünschte Plasmabestandteile, z. B. Autoantikörper, entfernt werden sollen. Meist kennt man die Autoantigene im Einzelfall aber nicht. Deshalb werden Immunadsorptionssäulen eingesetzt, die z. B. mit Anti-Human-IgG-Antikörpern beladen sind, um über den Umweg der Entfernung aller IgG-Moleküle des Patienten und nachfolgender Substitution mit IVIG (Kap. 26.2) die Autoantikörperspezifitäten zu eliminieren.

Der geschulte Leser wird hier einwenden, dass die Entfernung der Autoantikörper nicht sehr hilfreich sein dürfte, da sie ja ungehindert nachgebildet werden können. Überraschenderweise aber hat diese Prozedur, die zum Beispiel bei einer Herzerkrankung (Kap. 18.2.3) erfolgreich angewendet wird, langfristige Effekte, die zum Teil über Jahre anhalten, ohne dass die Therapie wiederholt werden musste. Die Wirkmechanismen sind noch nicht bekannt.

26 Substitution

26.1 Passive Immunisierung

Von einer passiven Immunisierung spricht man, wenn bei der „Impfung" schützende Antikörper übertragen werden. Anders als bei der aktiven Immunisierung, bei der Antigene (mit Adjuvanzien) verabreicht werden, entwickelt der Impfling bei einer passiven Immunisierung keine eigene Immunantwort. Er erhält stattdessen eine vorübergehende Leihimmunität, die aber im Notfall lebensrettend sein kann. Toxine werden nur durch sofort verfügbare spezifische Antikörper effektiv neutralisiert. Spezifische Hyperimmunseren werden zum Beispiel nach Schlangenbissen oder bei Tollwut- oder Tetanusverdacht bei Ungeimpften verwendet. Die Rh-Prophylaxe ist ein weiteres Beispiel.

26.2 Immunglobulinsubstitution

Gereinigte, polyvalente Immunglobulinfraktionen aus Seren freiwilliger Spender werden bei Immundefekten mit Immunglobulinmangel (F&Z 9) und bei temporären Ig-Mangelzuständen (Kap. 25.6) intravenös appliziert (IVIG). Patienten mit angeborenen Immunglobulinmangelsyndromen müssen wegen der begrenzten Serumhalbwertszeit der übertragenen Immungloguline (Tab. 1.1) monatlich substituiert werden.

26.3 Einsatz rekombinanter Proteine

Wenn genetische Defekte zum Fehlen eines Proteins mit nicht redundanter Funktion führen, kann dieses in rekombinanter Form substituiert werden. Ein C1-Inhibitor-Mangel (Tab. 1.4, F&Z 1) ist zum Beispiel seit Einführung der Transgen-Technologien (Kap. 15.17.1) in dieser Form therapierbar. Rekombinante Proteine werden aber auch in anderen Situationen eingesetzt. Als Beispiel soll G-CSF (Neupogen) genannt werden. Das Medikament wird subkutan appliziert, wenn Patienten mit schweren Neutropenien (Mangel an neutrophilen Granulozyten) in ein Infektionsrisiko rutschen. Damit soll die Ausschwemmung von Granulozytenvorläufern aus der Knochenmarkreserve stimuliert werden. G-CSF kommt zum Beispiel aber auch zum Einsatz, wenn bei einem Spender von Knochenmarkstammzellen CD34-positive Stammzellen ins periphere Blut gelockt werden sollen. Danach können sie durch „Blutwäsche" mit einem Zellseparator gewonnen werden. Knochenmarkpunktionen unter Vollnarkose werden dadurch überflüssig.

26.4 Transplantation von Knochenmarkstammzellen

Auch das ganze Immunsystem lässt sich ersetzen. Die Indikationen dafür und die Probleme dabei sind bereits in Kapitel 23.2 erörtert worden. Inzwischen ist es auch möglich, eine sehr aggressive Hochdosischemotherapie solider Tumoren durchzuführen und die sonst tödliche Zerstörung des Immunsystems als Nebenwirkung in Kauf zu nehmen. Man entnimmt dem Patienten vor Therapie Stammzellen. Diese werden tieftemperaturkonserviert und nach Behandlung als **autologes Stammzelltransplantat** in den Patienten zurückgeführt. Selbst die Idee, Stammzellen zu konservieren, um sie für den Fall der Fälle, zum Beispiel bei einer Leukämie im späteren Leben, als garantiert tumorfreies Autotransplantat zur Verfügung zu haben, ist kommerzialisiert worden.

Das augenblicklich spannendste Kapitel betrifft aber den Einsatz autologer Knochenmarkstammzellen zur Gewebereparatur (Kap. 9.10), der wahrscheinlich in Zukunft möglich werden wird. Vielleicht kann dann zum Beispiel die Heilung eines Herzinfarktes durch eine Spritze mit G-CSF beschleunigt werden.

Hier wird die Interdisziplinarität des Fachgebietes Immunologie noch einmal deutlich.

AUSBLICK

Wir haben die vielfältigen möglichen Funktionen des Immunsystems zusammengetragen und danach seine Defekte und Dysregulationen beleuchtet. Dabei wurde klar, dass dieses Kompendium nur ein „Zwischenbericht" sein kann, denn wir sind von vielen Zielen noch weit entfernt. Zum letzten Punkt in der Tabelle 26.1 allerdings kann jeder bereits heute einen wichtigen eigenen Beitrag leisten, auch wenn wir erst in Ansätzen verstehen, wie die Psyche Einfluss auf das Immunsystem nimmt.

Tabelle 26.1 Unerreichte Ziele 2009.

Spezifische Toleranzinduktion
Prävention von Überempfindlichkeitsreaktionen
Heilung maligner Tumoren
Gewebeersatz
Diagnose und Therapie aller Immundefekte
Wohlbefinden und Gesundheit für alle

Anhang: Fakten und Zahlen

FAKTEN UND ZAHLEN 1 — Komplement

A	C1q		bindet mit der Lektindomäne Zuckerstrukturen auf Pathogenen, bindet an Fc-Teile von IgG oder IgM, wenn diese eine spezifische Antigenbindung eingingen bindet C1r und verursacht dessen Autokatalyse
		C1r	überführt C1s in aktives Enzym
		C1s	spaltet C4 und C2
	C4b		bindet an Zelloberflächen und wirkt als Opsonin bindet C2 vor dessen Spaltung durch C1s
	C4a		schwacher Entzündungsmediator
		C2b	aktive Serinprotease im C3-Konvertase- sowie C5-Konvertasekomplex
	C4b2b		C3-Konvertase des klassischen Weges
	C2a		Vorläufer des vasoaktiven C2-Kinins
	C3b		wichtigstes Opsonin, initiiert Verstärkerschleife des alternativen Weges (bindet Bb)
			bindet C5 vor Spaltung durch C5-Konvertase
			wirkt als Spaltprodukt von C3b immunregulatorisch
	C4b2b3b		C5-Konvertase des klassischen Weges
	C3a		Chemokin für orientierte Lokomotion, aktiviert Entzündungszellen
B	MBL		mannanbindendes Lektin bindet auf Oberflächen von Phagozyten
		MASP1, 2	MBL assoziierte C3-Serinproteasen, spalten (wie C1s) C4 und C2
C	C3bBb		C3-Konvertase des alternativen Weges
		D	lösliche Serinprotease, spaltet B nach dessen Fixierung an membrangebundenes C3b
		Bb	wirkt wie C2b
	P		Properdin stabilisiert C3-Konvertase C3bBb
	C3bBb3b		C5-Konvertase des alternativen Weges
D	C5b		bindet Membran-Attacke-Proteine
	C5a		starker Mediator einer Inflammation, aktiviert Entzündungszellen (Anaphylatoxin)
	C6, 7, 8, 9		Membran-Attacke-Proteine, binden an C5b, bilden Akzeptoren füreinander, insertieren in Lipiddoppelschicht
	C9		polymerisiert und bildet Pore (Effektormolekül der Zytotoxizität)

A klassischer Weg, B Lektinweg, C alternativer Weg, D terminale Komplementfaktoren; die aktivierten Enzyme sind eingerahmt

FAKTEN UND ZAHLEN 2 — Die CD-Nomenklatur

CD-Antigen	andere Namen (NCBI-Name unterstrichen)	Familie	Bindungspartner	Expression	Funktion
CD1a, b, c, d	CD1A, CD1B, CD1C, CD1D	Ig		Thy, Langerhans-Zellen, DC, B, Darmepithelzellen, glatte Muskelzellen, Gefäße (CD1d)	MHC-I-ähnliche Moleküle, assoziiert mit β2-Mikroglobulin, präsentieren Lipidantigene
CD2	CD2, LFA2	Ig	CD58 (LFA3)	Thy, T, NK	Adhäsionsmolekül
CD3	CD3D, CD3E, CD3G	Ig		Thy, T	Komplex bestehend aus γ-, δ- und ε-Ketten; notwendig für Membranexpression und Signaltransduktion
CD4	CD4	Ig	MHC-II, HIV-gp120	Thy-Subpopulationen, T-Subpopulation, Mono, Mϕ	Korezeptor, bindet Lck intrazellulär, HIV-Rezeptor
CD5	CD5	ScavR		Thy, T, B-Subpopulation	
CD6	CD6	ScavR	CD166	Thy, T, B in CLL	
CD7	CD7	Ig		SC, Thy, T, NK	Marker für T-ALL und Stammzellleukämien
CD8	CD8A, CD8B1	Ig	MHC-I	Thy, T-Subpopulation	Korezeptor, bindet Lck intrazellulär
CD9	CD9	TM4		prä-B, Mono, Eo, Bas, Thr, aktivierte T, Nerven, vaskuläre glatte Muskulatur	Thr-Aggregation und -Aktivierung, Zellmigration
CD10	MME, neutrale Endopeptidase, CALLA			B- und T-Vorläuferzellen, BM-Stromazellen	Zink-Metalloproteinase, Marker für prä-B-ALL

FAKTEN UND ZAHLEN 2 — Die CD-Nomenklatur

CD-Antigen	andere Namen (NCBI-Name unterstrichen)	Familie	Bindungspartner	Expression	Funktion
CD11a	ITGAL, CD11a/CD18 = LFA1	Int-α	CD54 (ICAM1), CD102 (ICAM2), CD50 (ICAM3)	L, G, Mono, Mφ	Adhäsionsmolekül, αL-Untereinheit von LFA1
CD11b	ITGAM, Mac1, CD11b/CD18 = CR3	Int-α	CD54 (ICAM1), iC3b, extrazelluläre Matrixproteine	myeloide Zellen, NK	Adhäsionsmolekül, Komplementrezeptor, αM-Untereinheit von CR3
CD11c	ITGAX, CD11c/CD18 = CR4	Int-α	Fibrinogen	myeloide Zellen	Komplementrezeptor, αX-Untereinheit von CR4
CD11d	ITGAD	Int-α	CD50 (ICAM3)	Leukozyten	Adhäsionsmolekül, αD-Untereinheit des Integrins CD11d/CD18
CDw12	CDw12			Mono, G, Thr	
CD13	ANPEP, Aminopeptidase N			Mono, Mφ	Zink-Metalloproteinase
CD14	CD14		LPS und lipopolysaccharidbindendes Protein LBP	Mono, Mφ	Teil des hoch affinen LPS-Rezeptorkomplexes; GPI-verankert
CD15	FUT4, Lewis^x (Le^x)			N, Eo, Mono	endständiges Trisaccharid auf vielen membranständigen Glykoproteinen und Glykolipiden
CD15s	Sialyl-Lewis^x (sLe^x)		CD62E; CD62P		Poly-N-Acetyllactosamin
CD15u					sulfatiertes CD15
CD16a, b	FCGR3A, FCGR3B FcγRIII	Ig	IgG	N, NK, Mono	niedrig affiner Rezeptor für IgG, vermittelt Phagozytose und ADCC

FAKTEN UND ZAHLEN 2 — Die CD-Nomenklatur

CD-Antigen	andere Namen (NCBI-Name unterstrichen)	Familie	Bindungspartner	Expression	Funktion
CD17				N, Mono, Thr	Lactosylceramid, ein Glykosphingolipid auf Zellober-
CD18	ITGB2	Int-β			Adhäsionsmolekül, β2-Untereinheit der Integrine CD11a/CD18 (LFA1), CD11b/CD18 (CR3), CD11c/CD18 (CD4) und CD11d/CD18
CD19	CD19	Ig		B	Korezeptor für B-Zellen, bildet Komplexe mit CD21 (CR2) und CD81 (TAPA1)
CD20	MS4A1			B	Regulation von B-Zellen, kann zu Ca^{2+}-Kanälen polymerisieren
CD21	CR2	CCP	C3d, EBV	B, FDC	Komplementrezeptor, Epstein-Barr-Virus-Rezeptor, Korezeptor auf B-Zellen, bildet Komplexe mit CD19 und CD81 (TAPA1)
CD22	CD22, BL-CAM	Ig	CD75, Konjugate der Sialinsäure	B	besteht aus α- und β-Untereinheiten, vermittelt B-Zell/B-Zell-Interaktionen
CD23	FCRE2, FcεRII	C-Typ-Lektin	IgE-Fc; CD19/CD21/CD81-Komplex	B, aktivierte Mφ, Eo, FDC	niedrig affiner Rezeptor für IgE, reguliert IgE-Synthese
CD24	CD24			B, G	

FAKTEN UND ZAHLEN 2 — Die CD-Nomenklatur

CD-Antigen	andere Namen (NCBI-Name unterstrichen)	Familie	Bindungspartner	Expression	Funktion
CD25	IL2RA, Tac	CCP	IL2	aktivierte T, aktivierte B, aktivierte Mono	IL2-Rezeptor α-Kette (bildet zusammen mit CD122 und CD132 den hoch affinen IL2-Rezeptor (F &
CD26	DPP4, Dipeptidylpeptidase IV			aktivierte T, aktivierte B, Mφ	Exopeptidase, spaltet N-terminal die Diepeptide X-Pro oder X-Ala ab
CD27	TNFRSF7	TNF-Rezeptor	CD70/TNFSF7	medulläre Thy, T, NK, B-Subpopulation	Kostimulator auf T- und B-Zellen
CD28	CD28	Ig (CD28-Familie)	CD80 (B7.1), CD86 (B7.2)	T-Subpopulationen, aktivierte B	2. Signal; Aktivierung naiver T-Zellen
CD29	ITGB1, CD29/CD49a–f = VLA1–6	Int-β		Leukozyten, Thr, Epithelzellen, Endothelzellen	Adhäsionsmolekül, β1-Untereinheit von VLA1–6 und weitere Integrinen
CD30	TNFRSF8	TNF-Rezeptor	CD30L/ TNFSF8 (CD153)	aktivierte T, aktivierte B, aktivierte NK, Mono	Kreuzvernetzung verstärkt T- und B-Zell-Proliferation, limitiert Wachstum von $CD8^+$-T-Zellen
CD31	PECAM1	Ig		Mono, Thr, G, T-Subpopulationen, Endothelzellen	Adhäsionsmolekül, vermittelt Interaktionen zwischen Leukozyten und Endothelzellen sowie zwischen verschiedenen Endothelzellen

FAKTEN UND ZAHLEN 2 — Die CD-Nomenklatur

CD-Antigen	andere Namen (NCBI-Name unterstrichen)	Familie	Bindungspartner	Expression	Funktion
CD32a, b, c	FcγRII, FCGR2A, FCGR2B, FCGR2C,	Ig	IgG-Fc	Mono, G, B, Eo	niedrig affiner Fc-Rezeptor für Immunkomplexe mit IgG, verschiedene Isoformen wirken aktivierend bzw. inhibierend
CD33	CD33	Ig	Konjugate der Sialinsäure	myeloide Vorläuferzellen, Mono	
CD34	CD34, Mucin		CD62L (L-Selektin)	hämatopoietische Vorläuferzellen, kapilläre Endothelzellen	Adhäsion
CD35	CR1	CCP	C3b, C4b	Ery, B, Mono, N, Eo, FDC	Komplementrezeptor, vermittelt Phagozytose
CD36	CD36, GPIV, GPIIIb			Thr, Mono, DC, Endothelzellen	Adhäsionsmolekül, an der Erkennung und Aufnahme apoptotischer Zellen beteiligt
CD37	CD37	TM4		B, T, myeloide Zellen	unbekannte Funktion; bildet Komplexe mit CD53, CD81, CD82 und MHC-II
CD38	T10, ADP-Ribosylcyclase			B, T, aktivierte T, Mono, GC-B, Plasmazellen	NAD-Glykohydrolase, verstärkt die B-Zell-Proliferation
CD39	ENTPD1			aktivierte B, aktivierte NK, Mφ, DC	ectonucleoside triphosphate diphosphohydrolase 1

FAKTEN UND ZAHLEN 2 — Die CD-Nomenklatur

CD-Antigen	andere Namen (NCBI-Name unterstrichen)	Familie	Bindungspartner	Expression	Funktion
CD40	TNFRSF5	TNF-Rezeptor	CD40L (CD154), TNFSF5	B, Mφ, DC, NK, basale Epithelzellen, Endothelzellen	Rezeptor für kostimulatorisches Signal für B-Zellen, fördert Wachstum, Differenzierung, Ig-Klassenwechsel der B-Zellen und Zytokinproduktion bei Mφ und DC
CD41	ITGA2B, CD41/CD61 = GPIIb/IIIa	Int-α	Fibrinogen, Fibronektin, von-Willebrand-Faktor, Thrombospondin	Thr, Megakaryozyten	αIIB-Untereinheit von GPIIb/IIIa; Thrombozytenaktivierung
CD42a, b, c, d	a: GPIX, GP9; b: GPIbα, GP1BA; c: GPIbβ, GP1BB; d: GPV, GP5	LRR	von-Willebrand-Faktor, Thrombin	Thr, Megakaryozyten	essenziell für Thrombozytenaggregation bei Verletzungen
CD43	SPN, Leukosialin, Sialophorin			Leukozyten, nicht auf ruhenden B	antiadhäsiv; riesige Moküle (bis zu 45 nm)
CD44	CD44, Hermes-Antigen, PGP1	Link-Protein	Hyaluronsäure	Leukozyten, Ery	Adhäsionsmolekül
CD45	PTPRC, *leukocyte common antigen* (LCA), T200, B220	Fibronektin-Typ III		alle hämatopoietischen Zellen	Tyrosinphosphatase, essenziell für Signaltransduktion in T- und B-Zellen, alternatives Spleißen der Exone A, B und C resultiert in verschiedenen Isoformen
CD45RO	PTPRC	Fibronektin-Typ III		T-Subpopulationen, B-Subpopulationen, Mono, Mφ	Isoform von CD45, enthält keines der Exone A, B oder C

FAKTEN UND ZAHLEN 2 — Die CD-Nomenklatur

CD-Antigen	andere Namen (NCBI-Name unterstrichen)	Familie	Bindungspartner	Expression	Funktion
CD45RA	PTPRC	Fibronektin-Typ III		naive T, B, Mono	Isoform von CD45, enthält Exon A
CD45RB	PTPRC	Fibronektin-Typ III		T-Subpopulationen, B, Mono, Mϕ, G	Isoform von CD45, enthält Exon B
CD46	MCP	CCP	C3b, C4b	hämatopoietische und nicht hämatopoietische Zellen	Komplementkontrollprotein auf Membranoberflächen, vermittelt die Spaltung von C3b und C4b durch Faktor I
CD47	CD47, IAP, MER6, OA3	Ig	Thrombospondin	alle Zellen	Adhäsionsmolekül
CD48	CD48, Blast-1	Ig	vermutlich CD244	T, B, NK, Mono	Adhäsionsmolekül
CD49a	ITGA1, CD29/CD49a = VLA1	Int-α	Kollagen, Laminin	aktivierte T, Mono, neuronale Zellen, glatte Muskelzellen	Adhäsionsmolekül, α1-Untereinheit von VLA1
CD49b	ITGA2, CD29/CD49b = VLA2	Int-α	Kollagen, Laminin-1	B, Mono, Thr, Megakaryozyten, neuronale Zellen, Epithelzellen, Endothelzellen, Osteoklasten	Adhäsionsmolekül, α2-Untereinheit von VLA2
CD49c	ITGA3, CD29/CD49c = VLA3	Int-α	Laminin-5, Fibronektin, Kollagen, Entak-	B, viele adhärente Zellen	Adhäsionsmolekül, α3-Untereinheit von VLA3
CD49d	ITGA4, CD29/CD49d = VLA4	Int-α	Fibronektin, MAdCAM1, VCAM1	breite Verteilung, auch auf B, Thy, Mono, G, DC	Adhäsionsmolekül, α4-Untereinheit von VLA4

FAKTEN UND ZAHLEN 2 — Die CD-Nomenklatur

CD-Antigen	andere Namen (NCBI-Name unterstrichen)	Familie	Bindungspartner	Expression	Funktion
CD49e	ITGA5, CD29/CD49e = VLA5	Int-α	Fibronektin, Invasin	breite Verteilung, auch auf T-Memory, Mono, Thr	Adhäsionsmolekül, α5-Untereinheit von VLA5
CD49f	ITGA6, CD29/CD49f = VLA6	Int-α	Laminin, Invasion, Mekrosin	T, Mono, Thr, Megakaryozyten, Trophoblast	Adhäsionsmolekül, α6-Untereinheit von VLA6, assoziiert auch mit CD104
CD50	ICAM3, (intracellular adhesion molecule 3)	Ig	Integrin CD11a/CD18 (LFA1)	Thy, T, B, Mono, G	Adhäsionsmolekül
CD51	ITGAV, CD51/CD61 = Vitronektin-Rezeptor	Int-α	Vitronektin, von-Willebrand-Faktor, Fibrinogen, Thrombospondin	Thr, Megakaryozyten	Adhäsionsmolekül, αV-Untereinheit des Vitronektinrezeptors; Rezeptor für apoptotische Zellen (?)
CD52	CD52, CAMPATH-1			Thy, T, B, Mono, G, Spermatozoen	Epitop eines moAK, welcher zur therapeutischen T-Zell-Depletion aus BM eingesetzt wird
CD53	CD53, MRC OX44	TM4		Leukozyten	Signaltransduktion, B-Zellaktivierung
CD54	ICAM1 (intracellular adhesion molecule 1)	Ig	CD11a/CD18 (LFA1); CD11b/CD18 (Mac1); Rhinoviren	hämatopoietische und nicht hämatopoietische Zellen	Adhäsionsmolekül; Rhinovirusrezeptor
CD55	DAF (decay accelerating factor)	CCP	C3b, CD97	hämatopoietische und nicht hämatopoietische Zellen	Komplementkontrollprotein auf Membranoberflächen, bindet C3b, dissoziiert C3- und C5-Konvertasen
CD56	NCAM1, NKH1	Ig		NK	Isoform des *neural cell adhesion molecule* (NCAM)

FAKTEN UND ZAHLEN 2 — Die CD-Nomenklatur

CD-Antigen	andere Namen (NCBI-Name unterstrichen)	Familie	Bindungspartner	Expression	Funktion
CD57	CD57, HNK1			NK, T-Subpopulationen, B, Mono	Oligosaccharid auf vielen Zelloberflächenglycoproteinen
CD58	CD58, LFA3	Ig	CD2	hämatopoietische und nicht hämatopoietische Zellen	Adhäsionsmolekül
CD59	CD59, Protektin, Mac-Inhibitor		C8, C9	hämatopoietische und nicht hämatopoietische Zellen	Komplementkontrollprotein, blockiert die Bildung des Membran-Attacke-Komplexes
CD60a; b, c					a: Disialyl-Gangliosid D3 (GD3); b: 9-O-Acetyl-GD3; c: 7-O-Acetyl-GD3
CD61	ITGB3, CD41/CD61 = GPIIb; CD51/CD61 = Vitronektinrezeptor	Int-β		Thr, Megakaryozyten, Mφ	Adhäsionsmolekül, β3-Untereinheit von GPIIb/IIIa und vom Vitronektinre-
CD62E	SELE, ELAM1, E-Selektin	C-Typ-Lektin, CCP	Sialyl-Lewis^x	Endothelzellen	Adhäsionsmolekül, vermittelt das Rollen von neutrophilen Granulozyten auf Endothelzellen
CD62L	SELL, LAM1, L-Selektin, LECAM-1	C-Typ-Lektin, CCP	CD34, GlyCAM	T, B, Mono, NK	Adhäsionsmolekül, vermittelt das Rollen auf Endothelzellen
CD62P	SELP, P-Selektin, PADGEM	C-Typ-Lektin, CCP	CD162 (PSGL1)	Thr, Megakaryozyten, Endothelzellen	Adhäsionsmolekül, vermittelt die Interaktion von Thrombozyten mit Endothelzellen sowie mit auf dem Endothel rollenden Monozyten und Leukozyten

FAKTEN UND ZAHLEN 2 — Die CD-Nomenklatur

CD-Antigen	andere Namen (NCBI-Name unterstrichen)	Familie	Bindungspartner	Expression	Funktion
CD63	CD63, *platelet-activating antigen*	TM4		aktivierte Thr, Mono, Mφ	unbekannte Funktion, lysosomales Membranprotein, gelangt nach Aktivierung auf die Zellmembran
CD64	FCGR1, FcγRI	Ig	IgG-Fc	Mono, Mφ, DC	hoch affiner Fc-Rezeptor für IgG, vermittelt Phagozytose, ADCC
CD65				myeloide Zellen	Oligosaccharidkomponente eines Ceramid-Dodecasaccharides
CD66a	CEACAM1, *biliary glycoprotein-1* (BGP1)	Ig		N	Mitglied der Familie karzinoembryonaler Antigene
CD66b	CEACAM8, früher CD67	Ig		G	Mitglied der Familie karzinoembryonaler Antigene
CD66c	CEACAM6, *nonspecific cross-reacting antigen* (NCA)	Ig		N, Kolonkarzinomzellen	Mitglied der Familie karzinoembryonaler Antigene
CD66d	CEACAM3	Ig		N	Mitglied der Familie karzinoembryonaler Antigene
CD66e	CEACAM5, *carcinoembryonic antigen* (CEA)	Ig		Kolonepithelzellen, Kolonkarzinomzellen	Mitglied der Familie karzinoembryonaler Antigene
CD66f	PSG1, *pregnancy-specific glycoprotein*	Ig		unbekannt	Mitglied der Familie karzinoembryonaler Antigene
CD67	nicht vergeben				

FAKTEN UND ZAHLEN 2: Die CD-Nomenklatur

CD-Antigen	andere Namen (NCBI-Name unterstrichen)	Familie	Bindungspartner	Expression	Funktion
CD68	CD68, Makrosialin	Mucin		Mono, Mφ, N, Bas, große L	unbekannte Funktion
CD69	CD69, *activation-induced molecule* (AIM)	C-Typ-Lektin		aktivierte T, aktivierte B, aktivierte Mφ, aktivierte NK	unbekannte Funktion, früh exprimierter Aktivierungsmarker
CD70	TNFSF7	TNF (Ligand)	CD27/TNFRSF7	aktivierte T, aktivierte B, Mφ	Kostimulator auf T- und B-Zellen
CD71	TFRC			alle proliferierenden Zellen, alle aktivierten Zellen	Transferrinrezeptor, Aktivierungsmarker für Lymphozyten
CD72	CD72	C-Typ-Lektin		B, nicht auf Plasmazellen	Dämpfung der BCR-Signale
CD73	NT5E			B-Subpopulation, T-Subpopulation	Ekto-5'-Nukleotidase, dephosphoryliert Nukleotide, so dass Nukleoside aufgenommen werden können
CD74	CD74, Ii			B, Mono, Mφ, weitere MHC-II-positive Zellen	MHC-II-assoziierte, invariante Kette
CD75			CD22	B, T-Subpopulationen	Lactosamin, vermittelt B-Zell/B-Zell-Interaktionen
CD75s					α-2,6-sialierte Lactosamine
CD76	nicht vergeben				
CD77	Globotriaocyl-Ceramid (Gb3), Blutgruppe Pk			GC-B	neutrales Glykosphingolipid, bindet Shiga-Toxin, Kreuzvernetzung induziert Apoptose

FAKTEN UND ZAHLEN 2 — Die CD-Nomenklatur

CD-Antigen	andere Namen (NCBI-Name unterstrichen)	Familie	Bindungspartner	Expression	Funktion
CD78	nicht vergeben				
CD79a; CD79b	CD79A, Igα, CD79B, Igβ	Ig		B	assoziiert mit dem BCR, Funktion bei Membranexpression und Signaltransduktion, vergleichbar mit
CD80	CD80, B7.1	Ig (B7-Familie)	CD28, CTLA4 (CD152)	B, aktivierte Mono, aktivierte DC	Kostimulator
CD81	CD81, target of anti-proliferative antibody (TAPA1)	TM4		L, Eo, DC, Mono, MΦ	assoziiert mit CD19, CD21 und bildet einen B-Zell/Korezeptor-Komplex
CD82	CD82, R2	TM4		Leukozyten, Thr	Signaltransduktion
CD83	CD83, HB15	Ig		DC, B, Langerhans-Zellen	unbekannte Funktion
CD84	CD84, GR6	Ig		Mono, Thr, B	unbekannte Funktion
CD85a-m	a: LILRB3, b: LILRB6, c: LILRB5, d: LILRB2, e: LILRA3, f: LILRB7, g: LILRA4, h: LILRA2, i: LILRA1, j: LILRB1, k: LILRB4, l: LILRP1, m: LILRP2	Ig		DC, Mono, G	ILT/LIR-Familie; beeinflusst NK-Zell-zytotoxizität
CD86	CD86, B7.2	Ig (B7-Familie)	CD28, CTLA4 (CD152)	Mono, aktivierte B, DC	Kostimulator

FAKTEN UND ZAHLEN 2 — Die CD-Nomenklatur

CD-Antigen	andere Namen (NCBI-Name unterstrichen)	Familie	Bindungspartner	Expression	Funktion
CD87	PLAUR, uPAR		Urokinase-Plasminogen-Aktivator	G, Mono, Mφ, T, NK, verschiedene nicht hämatopoietische Zellen	Urokinase-Plasminogen-Aktivator-Rezeptor
CD88	C5AR, C5aR		C5a	G, Mφ, Mast	Komplementrezeptor, G-Protein-gekoppelt, Aktivierung von Granulozyten
CD89	FCAR, FcαR	Ig	IgA	Mono, Mφ, G, N, B-Subpopulation, T-Subpopulation	Rezeptor für Fc von IgA, vermittelt Phagozytose, Degranulation, *respiratory burst*
CD90	THY1, Thy1	Ig		$CD34^+$-Prothymozyten (Mensch), Thymozyten, T (Maus)	
CD91	LRP1		α2-Makroglobulin	Mono, nicht hämatopoietische Zellen	vermittelt Endozytose
CD92	SLC44A1, GR9			N, Mono, Thr, Endothelzellen	unbekannte Funktion
CD93	CD93, GR11			N, Mono, Endothelzellen	unbekannte Funktion
CD94	KLRD1, KP43	C-Typ-Lektin		T-Subpopulation, NK	bildet mit CD159 und anderen NKG2-Molekülen aktivierende und inhibierende NK-Zell-Rezeptoren (F & Z 7)

FAKTEN UND ZAHLEN 2 — Die CD-Nomenklatur

CD-Antigen	andere Namen (NCBI-Name unterstrichen)	Familie	Bindungspartner	Expression	Funktion
CD95	FAS, Fas, Apo1, TNFRSF6	TNF-Rezeptor	FasL/TNFSF6 (CD178)	breit exprimiert	induziert Apoptose
CD96	CD96, *T cell activation-increased late expression* (TACTILE)	Ig		aktivierte T, NK	Adhäsion in Spätphase der Immunantwort
CD97	CD97, GR1		CD55	aktivierte T, aktivierte B, Mono, G	
CD98	SLC3A2, 4F2, FRP1			T, B, NK, G, alle humanen Zelllinien	möglicherweise Aminosäuretransporter
CD99	CD99, MIC2, E2			L im peripheren Blut, Thy	T-Zelladhäsion, induziert Apoptose in doppelt-positiven Thymozyten
CD100	SEMA4D, GR3			hämatopoietische Zellen	unbekannte Funktion
CD101	IGSF2, BPC#4	Ig		Mono, G, DC, aktivierte T	Kostimulation
CD102	ICAM2 (*intracellular adhesion molecule* 2)	Ig	CD11a/CD18 (LFA1)	ruhende L, Mono, Thr, vaskuläres Endothel	Adhäsionsmolekül
CD103	ITGAE, HML1, α6-, αE-Integrin	Int-α		intraepitheliale Lymphozyten, 2–6 % der L im peripheren Blut	αE-Untereinheit von Integrinen
CD104	ITGB4, β4-Integrin	Int-β	Laminin	CD4-/CD8- Thy, neuronale Zellen, Schwann`sche Zellen, Epithelzellen, einige Endothelzellen, Trophoblast	assoziiert mit CD49f

FAKTEN UND ZAHLEN 2 — Die CD-Nomenklatur

CD-Antigen	andere Namen (NCBI-Name unterstrichen)	Familie	Bindungspartner	Expression	Funktion
CD105	ENG, Endoglin		TGFβ	Endothelzellen, aktivierte Mono, aktivierte Mφ, BM-Subpopulationen	regulatorische Einheit des TGFβ-Rezeptorkomplexes
CD106	VCAM1 (*vascular cell adhesion molecule* 1)	Ig	VLA4 (CD29/CD49e; α4β1-Integrin)	Endothelzellen, follikuläre DC	Adhäsionsmolekül
CD107a	LAMP1, (*lysosome-associated membrane protein*-1)			aktivierte Thr, aktivierte T und NK, aktivierte N, aktivierte Endothelzellen	unbekannte Funktion, lysosomales Membranprotein, gelangt nach Aktivierung auf die Zellmembran
CD107b	LAMP2, (*lysosome-associated membrane protein*-2)			aktivierte Thr, aktivierte T und NK, aktivierte N, aktivierte Endothelzellen	unbekannte Funktion, lysosomales Membranprotein, gelangt nach Aktivierung auf die Zellmembran
CD108	SEMA7A, GR2, John-Milton-Hagen-Blutgruppenantigen			Ery, zirkulierende L, Lymphoblasten	unbekannte Funktion
CD109	CD109, *platelet activation factor (PAF)*, GR56			aktivierte T, aktivierte Thr, vaskuläres Endothel	unbekannte Funktion
CD110	MPL, TPO-R			Thr	

FAKTEN UND ZAHLEN 2 — Die CD-Nomenklatur

CD-Antigen	andere Namen (NCBI-Name unterstrichen)	Familie	Bindungspartner	Expression	Funktion
CD111	PVRL1, PPR1/Nektin1	Ig	actin filament-binding protein, Afadin	myeloide Zellen	Adhäsionsmoleküle, Nektine binden Afadin, dieses System organisiert zusammen mit Cadherinen und Cateninen die adherens junctions der Epithelien
CD112	PVRL2, PRR2, Nektin2	Ig	actin filament-binding protein, Afadin	myeloide Zellen, B	
CDw113	PVRL3, *poliovirus receptor-related 3*, Nektin3	Ig	actin filament-binding protein, Afadin		
CD114	CSF3R, G-CSFR	Ig, Fibronektin-Typ III	G-CSF	myeloide Stammzellen, G, M	G-CSF-Rezeptor, reguliert Differenzierung und Proliferation myeloider Zellen (F & Z 5)
CD115	CSF1R, M-CSFR, c-fms	Ig	M-CSF	Mono, Mϕ	M-CSF-Rezeptor, Tyrosinkinase (F & Z 5)
CD116	CSF2RA, GM-CSFRα	Zytokinrezeptor, Fibronektin-Typ III	GM-CSF	Mono, N, Eo, Endothelzellen	α-Kette des GM-CSF-Rezeptors, bildet mit CD131 den GM-CSF-Rezeptor, (F & Z 5)
CD117	KIT, c-Kit	Ig	*stem cell factor* (SCF)	hämatopoietische Vorläuferzellen	Rezeptor für *stem cell factor*, Tyrosinkinase
CD118	LIFR, *leukemia inhibitory factor receptor*	Zytokinrezeptor	*leukemia inhibitory factor* (LIF)	breit exprimiert, Epithelzellen	bildet gemeinsam mit gp130 den hoch affinen Rezeptor für LIF
CD119	IFNGR1, IFNγR	Fibronektin-Typ III	IFNγ	Mϕ, Mono, B, Endothelzellen	Rezeptor für IFNγ

FAKTEN UND ZAHLEN 2   **Die CD-Nomenklatur**

CD-Antigen	andere Namen (NCBI-Name unterstrichen)	Familie	Bindungspartner	Expression	Funktion
CD120a	TNFR-I, TNFRp55, TNFRSF1A	TNF-Rezeptor	TNFα; TNFβ	hämatopoietische und nicht hämatopoietische Zellen, höchste Expression auf Endothelzellen	Rezeptor für TNFα und TNFβ
CD120b	TNFR-II, TNFRp75, TNFRSF1B	TNF-Rezeptor	TNFα; TNFβ	hämatopoietische und nicht hämatopoietische Zellen, höchste Expression auf myeloiden Zellen	Rezeptor für TNFα und TNFβ
CD121a	IL1R-Typ I, IL1R1	Ig	IL1α, IL1β	Thy, T	Rezeptor für IL1α und IL1 β
CD121b	IL1R-Typ II, IL1R2	Ig	IL1α, IL1β	B, Mφ, Mono, N	Rezeptor für IL1α und IL1 β
CD122	IL2Rβ, IL2RB	Zytokinrezeptor, Fibronektin-Typ III	IL2, IL15	L, Mono	β-Kette des IL2-Rezeptors, bildet mit CD25 und CD132 den hoch affinen IL2-Rezeptor, bildet mit CD132 den IL15-Rezeptor (F & Z 5)
CD123	IL3Rα, IL3RA	Zytokinrezeptor, Fibronektin-Typ III	IL3	BM-Stammzellen, G, DC, Mono, Megakaryozyten	α-Kette des IL3-Rezeptors, bildet mit CD130 den IL3-Rezeptor (F & Z 5)
CD124	IL4R	Zytokinrezeptor, Fibronektin-Typ III	IL4	B, T, G, hämatopoietische Vorläuferzellen	IL4-Rezeptor zusammen mit CD132 (F & Z 5)

FAKTEN UND ZAHLEN 2 — Die CD-Nomenklatur

CD-Antigen	andere Namen (NCBI-Name unterstrichen)	Familie	Bindungspartner	Expression	Funktion
CD125	IL5RA	Zytokinrezeptor, Fibronektin-Typ III	IL5	Eo, Bas, aktivierte B	IL5-Rezeptor zusammen mit CD131 (F & Z 5)
CD126	IL6Rα, IL6RA	Ig, Zytokinrezeptor, Fibronektin-Typ III	IL6	aktivierte B und Plasmazellen (starke Expression), die meisten Leukozyten (schwache Expression)	α-Kette des IL6-Rezeptors bildet mit CD130 den IL6-Rezeptor (F & Z 5)
CD127	IL7R	Fibronektin-Typ III	IL7	BM lymphoide Vorläuferzellen, pro-B, reife T, Mono	IL7-Rezeptor zusammen mit CD132 (F & Z 5)
CD128 und					nicht vergeben
CD129	IL9R		IL9	T	bildet mit CD132γc den IL9-Rezeptor, Verstärkung der Mastzellaktivierung, TH2-Stimu-
CD130	IL6ST, IL6Rβ, IL11Rβ, OSMRβ, *leukemia inhibitory factor (LIF)Rβ, IFRβ, gp130*	Ig, Zytokinrezeptor, Fibronektin-Typ III	IL6, IL11, Oncostatin M, LIF	viele Zelltypen, stark auf aktivierten B und Plasmazellen	gemeinsame β-Kette der Rezeptoren für IL6, IL11, Oncostatin M und LIF (F & Z 5)
CD131	IL3Rβ, IL5Rβ, GM-CSFRβ, CSF2RB	Zytokinrezeptor, Fibronektin-Typ III	IL3, IL5, GM-CSF	myeloide Vorläuferzellen, G	gemeinsame β-Kette der Rezeptoren für IL3, IL5 und GM-CSF (F & Z 5)
CD132	*common gamma chain* (γc), IL2RG	Zytokinrezeptor	IL2, IL4, IL7, IL9, IL15	B, T, NK, Mast, N	gemeinsame γ-Kette der Rezeptoren für IL2, IL4, IL7, IL9 und IL15 (F

FAKTEN UND ZAHLEN 2 — Die CD-Nomenklatur

CD-Antigen	andere Namen (NCBI-Name unterstrichen)	Familie	Bindungspartner	Expression	Funktion
CD133	PROM1, AC133			Stammzellen, Vorläuferzellen	
CD134	OX40, TNFRSF4	TNF-Rezeptor	OX40L/TNFSF4 (CD252)	aktivierte T	möglicherweise Adhäsionsmolekül, Kostimulator
CD135	FLT3, FLK2, STK1	Ig		multipotente Vorläuferzellen, myelomonozytäre und B-Vorläuferzellen	Wachstumsfaktorrezeptor, Tyrosinkinase
CD136	MST1R, MSPR, RON			Mono, Epithelzellen, zentrales und peripheres Nervensystem	Tyrosinkinase, Funktion bei Chemotaxis, Phagozytose, Zellwachstum, Differenzierung
CDw137	TNFRSF9, ILA (*induced by lymphocyte activation*), 4-1BB	TNF-Rezeptor		T, B, Mono, Endothelzellen	Kostimulator der T-Zell-Proliferation
CD138	SDC1, Syndecan-1		Kollagen-Typ I	Plasmazellen	Heparansulfatproteoglykan
CD139	CD139			B	unbekannte Funktion
CD140a, b	PDGFRA, PDGFRB		PDGF (*platelet-derived growth factor*)	Thr, Mono, G, Stromazellen, einige Endothelzellen	α-Kette und β-Kette des PDGF-Rezeptors
CD141	THBD, Thrombomodulin, Fetomodulin	C-Typ-Lektin	Thrombin	vaskuläres Endothel	bindet Thrombin, der Komplex aktiviert dann Protein C, antikoagulatorische Wirkung

FAKTEN UND ZAHLEN 2 — Die CD-Nomenklatur

CD-Antigen	andere Namen (NCBI-Name unterstrichen)	Familie	Bindungspartner	Expression	Funktion
CD142	F3, *tissue factor*, Thromboplastin	Fibronektin-Typ III	Faktor VIIa	Epithelzellen, Astrozyten, Schwann'sche Zellen,	wichtiger Faktor für die Initiation der Koagulationskaskade, bindet Faktor VIIa, der Komplex aktiviert dann die Faktoren VII, IX und X
CD143	ACE (*angiotensin-converting enzyme*)			Endothelzellen (außer große Gefäße und Niere), Epithelzellen der Niere, neuronale Zellen, aktivierte Mϕ, T-Zell-Subpopulationen, löslich im Plasma	Metalloproteinase, spaltet Angiotensin I und Bradykinin von den Vorläufermolekülen ab
CD144	CDH5, Cadherin-5, VE-Cadherin	Cadherin		Endothelzellen	beteiligt am Aufbau der *adherence junctions*
CDw145	CDw145			Endothelzellen	unbekannt
CD146	MCAM, MUC18, S-ENDO	Ig		Endothelzellen	Adhäsionsmolekül?
C147	BSG, Neurothelin, EMMPRIN, Basigin, OX-47	Ig		Leukozyten, Erys, Thr, Endothelzellen	Adhäsionsmolekül?
CD148	PTPRJ, HPTPη	Fibronektin-Typ III,		G, Mono, DC, T, Thr, Fibroblasten, Nervenzellen	Tyrosinphosphatase, Kontaktinhibition des Zellwachstums
CD149	nicht vergeben				
CD150	SLAMF1, SLAM (*signaling lymphocytic activation molecule*)	Ig		Thy, aktivierte L	assoziiert mit dem intrazellulären Adapterprotein

FAKTEN UND ZAHLEN 2 — Die CD-Nomenklatur

CD-Antigen	andere Namen (NCBI-Name unterstrichen)	Familie	Bindungspartner	Expression	Funktion
CD151	CD151, PETA3; SFA1	TM4		Thr, Epithelzellen, Endothelzellen	assoziiert mit β1-Integrinen, transmembrane Signalübertragung
CD152	CTLA4	Ig (CD28-Familie)	CD80, CD86	aktivierte T-Zellen, Treg	negativer Regulator der T-Zell-Aktivierung
CD153	TNFSF8, CD30L,	TNF (Ligand)	CD30/TNFRSF8	aktivierte T, aktivierte Mφ, N, B	kostimulierendes Molekül?
CD154	CD40L, TNFRSF5, TRAP, T-BAM, gp39	TNF-Rezeptor	CD40/TNFSF5	aktivierte CD4$^+$-T	induziert Aktivierung von B und DC
CD155	PVR, Poliomyelitisvirusrezeptor	Ig		Mono, Mφ, Thy, ZNS-Neuronen	normale Funktion unbekannt, bindet Poliomyelitisviren
CD156a	ADAM8 (A *disintegrin and metalloprotease*), MS2			N, Mono, Mφ	ADAM-Moleküle besitzen sowohl Adhäsionsdomänen als auch Proteaseaktivität zu den Substraten, die gespalten werden, gehören z. B. TNFα und E-Cadherin
CD156b	ADAM17, TACE (*TNFα-converting enzyme*)			T, DC, N, Mono, Mφ	
CD156c	ADAM10			Leukozyten	
CD157	BST1			G, Mono, follikuläre DC, BM-Stromazellen, Endothelzellen, FDC	ADP-Ribosylcyclase, cADP-Ribosehydrolase
CD158A	KIR2DL1	Ig	MHC-I-Allele	NK-Subpopulationen	KIR-Familie, inhibitorischer Rezeptor (F & Z 7)

FAKTEN UND ZAHLEN 2 — Die CD-Nomenklatur

CD-Antigen	andere Namen (NCBI-Name unterstrichen)	Familie	Bindungspartner	Expression	Funktion
CD158B1	KIR2DL2	Ig	MHC-I-Allele	NK-Subpopulationen	KIR-Familie, inhibitorischer Rezeptor (F & Z 7)
CD158B2	KIR2DL3	Ig	MHC-I-Allele	NK-Subpopulationen	KIR-Familie, inhibitorischer Rezeptor (F & Z 7)
CD158C	KIR3DP1	Ig	MHC-I-Allele	NK-Subpopulationen	Pseudogen
CD158D	KIR2DL4	Ig	MHC-I-Allele	NK-Subpopulationen	KIR-Familie, inhibitorischer Rezeptor (F & Z 7)
CD158E1	KIR3DL1	Ig	MHC-I-Allele	NK-Subpopulationen	KIR-Familie, inhibitorischer Rezeptor (F & Z 7)
CD158E2	KIR3DS1	Ig	MHC-I-Allele	NK-Subpopulationen	KIR-Familie, aktivierender Rezeptor (F & Z 7)
CD158F	KIR2DL5	Ig	MHC-I-Allele	NK-Subpopulationen	KIR-Familie, inhibitorischer Rezeptor (F & Z 7)
CD158G	KIR2DS5	Ig	MHC-I-Allele	NK-Subpopulationen	KIR-Familie, aktivierender Rezeptor (F & Z 7)
CD158H	KIR2DS1	Ig	MHC-I-Allele	NK-Subpopulationen	KIR-Familie, aktivierender Rezeptor (F & Z 7)
CD158I	KIR2DS4	Ig	MHC-I-Allele	NK-Subpopulationen	KIR-Familie, aktivierender Rezeptor (F & Z 7)
CD158J	KIR2DS2	Ig	MHC-I-Allele	NK-Subpopulationen	KIR-Familie, aktivierender Rezeptor (F & Z 7)

FAKTEN UND ZAHLEN 2 — Die CD-Nomenklatur

CD-Antigen	andere Namen (NCBI-Name unterstrichen)	Familie	Bindungspartner	Expression	Funktion
CD158K	KIR2DL2	Ig	MH-Cl-Allele		KIR-Familie, inhibitorischer Rezeptor (F & Z 7)
CD159a	KLRC1 (*killer cell lectin-like receptor C1*), NKG2A,	Lektin	HLA-E	NK-Subpopulationen	bildet mit CD94 inhibierende NK-Zell-Rezeptoren (F & Z 7)
CD159c	KLRC2 (*killer cell lectin-like receptor C2*), NKG2C,	Lektin	HLA-E	NK-Subpopulationen, T	bildet mit CD94 aktivierende NK-Zell-Rezeptoren für HLA-E (F & Z 7)
CD160	CD160, BY55			T	Kostimulation?
CD161	KLRB1 (*killer cell lectin-like receptor B1*), NKRP1	C-Typ-Lektin		NK, T	reguliert NK-Zytotoxizität
CD162	SELPLG, PSGL1	Mucin	CD62P	N, Mono, L	Adhäsionsmolekül
CD162R	PEN5			NK	
CD163	CD163, M130			Mono Mφ	
CD164	CD164, MUC24	Mucin		T, B, Epithelzellen, Mono, BM-Stromazellen	
CD165	CD165, Gp37, AD2			Thy, Thymusepithelzellen, ZNS-Neuronen, Pakreasinseln, Bowman'sche Kapsel	Adhäsion zwischen Thymozyten und Thymusepithelium
CD166	ALCAM, BEN, DM-GRASP, SC1	Ig	CD6	aktivierte T, Mono, B, Thymusepithelzellen, Fibroblasten, Neuronen	Adhäsionsmolekül, Rolle in der Neuritenextension

FAKTEN UND ZAHLEN 2 — Die CD-Nomenklatur

CD-Antigen	andere Namen (NCBI-Name unterstrichen)	Familie	Bindungspartner	Expression	Funktion
CD167a	DDR1, trkE, cak, eddr1		Kollagen	B, DC, Epithelzellen	Rezeptortyrosinkinase, bindet Kollagen
CD168	HMMR, RHAMM			Vorläuferzellen, Mono, Mφ, DC	Adhäsionsmolekül
CD169	SN, Sialoadhäsin	Ig, Sialoadhäsinfamilie	sialierte Kohlenhydrate	Mφ-Subpopulation, DC	Adhäsionsmolekül
CD170	SIGLEC-5 (*sialic acid-binding lectin*), OBBP2, CD33L2	Ig, Sialoadhäsinfamilie	sialierte Kohlenhydrate	N, DC, Mono, Mφ	Adhäsionsmolekül, enthält ITIM
CD171	L1CAM, NCAM-L1	Ig	CD9, CD24, CD56, CD171	Neuronen, Schwann'sche Zellen, lymphoide und myelomonozytoide Zellen, B, CD4$^+$-T	Adhäsionsmolekül
CD172a	*signal-regulatory protein*, SIRP, SHPS1, MYD1, SIRPα1, PTPNS1	Ig	CD47	Monozytenvorläuferzellen, T-Subpopulationen	SIRPs sind Transmembranrezeptoren, die Tyrosin-phosphorylierungsvorgänge regulieren
CD172b	SIRPB1, *signal-regulatory protein*, SIRPβ1	Ig			
CD172g	SIRPB2, *signal-regulatory protein*, SIRPγ	Ig			
CD173-176				alle	Blutgruppenantigene
CD177	CD177, NB1			myeloide Zellen, G	

FAKTEN UND ZAHLEN 2 — Die CD-Nomenklatur

CD-Antigen	andere Namen (NCBI-Name unterstrichen)	Familie	Bindungspartner	Expression	Funktion
CD178	FasL, TNFSF6, <u>FASLG</u>	TNF (Ligand)	Fas/TNFRSF6 (CD95)	aktivierte T, NK	bindet an Fas und induziert Apoptose
CD179a	VpreB, IGVPB, IG$_l$, <u>VPREB1</u>	Ig		Vorläufer-B-Zelle	bildet gemeinsam mit CD179b *die surrogate light chain* des BCR
CD179b	<u>IGLL1</u>, λ5, IGVPB	Ig		Vorläufer-B-Zelle	bildet gemeinsam mit CD179a *die surrogate light chain* des BCR
CD180	<u>CD180</u>, LY64, RP105	TLR		B, DC, Mono, Mφ	assoziiert mit TLR4
CD181	CXCR1, IL8-Rezeptor-A, <u>IL8RA</u>	Chemokinrezeptor	IL8 (CXCL8)	N, Bas, T-Subpopulation, Mono, Thr	IL8-Rezeptor, Chemokinrezeptor (CXCR1,2), G-Protein-gekoppelt (F & Z 6)
CD182	CXCR2, IL8-Rezeptor-B, <u>IL8RB</u>	Chemokinrezeptor	IL8 (CXCL8)	T, NK, Mono, G, Thr	
CD183	<u>CXCR3</u>, G-Protein-gekoppelter-Rezeptor 9	Chemokinrezeptor	IP10 (CXCL10), MIG (CXCL9)	aktivierte T, B, Mono, G	Chemotaxis (F & Z 6)
CD184	<u>CXCR4</u>, NPY3R, LESTR, fusin, HM89	Chemokinrezeptor	SDF1 (CXCL12)	unreife CD34$^+$-hämatopoietische Stammzellen, T-Subpopulationen, DC, Mono, Mφ, Thr	Chemotaxis; Ko-Rezeptor für T-zelltrophe HI-Virusstämme (F & Z 6)
CD185	CXCR5, <u>BLR1</u>	Chemokinrezeptor	BLC, BCA1 (CXCL13)	aktivierte T, B	Chemotaxis (F & Z 6)
CDw186	<u>CXCR6</u>	Chemokinrezeptor	CXCL16	aktivierte T	Chemotaxis (F & Z 6)

FAKTEN UND ZAHLEN 2 — Die CD-Nomenklatur

CD-Antigen	andere Namen (NCBI-Name unterstrichen)	Familie	Bindungspartner	Expression	Funktion
CD187-CD190 nicht vergeben					
CD191	CCR1	Chemokinrezeptor	MIP1α (CCL3), RANTES (CCL5), MCP3 (CCL7), MPIF1 (CCL23)	Mono	Chemotaxis (F & Z 6)
CD192	CCR2	Chemokinrezeptor	MCP1 (CCL2), MCP3 (CCL7), MCP4 (CCL13)	Mono, Bas, T	Chemotaxis (F & Z 6)
CD193	CCR3	Chemokinrezeptor	Eotaxin (CCL11), Eotaxin-3 (CCL26), MCP3 (CCL7), MCP4 (CCL13) und RANTES (CCL5)	Eo, Bas, T, N	Chemotaxis (F & Z 6), Korezeptor für HI-Virusstämme
CD194	CCR4		TARC (CCL17), MDC (CCL23)	T-Zellsubpopulationen	Chemotaxis (F & Z 6)
CD195	CCR5, CKR5, CMKBR5	Chemokinrezeptor	MIP1α (CCL3), MIP1β (CCL4), RANTES (CCL5)	T, Mono, Mɸ. G	Chemotaxis (F & Z 6)
CD196	CCR6	Chemokinrezeptor	MIP3α (CCL20)	unreife DC, T-Memory, B	Chemotaxis (F & Z 6)
CD197	CCR7, EB/1, CMKBR7, BLR2	Chemokinrezeptor	MIP3β (CCL19)	T, B, DC	reguliert homing in lymphatische Organe, Chemotaxis (F &
CD198	CCR8	Chemokinrezeptor	MIP1β (CCL4), TARC (CCL17),	Thymus, Mono	Chemotaxis (F & Z 6)
CDw199	CCR9	Chemokinrezeptor	TECK (CCL25)	Thymozyten	Chemotaxis (F & Z 6)
CD200	CD200, MOX1, MOX2	Ig		B, DC	

FAKTEN UND ZAHLEN 2 — Die CD-Nomenklatur

CD-Antigen	andere Namen (NCBI-Name unterstrichen)	Familie	Bindungspartner	Expression	Funktion
CD201	PROCR, EPCR	CD1-Familie, MHC-IB	Protein C, aktiviertes Protein C	Endothelzellen	beteiligt an Protein C Aktivierung
CD202b	VMCM, TEK, TIE2	Ig	Angiopoietin-1	Endothelzellen	Rezeptortyrosinkinase, wichtig für Angiogenese
CD203c	ENPP3, PDNP3, PDIβ, gp130RB13-6			myeloide Zellen, Bas, Mast	Ektoenzym, hydrolysiert extrazelluläre Nukleotide
CD204	MSR1, *macrophage scavenger receptor*	ScavR	negativ geladene Makromoleküle	myeloide Zellen	vermittelt Bindung, Aufnahme und Prozessierung von Makromolekülen
CD205	DEC-205, Ly75, GP200-MR6		mannosylierte Proteine	DC	Ag-Aufnahmerezeptor auf DC
CD206	MRC1, MMR, *macrophage mannose receptor*	C-Typ-Lektin	stark mannosylierte Strukturen (PAMPs)	Mφ, Endothelzellen	Aufnahme von Viren, Bakterien und Pilzen
CD207	CD207, Langerin	C-Typ-Lektin		Langerhans-Zellen	induziert Birbeck-Granula in Langerhans-Zellen
CD208	LAMP3, DC-LAMP (DC *lysosome-associated membrane protein*)	MHC		interdigitierende DC in lymphatischen Organen	wichtig bei Ag-Prozessierung für Präsentation auf MHC-II
CD209	CD209; DC-SIGN (*dendritic cell-specific ICAM3-grabbing non integrin*)	C-Typ-Lektin	ICAM3, HIV-1gp120	DC	stabilisiert die immunologische Synapse
CDw210a, b	IL10RA, IL10Rα, IL10RB, IL10Rβ	Zytokinrezeptor Klasse II	IL10	B, T, myeloide Zellen	IL10-Rezeptor, α- und β-Kette (F & Z 5)
CD211	nicht vergeben				

FAKTEN UND ZAHLEN 2 — Die CD-Nomenklatur

CD-Antigen	andere Namen (NCBI-Name unterstrichen)	Familie	Bindungspartner	Expression	Funktion
CD212	IL12R, IL12RB1	Hämatopoietin-Zytokinrezeptor	IL12	aktivierte $CD4^+$-T, $CD8^+$-T und NK	IL12-Rezeptor, β-Kette (F & Z 5)
CD213a1	IL13RA1, IL13Rα1, IL13Ra, NR4	Hämatopoietin-Zytokinrezeptor	IL13, IL4	B, Mono, Fibroblasten, Endothelzellen	niedrig affiner Rezeptor für IL13, bildet gemeinsam mit der IL4Rα-Kette den hochaffinen IL13-Rezeptor, kann auch die gemeinsame γ-Kette des IL4-Rezeptors ersetzen (F & Z 5)
CD213a2	IL13Rα2, IL13RA2, IL13BP	Hämatopoietin-Zytokinrezeptor	IL13	B, Mono, Fibroblasten, Endothelzellen	hoch affiner Rezeptor für IL13, bindet als Monomer (F & Z 5)
CD214-CD216	nicht vergeben				
CD217	IL17R, CTLA8	Chemokin/Zytokinrezeptor	IL17	aktivierte T-Memory	IL17-Rezeptor Homodimer (F & Z 5)
CDw218a	IL18Rα, IL18R1	Zytokinrezeptor	IL18	T, NK	Signaltransduzierende Rezeptorkette für IL18
CDw218b	IL18Rβ, IL18RAP	Zytokinrezeptor	IL18		Verstärkt die IL18-Bindung von
CD219	nicht vergeben				
CD220	INSR, Insulinrezeptor		Insulin	ubiquitär	Insulinrezeptor, Tyrosinproteinkinase
CD221	IGF1R, JTK13		*insulin-like growth factor I*		Rezeptor für *insulin-like growth factor*, Tyrosinproteinkinase

FAKTEN UND ZAHLEN 2 — Die CD-Nomenklatur

CD-Antigen	andere Namen (NCBI-Name unterstrichen)	Familie	Bindungspartner	Expression	Funktion
CD222	IGF2R, CIMPR, CI-MPR, M6PR (Mannose-6-Phosphatrezeptor)	Lektin	*insulin-like growth factor II*	ubiqutär	Internalisierung von *insulin-like growth factor II*
CD223	LAG3 (*lymphocyte activation gene 3*)	Ig	MHC-II	aktivierte T und NK	ähnliche Struktur wie CD4, interagiert mit MHC-II, Rolle in T-Zell-Akti-
CD224	GGT1 (γ-Glutamyltransferase)			T, B, Mono, Mφ	membrangebundenes Enzym
CD225	Leu13, IFITM1, IFI17			Leukozyten, Endothelzellen	durch IFN induziert, Rolle beim Zellwachstum?
CD226	CD226, DNAM-1, PTA1, DNAX, TLiSA1	Ig		NK, Thr, Mono, T-Subpopulation	aktivierender Rezeptor
CD227	PUM (*peanut-reactive urinary mucin*), MUC1, mucin 1	Mucin		aktivierte T, B, DC, aktivierte Mono, Mφ	Schutz der Zelloberfläche, Adhäsion, Migration
CD228	MFI2, Melanotransferrin, P97			humane Melanome	Eisenaufnahme
CD229	LY9, Ly9	Ig	CD229	L	Adhäsionsmolekül
CD230	PRNP, CJD, PRIP, Prionprotein	Prion		in normalen und mit Prionen infizierten Zellen	Protein assoziiert mit BSE (bovine spongiform encephalopathymyelitis) und Creutzfeld-Jakob-Syndrom, normale Funktion unbekannt; Konformationsänderung wichtig für Pathogenese

FAKTEN UND ZAHLEN 2 — Die CD-Nomenklatur

CD-Antigen	andere Namen (NCBI-Name unterstrichen)	Familie	Bindungspartner	Expression	Funktion
CD231	TSPAN7, TALLA-1, TM4SF2, A15, MXS1, CCG-B7	TM4		T-Zell-ALL, Neuroblastomzellen, normale Neuronen	Marker für T-ALL
CD232	VESPR, PLXN, PLXNC1	Plexin	CD108, Semaphorin		viruskodierter Rezeptor für Semaphorin
CD233	SLC4A1, *diego blood group*, D1 AE1, EPB3	Anionenaustauscher		Ery	wichtiges Membranprotein der Erythrozyten, Transportprotein
CD234	GPD, CGBP1, DARC (*Duffy antigen/receptor for chemokines*)	Chemokinrezeptor	IL8, GRO, RANTES, MCP1, TARC	Ery und andere	Chemokinrezeptor (F & Z 6), Rezeptor für den Malariaerreger (*Plasmodium vivax*)
CD235a	GYPA, Glykophorin A, GPA, MNS			Ery	Blutgruppenantigen
CD235b	GYPB, Glykophorin B, MNS, GPB			Ery	Blutgruppenantigen
CD236	Glykophorin C, GPC, GYPC,			Ery	Membranprotein, Rezeptor für den Malariaerreger *Plasmodium falciparum*?
CD237	nicht vergeben				
CD238	KEL, Kell			Ery	Zn^{2+}-Metalloprotease, Blutgruppenantigen
CD239	B-CAM (*B cell adhesion molecule*); LU (*Lutheran blood group*)	Ig	Laminin	Ery	Lamininrezeptor, Erythrozytendifferenzierung

FAKTEN UND ZAHLEN 2 — Die CD-Nomenklatur

CD-Antigen	andere Namen (NCBI-Name unterstrichen)	Familie	Bindungspartner	Expression	Funktion
CD240E, D, CD241	RhCE, RH30A, RhPI, RhD, Rh4, RhII, Rh30D, RhAg, RHAG, RH50A			Ery	Rhesus-Blutgruppenantigene
CD242	ICAM4, (intracellular adhesion molecule 4), LW	Ig	VLA-4	Ery	Adhäsionsmolekül, Blutgruppenantigen
CD243	ABCB1, MDR1, p-179	ABC-Transporter		Stammzellen, Vorläuferzellen	multidrug-resistance protein, Transportprotein
CD244	CD244, 2B4, NAIL (NK cell activation-inducing ligand)	Ig	CD48	NK	aktivierender NK-Rezeptor (F & Z 7)
CD245	CD245, NPAT			T, B, Mono, Mϕ, G, Thr	wichtig für den Zellzyklus
CD246	ALK			Dünndarm, Hoden, nicht auf normalen lymphoiden Zellen	Tyrosinkinase
CD247	CD247, ζ-Kette, CD3Z			T, NK	TCRζ-Kette, wichtig für TCR-Membranexpression und Signaltransduktion
CD248	CD248, TEM1, Endosialin			Fibroblasten, Tumorepithelien	
CD249	ENPEP, Aminopeptidase A			Endothelzellen, Epithelzellen	Peptidase
CD250	reserviert für TNF	TNF (Ligand)			
CD251	reserviert für Lymphotoxin	TNF (Ligand)			

FAKTEN UND ZAHLEN 2 — Die CD-Nomenklatur

CD-Antigen	andere Namen (NCBI-Name unterstrichen)	Familie	Bindungspartner	Expression	Funktion
CD252	OX40L, TNFSF4	TNF (Ligand)	OX4/TNFRSF4 (CD134)	DC, aktivierte B, Endothelzellen	Kostimulation
CD253	TNF-*related apoptosis-inducing ligand* (TRAIL), TNFSF10, APO2L	TNF (Ligand)	TRAILR1/TNFRSF10A (CD261), TRAILR2/TNFRSF10B (CD262), TRAILR3/TNFRSF10C (CD263), TRAILR4/TNFRSF10D (CD264), (TNFRSF11B/OPG)	aktivierte T, B, Mono	Apoptosesignal
CD254	TRANCE, TNFSF11	TNF (Ligand)	TRANCE-R/TNFRSF11A (CD265)	aktivierte T, Stromazellen, Osteoblasten	Faktor für Osteoklastendifferenzierung und -aktivierung; DC-Überlebensfaktor?
CD255	reseviert für TWEAK				
CD256	APRIL (*a proliferation-inducing ligand*), TNFSF13	TNF (Ligand)	BCMA/TNFRSF17 (CD269), Fas/TNFRSF6 (CD95)?, HVEM/TNFRSF14?	myeloide Zellen	wichtige Rolle in der B-Zell-Entwicklung, Apoptosesignal?
CD257	B *cell-activating factor* (BAFF), BLYS, TNFSF13B	TNF (Ligand)	TACI/TNFRSF13B (CD267), BCMA/TNFRSF17 (CD269), BAFFR/TNFRSF13C (CD268)	B, B-Vorläuferzellen	wichtiges Signal in der B-Zell-Entwicklung und -Aktivierung
CD258	LIGHT, TNFSF14	TNF (Ligand)	HVEM/TNFRSF14	aktivierte T, unreife DC	stimuliert Proliferation von T, Apoptose in Tumorzelllinien

FAKTEN UND ZAHLEN 2

Die CD-Nomenklatur

CD-Antigen	andere Namen (NCBI-Name unterstrichen)	Familie	Bindungspartner	Expression	Funktion
CD259	reserviert für NGF				
CD260	reserviert für Lymphotoxin-βR				
CD261	TRAILR1, TNFRSF10A, APO2, DR4	TNF-Rezeptor	TRAIL/TNFSF10 (CD253)	Leukozyten, Tumorzellen	vermittelt Apoptosesignale
CD262	TRAILR2, TNFRSF10B, DR5	TNF-Rezeptor	TRAIL/TNFSF10 (CD253)	breit exprimiert	vermittelt Apoptosesignale
CD263	TRAILR3, TNFRSF10C, DCR1	TNF-Rezeptor	TRAIL/TNFSF10 (CD253)	auf normalen Zellen breit exprimiert, auf Tumorzellen dagegen geringer	keine zytoplasmatische Domäne, bindet deshalb TRAIL, ohne ein Apoptosesignal auszulösen (= Decoyrezeptor)
CD264	TRAILR4, TNFRSF10D, DCR2	TNF-Rezeptor	TRAIL/TNFSF10 (CD253)	breit	keine zytoplasmatische Domäne, inhibiert TRAIL-Signale (= Decoyrezeptor)
CD265	TRANCE-R, TNFRSF11A	TNF-Rezeptor	TRANCE/TNFSF11 (CD254)	breit, DC, Osteoklasten	reguliert T-DC-Interaktion, wichtiger Faktor in der Osteoklasten- und Lymphknotenentwicklung
CD266	TWEAK-R, TNFRSF12A	TNF-Rezeptor	TWEAK	vaskuläre Endothelzellen	Rolle bei der Hämatopoise
CD267	*calcium modulator and cyclophilin ligand interactor* (TACI), TNFRSF13B	TNF-Rezeptor	APRIL/TNFSF13 (CD256), BAFF/TNFSF13B (CD257)		wichtige Rolle in der humoralen Immunität
CD268	BAFF-R, TNFRSF13C	TNF-Rezeptor	BAFF/TNFSF13B (CD257)	B, (T)	vermittelt B-Zellen Überlebenssignale

FAKTEN UND ZAHLEN 2 — Die CD-Nomenklatur

CD-Antigen	andere Namen (NCBI-Name unterstrichen)	Familie	Bindungspartner	Expression	Funktion
CD269	BCMA, TNFRSF17	TNF-Rezeptor	BAFF/ TNFSF13B (CD257)	B	wichtige Rolle in der B-Zell-Entwicklung
CD270	reserviert für LIGHT-R				
CD271	*nerve growth factor receptor* (NGFR), p75, TNFRSF16	TNF-Rezeptor	*nerve growth factor* (NGF)	Neuronen, Stromazellen, follikuläre DC	Wachstumsfaktorrezeptor
CD272	BTLA (*B and T lymphocyte attenuator*)	Ig (CD28-Familie)	B7H4	aktivierte T und B	inhibitorische Wirkung auf T-Zellen
CD273	PDCD1LG2, *programmed cell death 1 ligand 2* (PDL2), B7DC	Ig (B7-Familie)	PD1 (CD279)	DC, aktivierte T, aktivierte Mono	
CD274	CD274, *programmed cell death 1 ligand 1* (PDL1), B7H1	Ig (B7-Familie)	PD1 (CD279)	hämatopoietische und nicht hämatopoietische Zellen, induziert	
CD275	ICOSLG, ICOS-L, B7H2, GL50	Ig (B7-Familie)	ICOS (CD278)	B, Mono, induziert auch auf nicht hämatopoietischen Zellen	ICOS-Ligand, Kostimulation
CD276	CD276, B7H3	Ig (B7-Familie)		DC-Subpopulationen, aktivierte Mono	
CD277	BTN3A1, Butyrophilin, BT3, BTF5	Ig (B7-Familie)		T, B, NK, Mono, DC, Stammzellen	
CD278	ICOS (*inducible T cell co-stimulator*)	Ig (CD28-Familie)	ICOS-L (CD275)	Aktivierte T	Regulation der T-Zell-Aktivierung und -Differenzierung

FAKTEN UND ZAHLEN 2 — Die CD-Nomenklatur

CD-Antigen	andere Namen (NCBI-Name unterstrichen)	Familie	Bindungspartner	Expression	Funktion
CD279	PDCD1, *programmed cell death 1* (PD1)	Ig (CD28-Familie)	PDL1 (CD274), PDL2 (CD273)	Pro-B, aktivierte T	negativer Regulator für T-Zellen
CD280	MRC2 (*mannose receptor*-C2)uPARAP, Endo180		mannosylierte Proteine, besonders auf der Oberfläche von Bakterien	Mφ, myeloide Vorläufer	PRR, induziert Phagozytose
CD281	TLR1 (*toll-like receptor 1*), TIL	LRR	PAMPs	ubiquitär	PRR (F&Z 8)
CD282	TLR2 (*toll-like receptor 2*), TIL4	LRR	PAMPs: Gram-positive Bakterien	Mono, N	PRR (F&Z 8)
CD283	TLR3 (*toll-like receptor 3*)	LRR	PAMPs: doppelsträngige RNA	DC, Plazenta, Pankreas	PRR (F&Z 8)
CD284	TLR4 (*toll-like receptor 4*)	LRR	PAMPs: LPS	Mono, Mφ, DC, regulatorische T	PRR (F&Z 8)
CD285	reserviert für *toll-like receptor 5* (TLR5)				
CD286	TLR6 (*toll-like receptor 6*)	LRR	PAMPs: Lipoproteine, Zymosan		PRR (F&Z 8)
CD287	reserviert für *toll-like receptor 7* (TLR7)	LRR	PAMPs: ssRNA		PRR (F&Z 8)
CD288	TLR8 (*toll-like receptor 8*)	LRR	PAMPs: ssRNA		PRR (F&Z 8)
CD289	TLR9 (*toll-like receptor 9*)	LRR	PAMPs: unmethylierte CpG-DNA	DC-Subpopulationen, aktivierte B	PRR (F&Z 8)
CD290	TLR10 (*toll-like receptor 10*)	LRR			PRR (F&Z 8)

FAKTEN UND ZAHLEN 2 — Die CD-Nomenklatur

CD-Antigen	andere Namen (NCBI-Name unterstrichen)	Familie	Bindungspartner	Expression	Funktion
CD291	reserviert für *toll-like receptor 11* (TLR11)				
CD292	BMPR1A (*bone morphogenetic protein receptor 1A*)		BMP-2, BMP-4	Knochenvorläuferzellen	Serin/Threonin-Kinase, wichtig bei der enchondralen Osteogenese
CDw293	BMPR1B (*bone morphogenetic protein receptor 1B*)		BMPS/OP-1	Knochenvorläuferzellen	Serin/Threonin-Kinase, wichtig bei der enchondralen Osteogenese
CD294	GPR44 (*G protein-coupled receptor 44*)	TM7		TH2, Eo, Bas	Verstärkung von TH2-Immunreaktionen
CD295	LEPR, Leptin-R	Zytokinrezeptor	Leptin	breit	wichtig bei der zentralen Regulation der Körperfettmasse
CD296	ART1 (Ekto-ADP-Ribosyltransferase 1)			T-Subpopulationen, myeloide Zellen, Epithelzellen, Muskelzellen	ADP-Ribosyltransferase, ribosyliert Argininreste von Proteinen
CD297	DO, Ekto-ADP-Ribosyltransferase 4 (ART4)			Ery,	ADP-Ribosyltransferase,
CD298	ATP1B3, β3-Untereinheit der Na$^+$/K$^+$-ATPase,		Na$^+$, K$^+$	ubiquitär	nicht katalytische β3-Untereinheit der Na$^+$/K$^+$-ATPase, Ionentransporter
CD299	CLEC4M, CD209-L, DC-SIGN-related	C-Typ-Lektin	CD50 (ICAM3), gp120 von HIV	Endothelzellen, T	Adhäsionsmolekül, Rezeptor für HIV
CD300a	CD300A, CMRF35H			Mono, NK, N, T- und B-Subpopulationen	inhibitorische Rezeptoren

FAKTEN UND ZAHLEN 2 — Die CD-Nomenklatur

CD-Antigen	andere Namen (NCBI-Name unterstrichen)	Familie	Bindungspartner	Expression	Funktion
CD300c	CD300C, CMRF35A			Mono, N, T- und B-Subpopulationen	
CD301	CLEC10A (*C-type lectin domain family 10, member A*), CLECSF14, *macrophage C-type lectin*, MGL	C-Typ-Lektin		unreife DC	
CD302	CD302, DCL1	C-Typ-Lektin		N, Mono, DC	
CD303	CLEC4C (*C-type lectin domain family 4, member C*), CLECSF7, CLECSF11, BDCA2	C-Typ-Lektin		DC-Subpopulation	Marker für plasmazytoide DC
CD304	BDCA4, Neuropilin-1, NRP1			DC-Subpopulation	Korezeptor für den VEGF-Rezeptor und den Semaphorinrezeptor
CD305	LAIR1 (*leukocyte-associated Ig-like receptor 1*)	Ig		NK, T, B	inhibitorischer Rezeptor (F & Z 7)
CD306	LAIR2 (*leukocyte-associated Ig-like receptor 2*)	Ig			sezerniertes Protein? Rolle in der mukosalen Immuntoleranz?
CD307	FCRL5, *Ig-superfamily receptor translocation-associated 2* (IRTA2), *Fc-receptor-like 5* (FcRH5)	Ig		B-Subpopulation	Fc-Rezeptor-Homolog
CD308	reserviert für *vascular endothelial growth factor receptor 1* (VEGFR1)				

FAKTEN UND ZAHLEN 2 — Die CD-Nomenklatur

CD-Antigen	andere Namen (NCBI-Name unterstrichen)	Familie	Bindungspartner	Expression	Funktion
CD309	KDR, vascular endothelial growth factor receptor 2 (VEGFR2), kinase insert domain receptor (KDR)		vascular endothelial growth factor (VEGF)	Endothelium, Stammzellen	Tyrosinkinase, Wachstumsfaktorrezeptor
CD310	reserviert für vascular endothelial growth factor receptor 3 (VEGFR3)				
CD311	reserviert für epithelial growth factor (EGF)-like module containing, mucin-like, hormone receptor-like 1 (EMR1)				
CD312	EMR2 (epithelial growth factor (EGF)-like module containing, mucin-like, hormone receptor-like 2)	TM7		N, Mono, DC-Subpopulation, aktivierte L	Adhäsion
CD313	nicht vergeben				
CD314	NKG2D, KLRK1	C-Typ-Lektin	MIC-A, MIC-B, ULBs	NK, T-Subpopulationen	assoziiert mit CD94, aktivierender Rezeptor (F & Z 7)
CD315	PTGFRN (prostaglandin F2 receptor negative regulator), CD9P1, SMAP6			B-Subpopulation, aktivierte Mono	interagiert mit CD9, CD63, CD81, CD82, CD151
CD316	EWI2, IGSF8	Ig		L, (NK)	assoziiert mit CD9 und CD81
CD317	BST2 (bone marrow stromal cell antigen 2)			Plasmazellen, multiples Myelom	Rolle in der B-Zell-Entwicklung
CD318	CDCP1 (CUB domain-containing protein 1), SIMA 135			Stammzellen-Subpopulation, Karzinomzellen	

FAKTEN UND ZAHLEN 2 — Die CD-Nomenklatur

CD-Antigen	andere Namen (NCBI-Name unterstrichen)	Familie	Bindungspartner	Expression	Funktion
CD319	SLAMF7 (*SLAM family member*), CRACC	Ig		NK, T, B und DC-Subpopulationen,	Mitglied der SLAM (CD150)-Familie
CD320	CD320, 8D6A			Follikuläre DC	Rolle in der Keimzentrumsreaktion?
CD321	F11R, *junctional adhesion molecule* (JAM1), F-11 Rezeptor	Ig	LFA1 (CD11a/CD18), Reoviren, Thrombozyten	breit	reguliert die Bildung von *tight junctions* zwischen Epithelzellen, spielt eine Rolle bei der Leukozytendiapedese
CD322	JAM2, *vascular endothelial junctional adhesion molecule* (VEJAM)	Ig		Endothelium, Mono, B, T-Subpopulationen	Adhäsionsmolekül, spielt eine Rolle bei der Bildung von tight *junctions* zwischen Endothelzellen
CD323	reserviert für JAM3				
CD324	CDH1, E-Cadherin, Cadherin-1		E-Cadherin	Epithelzellen, Stammzellen	Ca^{2+}-abhängiges Zelladhäsionsprotein, vermittelt homotypische Adhäsion in *adherence junc-*
CD325	CDH1, N-Cadherin (neuronal), Cadherin-2			Neuronen, Endothelzellen, Stammzellen	beteiligt an der Bildung von Synapsen
CD326	TACSTD1 (*tumor-associated calcium signal transducer 1*), Ep-CAM			Epithelzellen	Adhäsionsmolekül
CD327	SIGLEC6 (*sialic acid-binding Ig-like Lectin 6*), PB-BP1, CD33 *antigen-like*	Ig	Konjugate der Sialinsäure	B, Trophoblastenzellen	Adhäsionsmolekül

FAKTEN UND ZAHLEN 2 — Die CD-Nomenklatur

CD-Antigen	andere Namen (NCBI-Name unterstrichen)	Familie	Bindungspartner	Expression	Funktion
CD328	SIGLEC7 (sialic acid-binding Ig-like Lectin 7), AIRM1	Ig	Konjugate der Sialinsäure	NK und T-Subpopulationen, Mono	Adhäsionsmolekül, inhibitorischer Rezeptor
CD329	SIGLEC9 (sialic acid-binding Ig-like Lectin 9), AIRM1	Ig	Konjugate der Sialinsäure	Mono, N, NK	Adhäsionsmolekül, inhibitorischer Rezeptor
CD330	reserviert für Siglec10				
CD331	FGFR1 (fibroblast growth factor receptor 1), FLT2	Ig	fibroblast growth factors (FGF) sowohl saure als auch basische	Fibroblasten, Epithelzellen	Tyrosinkinase
CD332	FGFR2 (Fibroblast growth factor receptor 2), KGFR	Ig	fibroblast growth factors (FGF) sowohl saure als auch basische	Fibroblasten, Epithelzellen	Tyrosinkinase
CD333	FGFR3 (Fibroblast growth factor receptor 3), JTK2	Ig	fibroblast growth factors (FGF) sowohl saure als auch basische	Fibroblasten, Epithelzellen	Tyrosinkinase, Rolle in der Knochenentwicklung
CD334	FGFR4 (Fibroblast growth factor receptor 4), JTK2	Ig	saure fibroblast growth factors (FGF)	Fibroblasten, Epithelzellen	Tyrosinkinase
CD335	NKp46, NCR1 (natural cytotoxicity-triggering receptor 1), Ly94	Ig		NK	aktivierender Rezeptor (F & Z 7)
CD336	NKp44, NCR2 (natural cytotoxicity-triggering receptor 2), Ly95	Ig		NK	aktivierender Rezeptor (F & Z 7)
CD337	NKp30, NCR3 (natural cytotoxicity-triggering receptor 3), Ly117	Ig		NK	aktivierender Rezeptor (F & Z 7)

FAKTEN UND ZAHLEN 2 — Die CD-Nomenklatur

CD-Antigen	andere Namen (NCBI-Name unterstrichen)	Familie	Bindungspartner	Expression	Funktion
CD338	ABCG2, *ATP-binding cassette (ABC) transporter breast cancer resistance protein*, BCRP	ABC-Transporter		Stammzellsubpopulation, Plazenta	Effluxtransporter für niedermolekulare Substanzen
CD339	JAG1, Jagged-1		Notch-1	Stroma- und Epithelzellen	
CD340	ERBB2, Her2/neu			überexprimiert in vielen Tumoren, z. B. in aggressiv wachsenden Mammakarzinomen	Tyrosinkinase der EGF-Rezeptorfamilie,
CD344	FZD4 (*frizzled homolog 4*)	7TM			Signaltransduktion
CD349	FZD9 (*frizzled homolog 9*)	7TM		Hirn, Testis, Auge, Skelettmuskel, Niere	
CD350	FZD10 (*frizzled homolog 10*)	7TM			

ABC: *ATP-binding cassette*; ADCC: *antibody-dependent cellular cytotoxicity*; ALL: akute lymphatische Leukämie; B: B-Zelle; Bas: basophile Granulozyten; BM: Knochenmark (*bone marrow*); CCP: *complement control protein*; CLEC: C-Typ-Lektindomäne; CLL: chronisch-lymphatische Leukämie; CR: Komplementrezeptor; DC: dendritische Zelle; Eo: eosinophile Granulozyten; FDC: *follicular dendritic cell*; G: Granulozyten; GC: *germinal centre*; Ig: Immunglobulinsuperfamilie; HIV: *human immunodeficiency virus*; IFN: Interferon; Int-α: Integrin-α-Kette; Int-β: Integrin-β-Kette; KIR: *killer cell immunoglobulin-related receptor*; L: Lymphozyten; LRR: *leucine-rich repeats*; Mast: Mastzellen; Mono: Monozyten; Mφ: Makrophagen; N: neutrophile Granulozyten; NK: NK-Zelle; PAMP: *pathogen-associated molecular pattern*; PRR: *pattern recognition receptor*; R: Rezeptor; SC: Stammzelle; ScavR: *scavenger*-Rezeptor; SF: Superfamilie; T: T-Zelle; Thr: Thrombozyten; Thy: Thymozyten; TLR: *toll-like receptor*; TM4: Tetraspanin; TM7: *seven-transmembrane domain receptor*; TNF: Tumornekrosefaktor; TNFRSF: *tumor necrosis factor receptor superfamily*; TNFSF: *tumor necrosis factor (ligand) superfamily*; X: beliebige Aminosäure
Aktuelle Informationen über *human cell differentiation molecules* unter: http://www.hlda8.org

FAKTEN UND ZAHLEN 3 — Signaltransduktionsmodule

Modul	Modifikation	Funktion
TBSM *tyrosine-based signalling motif*, darunter ITAM *immunoreceptor tyrosine-based activation motif*, Konsensussequenz: **YXXL/VX$_8$YXXL/V** und ITIM *immunoreceptor tyrosine-based inhibition motif*, Konsensussequenz: **V/IXYXXL/V**	Phosphorylierung durch Tyrosinkinasen	Bindung von SH2- und von PTB-Domänen
	Dephosphorylierung durch Tyrosinphosphatasen	–
Serin, Threonin	Phosphorylierung durch Serin/Threonin-Kinasen	z. B. Konformationsänderung
	Dephosphorylierung durch Serin/Threonin-Phosphatasen	
PIP3 Phosphatidylinositol-3,4,5-triphosphat	Entstehung aus PIP2 (Phosphatidylinositol-4,5-bisphosphat) durch IP3-Kinase (Phosphatidylinositoltriphosphatkinase)	Bindung von PH-Domänen
	Dephosphorylierung durch SHIP (*src homology2 domain-containing inositol-5-phosphatase*) und PTEN (*phosphatase and tensin homolog deleted on chromosome 10*)	–
SH2-Domäne *src homology2 domain*		bindet an Phosphotyrosinmotive
PTB-Domäne *phosphotyrosine-binding domain*		bindet an Phosphotyrosinmotive
PH-Domäne *pleckstrin homology domain*		bindet an PIP3
prolinreiche Sequenzen, Konsensus: **PXXP**		bindet an SH3- und WW-Domänen
SH3-Domäne *src homology3 domain*		bindet an prolinreiche Sequenzen
WW		bindet an prolinreiche Sequenzen
DD-Domäne *death domain*		homologe Assoziation mit anderen DD
DED-Domäne *death effector domain*		homologe Assoziation mit anderen DED
CARD-Domäne *caspase-recruiting domain*		homologe Assoziation mit anderen CARD
Bcl2 *Bcl2 homology domain*		homologe Assoziation mit anderen Bcl2-Domänen
TIR-Domäne *toll/IL1-receptor domain*		homologe Assoziation mit anderen TIR

FAKTEN UND ZAHLEN 4 — Selektine und ihre Liganden

	Name	Weitere Namen	Expression	Liganden
Selektine	E-Selektin	CD62E, ELAM1 (*endothelium leukocyte adhesion molecule*)	Endothelzellen	Sialyl-Lewis^x (CD15s)
	L-Selektin	CD62L, LAM1 (*leukocyte adhesion molecule*), LECAM1	B-Zellen, T-Zellen, Monozyten, NK-Zellen	CD34 GlyCAM MAdCAM1
	P-Selektin	CD62P, PADGEM	Endothelzellen, Thrombozyten, Megakaryozyten	PSGL-1 (CD162) Sialyl-Lewis^x (CD15s)
Selektinliganden	GlyCAM		HEV	L-Selektin, CD62L
	CD34		Kapillarendothel, HEV, hämatopoietische Vorläuferzellen	L-Selektin, CD62L (nur auf HEV)
	Sialyl-Lewis^x	CD15s	Leukozyten, Endothelzellen	E-Selektin (CD62E) P-Selektin (CD62P)
	PSGL-1	CD162	neutrophile Granulozyten, Lymphozyten, Monozyten	P-Selektin (CD62P)
	MAdCAM1 (*mucosal addressin cell adhesion molecule*)		mukosale HEV	L-Selektin (CD62L)
	PNAD (*peripheral node addressin*)	MECA 79	HEV	L-Selektin (CD62L)

FAKTEN UND ZAHLEN 5: Zytokine und ihre Rezeptoren

Zytokin	Hauptproduzent	Rezeptor	Wirkung
IL1α, β	Makrophagen, Epithelzellen	CD121a/b	Fieber, T-Zell-Aktivierung, Makrophagenaktivierung
IL2	T-Zellen	CD25(α) CD122(β) CD132γc	T-Zell-Proliferation
IL3 (Multi-CSF)	T-Zellen, Thymusepithel	CD123(α) CD131βc	frühe Hämatopoese, Differenzierung von Eosinophilen
IL4	TH2-Zellen, Mastzellen	CD124 CD132γc	B-Zell-Aktivierung, IgE-Klassenswitch, TH1-Suppression
IL5	TH2-Zellen Mastzellen	CD125(α) CD131βc	Differenzierung von Eosinophilen
IL6	T-Zellen, Makrophagen, Endothelzellen,	CD126 CD130	Fieber, Akute-Phase-Reaktion Lymphozytendifferenzierung
IL7	Nicht-T-Zellen	CD127 CD132γc	Wachstum von B- und T-Vorläuferzellen
IL8 (CXCL8)	multipel	CXCR1, 2	chemotaktisch für Neutrophile, Basophile, T-Zellen
IL9	T-Zellen	IL9R CD132γc	Mastzellaktivierungsverstärkung, TH2-Stimulation
IL10	T-Zellen, DC, Makrophagen	IL10Rα IL10Rβc	Suppression von TH1- und TH2-Zellen sowie Makrophagenfunktionen
IL11	Fibroblasten, Knochenmarkstroma	IL11R CD130	synergistisch zu IL3 und IL4 bei Hämatopoese
IL12	DC, Makrophagen, B-Zellen	IL12Rβ1c IL12Rβ2	Differenzierung von TH1-Zellen, NK-Zell-Aktivierung
IL13	T-Zellen	IL13R CD132γc	IgE-Klassenswitch, Suppression von TH1-Zellen, B-Zell-Wachstumsfaktor, Induktion der Kollagensynthese von Fibroblasten

FAKTEN UND ZAHLEN 5 — **Zytokine und ihre Rezeptoren**

Zytokin	Hauptproduzent	Rezeptor	Wirkung
IL14			
IL15	Nicht-T-Zellen, multipel	IL15Rα CD122 (IL2Rβ) CD132γc	IL2-ähnlich
IL16	T-Zellen, Mastzellen, Eosinophile	CD4	chemotaktisch für T-Helferzellen, Monozyten, Eosinophile, antiapoptotisch für aktivierte T-Zellen
IL17	TH17-Zellen (CD4+)	IL17AR (CD217)	Rekrutierung und Aktivierung von Neutrophilen
IL18 (*IFN γ-inducing factor*)	Kupfferzellen Makrophagen	IL1R-*related protein*	induziert IFNγ-Produktion in T- und NK-Zellen
IL19	Monozyten	IL20Rα IL10Rβc	induziert in Monozyten die die Produktion von IL6 und TNFα
IL20	TH1-Zellen	IL20Rα +IL10Rβc; IL22Rαc +IL10Rβc	stimuliert TNFα-Produktion und Proliferation in Keratinozyten
IL21	TH2-Zellen	IL21R CD132γc	induziert Proliferation von B-, T- und NK-Zellen
IL22	NK-Zellen	IL22Rαc IL10Rβc	induziert Akute-Phase-Proteine und proinflammatorische Faktoren
IL23	dendritische Zellen	IL12Rβ1c IL23	stimuliert Proliferation von TH17-Zellen
IL24	Monozyten, T-Zellen	IL22Rαc +IL10Rβc; IL20Rα +IL10Rβc	inhibiert Tumorwachstum
IL25	TH2-Zellen, Mastzellen	IL17BR	stimuliert die Produktion von TH2-Zytokinen

FAKTEN UND ZAHLEN 5 — Zytokine und ihre Rezeptoren

Zytokin	Hauptproduzent	Rezeptor	Wirkung
IL26	T-Zellen, NK-Zellen	IL20Rα IL10Rβc	
IL27	Monozyten, Makrophagen, dendritische Zellen	WSX-1 CD130c	induziert auf T-Zellen die Expression von IL12R
IL28		IL28Rαc IL10Rβc	antivirale Wirkung
IL29		IL28Rαc IL10Rβc	antivirale Wirkung
G-CSF	Monozyten, Fibroblasten	G-CSFR (CD114)	Differenzierung von Neutrophilen
GM-CSF	T-Zellen, Makrophagen	CD116(α) CD131βc	Differenzierung von DC
IFNα	Leukozyten, PDC	CD118	antiviral, Verstärkung der MHC-Klasse-I-Expression
IFNβ	Fibroblasten	CD118	antiviral, Verstärkung der MHC-Klasse-I-Expression
IFNγ	T-Zellen, NK-Zellen, Makrophagen	CD119	Makrophagenaktivierung, Ig-Klassenswitch zum IgG, Verstärkung der MHC-Klasse-II-Expression
LIF (*leukemia inhibitory factor*)	Knochenmarkstroma, Fibroblasten	LIFR (CD118) CD130c	essenziell für embryonale Stammzellen
M-CSF	T-Zellen, Knochenmarkstroma, Osteoblasten	CSF1R (CD115)	Wachstum und Differenzierung von Zellen der Monozytenlinie
MIF	T-Zellen, Hypophyse	MIFR	hemmt Makrophagenmigration, induziert Steroidresistenz, Makrophagenaktivator

FAKTEN UND ZAHLEN 5: Zytokine und ihre Rezeptoren

Zytokin	Hauptproduzent	Rezeptor	Wirkung
OSM (*oncostatin M*)	T-Zellen, Makrophagen	OSMR +CD130c; LIFR +CD130c	stimuliert Kaposi-Sarkom-Zellen, hemmt Melanomzellen
TGFα			
TGFβ	T-Zellen, DC, Monozyten Chondrozyten	TGFβR	Suppression von TH1- und TH2-Zellen, Suppression von Makrophagen, Ig-Klassenswitch zum IgA
TNFα[1] (Cachectin)	Makrophagen, NK-Zellen, T-Zellen	TNFR1, p55 (CD120a) TNFR2, p75 (CD120b)	Endothelzellaktivierung
TNFβ[1] (Lymphotoxin, LTα)	T-Zellen, B-Zellen	TNFR1, p55 (CD120a) TNFR2, p75 (CD120b)	Killing, Endothelzellaktivierung
Lymphotoxin β[1] (LTβ)	T-Zellen, B-Zellen	LT βR oder HVEM	Lymphknotenentwicklung
CD40-Ligand[1] (CD154)	T-Zellen, Mastzellen, aktivierte Thrombozyten	CD40	B-Zellaktivierung, Ig-Klassenwechsel
Fas-Ligand[1] (CD178)	T-Zellen	CD95 (Fas)	Induktion von Apoptose
CD27-Ligand[1] (CD70)	T-Zellen	CD27	stimuliert T-Zellproliferation
CD30-Ligand[1] (CD153)	T-Zellen	CD30	stimuliert T- und B-Zellproliferation
TRAIL[1] (TNF-*related apoptosis-inducing factor*, CD253)	T-Zellen, Monozyten, NK-Zellen	TRAILR1 TRAILR2 TRAILR3 TRAILR4	Induktion von Apoptose
TRANCE[1] (CD254)	T-Zellen	TRANCER	Osteoklastendifferenzierung, DC-Stimulation, Lymphknotenentwicklung

FAKTEN UND ZAHLEN 5 — Zytokine und ihre Rezeptoren

Zytokin	Hauptproduzent	Rezeptor	Wirkung
RANKL[1] (OPGL)	Osteoblasten, T-Zellen	RANK (OPG)	Stimulation von Osteoklasten und Knochenresorption
APRIL[1] (*a proliferation-inducing ligand*, CD256)	T-Zellen	TACI oder BCMA	B-Zellproliferation
LIGHT[1] (CD258)	T-Zellen	HVEM	Aktivierung dendritischer Zellen
TWEAK[1]	Makrophagen	TWEAKR	Angiogenese
BAFF[1] (B *cell-activating factor*, CD257)	B-Zellen	(TAC1) oder BCMA	B-Zellproliferation

[1]) Mitglied der TNF-Familie

FAKTEN UND ZAHLEN 6 — Chemokine und ihre Rezeptoren

Nomenklatur	Name	Rezeptor	Zielzelle
CXCL1	GROα	CXCR2	N
CXCL2	GROβ	CXCR2	N
CXCL3	GROγ	CXCR2	N
CXCL4	PF4	CXCR3B	Fibro
CXCL5	ENA-78	CXCR2	N
CXCL6	GCP2	CXCR2	N
CXCL7	LDGF-PBP	CXCR2	N, Fibro
CXCL8	IL8	CXCR1, 2	N, Baso, T
CXCL9	Mig	CXCR3A und B	akt. T, NK, B, Endothelzellen, plasmazytoide DC
CXCL10	IP10	CXCR3A und B	akt. T, NK, B, Endothelzellen
CXCL11	I-TAC	CXCR3A und B, CXCR7	akt. T, NK, B, Endothelzellen
CXCL12	SDF1α/β	CXCR4, CXCR7	Stammzellen, T, DC, B, akt. T
CXCL13	BLC/BCA1	CXCR5	akt. T, B, DC
CXCL14	BRAK/bolekine		T, Mo, B
CXCL15	Lungkine/WECHE		N, Endothel- und Epithelzellen
CXCL16		CXCR6	akt. T, NK, Endothelzellen
CCL1	I-309	CCR8	N, T, Mo
CCL2	MCP1	CCR2	T, Mo, Baso, iDC
CCL3	MIP1α	CCR1, 5	Mo, MΦ, T (TH1 > TH2), NK, Baso, iDC

FAKTEN UND ZAHLEN 6 — Chemokine und ihre Rezeptoren

Nomenklatur	Name	Rezeptor	Zielzelle
CCL4	MIP1β	CCR1,5	Mo, MΦ, T (TH1 > TH2), NK, Baso, iDC, Eo, B Stammzellen
CCL5	RANTES	CCR1, 3, 5	Mo, MΦ, T (T-Memory > T, TH1 > TH2), NK, Baso, Eo, iDC
CCL6 (nur Maus)	C10/MRP1	CCR1	Mo, B, T, NK
CCL7	MCP3	CCR1, 2, 3, 5, 10	T, Mo, Eo, Baso, iDC, NK
CCL8	MCP2	CCR2, 3, 5	T, Mo, Eo, Baso, iDC, NK
CCL9 (nur Maus)	MRP2/MIP1γ	CCR1	T, Mo, Fettzellen
CCL11	Eotaxin	CCR3	Eo, Baso, TH2
CCL12 (nur Maus)	–	CCR2	Eo, Mo, T
CCL13	MCP4	CCR1, 2, 3	T, Mo, Eo, Baso, DC
CCL14a	HCC1	CCR1	Mo
CCL14a	HCC3		Mo
CCL15	MIP5/HCC2	CCR1, 3	T, Mo, Eo, DC
CCL16	HCC4	CCR1, 2, 5	Mo, T, NK, iDC
CCL17	TARC	CCR4	T (TH2 > TH1), iDC, Thy, Treg
CCL18	DC-CK1	?	T, iDC, mantle zone B
CCL19	MIP3β	CCR7	T, DC, B
CCL20	MIP3α	CCR6	T (T-Memory > T), B, NK, Mo, DC
CCL21	6 C-kine	CCR7	T, B, Thy, NK, DC
CCL22	MDC	CCR4	iDC, NK, T (TH2 > TH1), Thy, Mo, Treg

FAKTEN UND ZAHLEN 6

Chemokine und ihre Rezeptoren

Nomenklatur	Name	Rezeptor	Zielzelle
CCL23	MPIF1	CCR1, 5	Mo, T, N
CCL24	Eotaxin-2/MPIF2	CCR3	Eo, Baso, T
CCL25	TECK	CCR9	MΦ, DC
CCL26	Eotaxin3	CCR3	Eo, Baso, Fibro
CCL27	CTACK	CCR10	T, B
CCL28	MEC	CCR3, 10	T, Eo
XCL1	Lymphotactin	XCR1	T, NK
XCL2	SCM1β	XCR1	T, NK
CX3CL1	Fractalkine	CX3CR1	akt. T, Mo, N, NK, iDC, Mast

FAKTEN UND ZAHLEN 7 — NK-Zell-Rezeptoren

Name	Familie	Liganden	Signal
CD16 (FcγRIII)	Ig	Fc von IgG	+
LAIR1	Ig	?	−
2B4	Ig	CD48	+
NKp44	Ig	?	+
NKp30	Ig	?	+
NKp46	Ig	?	+
NKG2D	C-Typ-Lektin	MIC-A; MIC-B; ULBPs	+
NKp80	C-Typ-Lektin	?	+
NTB-A	Ig	?	+
DNAM-1	Ig	PVR (CD155); Nektin-2 (CD112)	+
ILT2	Ig	HLA-A; HLA-B; HLA-G	−
KIR3DL2	Ig	HLA-A	−
KIR3DL1	Ig	HLA-B	−
KIR2DL4	Ig	HLA-A; HLA-B; HLA-G	−
KIR2DS1, KIR2DS2	Ig	HLA-C, bestimmte Allele	+
KIR2DL1, KIR2DL2, KIR2DL3	Ig	HLA-C, bestimmte Allele	−
NKG2A; NKG2B	C-Typ-Lektin	HLA-E	−
NKG2C; NKG2E	C-Typ-Lektin	HLA-E	+

+: Aktivierung; −: Hemmung der NK-Zellen

FAKTEN UND ZAHLEN 8 — Toll-like- und NOD-like-Rezeptoren und ihre Liganden

Erreger	PAMP	Rezeptor (Dimere)
Bakterien	LPS, Gram-negative Bakterien	TLR4/TLR4
	Lipoproteine von Mykobakterien	TLR2/TLR6
	Lipoproteine aller Bakterien	TLR2/TLR1
	CpG aller Bakterien	TLR9/?
	Flagellin aller Bakterien	TLR5/?
	Peptidoglykan aller Bakterien	NOD1 und NOD2
	uropathogene Bakterien	TLR11/?
Pilze	Zymosan	TLR2/TLR6
Parasiten	*Toxoplasma gondii*	TLR11/?
	Trypanosoma cruzi, GPI-Ankerproteine	TLR2/?
Viren	Hämagglutinin (Influenza)	TLR2/?
	F-Protein von RSV	TLR4/TLR4
	Poly I:C verschiedener Viren	TLR3/?
	ssRNA (VSV, Influenza)	TLR7/TLR8
	dsRNA	TLR3/?
körpereigene Stressproteine	HSP60, Fibrinogenfragmente	TLR4/TLR4

ssRNA: *single stranded* RNA; dsRNA: *double stranded* RNA

FAKTEN UND ZAHLEN 9: Beispiele monogenetischer angeborener Immundefekte

Klinik	Paraklinik	Mechanismus	Defekt
Ödeme, Attacken von Erstickungsanfällen durch Stimmbandödem	C4 erniedrigt, C3 normal	nach geringster Komplementaktivierung verursacht C2a eine drastische Erhöhung der Gefäßpermeabilität, Kehlkopfdeckelschwellung (Ödem) (Kap. 1.3.5)	C1-Inhibitormangel
extreme Anfälligkeit für Tuberkulose	defektes, intrazelluläres Killing, reguläre IL12- und IFNγ-Produktion	Mutation der Untereinheiten des IFNγR (Kap. 7.3.1)	IFNγ-Rezeptor-Defekt
defekte antibakterielle Abwehr	Granulozyten nicht aktivierbar zur Sauerstoffradikalproduktion; kein intrazelluläres Killing	Cytochrom-B-Kettendefekte, XL/AR (Kap. 5.6)	chronische Granulomatose (CGD)
geschwollene Lymphknoten, Autoimmunerkrankungen	Leukozytose	Fas- oder Fas-Ligand-Mutation, Apoptosedefekt (Kap. 8)	autoimmunlymphoproliferatives Syndrom (ALPS)
Pilzinfektionen, bakterielle Infektionen	nach T-Zell-Aktivierung *in vitro* keine CD154-Expression, Neutropenie	kein Isotyp-*switching* CD40L(CD154)-Mutation, XL (Kap. 6.2)	Hyper-IgM-Syndrom
schwere pyogene (eitrige) Infekte, Pilzinfektionen	gestörte Neutrophilenreifung, Neutropenie	Mutation der Serinprotease ELA2 in Neutrophilengranula (Kap. 5.5, 5.6)	schwere congenitale Neutropenie (SCN)
chronische Ulcera, Zahnfleischentzündungen	Leukozytose, CD18 nicht nachweisbar	Mutation der β-Kette von LFA-1 (CD18) (Kap. 13)	Leukozytenadhäsions-defekt I
Enzephalitis durch Herpes simplex-Virus	keine IFNγ-Synthese nach Herpes simplex-Virus-RNA-Stimulation	heterozygote dominant negative Mutation im TLR3-Gen (Kap. 2.1)	HSV-Enzephalitis
periodische Fieberschübe, Myalgien	fehlender löslicher TNFR-I (sTNFRp55) im Serum	fehlender Gegenspieler zu TNF, Mutation im TNFR-I (p55), AD (Kap. 7.1)	TNFR-I-assoziiertes, periodisches Fiebersyndrom (TRAPS)

FAKTEN UND ZAHLEN 9 — Beispiele monogenetischer angeborener Immundefekte

Klinik	Paraklinik	Mechanismus	Defekt
Virusinfektionen	keine CD8⁺-T-Zellen, keine T-Zell-Proliferation	ZAP70-Kinasemutation, AR (Kap. 4)	ZAP70-Defizienz
schwere opportunistische Infektionen	keine B- und T-Zellen	Block der TCR/BCR-Gen-rearrangements, Mutationen in Rag1/2 Genen, AR (Kap. 3.3)	schwerer, kombinierter Immundefekt (SCID)
Streptokokken und andere pyogene Infektionen	keine Immunglobuline, keine B-Zellen	btk-Thyrosinkinase-mutation (Kap. 4)	X-Chromosomgekoppelte Agammaglobulinämie (XLA)
pyogene Infektionen, Pilzinfektionen, Ekzem	erhöhte Serum-IgE-Konzentration, IFNγ-Synthese gestört	Mutation der Tyrosinkinase 2 im JAK-STAT-Signaltransduktionsweg AR/AD (Kap. 4.3)	Hyper-IgE-Syndrom (HIES)
schwere opportunistische Infektionen	variabel	verschiedene Mutationen (IFNγ-Rezeptor, IL12-Rezeptor, IL12, IL23, STAT1, IKKβ) im JAK-STAT-Signaltransduktionsweg AD (Kap. 4.3)	*Mendelian susceptibility to mycobacterial disease* (MSMD)
Autoimmunität, Autoinflammation mit/ohne Allergie	keine Foxp3⁺ T-Zellen	Foxp3-Mutation, XL (Kap. 7.2)	IPEX (Immundysregulation, Polyendokrinopathie, Enteropathie, XL) XLAAD (*X-linked autoimmunity / allergic dysregulation syndrome*)

XL: *X-linked*; AD: autosomal dominant; AR: autosomal rezessiv

Abkürzungsverzeichnis

Abl	abgeleitet von Abelson-Leukämie-Virus (Tyrosinkinase)	CLL	chronisch-lymphatische Leukämie
ACTH	adrenokortikotropes Hormon	CMI	*cell-mediated immunity*
ADCC	*antibody-dependent cellular cytotoxicity*, antikörperabhängige zelluläre Zytotoxizität	CMV	Cytomegalievirus
		CpG	Cytosin-phospho-Guanin (Sequenzmotiv typisch für bakterielle DNA)
Ag	Antigen		
AIDS	*acquired immune deficiency syndrome*	GPI	Glykosylphosphatidylinositol
		CR	Komplementrezeptor
AK	Antikörper	Cre	*causing recombination*, Rekombinase
ALL	akute lymphatische Leukämie		
Apaf	*apoptosis-activating factor*; apoptoseaktivierender Faktor	CRF	*corticotropin-releasing factor*
		CRP	C-reaktives Protein
APC	*antigen-presenting cell*; antigenpräsentierende Zelle	CsA	Cyclosporin A
		CTL	*cytotoxic T lymphocyte*
APP	Akute-Phase-Protein	CTLA	*cytotoxic T lymphocyte activation-associated protein*
BALT	bronchus-associated lymphoid tissue		
		D	*diversity*
BCG	Bacille Calmette-Guérin (attenuierter Stamm von *Mycobacterium bovis*)	DAF	*decay accelerating factor*
		DC	*dendritic cell*, dendritische Zelle
		DcR	*decoy receptor*
BCR	*B cell receptor*; B-Zell-Rezeptor	DC-SIGN	*dendritic cell-specific ICAM3-grabbing non-integrin*
BM	*bone marrow*, Knochenmark		
BTLA	B- and T-lymphocyte attenuator	DD	*death domain*
C	Komplementfaktor	DED	*death effector domain*
c	*cellular*	dsRNA	doppelsträngige RNA (typisch für Viren)
CAD	*caspase-activated DNase*		
CARD	*caspase-recruitment domain*	EBV	Epstein-Barr-Virus
CCP	*complement control protein*	ECF	*eosinophil chemotactic factor*
CD	*cluster of differentiation* und auch *cluster determinant*	ECM	extrazelluläre Matrix
		ECP	*eosinophil cationic protein*
cDNA	*complementary DNA*	ELISA	*enzyme-linked immunosorbent assay*
CDR	*complementarity determining region*		
		Eo	eosinophiler Granulozyt
CFSE	5,6-Carboxyfluorescein-diacetat-succinimidylester; ein häufig verwendeter Vitalfarbstoff	Ery	Erythrozyt
		ES	embryonale Stammzelle
		Fab	*fragment of antigen binding*
C_H	konstante Domäne der schweren Ig-Kette	FACS	*fluorescence activated cell sorter*, Laborjargon für Durchflusszytometer
CHO-Zellen	*chinese hamster ovary cells*		
C_L	konstante Domäne der leichten Ig-Kette	FADD	*Fas-associated adapter protein containing death domains*
CLIP	*class II-associated invariant chain peptide*	Fas	CD95

Fc	*constant fragment* eines Antikörpers	HCMV	humanes Cytomegalievirus
		HEV	*high endothelial venule*
FcαR	Rezeptor für den konstanten Teil (Fc) von IgA	HGPRT	Hypoxanthin-Guanin-Phosphoribosyltransferase
FcγR	Rezeptor für den konstanten Teil (Fc) von IgG	HIB	Haemophilus influenzae B
		HIV	*human immunodeficiency virus*
FcεR	Rezeptor für den konstanten Teil (Fc) von IgE	HLA	*human leukocyte antigen*
		HSP	*heat shock protein*
FcRn	IgG-Transportrezeptor	i. c.	*intracellular*
FDC	*follicular dendritic cell*; follikuläre dendritische Zelle	ICAD	*inhibitor of caspase-activated DNAse*
FGF	*fibroblast growth factor*	ICAM	*intercellular adhesion molecule*
FITC	Fluoresceinisothiocyanat	ICOS	*inducible co-stimulator*
FLICE	*Fas-associated death domain protein like interleukin1β-converting enzyme* (älterer Name für Caspase 8)	iDC	*immature DC*, unreife DC
		IDDM	insulinabhängiger Diabetes mellitus
		IDO	Indolamin 2,3-dioxygenase
FLIP	*FLICE-inhibitory protein* (Caspase-8-Inhibitor)	IEL	intraepithelialer Lymphozyt
		IFN	Interferon
FoxP3	*forkhead box P3* (Transkriptionsfaktor)	Ig	Immunglobulin
		IGF	*interferon-γ-inducing factor*
FSC	*forward scattering*	IK	Immunkomplex
F&Z	Fakten und Zahlen (Tabellen im Anhang)	IκB	Inhibitor of NFκB
		IKK	IκB -Kinase
Fyn	*fibroblast yes-related non-receptor kinase*	IL	Interleukin
		iNOS	induzierbare Stickoxidsynthetase
GALT	*gut-associated lymphatic tissue*	IP3	Inositoltrisphosphat
GAP	*GTPase-activating protein*	IRAK	*IL1-receptor-associated kinase*
GC	*germinal centre*, Keimzentrum	IRF	*interferon-regulatory factor*
G-CSF	Granulozyten-Kolonie stimulierender Faktor	ITAM	*immunoreceptor tyrosine-based activation motif*
GEF	*guanine nucleotide exchange factor*	ITIM	*immunoreceptor tyrosine-based inhibition motif*
GEM	*glycosphingolipid-enriched microdomain*	J	*joining*
GFP	*green fluorescent protein*	JAK	Januskinase
GM-CSF	Granulozyten/Monozyten-Kolonie stimulierender Faktor	J-Kette	*joining*-Kette, verbindet Ig-Monomere
GPI-Anker	Glykosylphosphatidylinositol-Anker	KIR	*killer cell immunoglobulin-like receptors*
GvHD	*graft-versus-host disease* („Transplantat gegen den Wirt"-Reaktion)	LBP	lipopolysaccharidbindendes Protein
		L	Ligand
		LC	Langerhans-Zelle
GvLR	*graft-versus-leukaemia reaction* („Transplantat gegen die Leukämie"-Reaktion)	Lck	*lymphocyte kinase*
		LFA	*leukocyte function-associated antigen*
H₂O₂	Wasserstoffperoxid		
HAART	*highly active antiretroviral therapy*	LIF	*leukaemia inhibitory factor*

loxP	*locus of X-ing-(crossing-)over in phage P1*	PAG	*phosphoprotein associated with glycosphingolipid-enriched microdomains*
LPS	Lipopolysaccharid		
LRR	*leucine-rich repeat*	PAMP	*pathogen-associated molecular pattern*; pathogenassoziiertes molekulares Muster
LT	Leukotrien		
LTT	Lymphozytentransformationstest		
		PAR	proteaseaktivierbare Rezeptoren
MAdCAM	*mucosal addressin cell adhesion molecule*	PCR	*polymerase chain reaction*; Polymerase-Kettenreaktion
MALT	*mucosa-associated lymphatic tissue*	PD	*programmed cell death*
		pDC	plasmazytoide dendritische Zelle
MAP-Kinase	*mitogen-activated protein kinase*		
Mφ	Makrophage	PDGF	*platelet-derived growth factor*
MASP	MBL-assoziierte Serinprotease	PERV	*porcine endogenous retrovirus*; endogenes Retrovirus im Schwein
MBP	*major basic protein* (eosinophile Granulozyten) oder *myelin basic protein* (ZNS)		
		PI	Phosphoinositol
		PIR	*paired Ig-like receptors*
MBL	mannanbindendes Lektin	PKC	Proteinkinase C
MCP	*membrane cofactor of proteolysis*	PLC	Phospholipase C
MCP1	*macrophage chemoattractant protein 1*	PNAD	*peripheral node addressin*
		PP	Peyer'sche Plaques
MD2	*myeloid differentiation antigen 2*	PRR	*pattern recognition receptor*; Mustererkennungsrezeptor
mDC	myeloide dendritische Zelle		
MHC	*major histocompatibility complex*; Haupthistokompatibilitätskomlpex	PS	Phosphatidylserin
		PTB	*phosphotyrosine-binding*
		PTK	*protein tyrosine kinase*
MIP	*macrophage inflammatory cytokine*	R	Rezeptor
		Rag	*recombination activating gene*
moAK	monoklonaler Antikörper	Ras	abgeleitet von *rat sarcoma*
MOG	*myelin oligodendrocyte glycoprotein*	RISC	*RNA-induced silencing complex*
		RSV	*respiratory syncytial virus*
MyD88	*myeloleukaemic differentiation factor*	RT-PCR	in diesem Buch stets *reverse transcriptase* PCR, in der Literatur sonst manchmal auch *real-time PCR*
NADPH	Nicotinamid-Adenin-Dinucleotid-Phosphat		
neo	Neomycinresistenzgen		
NFAT	*nuclear factor of activated T cells*	s	*soluble*; löslich
		SAg	Superantigen
NFκB	*nuclear factor κ of B cells* (ubiquitärer Transkriptionsfaktor)	SARS	*severe acute respiratory syndrome*
NK-Zelle	natürliche Killerzelle		
NLR	NOD-*like receptor*	sCD95L	*soluble CD95 ligand*
NOD	*nucleotide-binding oligomerization domain*	SDS-PAGE	*sodium dodecyl sulphate polyacrylamide gel electrophoresis*
O_2	Sauerstoff	SEA	*staphylococcal enterotoxin A*
O_2^-	Superoxidanion	SH	*Src homology*
OH^-	Hydroxylradikal	SHP	*src homology2 domain-containing phosphatase*
ori	*origin of replication*		
P	*platelet*, Thrombozyt	siRNA	*small interfering RNA*
PAF	*platelet activating factor*	SMAC	*supramolecular activation cluster*

SOCS	*suppressor of cytokine signalling*	TRAP	Transmembran-Adapterprotein
Sos	*son of sevenless* (nach einer Mutation in *Drosophila melanogaster*)	Treg	regulatorische T-Helferzelle
		TRL	Tacrolimus, FK506
		TSH	thyreoideastimulierendes Hormon
Src	*sarcoma-associated kinase*	TSLP	*thymic stromal lymphopoietin*
SRL	Sirolimus (Rapamycin)	TSS	toxisches Schock-Syndrom
SSC	*side scattering*	TSST-1	*toxic shock syndrome toxin-1*
SIV	*simian immunodefiency virus*	TK	Thymidinkinase
STAT	*signal transducer and activator of transcription*	TX	Thromboxan
		v	*viral*
TAP	*transporter associated with antigen processing*	VEGF	*vascular endothelial cell growth factor*
TBSM	*tyrosine-based signalling motif*	V_H	variable Domäne der schweren Ig-Kette
TCR	*T cell receptor*, T-Zell-Rezeptor		
TGF	*tissue growth factor*	V_L	variable Domäne der leichten Ig-Kette
TH	T-Helferzellen		
TIR	*toll/IL1-receptor domain*	VSV	*vesicular stomatitis virus*
TLR	*toll-like receptor*	Zap70	*ζ-associated protein of 70 kDa*
TNF	Tumornekrosefaktor	ZNS	Zentralnervensystem
TRAF	*TNF-receptor-associated factor*		
TRAIL	*TNF-related apoptosis-inducing ligand*		

Register

A

AB0-System 122
Acetylcholin 82
Acetylcholin-Rezeptor 158
Acridinorange 132
ACTH 81
Adapterproteine 43
ADCC (*antibody-dependent cellular cytotoxicity*) 27, 51, 156, 179, 194
Adhäsion 114
Adjuvanz 187
adoptiver Zelltransfer 145, 189
Adrenalin 82
β-adrenerg 82
β$_1$-adrenerger Rezeptor 158
Affinitätschromatographie 131
Affinitätsreifung 69
Agglutination 56
agonistischer Antikörper 54
AIDS 174
aktiviertes Protein C 173
Akute-Phase-Protein (APP) 14
akutes rheumatisches Fieber 156
allele Exklusion 39
Allergie 144f, 150, 153, 190
allergische Alveolitis 159
Alloantikörper 182
Allo-MHC 32
Altern 94
alternativer Weg 18
Anämie 180
anaphylaktischer Schock 153, 179
Anaphylatoxin 153
Anergie 103, 109
Angiogenese 93
Annealing 136
antagonistischer Antikörper 54
Antibiotikabehandlung 111
Antibiotikum 142, 168
antibody-dependent cellular cytotoxicity, siehe ADCC
Anti-CD20-Antikörper, siehe Antikörper
Anti-CD25-Antikörper, siehe Antikörper
Anti-Gal-Antikörper, siehe Antikörper

Antigen 63
Antigendrift 167
antigener Brückenschlag 60
Antigenpräsentation 59
Antihistaminika 155
Anti-Human-IgG-Antikörper, siehe Antikörper
antiidiotypischer Antikörper, siehe Antikörper
Anti-IL2-Rezeptor-Antikörper, siehe Antikörper
Antiinflammation 78, 82, 109, 163, 165
Antikörper 7
  agonistischer 54
  antagonistischer 54
  Anti-CD20- 131, 193
  Anti-CD25- 194
  Anti-Gal- 181
  Anti-Human-IgG- 194
  antiidiotypischer 52, 156
  Anti-IL2-Rezeptor- 194
  Anti-Rh- 122
  Anti-RhD-IgG- 191
  Anti-TNF- 194
  humanisierter 193
  kreuzreagierender 156
  monoklonaler 122, 193
  neutralisierender 54
Antikörperdiversität 35
Antikörperklasse 10
Anti-Rezeptor-Antikörper 55
  agonistische 157
  antagonistische 158
Antiserum 122
APC 24, 59, 101, 132
Apoptose 47, 91, 101, 109, 162, 170, 175, 179, 192
apoptotische Zelle 77
APP, siehe Akute-Phase-Protein
Applikationsroute 186
Arachidonsäure 153
Arachidonsäurestoffwechsel 61
Arzneimittelnebenwirkung 179
Aspirin 192
Asthma bronchiale 154
atopische Dermatitis 155, 158
atopisches Ekzem 154

Autoantigen 69
Autoantikörper 95, 152, 155 – 158, 194
Autoimmunerkrankung 152, 159, 163, 173, 192
Autoimmunität 150, 162, 179
Autoinflammation 162
Azathioprin 192

B

bakterielle DNA 66
bakterielle RNA 24
BALT (*bronchus-associated lymphoid tissue*) 107
basophiler Granulozyt 61
Bc12 (antiapoptotischer Faktor) 170
BCG 75
BCG-Vakzinierung 145
Bcl2 48
BCR 28, 69
Berufskrankheit 159
Bestrahlung 182
Biotin 128
blasenbildende Dermatose 156
Blastozyste 91, 146
blotting 140
Blutgruppenantigen 69, 122
Blutvergiftung 172
B-Memoryzelle 97
Bronchokonstriktion 153
bronchus-associated lymphoid tissue, siehe BALT
Brückenschlag, antigener 60
B-Zelle 3, 130
B-Zell-Follikel 6
B-Zell-Gedächtnis 97
B-Zell-Lymphom 193
B-Zell-Rezeptor (BCR) 28
B-Zell-Toleranz 105

C

Calcinuerin 192
Carrier 63
Caspase 47
caspase-activated D-Nase 48
C3bBb3b 20

CC-Chemokin 80
CCR3 75
CCR4 75
CCR5 75, 176f
CCR7 115
CD1a-e 26
CD3 29
 -Komplex 28, 42
CD4-Molekül 176
$CD4^+$-T-Zellen 29
CD8 56
$CD8^+$-T-Zellen 29
CD14 23
CD16 58
CD25 73
CD28 65
CD34 196
CD40 66
CD40L 69, 88
CD40-Ligand 66
CD45RA 98, 130
CD45RO 98, 130
CD62L 115
CD80 64f, 75
CD86 64f, 75
CD95 47
CD95L 56, 176
cDNA 137
cDNA-Sonden 139
CD-Nomenklatur 4, 201
CDR 8, 52, 193
CFSE 135, 145
Chagas' disease 158
Chemokin 79, 249
Chemokinrezeptor 79
Chemolumineszenz 133
Chemotaxis 64
CHO-Zelle 142
Chrondroklast 163
C1-Inhibitor 20
C3-Konvertase 17
C5-Konvertase 20
clearance 109
cluster determinant (CD) 4
CMV-Seropositivität 96
colony-stimulating factor (CSF) 60
complementary DNA (cDNA) 137
Coombs-Test 122
Cortisol 82

CpG 75
   -Motiv 24, 74, 187
CRF 81, 155
CRP 14
CSF 60
CTL 47, 56, 76, 96, 130, 132f, 161, 176, 182
CTLA4 85, 190
CXC-Chemokin 80
CXCR3 75
CXCR4 176
Cyclooxygenaseweg 153
Cyclophosphamid 192
Cyclosporin A 192
cytotoxic T lymphocyte (CTL) 56

D

danger signal 64, 187
Darmepithel 55
Darmschleimhaut 77
DC 3, 59, 74, 91, 109, 187
Defensin 13
Degranulation 54
delayed type hypersensitivity (DTH) 145
Deletion 103, 109
dendritische Zelle 3
Dermatitis, atopische 155, 158
Desensibilisierung 190
Desoxyribonukleotid 136
Detektionsantikörper 127, 132
Diabetes mellitus 161
Diapedese 64, 114
Dihydrorhodamin-123 133
DANN, bakterielle 66
DNA-Ligase 142
DNA-Methylierung 102
DNA-Polymerase 136
DNA-Typing 132
DNA-Vakzinierung 187
doppelsträngige RNA 24
D-Penicillamin 157, 179
DTH 145
Ductus thoracicus 6, 114
Durchflusszytometrie 128

E

Eiter 59
Eklampsie 158
Ekzem 154f
ELISA 126, 152
ELISPOT 132, 162
Elongation 136
embryonale Stamm-Zelle 146
endogenes Pyrogen 72
Endothel 114
Endothelzelle 155
Enterozyt 107, 112
Entzündung 63, 76, 162
Eosinophile 154
eosinophiler Granulozyt 61
Epidermolyse 157
Epitop 8, 127, 132
Epstein-Barr-Virus 165
Erythrozyt 191
Escapevariante 167
ES-Zelle 147
Etanercept 193
Ethidiumbromid 132
Exklusion, allele 39
Expansion, klonale 67
Extravasation 114, 172

F

Fab 8
FACS 128, 133
Fängerantikörper 127
Fas 47
FasL 85, 91, 161
Fcε-Rezeptor 53, 60, 152
Fcγ-Rezeptor III 163
Fcγ RIIb 190
Fcγ RIIB 48, 55, 79, 191
Fcγ RIII 27, 60
Fc-Rezeptor 78
FcRn 78, 92
feeder cells 124
F1-Generation 146

Fibrosierung   61, 88, 173
Fieber   172
FITC   128
Fluoresceinisothiozyanat (FITC)   128
Fusionsprotein   194

G

GALT (*gut- associated lymphoid tissue*)   107
Ganciclovir   143
C1q   17, 159
C3   16
C3a   54, 58, 64, 155f
C3b   16
C4b2b   17
C4b2b3b   17
C5a   16, 58, 64, 155
G-CSF   196
Gefäßpermeabilität   153
Gen-Knock-out   142
Genrekombination   167
Gentransfer   141
Gewebereparatur   197
GFP (*green fluorescent protein*)   145
Gliadin   162
Glukokortikoid   192
glutensensitive Enteropathie   162
Glykosylierung, aberrante   142
GM-CSF   91, 188f
Goodpasture-Syndrom   179
G-Protein-gekoppelter Rezeptor   157
graft-versus-leukaemia reaction, siehe GvLR
Gram-negative   59
Granulom   88, 162
Granulozyt   2, 61, 65, 113, 165
Granulozytopenie   180
green fluorescent protein, siehe GFP
gut- associated lymphoid tissue, siehe GALT
GvHD   180, 182
GvLR (*graft-versus-leukaemia reaction*)   183

H

HAART (*highly active antiretroviral therapy*)   177
Haplotyp   181

Hapten   8, 63, 180
Hashimoto-Thyreoiditis   161f
HAT-Medium   123
Hauttest   144, 152
HEV (*high endothelial venules*)   113
HGPRT (Hypoxanthin-Guanin-Phosphoribosyltransferase)   123
high dose tolerance   109, 190
high endothelial venules, siehe HEV
highly active antiretroviral therapy, siehe HAART
hinge region   8
Histamin   61, 153
Histokompatibilitätsantigen   181
Hitzeschockprotein, siehe HSP
HLA
    -Antikörper   181
    -Typisierung   131, 136, 181
HLA-A   25
HLA-B   25
HLA-C   25
HLA-DP   26
HLA-DQ   26
HLA-DR   26
HLA-E   26
HLA-G   26, 91
Hochdosischemotherapie   182, 197
Homing   113
homologe Rekombination   142, 146
Homöostase   85, 98, 103
HPA-Achse   82
HSP (Hitzeschockprotein)   24
human immune deficiency virus   174
human leukocyte antigen   131
Hybridisierung   135, 139
Hybridomzelle   123
Hygienehypothese   152
Hyperimmunserum   54
Hyperinflammation   173
hypervariable Region   8
Hyposensibilisierung   190

I

ICAM1   115
Idiotyp   8

IDO (Indolamin-2,
    3-dioxygenase)   46, 91, 162, 170
IEL (intraepithelische Lymphozyten)   108
IFN γ   65, 73 – 76, 88, 91, 132, 145, 161f
IFN γ-STAT1-signalling   86
IgA   10f
IgD   10f
IgE   10, 12, 53, 152
IgG   10f, 53
IgM   10f, 64, 69
Ignoranz   103, 170
IKKβ   46
IL1   72, 81, 161 – 163
IL2   66, 95, 98, 188, 192
    -Rezeptor   73
IL4   75, 152, 189
    -STAT6-signalling   86
IL6   77, 95, 162f
IL8   80, 163
IL10   75, 77, 83, 91, 105, 110, 165, 170 – 173, 190
    -Homolog   165
IL12   75
    -STAT4-signalling   86
IL13   92, 164, 173
IL16   177
IL17   65, 77, 162f
IL23   77
Immunadsorption   131, 194
Immunantwort, sekundäre   67
Immundefekt   254
    angeborener   174
Immunfluoreszenz   128
Immunhistochemie   128
Immunisierung
    aktive   186
    passive   196
Immunisierungseffekt   67
Immunkomplex   79, 122, 145, 159, 163
Immunogenität   63
immunologisch privilegierter Ort   161
immunologischer Risikophänotyp   96
Immunoseneszenz   95
Immunparalyse   172
Immunsuppression   82, 179
Indolamin-2,3-dioxygenase, siehe IDO
Indomethazin   192
Infarkt   94
Infektion, opportunistische   76f, 175

Infektionsimmunologie   168
Infliximab   193
iNOS   59
inside-out signalling   114
Insulin   102
Integrin   114
intravenös   70
intrazelluläres Killing   59, 133
invariante Kette   30
IRAK   46
Isohämagglutinin   76, 122, 180
Isotyp   8, 10
ITAM   27, 48
ITIM   27, 48
IVIG   191, 196

J

JAK (Janus-Kinase)   45
JAK/STAT-Signalweg   49

K

Kardiomyopathie, dilatative   157
Kardiomyozyt   94
Keimzentrum, aberrantes   163
Keimzentrumreaktion   68
Keloidbildung   94
Keratinozyt   155
Klassenswitch   76
    zum IgA   77
klassischer Weg   17
Klon   34, 123
klonale Expansion   67
klonale Kontraktion   85
Knochenmark   4, 100, 113
Knochenmarkspender   132
Knochenmarkstammzelle   5, 94, 132, 196
Knock-out-Mäuse   146
Kollagensynthese   94
kommensale Flora   14, 111
Komplement   132, 200
Komplementinhibitor   92
Komplementrezeptor   58
Komplementsystem   15 – 21
    alternativer Weg   18

komplementvermittelte
  Antikörperzytotoxizität 51
konditionaler Gen-Knock-out 146
Kontaktdermatitis 162
Kontraktion, klonale 85
kostimulatorisches Molekül 65
Kreislaufschock 180
Kreislaufzentralisation 172
Kreuzpräsentation 169
Kreuzprobe 123, 180
Kreuzreaktion 9
Kreuzvernetzung 157
Kupffer'sche Sternzelle 110
Kynurenin 91

L

Laktoferrin 59
Langerhans-Zelle 64
Latenzphase 175
Latenzzeit 64
Lebersinusendothelzelle 110
Leberzirrhose 173
leichte Ig-Kette 8
Lektinweg 17
Leukotrien 61
Leukotrien B4 153
Leukozyt 130
LIF 91
Lipoxygenaseweg 153
löslicher Immunkomplex 145
löslicher TNF-Rezeptor 91
low dose tolerance 109, 190
LPS 54, 75, 155, 165
  -Rezeptor 23
LTT 134
Lungenfibrose 173
Lymphgefäß 113
Lymphknoten 6, 114
Lymphozyt 130
Lymphozytentransformationstest (LTT) 134
Lyse 63
Lysosom 59

M

MAdCAM1 108
major histocompatibility complex, siehe MHC
Makrophage 2, 60, 77, 165
Malaria 168
MALT (*mucosa-associated lymphatic tissue*) 5, 108
mannanbindendes Lektin (MBL) 17
Mannoserezeptor 23
Map-Kinaseweg 44
MASDP1 17
Mastzellaktivierung, alternative 155
Mastzelle 3, 53, 60, 79, 145, 152, 155
MBL 18
Membran-Attacke-Komplex 17, 63
Memoryzelle 64
Methotrexat 192
MHC (*major histocompatibility complex*) 24
  -Moleküle 24
  -Polymorphismus 26
  -Restriktion 29, 101
MHC-I 59
  -restringiert 29
MHC-II 59
  -restringiert 29
MHC-Klasse I 25
MHC-Klasse IB 26
MHC-Klasse II 26
MHC-mismatch 32
MIC-A 27, 108
MIC-B 27, 108, 170
Mikroarray-Technologie 141
Mikrochimärismus 90, 92
Mikromilieu 69, 71, 74, 85, 94
Milz 6
minimal residual disease 189
Mittelohrentzündung 156
molecular mimicry 156
monoklonaler Antikörper 122, 193
Monozyt 2, 60, 113, 130
Morbus
  Basedow 157
  Crohn 162, 194
  hämolyticus neonatorum 191
mucosa-associated lymphatic tissue,
  siehe MALT
Multiorganversagen 172

Multiple Sklerose 161
Mustererkennungsrezeptor (PRR) 22, 63f
Myasthenia gravis 156, 158
M-Zelle 107, 165

N

NADPH
    -abhängiges Oxidasesystem 59
    -Oxidase 133
Nahrungsmittelallergen 153
Nahrungsmittelallergie 154
naive T-Zelle 64, 113
negative Selektion 101
Nekrose 77
Neomycin 143
Neomycinresistenzgen 142
Neovaskularisierung 83
Nervenzelle 155
Neurokinin-1 82
Neuropeptid 81
neutralisierender Antikörper 54
neutrophil extracellular traps 59
NFAT (*nuclear factor of activated T-cells*) 44
NFκB 43, 46
nikotinerg 82
NKT-Zelle 31, 108
NK-Zelle 27, 52, 76, 92, 130, 133, 165
NK-Zell-Rezeptor 252
NK-Zell-Toleranz 102
NK-Zell-Zytotoxizität 57
NLR 23, 253
NO 161
NOD-like Rezeptor (NLR) 23
Northern-Blot 140
NSAID 192
nuclear factor of activated T-cells, siehe NFAT

O

Ödem 154
Oligonukleotid 141
opportunistische Infektion 76f, 175
Opsonierung 14, 52
Opsonin 13
orale Toleranz 90, 109
orale Toleranzinduktion 190
Osteoklast 163

P

PAMP (*pathogen-associated molecular pattern*) 22
PAR (proteaseaktivierbarer Rezeptor) 155
Parasiten 152
Parasitenbefall 61
Parasympathikus 82
passenger leukocytes 182
pathogen-associated molecular pattern, siehe PAMP
pattern recognition receptor 23
PCR (Polymerase-Kettenreaktion) 135
Penicillin 179f
Peroxidase 128
Peyer's ches Plaque 108
Phagolysosom 59
Phagosom 58
Phagozytose 58, 130
Phagozytosekapazität 133
Phänotypisierung 128
Phosphatidylserin 90
Phospholipase A2 153
Phospholipase Cγ 43
Pilzinfektion 152
Plasmazelle 3
Plasmid 141, 187
Plazenta 55, 91
Pneumonie 173
Poliomyelitis 111, 191
Poliovakzine 175
Pollenallergie 152
Poly-Ig-Rezeptor 55, 78
Polyklonierungsstelle 141
Polymerase-Kettenreaktion, siehe PCR
positive Selektion 101
Präzipitation 56, 122
Prick-Test 145
Primärantwort 79
primäre Antikörperantwort 64
primäre Immunantwort 63
Primer 136
Prion 178
procine endogenous retrovirus 174

Progesteron   92
Promotor   141
Prostaglandin   61, 153
proteaseaktivierbarer Rezeptor (PAR)   155
Protein C
   aktiviertes   173
PRR (Mustererkennungsrezeptor)   22, 63f

R

raft   43
Ras   44
real-time PCR   138
recall-Antigene   144
regulatorische T-Zelle   71, 75, 104
Rejektion
   akute   182
   chronische   182
   hyperakute   182
Rekombination, homologe   142, 146
Resistenzgen   141
Restriktionsanalyse   139
Restriktionsverdau   143
Reverse Transkriptase   137
Rheumafaktor   163
Rheumatoidarthritis   161, 163, 193
Rh-Prophylaxe   191
Rituximab   193
RNA
   bakterielle   24
   doppelsträngige   24
   virale   66
RNA-*profiling*   141
RT-PCR   137

S

Sandwich-ELISA   127
SARS   168
Sauerstoffradikal   88
Sauerstoffradikalproduktion   130
scavenger-Rezeptoren   23
Schlaganfall   173
Schleimhaut   107
Schleimhautimmunität   112, 191
Schwangerschaft   90, 191

schwere Ig-Kette   8
sekretorische IgA   11
sekundäre Immunantwort   67
Selektin   114, 243
sensibilisierte Mastzellen 60
Sepsis 172
septischer Schock 172
Serokonversion 64
Serotyp 167
Serumkrankheit   159
sIgA   11, 77, 109, 191
Signaltransduktionsmodule   242
simian immune deficiency virus   174
siRNA   141
Sirolimus   192
small interfering RNA (siRNA)   141
SOCS-Protein   49, 85
somatische Hypermutation   69
somatische Rekombination   36f
Southern-Blot   139
Spätphasenreaktion   153f
STAT-Proteine   45
Stickoxid   88
sTNFR1   72
Streptavidin   135
Streptokokken   156
subkutan   70
Substanz P   82, 155
Sulfonamid   179
Superantigen   31
Superoxidation   133
Sympathikus   82

T

Tacrolimus   192
TCR   25, 28f, 31, 59, 104, 192
Telomerlänge   95
template   136
Tetramer-Technologie   135
TGFβ   73, 75, 77, 93, 105, 109f, 170 – 172
TH1-Zelle   75, 80, 88, 132, 145
TH2-Zelle   75, 80, 93, 152
TH17-Zelle   73, 77, 162
T-Helferzelle   71, 130, 175
Theorie der klonalen Selektion   34
Thromboxan   153

Thymidin   134
Thymidinkinase   142
Thymozyt   5, 100
Thymus   4, 90, 100
Thymusepithelzelle   101
Thymusinvolution   95
Thyrozyten   161
tight Junction   108
tight junctions   13
Titer   122, 127
TLR (Toll-like-Rezeptor)   46, 74, 111, 253
TLR4   23
T-Memoryzelle   98
TNF   162f
TNFα   88, 96
TNFβ   88
TNFR1   72
TNFR2   72
Toleranz
   infektiöse   110
   periphere   100, 103
   zentrale   100
Toll-like-Rezeptor, siehe TLR
Transfusionszwischenfall   180
transgene Tiere   145
Transkriptom   141
Translokation   172
Transplantatabstoßung   180f
Transplantation   196
Treg   71, 75, 101, 104, 109, 190
   induzierte   105
   natürliche   105
Tryptase   155
TSH-Rezeptor   157
TSLP   109, 111, 162
T-Suppressorzellen   75
Tuberkulin   145
Tuberkulose   76
Tumor   92, 168
Tumorantigen   168
Tumorenhancement   93, 171
Tumorescapemechanismus   170
Tumorvakzinierung   188
Typ-I Interferon   46
Typ-I-Überempfindlichkeit   150, 153, 180
Typ-II-Überempfindlichkeit   150, 155, 180
Typ-III-Überempfindlichkeit   150, 159, 180
Typ-IV-Überempfindlichkeit   150, 161
Tyrosinphosphorylierung   42

T-Zelle   3, 130
   -Gedächtnis   97
αβ-T-Zelle   28
γδ-T-Zelle   28, 31
T-Zelloligoklonalität   96
T-Zell-Rezeptor (TCR)   28
T-Zell-unabhängige
   Antikörperproduktion   69

U

Überempfindlichkeitsreaktion   150
Urtikaria   154, 180

V

Vakzinierung   110
vascular endothelial cell growth factor,
   siehe VEGF
Vasodilatation   154
VEGF   60, 93, 170f
Vβ-Element   31
Verstärkerschleife   20
virale RNA   66
Viruslast   175
Vitamin-B12-bindendes Protein   59

W

Werner-Syndrom   95
Western-Blot   126, 140
Wundheilung   93

X

Xenotransplantation   181

Z

Zap70   43
Zelle, dendritische   3
Zellfusion   123
Zellmigration   58

Zellproliferation   134
Zelltransfer, adoptiver   145
ZNS (Zentralnervensystem)   81
zwitterionische Polysaccharide   31
Zymogen   16

Zytokin   244
Zytokinfamilie   72
zytotoxische T-Zelle   56
Zytotoxizitätstest   133

Aus der Praxis:
von Laboranten für Laboranten

www.spektrum-verlag.de

5. Aufl. 2006, 280 S., 35 Abb., kart.
€ [D] 32,- / € [A] 32,90 / CHF 52,20
ISBN 978-3-8274-1726-8

Hubert Rehm
Der Experimentator: Proteinbiochemie/Proteomics
Dieser Steadyseller gibt Ihnen einen Überblick über die Methoden in Proteinbiochemie und Proteomics. Das Buch ist jedoch mehr als eine Methodensammlung: Es zeigt Auswege aus experimentellen Sackgassen und weckt ein Gespür für das richtige Experiment zur richtigen Zeit. In der **5. Auflage** wurden besonders das Kapitel Proteomics und darin die Angaben zur Massenspektrometrie überarbeitet und erweitert.

3. Aufl. 2008, 328 S., 85 Abb., kart.
€ [D] 32,95 / € [A] 33,87 / CHF 51,50
ISBN 978-3-8274-2026-8

W. Luttmann / K. Bratke / M. Küpper / D. Myrtek
Der Experimentator: Immunologie
Auch die 3. Auflage des Immunologie-Experimentators Werk präsentiert die methodische Vielfalt der Immunologie, indem es die gängigen Methoden auf einfache Weise erklärt und auf Vor- und Nachteile sowie auf kritische Punkte eingeht. Auf eine Einführung über Antikörper, deren Funktion und Quelle in vivo sowie über deren Anwendung als immunologisches Tool folgen u.a. Methoden wie die Durchflusscytometrie, Immuno-Blot, ELISA und ähnliche Immunoassays bis hin zu Zellseparationstechniken und In-situ-Immunlokalisation.

6. Aufl. 2008, 336 S., 66 Abb., kart.
€ [D] 32,95 / € [A] 33,87 / CHF 51,50
ISBN 978-3-8274-2036-7

Cornel Mülhardt
Der Experimentator: Molekularbiologie / Genomics
Protokoll-Sammlungen gibt es viele, aber wer erklärt einem, was sich hinter den Methoden verbirgt? Dieses Buch richtet sich an alle Experimentatoren, die molekularbiologische Versuche durchführen wollen und gern nachvollziehen möchten, was sich in ihrem Reaktionsgefäß abspielt. Das ganze Spektrum der üblichen molekularbiologischen Methoden wird vorgestellt, kommentiert und Alternativen aufgezeigt. Die **6. Auflage** wurde aktualisiert und um neue Entwicklungen in den Bereichen Sequenzierung und miRNA ergänzt.

2. Aufl. 2009, 256 S., 42 Abb., kart.
€ [D] 32,95 / € [A] 33,87 / CHF 51,50
ISBN 978-3-8274-2108-1

Sabine Schmitz
Der Experimentator: Zellkultur
Dieses Buch ist eine Orientierungshilfe im verwirrenden Dschungel von Zellen, Medien, Seren, Geräten und Vorschriften. Die **2. Auflage** wurde um das Thema Kreuzkontaminationen und falsch identifizierte Zelllinien erweitert. Schwerpunkte wie Steriltechnik, Subkultur und Langzeitlagerung von Zellen sowie zellbiologische Methoden werden verständlich dargestellt. Moderne Techniken wie siRNA und die In-vitro-Differenzierung mesenchymaler Stammzellen werden an praktischen Beispielen erläutert.

▶ Ausführliche Informationen unter www.spektrum-verlag.de